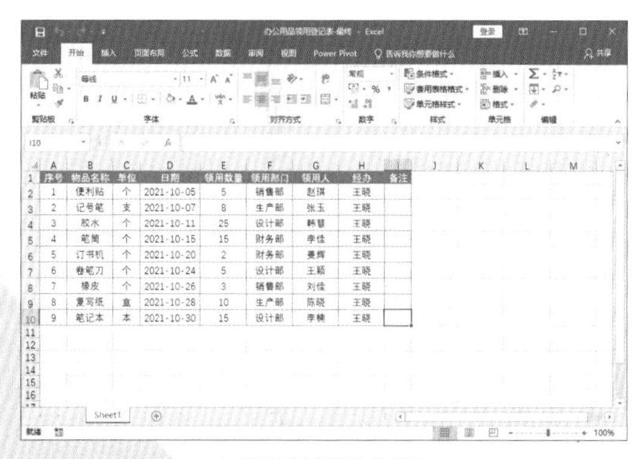

办公用品领用登记表

计算 2 月扫描仪的入库数量

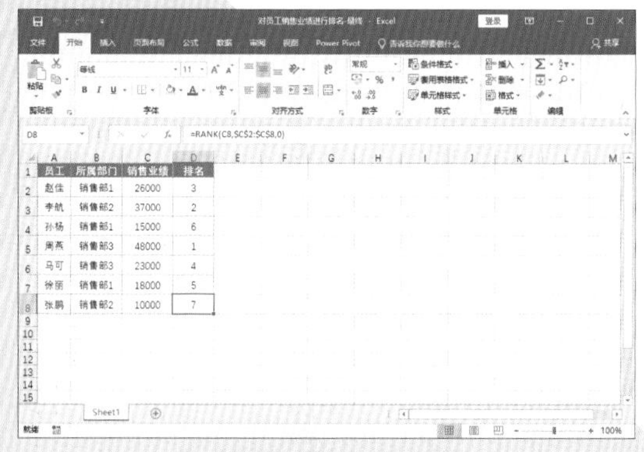

对员工销售业绩进行排名

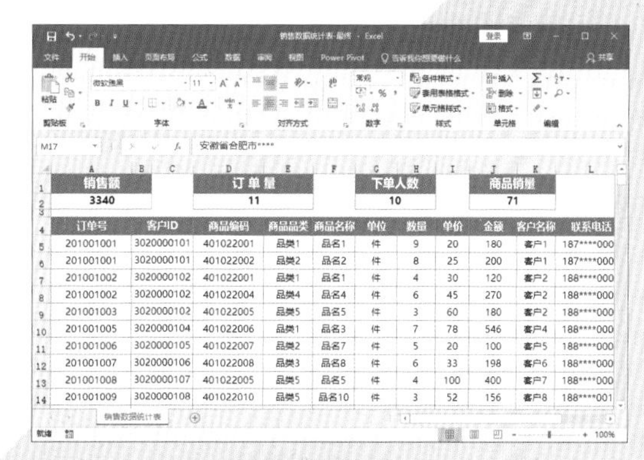

销售数据统计表

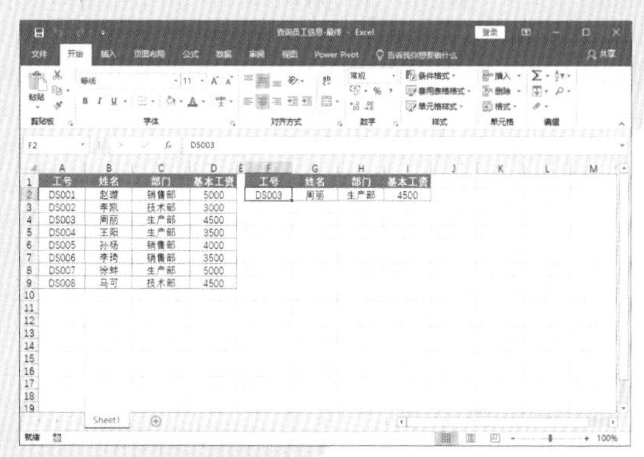

查询员工信息

员工档案信息表

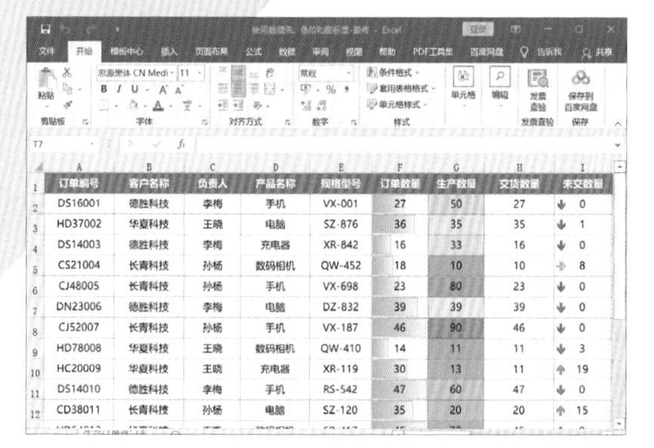

使用数据条、色阶和图标集

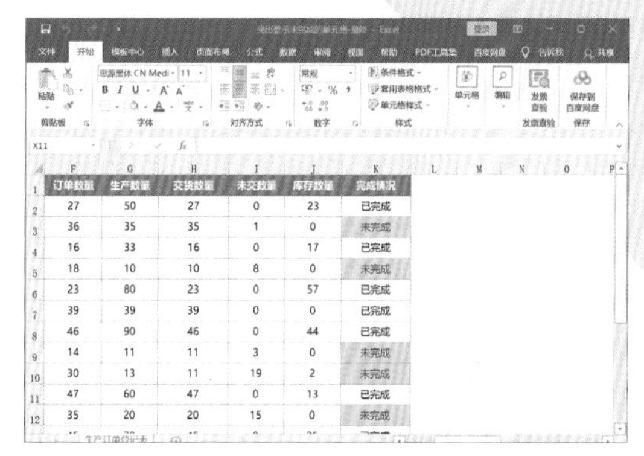

突出显示未完成的单元格

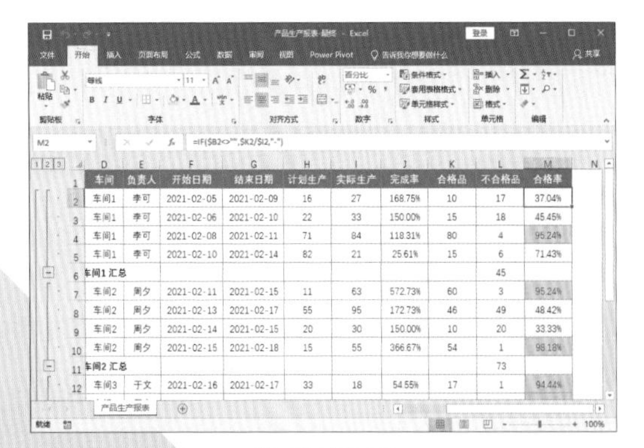

产品生产报表

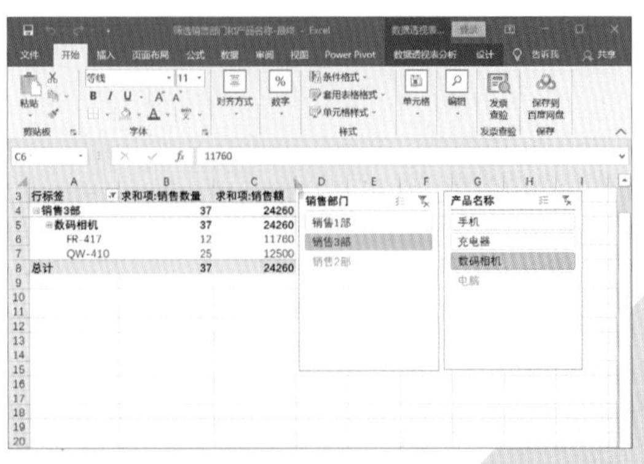

筛选销售部门和产品名称

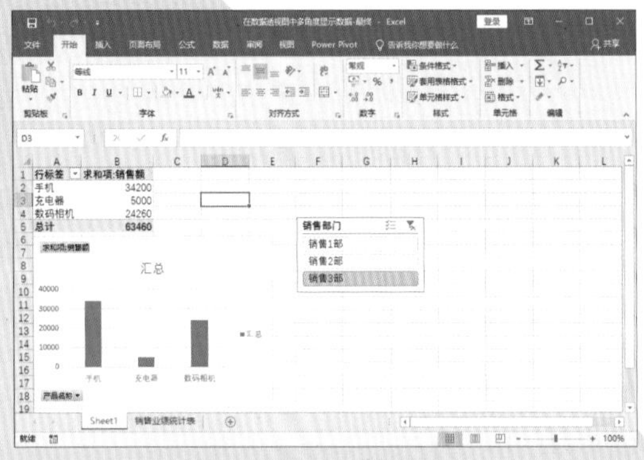

在数据透视图中多角度显示数据

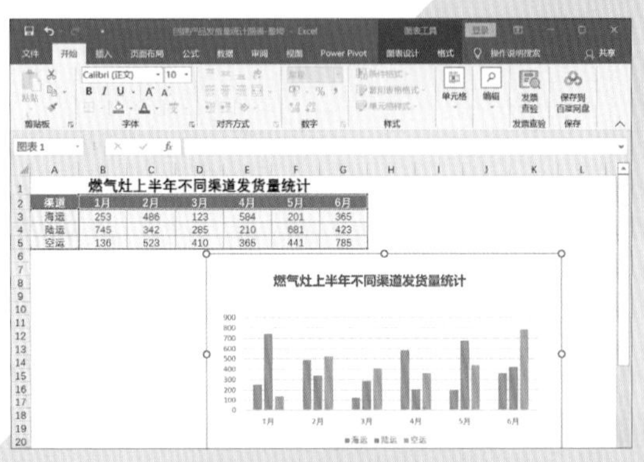

创建产品发货量统计图表

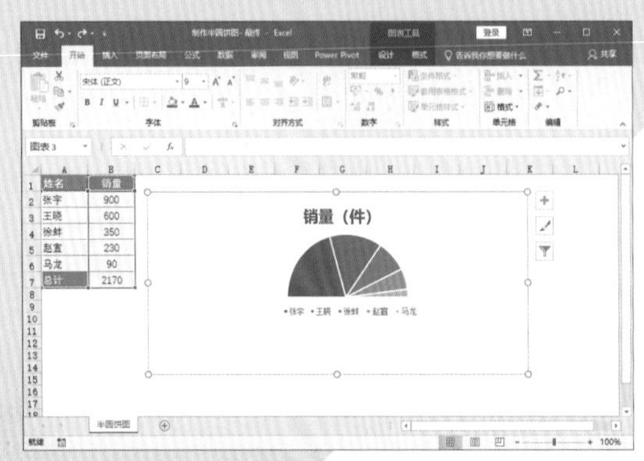

制作半圆饼图

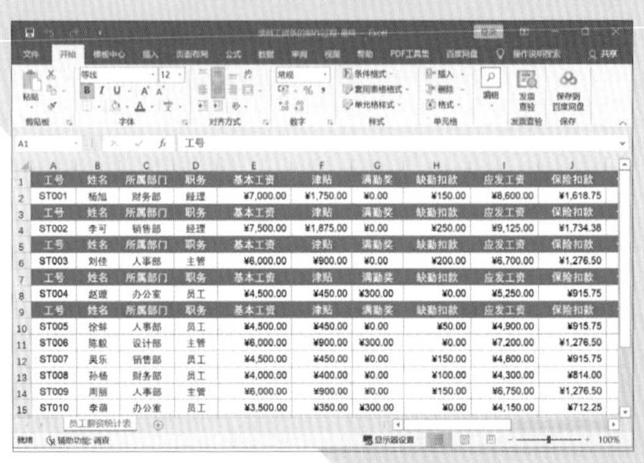

录制工资条的制作过程

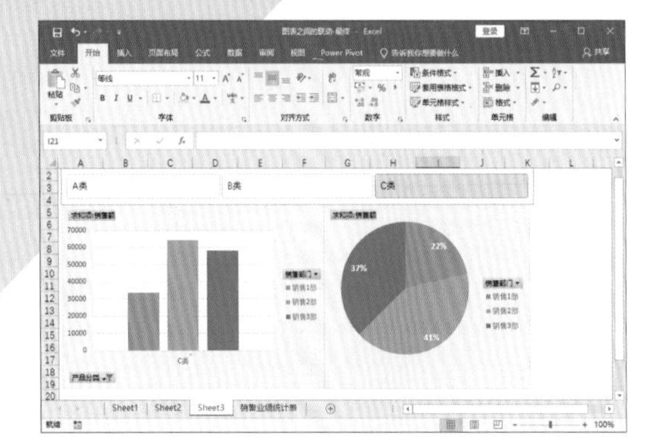

图表之间的联动

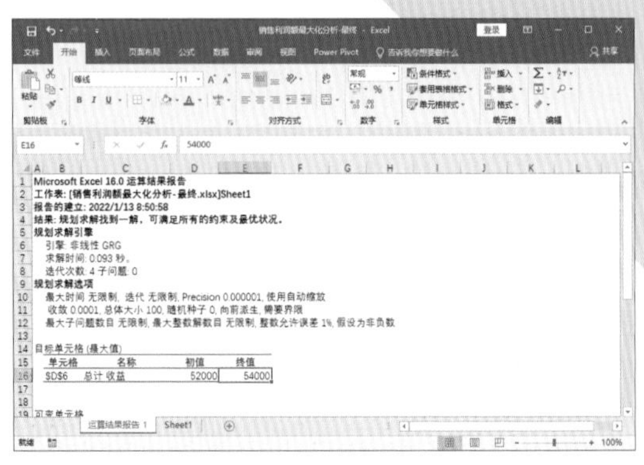

销售利润额最大化分析

新应用 真实战 全案例 信息技术应用新形态立体化丛书

Excel 2016 高级应用案例教程

主编 胡娟 韦韫韬
副主编 肖念 王文涛

人 民 邮 电 出 版 社
北 京

图书在版编目（CIP）数据

Excel 2016高级应用案例教程 : 视频指导版 / 胡娟，韦韫韬主编. -- 北京 : 人民邮电出版社，2022.10
（新应用·真实战·全案例 : 信息技术应用新形态立体化丛书）
ISBN 978-7-115-59267-5

Ⅰ. ①E… Ⅱ. ①胡… ②韦… Ⅲ. ①表处理软件—教材 Ⅳ. ①TP391.13

中国版本图书馆CIP数据核字(2022)第077873号

内 容 提 要

本书以实际应用为写作目的，围绕 Excel 2016 软件展开介绍，内容遵循由浅入深、从理论到实践的原则进行讲解。全书共 10 章，依次介绍了 Excel 报表的基本操作、数据的输入与编辑、公式与函数的基本应用、公式与函数的高级应用、数据的分析与处理、数据的动态统计分析、数据的图形化展示、VBA 与宏的应用、Excel 自动化报表、Excel 数据分析。本书在讲解理论知识的同时，介绍了大量的实操案例，以帮助读者更好地掌握所学知识并达到学以致用的目的。

本书适合作为普通高等学校计算机应用相关课程的教材，也可作为职场人员提高 Excel 办公技能的参考书。

◆ 主　　编　胡　娟　韦韫韬
　副 主 编　肖　念　王文涛
　责任编辑　许金霞
　责任印制　王　郁　陈　犇

◆ 人民邮电出版社出版发行　　北京市丰台区成寿寺路 11 号
　邮编　100164　　电子邮件　315@ptpress.com.cn
　网址　https://www.ptpress.com.cn
　涿州市京南印刷厂印刷

◆ 开本：787×1092　1/16　　彩插：1
　印张：13.5　　2022 年 10 月第 1 版
　字数：433 千字　　2022 年 10 月河北第 1 次印刷

定价：59.80 元

读者服务热线：(010)81055256　印装质量热线：(010)81055316
反盗版热线：(010)81055315
广告经营许可证：京东市监广登字 20170147 号

前言

PREFACE

Excel 是微软公司开发的 Office 办公软件中的电子表格软件，它不仅可以用于统计与数据分析，还可以用于制作各种报表，例如费用报销表、销售报表、员工信息表、产品生产报表等。在日常办公中，对于市场销售、财务会计、人力资源等岗位人员来说，Excel 更是不可或缺的“助手”。因此，熟练掌握 Excel 的操作技巧是每位职场人员必备的，也是最基本的职业技能要求。

基于此，我们深入调研了多所本科院校的教学需求，组织了一批优秀且具有丰富教学经验和实践经验的教师编写了本书。本书以“学以致用”为原则搭建内容框架，以“学用结合”为依据精选案例，旨在帮助各类院校培养优秀的技能型人才。

■ 本书特点

本书在结构安排及写作方式上具有以下几大特点。

（1）立足高校教学，实用性强

本书以高校教学需求为创作背景，结合全国计算机等级考试需求，以考试大纲为蓝本，对 Excel 软件操作方法进行了详细的讲解。此外，本书采用理论与实操相结合的方式，从易讲授、易学习的角度出发，以期帮助读者快速掌握 Excel 2016 的应用技能。

（2）结构合理紧凑，体例丰富

本书在每个章节中穿插了大量的实操案例，各章结尾处均安排了“疑难解答”，其目的是巩固本章所学。书中还穿插了“实战演练”“应用秘技”和“新手误区”等内容，以拓展读者的应用能力，提高读者的操作技能。

（3）案例贴近职场，实操性强

本书的实操案例取自企业真实案例，且具有一定的代表性，旨在帮助读者学习相关理论知识后，能将该知识点运用到实际操作中，既满足院校对 Excel 2016 软件的教学需求，也符合企业对员工办公技能的要求。

■ 配套资源

本书配套以下资源。

（1）案例素材及教学课件

书中所有案例的素材及教学课件均可在人邮教育社区（www.ryjiaoyu.com）下载。

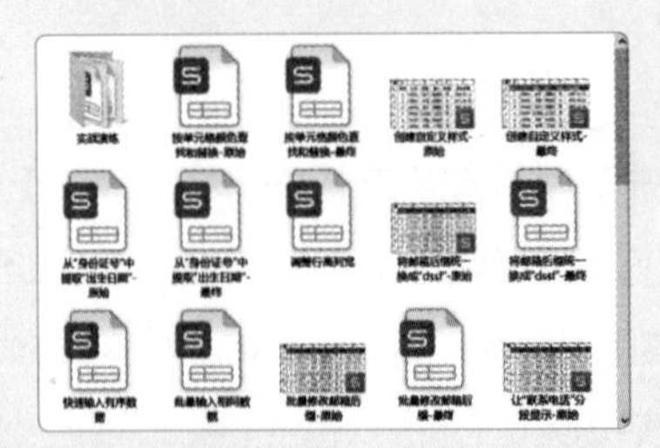

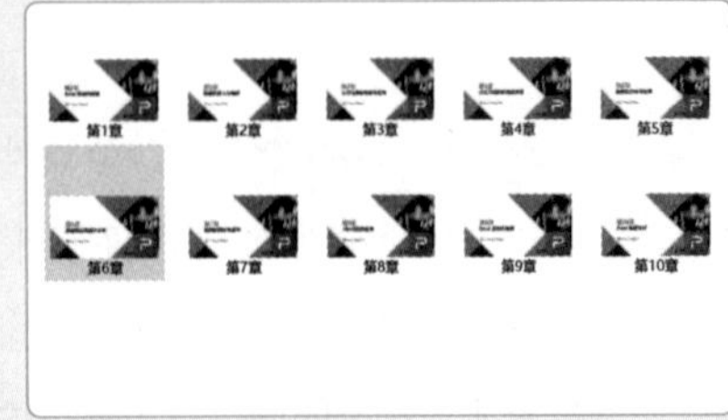

（2）视频演示

本书涉及的案例操作均配有高清视频讲解，读者只需扫描书中的二维码，便可以观看视频。

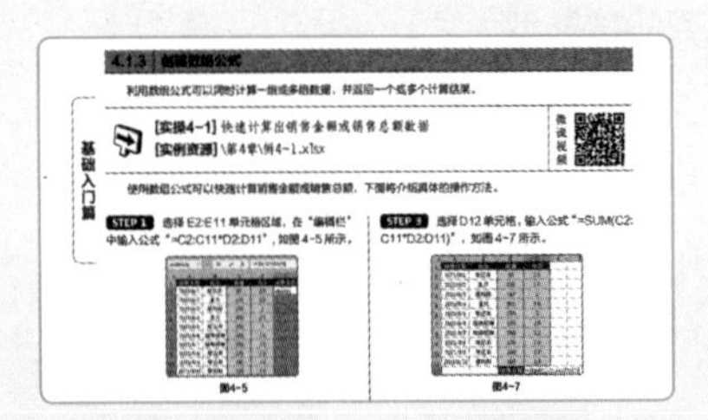

（3）相关资料

本书提供 Excel 操作技巧文档，包括 Excel GIF 动图、Excel 办公模板、Excel 题库等资料。

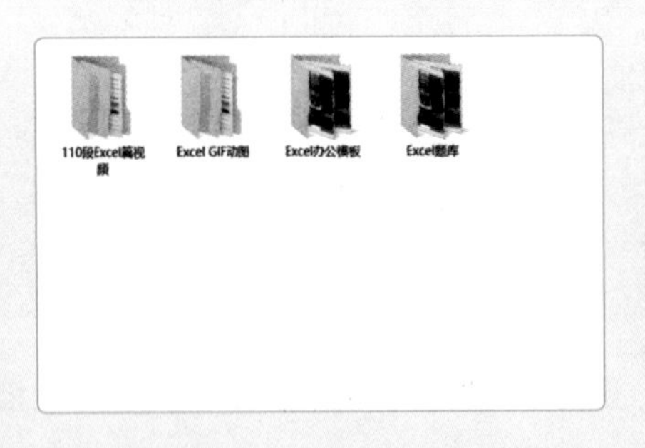

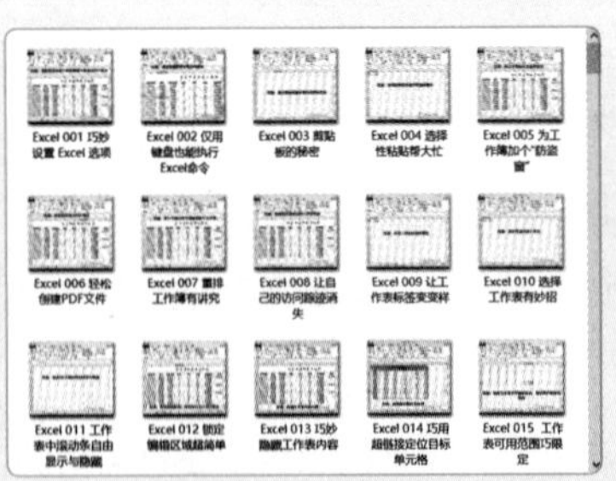

（4）作者在线答疑

作者团队具有丰富的实战经验，可以在线为读者答疑解惑。在学习过程中读者如有任何疑问，均可加入 QQ 群（626446137）与作者联系和交流。

编　者

2022 年 6 月

CONTENTS 目录

基础入门篇

第 3 章

第 4 章

第 5 章

数据的分析与处理 ………………… 81

第 6 章

数据的动态统计分析 ……………106

第 7 章

数据的图形化展示 ………………124

实战案例篇

基础入门篇

第 1 章

Excel 的基本操作

熟练掌握 Excel 的基本操作，也是进一步学习 Excel 的其他操作的坚实基础。本章将对工作簿 / 工作表的基本操作、打印等进行详细介绍。

1.1 全面认识工作簿

在Excel中，用来存储并处理工作数据的文件叫作工作簿，每个工作簿可以拥有多张工作表。下面将对工作簿的创建与保存进行介绍。

1.1.1 空白工作簿与模板工作簿

微课视频

用户不仅可以创建空白工作簿，还可以创建模板工作簿。

1. 创建空白工作簿

在桌面上双击Excel图标，在打开的界面中单击“空白工作簿”，即可创建一个名为“工作簿1”的空白工作簿，如图1-1所示。

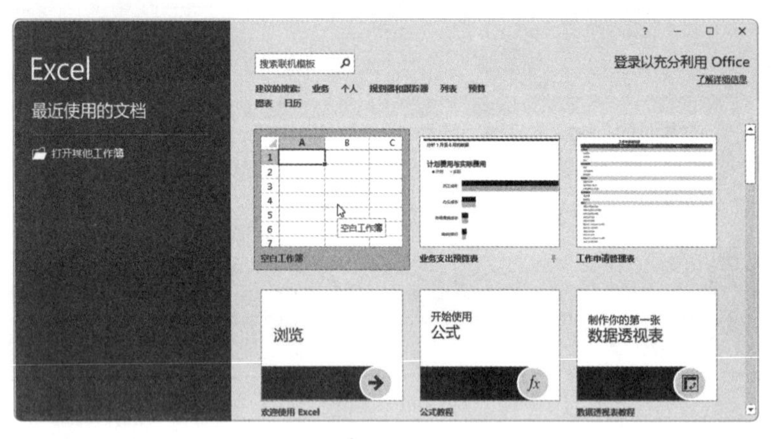

图1-1

2. 创建模板工作簿

打开Excel界面，在“搜索联机模板”文本框中输入关键词，如图1-2所示。按【Enter】键确认，即可搜索出相关模板，在需要的模板上单击，如图1-3所示。

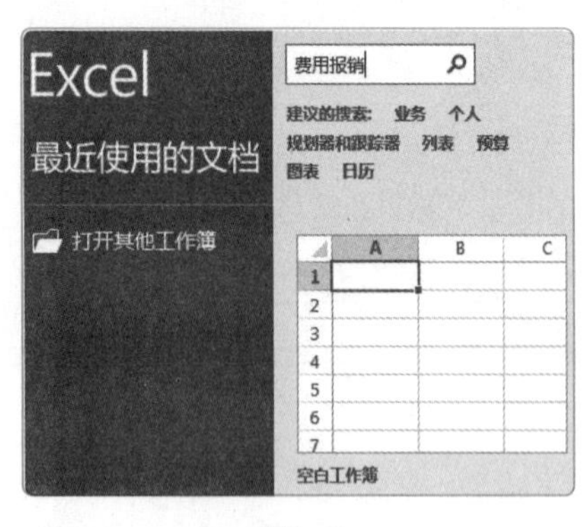

图1-2

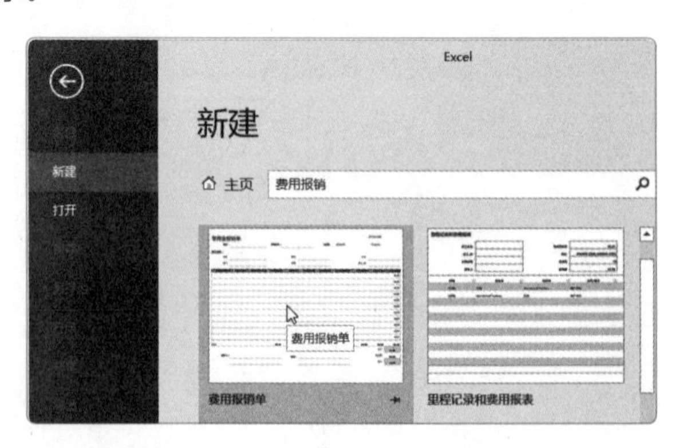

图1-3

打开一个对话框，在该对话框中会显示模板的详细信息，单击“创建”按钮，即可创建一个模板工作簿，如图1-4所示。

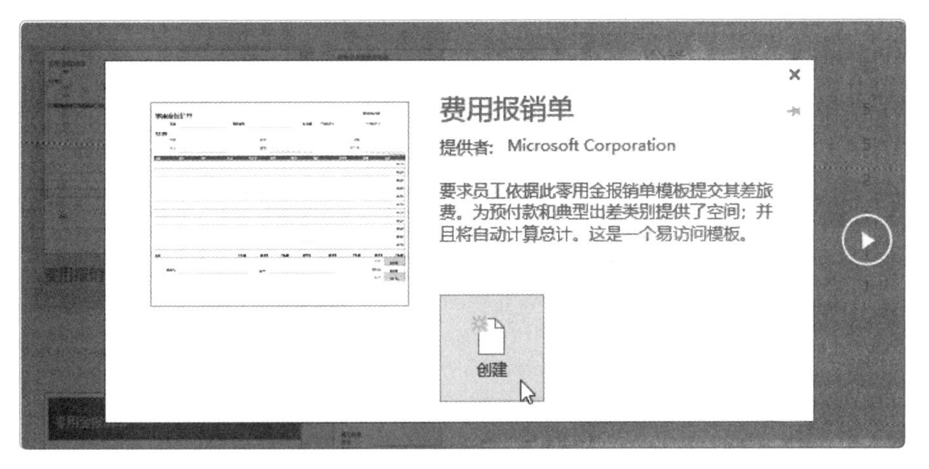

图1-4

1.1.2 将工作簿保存到指定位置

新建一个工作簿后，用户可以根据需要，将工作簿保存到指定位置。单击“文件”按钮，选择“另存为”选项①，在“另存为”界面中选择“浏览”选项②，如图1-5所示。在打开的“另存为”对话框中选择工作簿保存的位置①，输入文件名②，单击“保存”按钮即可③，如图1-6所示。

图1-5

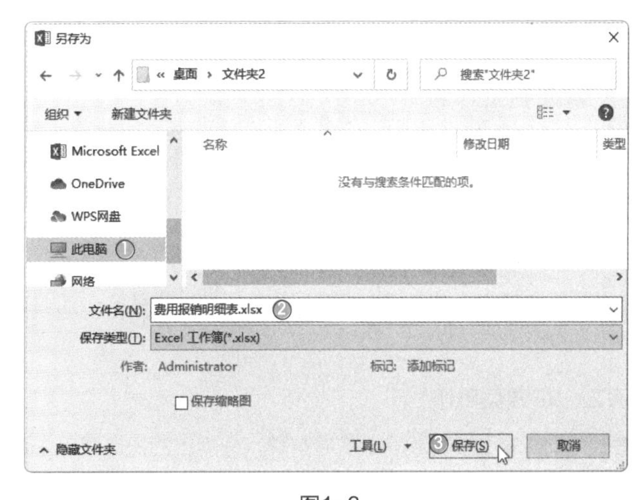

图1-6

应用秘技

对之前已经被保存过的工作簿，再次执行保存操作时，直接按【Ctrl+S】组合键即可。

1.1.3 设置自动保存

在Excel中，自动保存功能可以自动生成备份文档，并且会根据时间间隔生成多个版本。当Excel程序因意外崩溃、退出，或者用户没有保存文档就关闭工作簿时，可以选择备份文档的某个版本进行恢复。单击“文件”按钮，选择“选项”选项，打开“Excel选项”对话框，选择“保存”选项①，在“保存工作簿”区域勾选“保存自动恢复信息时间间隔”复选框②，在右侧数值框中设置自动保存的时间间隔③，勾选“如果我没保存就关闭，请保留上次自动恢复的版本”复选框④，在下方设置“自动恢复文件位置”⑤，单击“确定”按钮即可⑥，如图1-7所示。

设置开启自动保存功能之后，在工作簿文档的编辑修改过程中，Excel会根据设置的自动保存时间间隔自动生成备份文档。用户可以在“信息”界面中查看通过自动保存生成的备份文档版本信息，如图1-8所示。

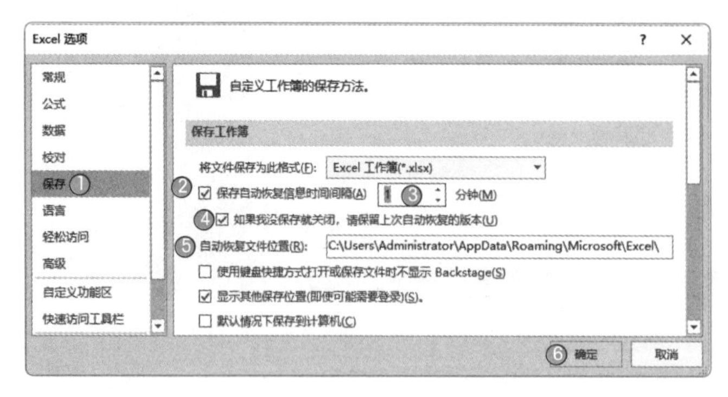

图1-7

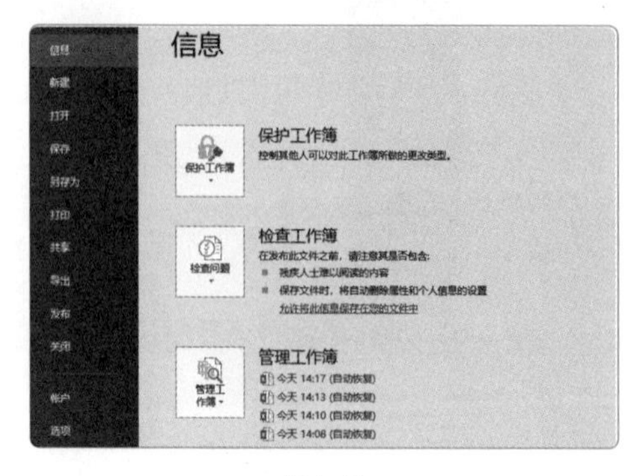

图1-8

1.2 工作表的基本操作

工作表包含于工作簿中，它是工作簿的组成部分。下面对工作表的基本操作进行介绍。

1.2.1 重命名工作表

默认工作表的名称为“Sheet1”“Sheet2”“Sheet3”等，用户可以根据需要更改工作表的名称，下面介绍两种比较常用的方法。

方法一：双击法

双击需要重命名的工作表标签，使标签处于可编辑状态，如图1-9所示。直接输入名称，按【Enter】键确认即可。

方法二：右键菜单法

在需要重命名的工作表上单击鼠标右键，从弹出的快捷菜单中选择“重命名”命令，如图1-10所示。标签处于可编辑状态，输入名称即可。

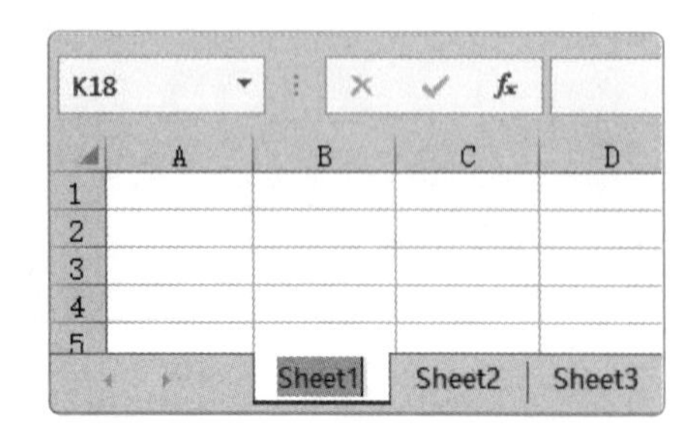

图1-9

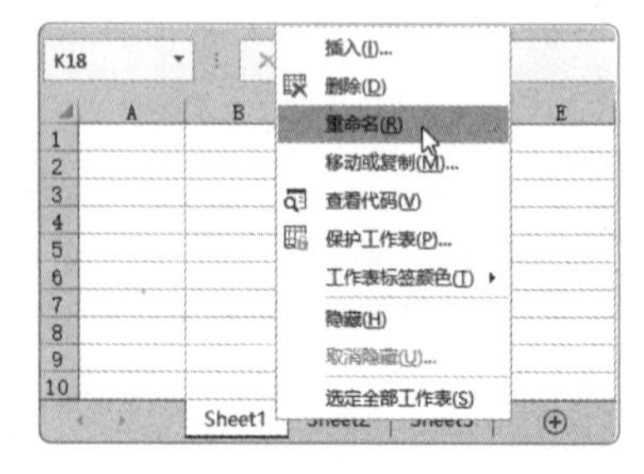

图1-10

1.2.2 移动或复制工作表

微课视频

通过工作表的移动，可以改变工作表在工作簿中的顺序，也可以实现工作表在不同工作

簿之间的转移；通过工作表的复制，可以在不同的工作簿中创建工作表副本。下面介绍两种移动或复制工作表的方法。

方法一：鼠标拖曳法

将鼠标指针移至需要移动的工作表标签上，按住鼠标左键拖曳标签，此时鼠标指针变为“⇱”形状，移动至目标位置，松开鼠标左键即可，如图1-11所示。移动的过程中显示的黑色倒三角箭头，即工作表将插入的位置。

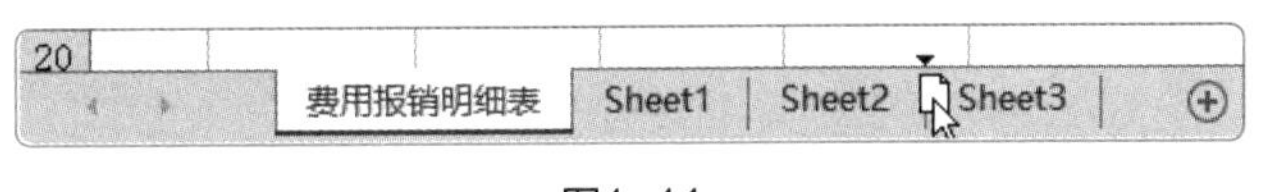

图1-11

如果需要复制工作表，则在拖曳标签的同时按住【Ctrl】键，此时鼠标指针变为“⇱”形状，移动至目标位置，即可快速复制工作表，如图1-12所示。

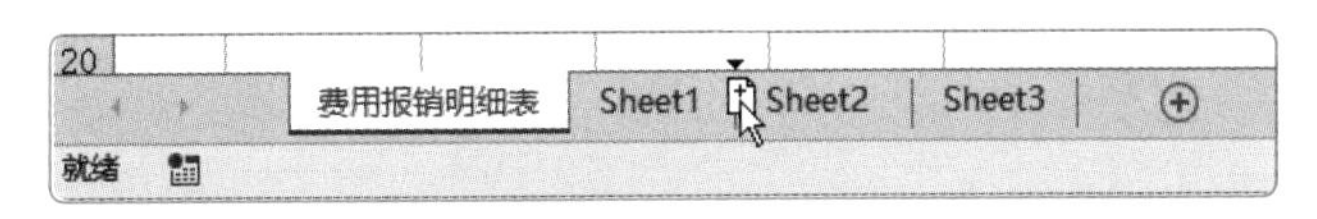

图1-12

方法二：对话框法

在工作表标签上单击鼠标右键，从弹出的快捷菜单中选择“移动或复制”命令，如图1-13所示。打开“移动或复制工作表”对话框，在“工作簿”下拉列表中选择需移动或复制的工作簿，可以选择当前打开的所有工作簿或新建工作簿。在下方的列表框中显示了指定工作簿中所包含的全部工作表，可以选择移动或复制选定工作表的目标排列位置，如图1-14所示。

未勾选“建立副本”复选框，则会进行移动操作；勾选“建立副本”复选框，则会进行复制操作。

图1-13

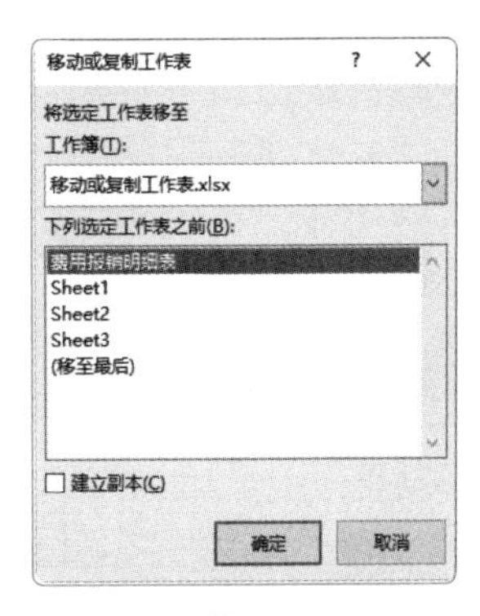

图1-14

1.2.3 冻结工作表

比较复杂的大型表格常常需要在滚动浏览表格时，固定显示标题行（或标题列）。使用“冻结窗格”下拉按钮可以实现这种效果，如图1-15所示。

- “冻结拆分窗格”选项：滚动工作表其余部分时，用于保持行和列可见。
- “冻结首行”选项：滚动工作表其余部分时，用于保持首行可见。
- “冻结首列”选项：滚动工作表其余部分时，用于保持首列可见。

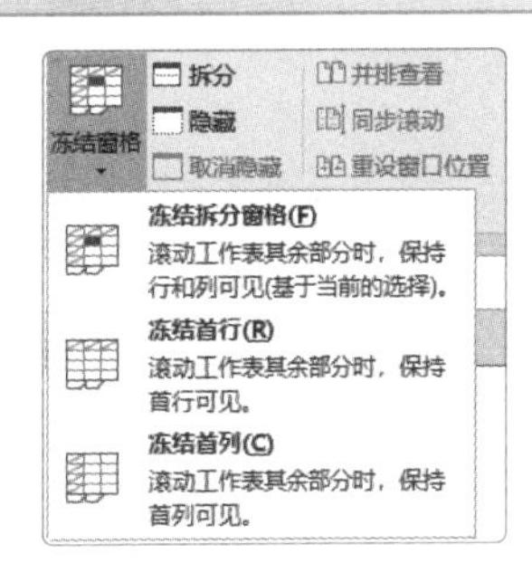

图1-15

[实操1-1] 冻结第1行和A列

[实例资源] 第1章\例1-1.xlsx

如果用户想要第1行和A列一直显示，则可以按照以下方法操作。

STEP 1 选择B2单元格①，在“视图”选项卡中单击“冻结窗格”下拉按钮②，从列表中选择“冻结拆分窗格”选项③，如图1-16所示。

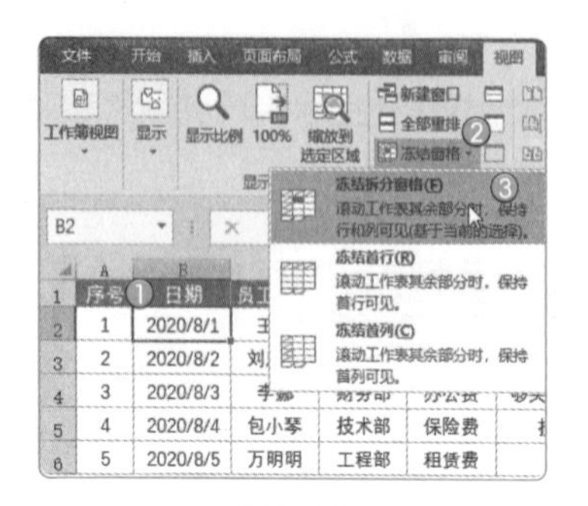

图1-16

STEP 2 此时，向下或向右查看数据时，表格的第1行和A列一直显示，如图1-17所示。

	A	H	I	J	K	L	M
1	序号	票据金额	审批人	支付状态	付款账户	付款日期	备注
5	4	1500	张三	已支付	33022447	2020/9/4	
6	5	2500	李四	已支付	33022448	2020/9/5	
7	6	1500	张三	已支付	33022449	2020/9/6	
8	7	2500	张三	已支付	33022450	2020/9/7	
9	8	5000	李四	已支付	33022451	2020/9/8	
10	9	2000	张三	未支付			
11	10	3000	李四	已支付	33022453	2020/9/10	
12	11	1500	李四	未支付			
13	12	1500	张三	已支付	33022455	2020/9/12	

图1-17

STEP 3 如果不再需要冻结，则在“冻结窗格”列表中选择“取消冻结窗格”选项即可，如图1-18所示。

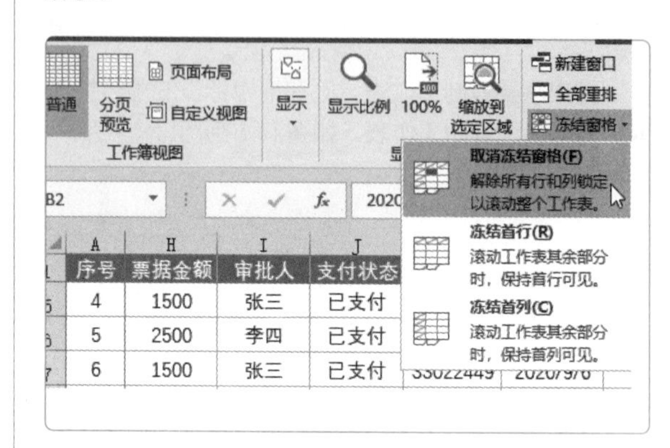

图1-18

新手误区

需要冻结窗格的工作表不能有表名，否则冻结首行时，冻结的是工作表的表名，而不是标题行。

1.2.4 拆分工作表

拆分工作表是指将现有窗口拆分为多个大小可调的窗格，用户可以同时查看工作表分隔较远的部分。选择表格中任意单元格①，在“视图”选项卡中单击“拆分”按钮②，即可将当前工作表沿着选中单元格的左边框和上边框的方向拆分为4个窗格，如图1-19所示。

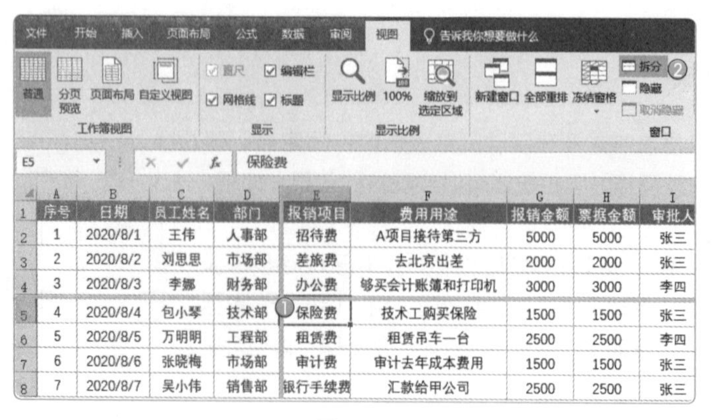

图1-19

每个窗格都是独立的，用户可以根据需要让窗口显示同一个工作表中不同位置的内容。将鼠标指针停在拆分线上，按住鼠标左键，可以通过拖曳调节窗格的大小。

当需要取消拆分工作表时，再次单击“拆分”按钮即可。

1.2.5 并排比较工作表

在某些情况下，用户需要在两个同时显示的窗口中并排比较两个工作表，并要求两个窗口中的内容能够同步滚动浏览，此时可以用到并排比较功能。

选择需要对比的某个工作簿窗口，在“视图”选项卡中单击“并排查看”按钮，则会打开“并排比较”对话框，在其中选择需要进行并排比较的工作表①，单击“确定”按钮②，如图1-20所示。

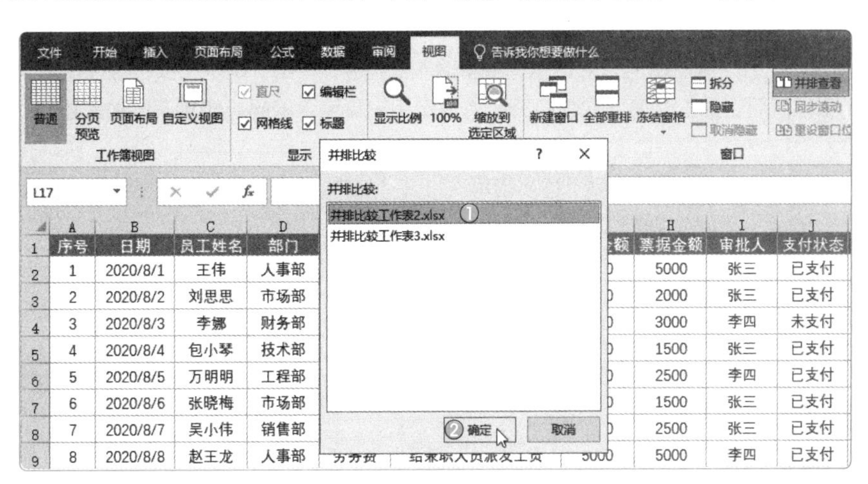

图1-20

两个工作簿窗口将并排显示，如图1-21所示。当用户在其中一个窗口中滚动浏览内容时，另一个窗口中的内容也会随之同步滚动。

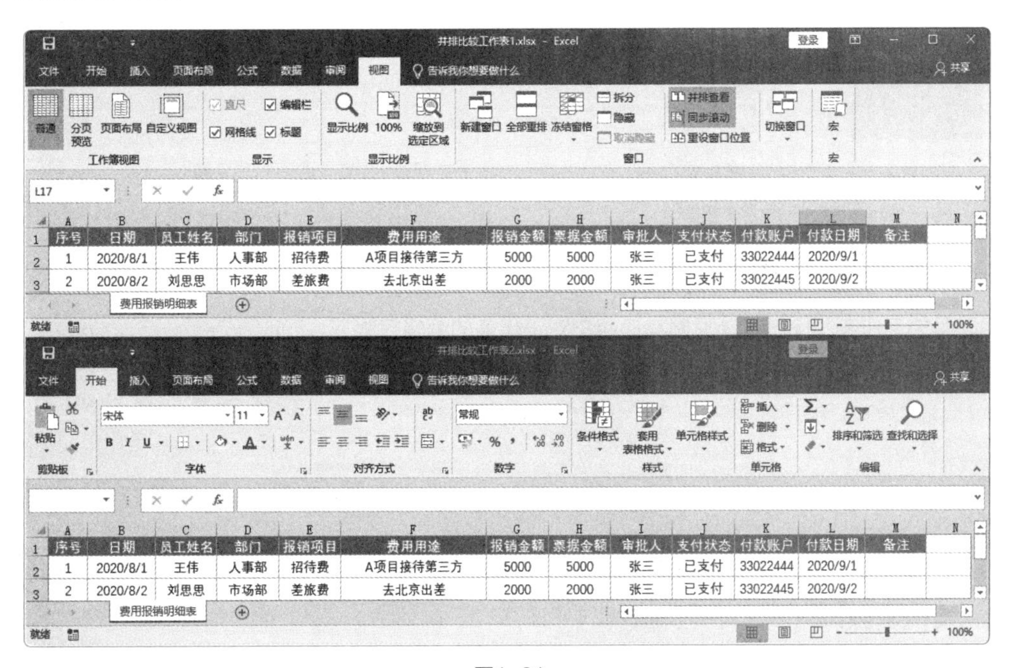

图1-21

1.3 工作簿 / 工作表的保护

为了防止他人随意更改或查看工作簿/工作表中的内容，用户可以对其进行保护。下面将介绍如何保护工作簿/工作表。

1.3.1 为工作簿设置打开密码

用户可以为工作簿设置密码。设置密码后，用户只有输入正确的密码，才能打开工作簿。单击“文件”按钮，选择“信息”选项①，在“信息”界面中单击“保护工作簿”下拉按钮②，选择“用密码进行加密”选项③，如图1-22所示。打开“加密文档”对话框，在“密码”文本框中输入密码“123”①，单击“确定”按钮②，如图1-23所示。打开“确认密码”对话框，重新输入密码①，单击“确定”按钮②，如图1-24所示。

保存并关闭工作簿后，此工作簿下次被打开时将提示用户需输入密码。如果不能输入正确的密码，将无法打开此工作簿。

如果要解除工作簿的保护，可以按照上述步骤再次打开“加密文档”对话框，删除现有密码即可。

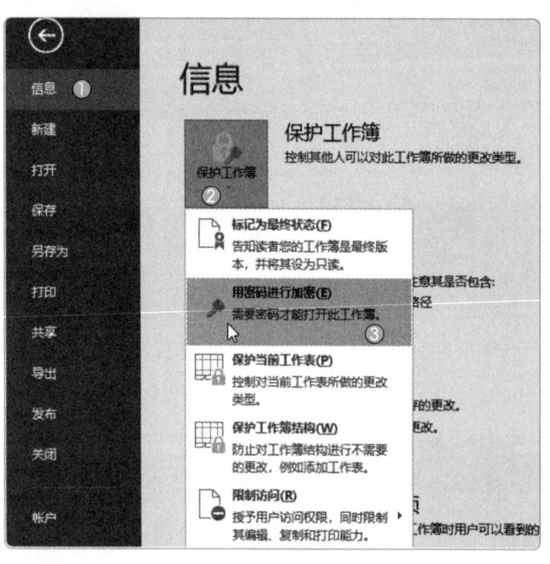

图1-22

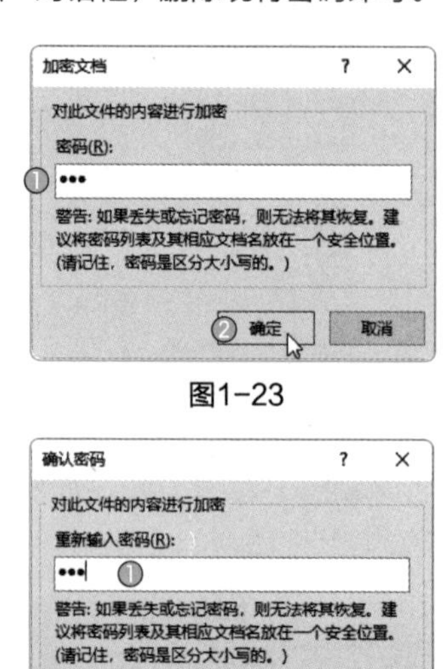

图1-23

图1-24

1.3.2 禁止修改工作表数据

使用“保护工作表”按钮可以限制其他用户对工作表的编辑权限，防止其进行更改，如图1-25所示。

图1-25

[实操1-2] 保护费用报销明细表中的数据

[实例资源] 第1章\例1-2.xlsx

微课视频

用户可以通过为工作表设置密码来限制其他用户修改工作表中的数据。下面将介绍具体的操作方法。

STEP 1 打开“费用报销明细表”工作表，在“审阅”选项卡中单击“保护工作表”按钮，如图 1-26 所示。

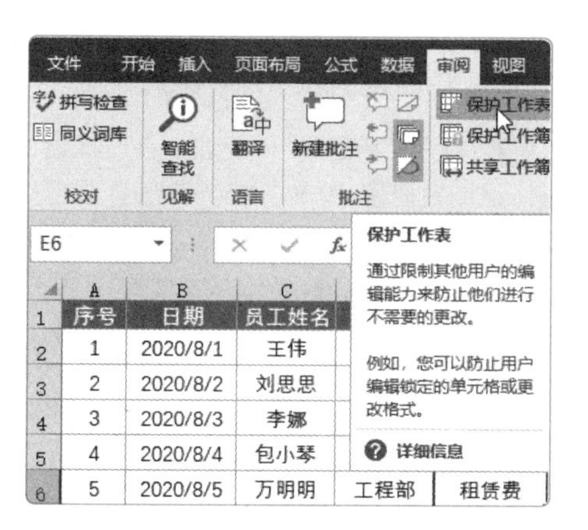

图1-26

STEP 2 打开“保护工作表”对话框，在“取消工作表保护时使用的密码”文本框中输入密码“123”❶，然后在“允许此工作表的所有用户进行”列表框中取消对所有选项的勾选❷，单击“确定”按钮❸，如图 1-27 所示。

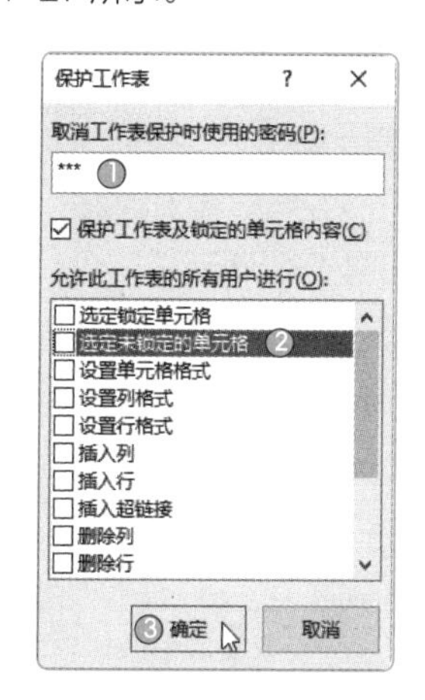

图1-27

STEP 3 打开“确认密码”对话框，在“重新输入密码”文本框中输入“123”❶，单击“确定”按钮❷，如图 1-28 所示。

STEP 4 此时，用户无法选中表格中的数据，且当修改表格中的数据时，会打开一个提示对话框，提示“您试图更改的单元格……”，如图 1-29 所示。

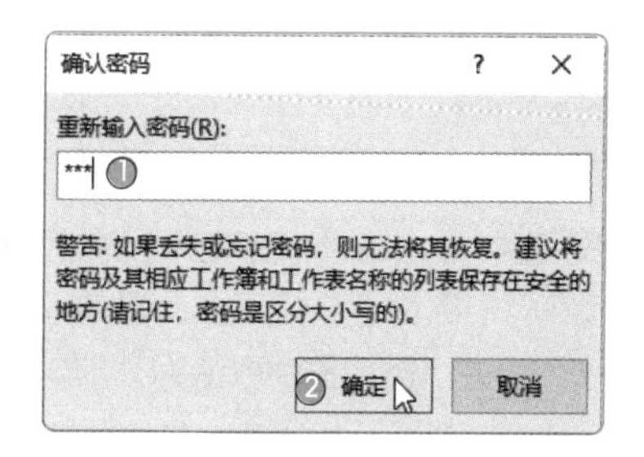

图1-28

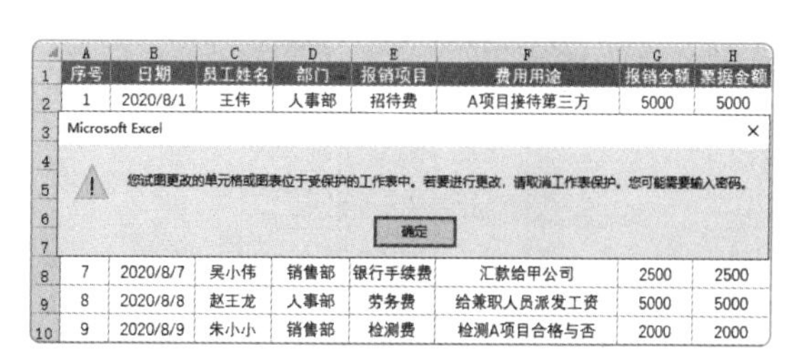

图1-29

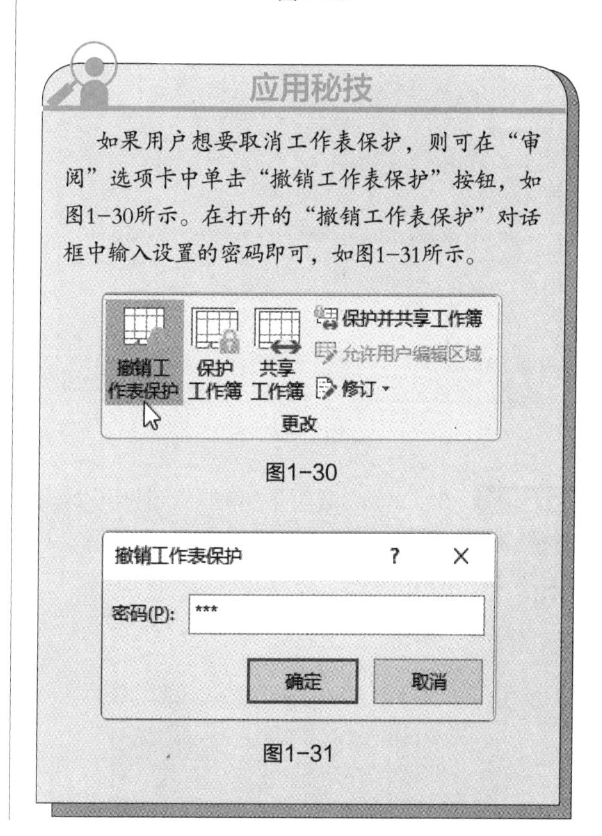

应用秘技

如果用户想要取消工作表保护，则可在“审阅”选项卡中单击“撤销工作表保护”按钮，如图1-30所示。在打开的“撤销工作表保护”对话框中输入设置的密码即可，如图1-31所示。

图1-30

图1-31

1.3.3 设置允许编辑区域

用户可以为区域设置密码保护，并指定允许他人进行编辑的区域。这一操作通过“允许用户编辑区域”选项就可以实现。

[实操1-3] 对报表中部分信息设置允许编辑区域

[实例资源] 第1章\例1-3.xlsx

将报表中的支付状态列设置为可编辑区、其他区域设置为不可编辑区可以按照以下方法操作。

STEP 1 选中 J2:J13 单元格区域，如图 1-32 所示。按【Ctrl+1】组合键，打开“设置单元格格式”对话框，在“保护”选项卡中取消对“锁定”复选框的勾选❶，单击“确定”按钮❷，如图 1-33 所示。

	I	J	K
1	审批人	支付状态	付款账户
2	张三	已支付	33022444
3	张三	已支付	33022445
4	李四	未支付	
5	张三	已支付	33022447
6	李四	已支付	33022448
7	张三	已支付	33022449
8	张三	已支付	33022450
9	李四	已支付	33022451
10	张三	未支付	
11	李四	已支付	33022453
12	李四	未支付	
13	张三	已支付	33022455

图1-32

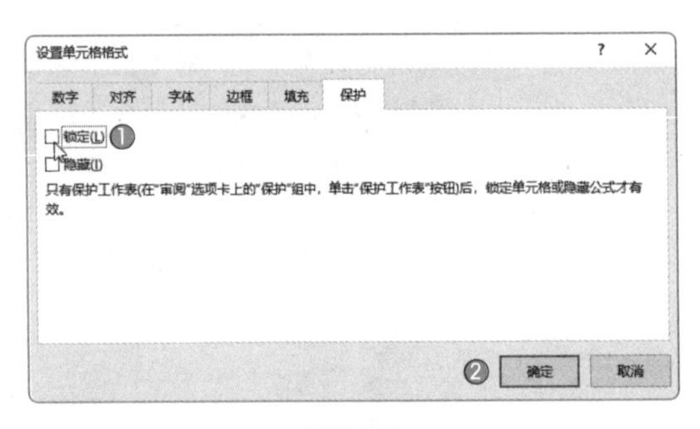

图1-33

STEP 2 在“审阅”选项卡中单击“允许用户编辑区域”按钮，打开“允许用户编辑区域”对话框，单击“新建”按钮，如图 1-34 所示。

图1-34

STEP 3 打开“新区域”对话框，在“标题”文本框中输入区域名称❶，单击“确定”按钮❷，如图 1-35 所示。

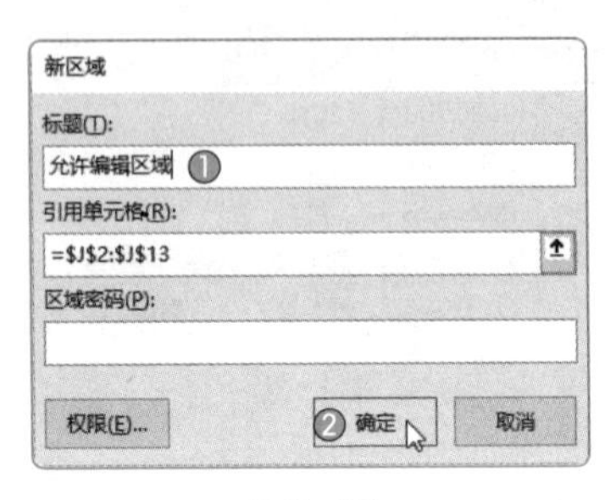

图1-35

STEP 4 返回“允许用户编辑区域”对话框，单击“保护工作表”按钮，如图 1-36 所示。打开“保护工作表”对话框，在“取消工作表保护时使用的密码”文本框中输入密码“123”❶，在“允许此工作表的所有用户进行”列表框中取消对“选定锁定单元格”复选框的勾选❷，单击“确定”按钮❸，如图 1-37 所示。打开“确认密码”对话框，重新输入密码❶，单击“确定”按钮❷，如图 1-38 所示。

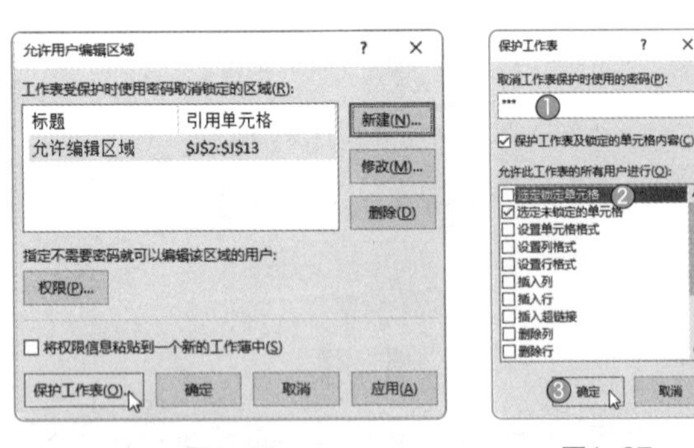

图1-36　　图1-37

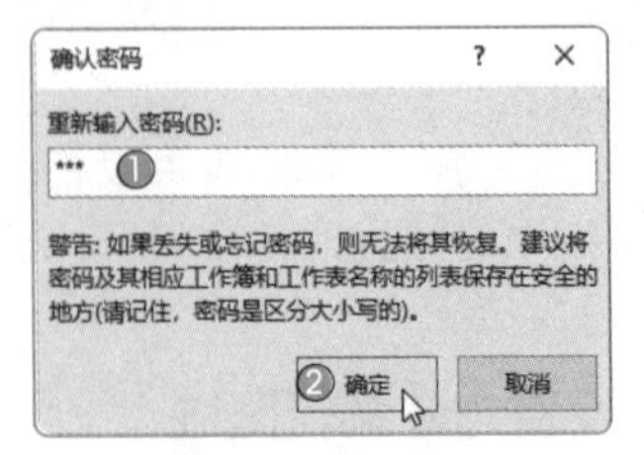

图1-38

STEP 5 此时，用户可以修改支付状态列中的数据，但不能修改其他区域中的数据。

基础入门篇

1.3.4 将工作簿标记为最终状态

如果工作簿需要与其他人共享或被确认为一份可存档的正式版本，此时可以使用“标记为最终状态”选项将文件设置为只读状态，以防止文件被修改。单击“文件”按钮，选择“信息”选项❶，单击“保护工作簿”下拉按钮❷，选择“标记为最终状态”选项❸，在打开的提示对话框中单击“确定”按钮，如图1-39所示。这时会打开另一个提示对话框，提示“此文档已被标记为最终状态……”，如图1-40所示。

此时，工作簿的文件名后显示为“只读”❶，并在选项卡下方显示“标记为最终版本”警告❷，文件将不再允许被编辑，如图1-41所示。

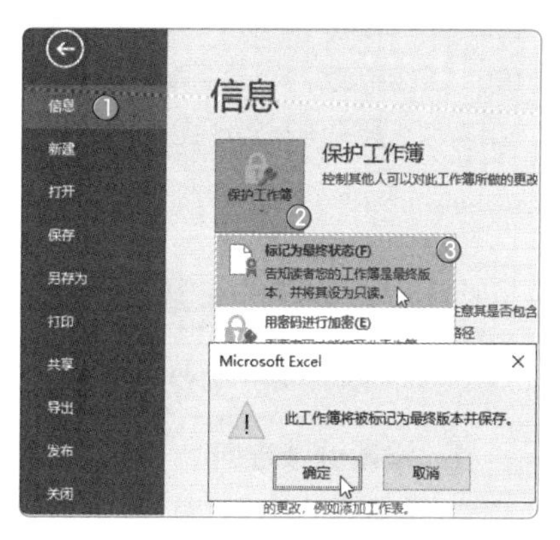

图1-39

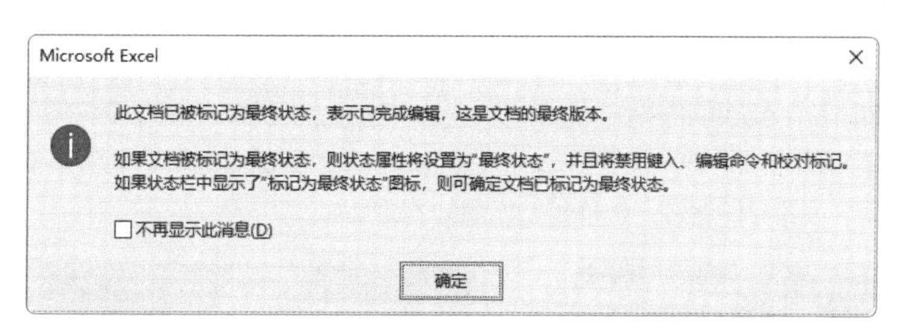

图1-40

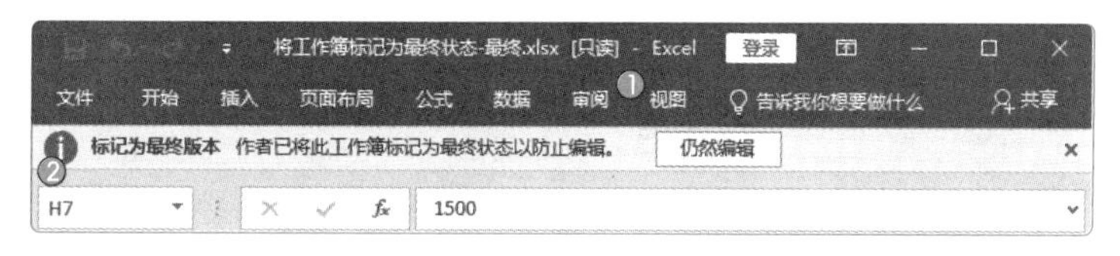

图1-41

如果用户想要取消最终状态，则单击“仍然编辑”按钮，使文件重新回到可编辑状态。

1.3.5 保护工作簿的结构

为了防止其他用户对工作簿的结构进行更改，例如移动、删除或添加工作表，用户可以保护工作簿。在“审阅”选项卡中单击“保护工作簿”按钮，如图1-42所示。打开“保护结构和窗口”对话框，输入密码“123”❶，单击“确定”按钮❷，弹出“确认密码”对话框，重新输入密码❸，单击“确定”按钮❹，如图1-43所示。此时，在工作表标签上单击鼠标右键，在弹出的快捷菜单中“插入”“删除”“重命名”“隐藏”等命令呈现灰色不可用状态，如图1-44所示。

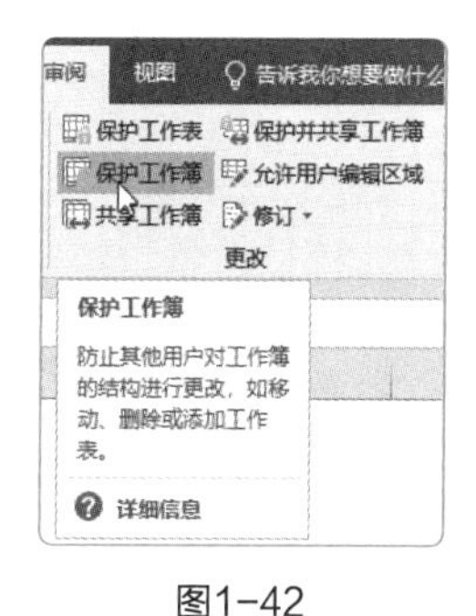

图1-42

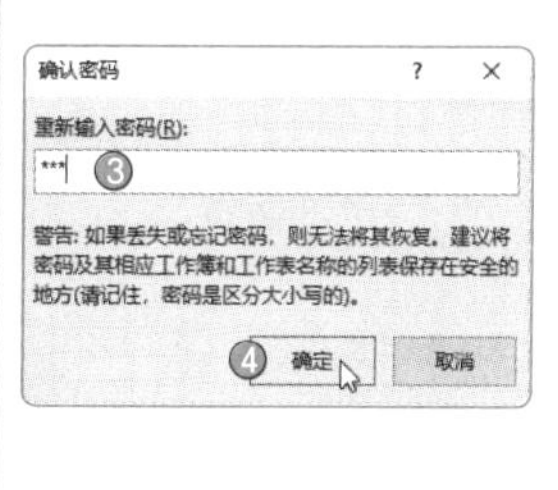

图1-43

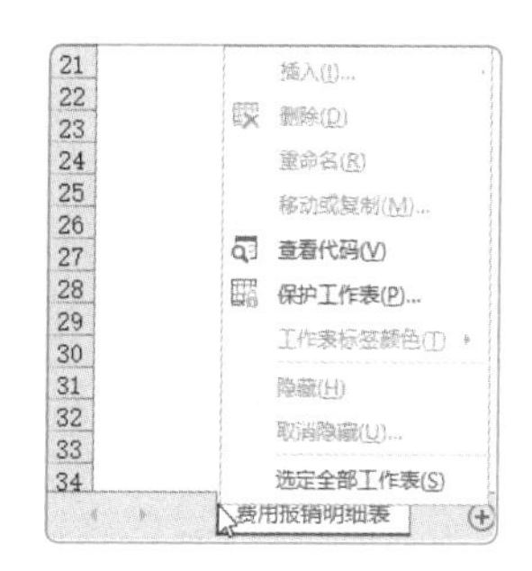

图1-44

1.4 报表的打印

工作中通常需要将报表/电子表格以纸质的形式呈现，此时，用户可以选择将其打印出来。下面将对其打印进行介绍。

微课视频

1.4.1 打印前的设置

在打印之前，用户需要对纸张方向、打印区域、每页打印标题行等进行设置。

1. 设置纸张方向

Excel默认的打印方向为纵向打印，但对于某些行数较少，而列数较多的表格，使用横向打印效果会更好。在“页面布局”选项卡中单击“纸张方向”下拉按钮，从列表中可以设置横向打印或纵向打印，如图1-45所示。

2. 设置打印区域

在默认打印设置下，Excel会将工作表中的所有内容打印出来。用户如果只需要将工作表中的某个数据区域打印出来，则可以设置打印区域。选中需要打印的数据区域，在“页面布局”选项卡中单击“打印区域”下拉按钮①，从列表中选择“设置打印区域”选项②，如图1-46所示。

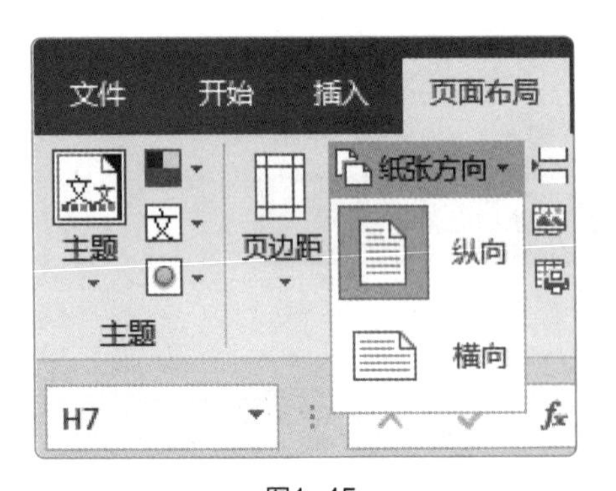

图1-45

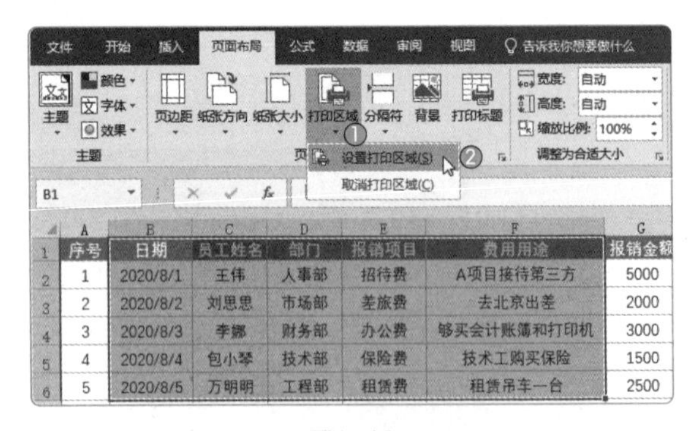

图1-46

单击“文件”按钮，选择“打印”选项①，在打印预览界面中可以看到只有被选中的数据区域②，如图1-47所示。

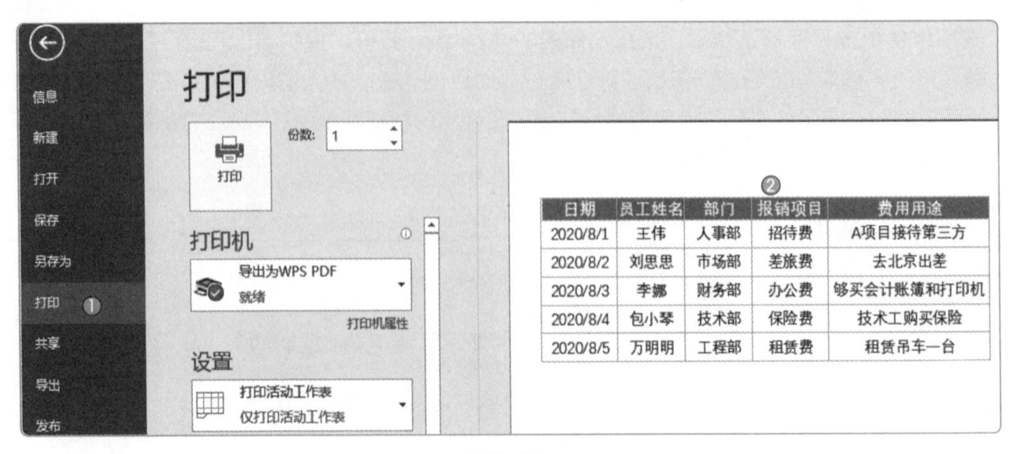

日期	员工姓名	部门	报销项目	费用用途
2020/8/1	王伟	人事部	招待费	A项目接待第三方
2020/8/2	刘思思	市场部	差旅费	去北京出差
2020/8/3	李娜	财务部	办公费	够买会计账簿和打印机
2020/8/4	包小琴	技术部	保险费	技术工购买保险
2020/8/5	万明明	工程部	租赁费	租赁吊车一台

图1-47

3. 设置每页打印标题行

大多数数据表都包含标题行。当表格内容较多，以至于需要打印成多页时，用户可以设置将标题行重复打印在每个页面上。在“页面布局”选项卡中单击“打印标题”按钮，打开“页面设置”对话框，切换到“工作表”选项卡①，将鼠标指针定位到“顶端标题行”框中并单击，然后在工作表中选择标题行区域，即表格的第一行②，单击“确定”按钮即可③，如图1-48所示。

图1-48

1.4.2 分页预览

使用分页预览视图模式可以很方便地显示当前工作表的打印区域及分页设置，并且可以直接在视图中调整分页。在“视图”选项卡中单击“分页预览”按钮，即可进入分页预览模式，如图1-49所示。

在分页预览视图中，被蓝色粗实线框围起来的白色表格区域是打印区域，而线框外的灰色区域是非打印区域。

序号	日期	员工姓名	部门	报销项目	费用用途	报销金额	票据金额	审批人	支付状态	付款账户	付款日期	备注
1	2020/8/1	王伟	人事部	招待费	A项目接待第三方	5000	5000				2020/9/1	
2	2020/8/2	刘思思	市场部	差旅费	去北京出差	2000	2000				2020/9/2	
3	2020/8/3	李娜	财务部	办公费	够买会计账簿和打印机	3000	3000					
4	2020/8/4	包小琴	技术部	保险费	技术工购买保险	1500	1500	张三	已支付	33022447	2020/9/4	
5	2020/8/5	万明明	工程部	租赁费	租赁吊车一台	2500	2500	李四	已支付	33022448	2020/9/5	
6	2020/8/6	张晓梅	市场部	审计费	审计去年成本费用	1500	1500	张三	已支付	33022449	2020/9/6	
7	2020/8/7	吴小伟	销售部	银行手续费	汇款给甲公司	2500	2500	张三	已支付	33022450	2020/9/7	
8	2020/8/8	赵王龙	人事部	劳务费	给兼职人员派发工资	5000	5000	李四	已支付	33022451	2020/9/8	
9	2020/8/9	朱小小	销售部	检测费	检测A项目合格与否	2000	2000	张三	未支付			
10	2020/8/10	龚王红	财务部	维修费	维修财务部打印机	3000	3000	李四	已支付	33022453	2020/9/10	
11	2020/8/11	刘明明	技术部	运费	向A公司寄材料	1500	1500	李四	未支付			
12	2020/8/12	张小伟	人事部	燃油费	公司车辆加油	1500	1500	张三	已支付	33022455	2020/9/12	

自动分页符

第1页

第2页

图1-49

表格中蓝色的粗虚线为“自动分页符”，它是Excel根据打印区域和页面范围自动设置的分页标志。在虚线左侧的表格区域中，显示“第1页”灰色水印，表示这块区域内容被打印在第1页纸上。虚线右侧表格区域的灰色水印显示为“第2页”，表示这块区域内容被打印在第2页纸上。

用户可以对分页符的位置进行调整，将鼠标指针移至粗虚线上，当鼠标指针变为黑色双向箭头时①，按住鼠标左键不放，拖曳鼠标，移动分页符的位置。移动后的分页符由粗虚线改变为粗实线，此粗实线为“人工分页符”②，如图1-50所示。

此外，将分页符拖曳至最右侧的粗实线上，表格的所有列将显示在“第1页”区域中。

应用秘技

在“视图”选项卡中单击“普通”按钮，即可将分页预览视图模式切换到普通视图模式。

第1章 Excel的基本操作

序号	日期	员工姓名	部门	报销项目	费用用途	报销金额	票据金额	审批人	支付状态	付款账户	付款日期	备注
1	2020/8/1	王伟	人事部	招待费	A项目接待第三方	5000	5000	张三	已支付	33022444	2020/9/1	
2	2020/8/2	刘思思	市场部	差旅费	去北京出差	2000	2000	张三	已支付	33022445	2020/9/2	
3	2020/8/3	李娜	财务部	办公费	够买会计账簿和打印机	3000	3000	李四	未支付			
4	2020/8/4	包小琴	技术部	保险费	技术工购买保险	1500	1500	张三	已支付	33022447	2020/9/4	
5	2020/8/5	万明明	工程部	租赁费	租赁吊车一台	2500	2500	李四	已支付	33022448	2020/9/5	
6	2020/8/6	张晓梅	市场部	审计费	审计去年成本费用	1500	1500	张三	已支付	33022449	2020/9/6	
7	2020/8/7	吴小伟	销售部	银行手续费	汇款给甲公司	2500	2500	张三	已支付	33022450	2020/9/7	
8	2020/8/8	赵王龙	人事部	劳务费	给兼职人员派发工资	5000	5000	李四	已支付	33022451	2020/9/8	
9	2020/8/9	朱小小	销售部	检测费	检测A项目合格与否	2000	2000	张三	未支付			
10	2020/8/10	龚王红	财务部	维修费	维修财务部打印机	3000	3000	李四	已支付	33022453	2020/9/10	
11	2020/8/11	刘明明	技术部	运费	向A公司寄材料	1500	1500	李四	未支付			
12	2020/8/12	张小伟	人事部	燃油费	公司车辆加油	1500	1500	张三	已支付	33022455	2020/9/12	

第1页 第2页 ①

序号	日期	员工姓名	部门	报销项目	费用用途	报销金额	票据金额	审批人	支付状态	付款账户	付款日期	备注
1	2020/8/1	王伟	人事部	招待费	A项目接待第三方	5000	5000	张三	已支付	33022444	2020/9/1	
2	2020/8/2	刘思思	市场部	差旅费	去北京出差	2000	2000	张三	已支付	33022445	2020/9/2	
3	2020/8/3	李娜	财务部	办公费	够买会计账簿和打印机	3000	3000	李四	未支付			
4	2020/8/4	包小琴	技术部	保险费	技术工购买保险	1500	1500	张三	已支付	33022447	2020/9/4	
5	2020/8/5	万明明	工程部	租赁费	租赁吊车一台	2500	2500	李四	已支付	33022448	2020/9/5	
6	2020/8/6	张晓梅	市场部	审计费	审计去年成本费用	1500	1500	张三	已支付	33022449	2020/9/6	
7	2020/8/7	吴小伟	销售部	银行手续费	汇款给甲公司	2500	2500	张三	已支付			
8	2020/8/8	赵王龙	人事部	劳务费	给兼职人员派发工资	5000	5000	李四	已支付			
9	2020/8/9	朱小小	销售部	检测费	检测A项目合格与否	2000	2000	张三	未支付			
10	2020/8/10	龚王红	财务部	维修费	维修财务部打印机	3000	3000	李四	已支付	33022453	2020/9/10	
11	2020/8/11	刘明明	技术部	运费	向A公司寄材料	1500	1500	李四	未支付			
12	2020/8/12	张小伟	人事部	燃油费	公司车辆加油	1500	1500	张三	已支付	33022455	2020/9/12	

第1页 人工分页符 ②

图1-50

1.4.3 打印预览

在进行打印前，用户可以通过打印预览来观察当前的打印设置是否符合要求。除了通过单击“文件”按钮，选择“打印”选项，在“打印”界面中进行打印预览外，用户还可以在“视图”选项卡中单击“页面布局”按钮，对文件进行打印预览，如图1-51所示。

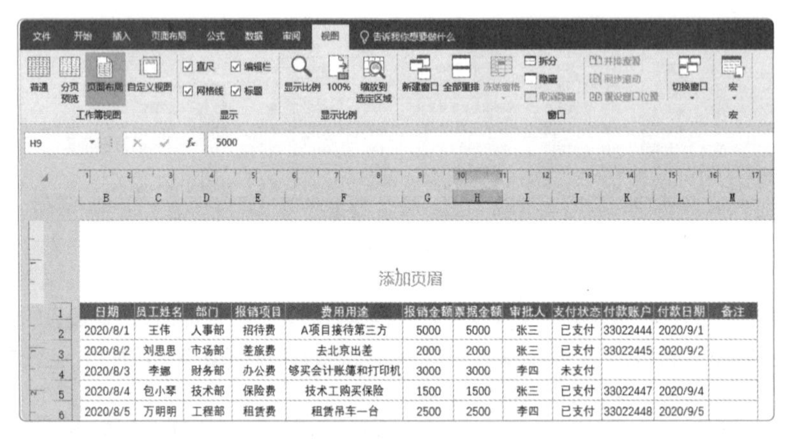

图1-51

使用模板制作差旅费报销单

本章实战演练将运用前面所介绍的知识制作差旅费报销单，以帮助用户熟练掌握模板的创建操作。

微课视频

1. 案例效果

本章实战演练为使用模板制作差旅费报销单，最终效果如图1-52所示。

差旅费报销单

姓名	刘佳	授权人	孙杨	每千米补贴	¥0.45
部门	销售部	提交日期	2021年9月17日	总报销费用	¥67,118.72
时长	从 2021年9月1日 到 2021年9月16日				

日期	费用说明	机票	住宿	地面交通费（加油费、租车费、打的费）	餐饮费及小费	会议和研讨会	千米数	里程补贴	杂项	货币兑换率	记账货币	汇总
2021年9月1日	出差到客户办事处	8,000.00	500.00	600.00	150.00	400.00	35	15.75		1.000	人民币	¥62,359.68
2021年9月10日	和客户用餐			120.00	500.00		12	5.40		1.000	人民币	¥4,034.84
2021年9月15日	下午研讨会					600.00	6	2.70		1.000	人民币	¥602.70
2021年9月16日	去机场			90.00			70	31.50		1.000	人民币	¥121.50
汇总		8,000.00	500.00	810.00	650.00	1,000.00	123	55.35	0.00			¥67,118.72

图1-52

2. 操作思路

掌握通过“新建”界面搜索并创建相关模板，下面将进行简单介绍。

STEP 1 打开“新建”界面①，搜索“差旅费报销单”模板②，然后单击需要的模板③，在打开的界面中单击“创建”按钮，即可创建模板，如图1-53所示。

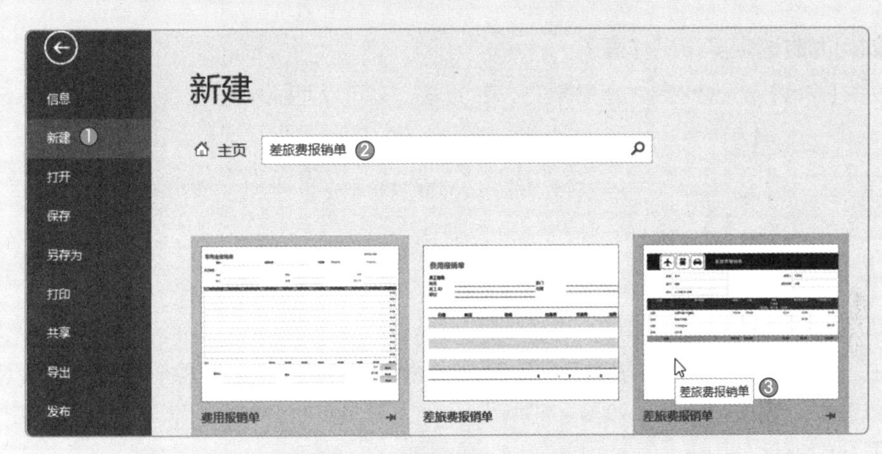

图1-53

STEP 2 创建模板后，用户可以根据需要修改单元格的填充颜色、删除不需要的元素、修改数据内容等，如图1-54所示。

差旅费报销单

姓名	米申	授权人	孔西明	每千米补贴	¥0.32
部门	销售	提交日期	2021年9月17日	总报销费用	¥3,475.53
时长	从 2021年8月18日 到 2021年8月23日				

日期	费用说明	机票	住宿	地面交通费（加油费、租车费、打的费）	餐饮费及小费	会议和研讨会	千米数	里程补贴	杂项	货币兑换率	记账货币	汇总
2021年8月18日	出差到客户办事处	350.00	150.00	45.00	12.00	50.00	35.00	11.20		1.00	人民币	¥3,203.11
2021年8月18日	和客户用餐				24.30		12.00	3.84		1.00	人民币	¥148.11
2021年8月18日	下午研讨会					100.00	6.00	1.92		1.00	人民币	¥101.92
2021年8月23日	去机场						70.00	22.40		1.00	人民币	¥22.40
汇总		350.00	150.00	45.00	36.30	150.00	123.00	39.36	0.00			¥3,475.53

图1-54

疑难解答

Q：如何为工作表设置背景？

A：在“页面布局”选项卡中单击“背景”按钮（见图1-55），打开“插入图片”对话框，单击“从文件　浏览”按钮，如图1-56所示。打开“工作表背景”对话框，选择合适的图片①，单击“插入”按钮即可②，如图1-57所示。

图1-55

图1-56

图1-57

Q：如何同时选定多个工作表？

A：按住【Ctrl】键，依次单击所需要工作表的标签，就可以同时选定多个工作表，如图1-58所示。

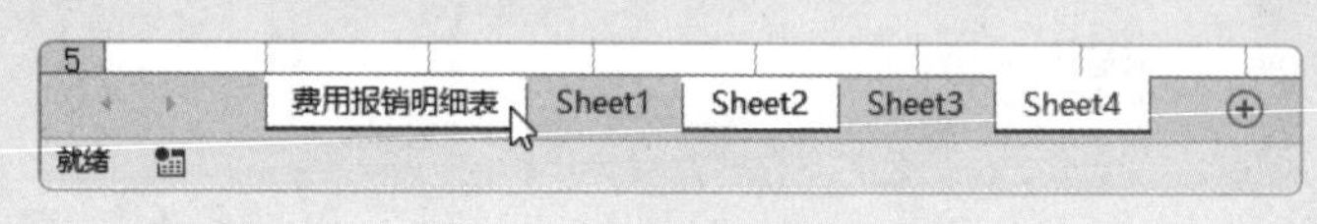

图1-58

Q：如何设置工作表标签颜色？

A：在工作表标签上单击鼠标右键①，从弹出的快捷菜单中选择“工作表标签颜色”命令②，并从其级联菜单中选择合适的颜色③，如图1-59所示。此时，选择其他工作表，可以看到设置的工作表标签颜色，如图1-60所示。

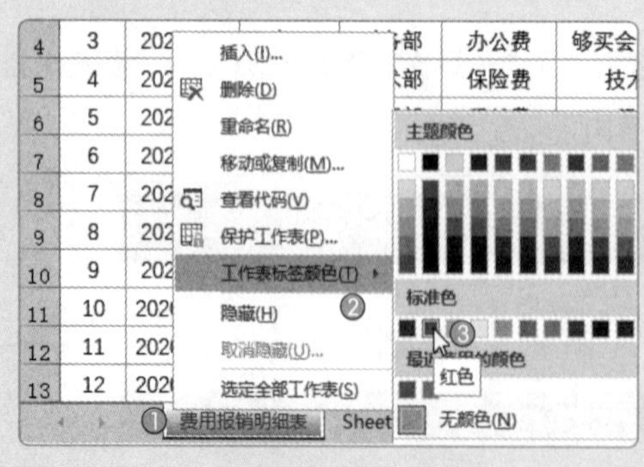

图1-59

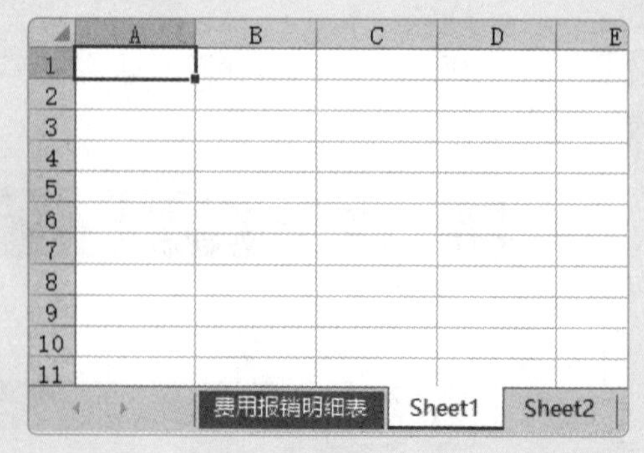

图1-60

第2章

数据的输入与编辑

制作工作表的前提是输入数据。输入数据看似很简单，其实是需要技巧的。对于不同类型的数据，输入的方法不同。掌握这些输入技巧，用户可以快速完成工作表的制作，提高工作效率。本章将对数据的输入与编辑进行详细介绍。

2.1 输入数据的技巧

某些数据不必手动逐个输入，用户使用一些输入技巧可以实现自动填充。下面将进行详细介绍。

2.1.1 使用组合键输入数据

当需要在表格中输入当前日期和时间时，用户可以使用组合键输入。按【Ctrl+;】组合键，可以快速输入当前系统日期，如图2-1所示。按【Ctrl+Shift+;】组合键，可以快速输入当前系统时间，如图2-2所示。

图2-1

图2-2

2.1.2 批量输入相同数据

如果需要在表格中输入大量相同内容，为了节省时间，用户可以采用以下几种方法输入。

方法一：使用【Ctrl+Enter】组合键输入

选择单元格区域❶，在“编辑栏”中输入内容❷，按【Ctrl+Enter】组合键，即可在选中的区域批量输入相同内容❸，如图2-3所示。

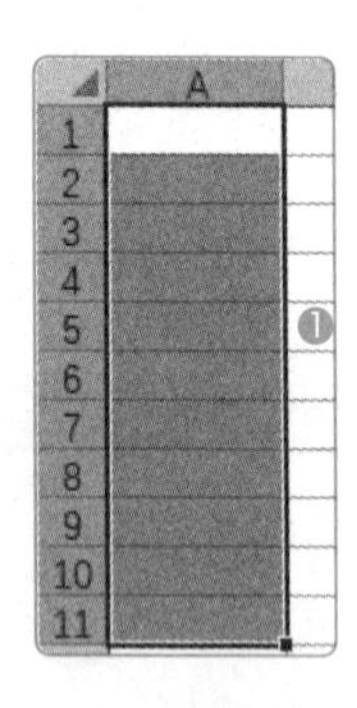

图2-3

方法二：使用【Ctrl+D】组合键输入

先输入一个数据❶，然后选择包含数据的单元格区域❷，按【Ctrl+D】组合键，即可批量输入相同数据❸，如图2-4所示。

方法三：使用鼠标拖曳

输入一个数据后，选中数据所在单元格，将鼠标指针移至单元格右下角，鼠标指针变为“✚”形状❶，拖曳鼠标❷，即可快速输入相同内容❸，如图2-5所示。

图2-4

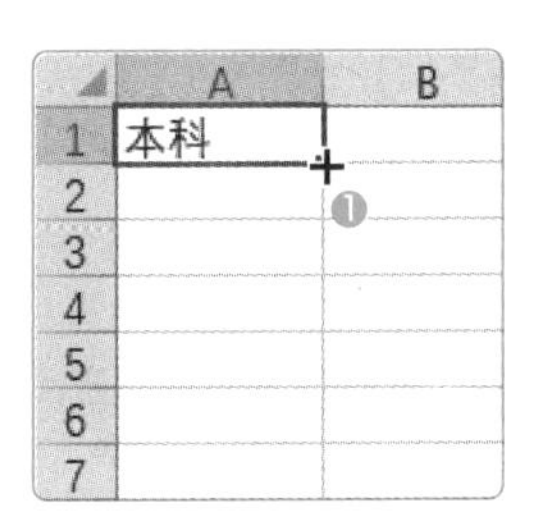

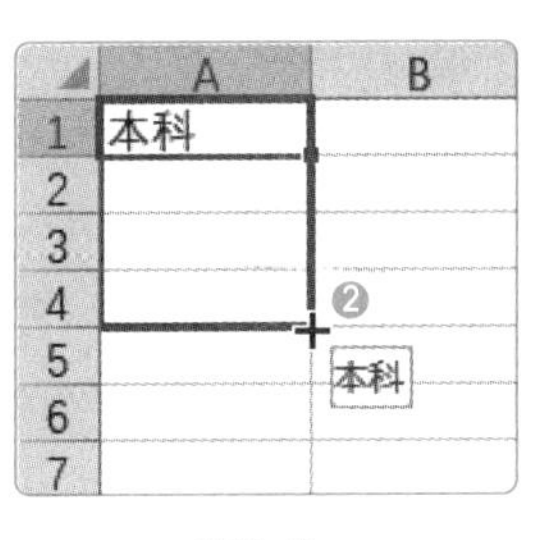

图2-5

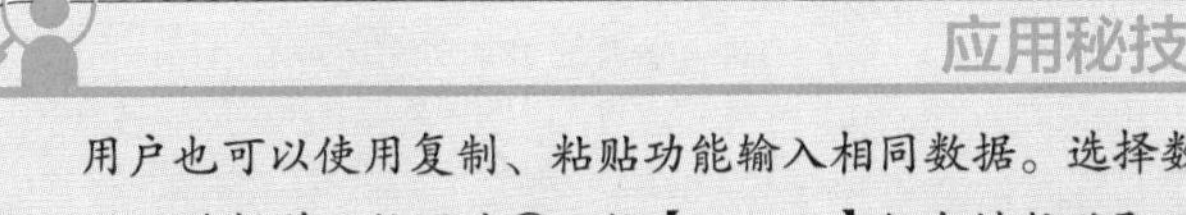

应用秘技

用户也可以使用复制、粘贴功能输入相同数据。选择数据所在单元格①，按【Ctrl+C】组合键进行复制，然后选择单元格区域②，按【Ctrl+V】组合键粘贴即可③，如图2-6所示。

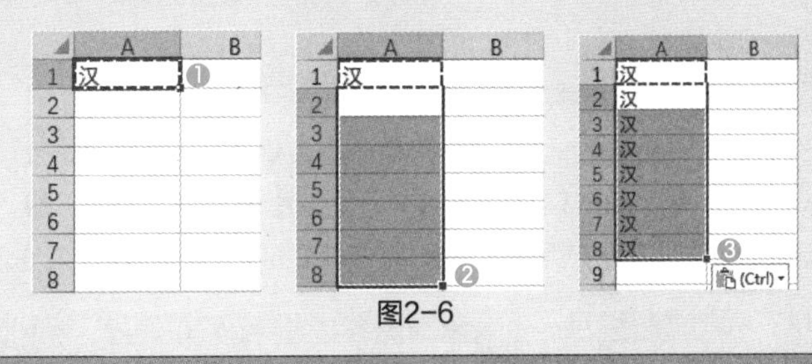

图2-6

2.1.3 定位填充数据

利用定位功能，可以按条件选中目标区域。较常用到的就是选定所有空单元格，然后批量填充相同内容。

[实操2-1] 快速输入相同数据内容

[实例资源] 第2章\例2-1.xlsx

用户如果想要在不连续的单元格中输入相同内容，可以按照以下方法操作。

STEP 1 打开“员工基本信息记录表”工作表，选择K列，在“开始”选项卡中单击“查找和选择”下拉按钮①[1]，从列表中选择“定位条件”选项②，如图2-7所示。

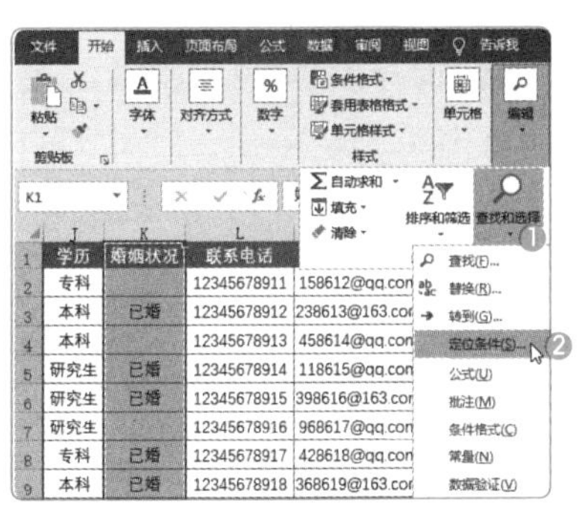

图2-7

STEP 2 打开“定位条件”对话框，选择“空值”单选按钮①，单击“确定”按钮②，如图2-8所示，即可选中空单元格。

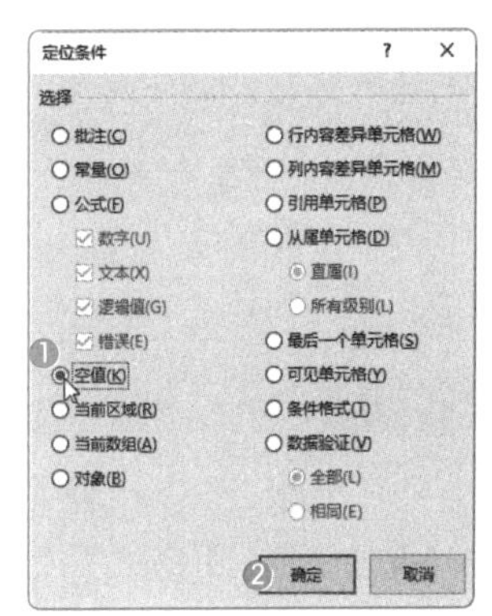

图2-8

1　为节省篇幅，本书中部分操作界面截图为缩小窗口后的效果。

STEP 3 将K列中的空单元格选中后，在“编辑栏”中输入“未婚”，如图 2-9 所示。

K2 | 未婚

	J	K	L	M
1	学历	婚姻状况	联系电话	邮箱
2	专科	未婚	12345678911	158612@qq.com
3	本科	已婚	12345678912	238613@163.com
4	本科		12345678913	458614@qq.com
5	研究生	已婚	12345678914	118615@qq.com
6	研究生	已婚	12345678915	398616@163.com
7	研究生		12345678916	968617@qq.com
8	专科	已婚	12345678917	428618@qq.com
9	本科	已婚	12345678918	368619@163.com

图2-9

STEP 4 按【Ctrl+Enter】组合键，即可在空单元格中输入相同内容“未婚”，如图 2-10 所示。

K2 | 未婚

	J	K	L	M
1	学历	婚姻状况	联系电话	邮箱
2	专科	未婚	12345678911	158612@qq.com
3	本科	已婚	12345678912	238613@163.com
4	本科	未婚	12345678913	458614@qq.com
5	研究生	已婚	12345678914	118615@qq.com
6	研究生	已婚	12345678915	398616@163.com
7	研究生	未婚	12345678916	968617@qq.com
8	专科	已婚	12345678917	428618@qq.com
9	本科	已婚	12345678918	368619@163.com

图2-10

2.1.4 自动填充数据

使用Excel中的自动填充功能可以批量生成各种数字序列。在A1单元格中输入“1”❶，选中单元格后，右下角会有一个小方块，叫作“填充柄”。用户只要拖曳填充柄至结尾单元格（A10）❷，并单击出现的自动填充按钮❸，在打开的列表中选择“填充序列”选项❹，就可以快速生成连续序号❺，如图2-11所示。

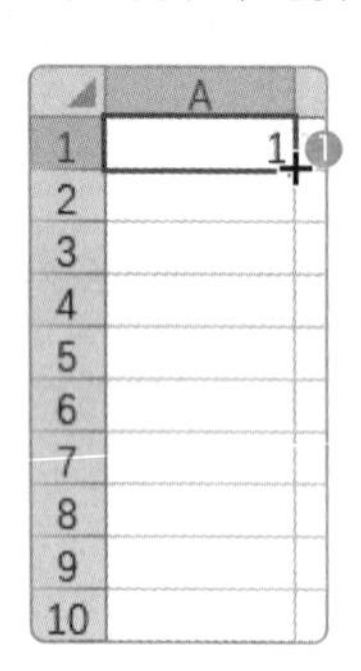

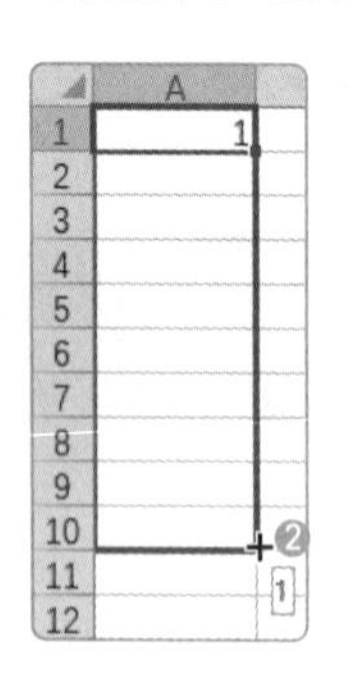

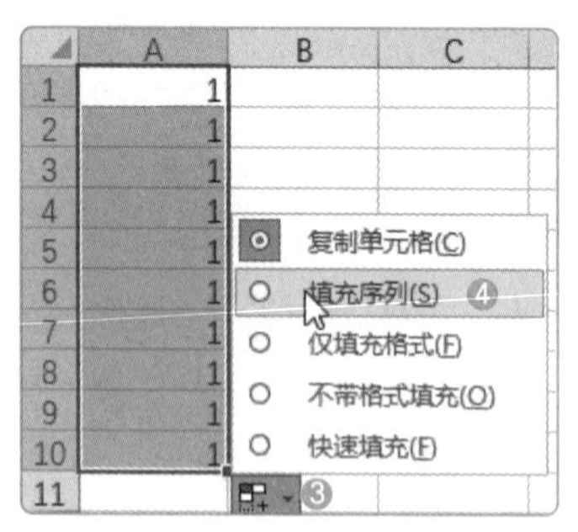

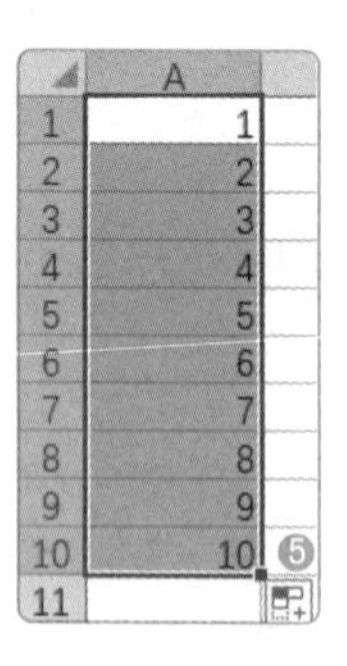

图2-11

[实操2-2] 快速输入有序数据

[实例资源] 第2章\例2-2.xlsx

如果需要输入包含数字的有序数据，如编号、工号等，则可以通过以下操作来实现。

STEP 1 在 B2 单元格中输入“DS001”，选择 B2 单元格，将鼠标指针移至该单元格右下角，按住鼠标左键不放，向下拖曳鼠标，即可快速输入工号，如图 2-12 所示。

	A	B	C	D	E	F
1	序号	工号	姓名	部门	性别	出生日期
2	1	DS001	张宇	销售部	男	1990-02-11
3	2		王晓	研发部	女	1971-08-02
4	3		周珂	销售部	男	1992-10-04
5	4		孙岩杨	工艺部	男	1990-05-11
6	5		刘雯	研发部	女	1990-07-11
7	6		李鹏	工艺部	男	1996-04-11
8	7		吴君乐	销售部	男	1990-04-11
9	8		赵宣	工艺部	男	1990-04-11
10		DS008				

图2-12

	A	B	C	D	E	F
1	序号	工号	姓名	部门	性别	出生日期
2	1	DS001	张宇	销售部	男	1990-02-11
3	2	DS002	王晓	研发部	女	1971-08-02
4	3	DS003	周珂	销售部	男	1992-10-04
5	4	DS004	孙岩杨	工艺部	男	1990-05-11
6	5	DS005	刘雯	研发部	女	1990-07-11
7	6	DS006	李鹏	工艺部	男	1996-04-11
8	7	DS007	吴君乐	销售部	男	1990-04-11
9	8	DS008	赵宣	工艺部	男	1990-04-11
10						

图2-12（续）

STEP 2 或者选择 B2 单元格后，将鼠标指针移至其右下角，双击即可，如图 2-13 所示。

序号	工号	姓名	部门	性别	出生日期
1	DS001	张宇	销售部	男	1990-02-11
2		王晓	研发部	女	1971-08-02
3		周珂	销售部	男	1992-10-04
4		孙岩杨	工艺部	男	1990-05-11
5		刘雯	研发部	女	1990-07-11
6		李鹏	工艺部	男	1996-04-11
7		吴君乐	销售部	男	1990-04-11
8		赵宣	工艺部	男	1990-04-11

序号	工号	姓名	部门	性别	出生日期
1	DS001	张宇	销售部	男	1990-02-11
2	DS002	王晓	研发部	女	1971-08-02
3	DS003	周珂	销售部	男	1992-10-04
4	DS004	孙岩杨	工艺部	男	1990-05-11
5	DS005	刘雯	研发部	女	1990-07-11
6	DS006	李鹏	工艺部	男	1996-04-11
7	DS007	吴君乐	销售部	男	1990-04-11
8	DS008	赵宣	工艺部	男	1990-04-11

图2-13

2.1.5 自动生成指定序列

当对输入的数据有明确的数量、间隔要求时，通过“序列”对话框可以自动生成指定序列，如图2-14所示。

- **“等差序列”单选按钮：**用于使数值数据按照固定的差值间隔依次填充（使用时需要在“步长值”文本框内输入此固定差值）。
- **“等比序列”单选按钮：**用于使数值数据按照固定的比例间隔依次填充（使用时需要在“步长值”文本框内输入此固定比例）。

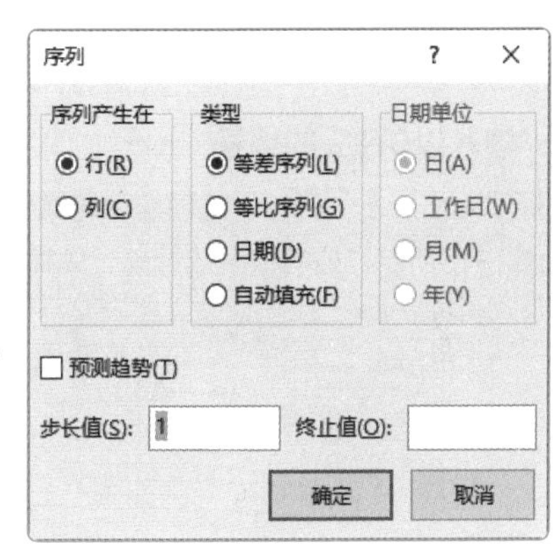

图2-14

[实操2-3] 自动生成序号列信息

[实例资源] 第2章\例2-3.xlsx

当需要输入1～8且间隔为1的序号时，可以按照以下方法操作。

STEP 1 在A2单元格中输入“1”，在“开始”选项卡中单击“填充”下拉按钮❶，从列表中选择“序列”选项❷，如图2-15所示。

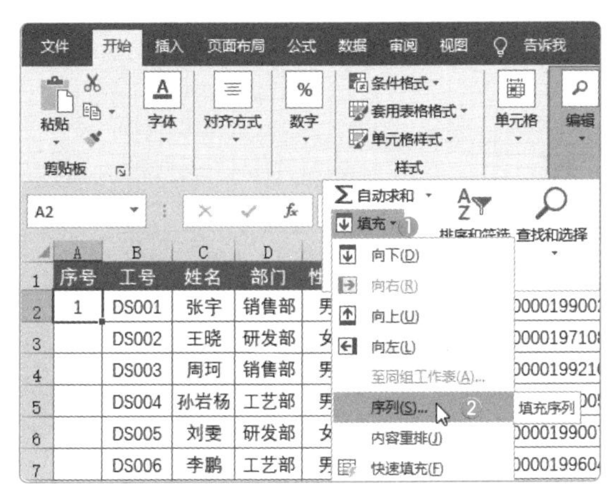

图2-15

STEP 2 打开“序列”对话框，在“序列产生在”区域中选择“列”单选按钮❶，在“类型”区域中选择“等差序列”单选按钮❷，在“步长值”文本框中输入“1”❸，在“终止值”文本框中输入“8”❹，单击“确定”按钮❺，如图2-16所示。

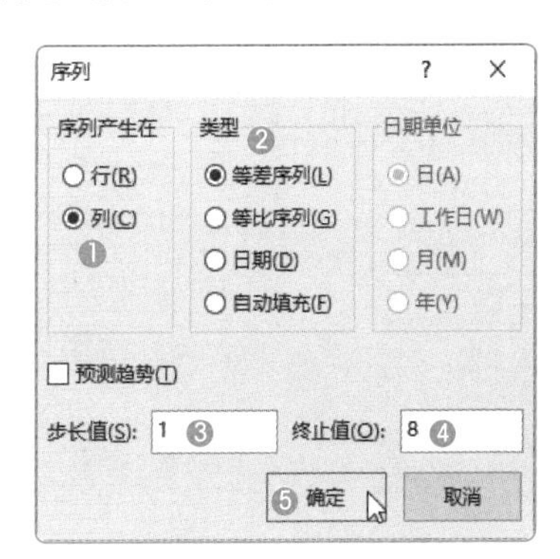

图2-16

STEP 3 此时，可输入步长值为 1、终止值为 8 的序号，如图 2-17 所示。

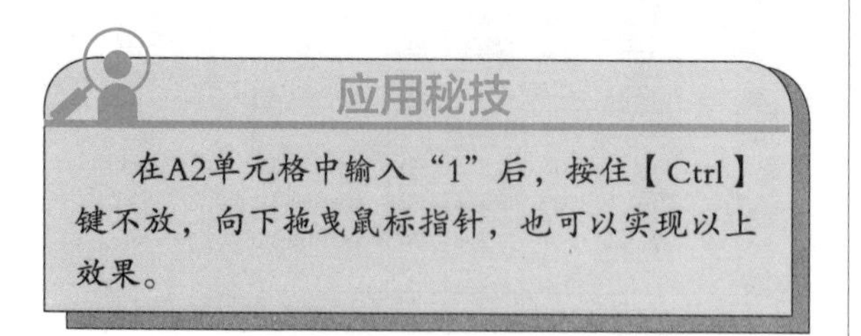

应用秘技

在A2单元格中输入“1”后，按住【Ctrl】键不放，向下拖曳鼠标指针，也可以实现以上效果。

	A	B	C	D	E	F
1	序号	工号	姓名	部门	性别	出生日期
2	1	DS001	张宇	销售部	男	1990-02-11
3	2	DS002	王晓	研发部	女	1971-08-02
4	3	DS003	周珂	销售部	男	1992-10-04
5	4	DS004	孙岩杨	工艺部	男	1990-05-11
6	5	DS005	刘雯	研发部	女	1990-07-11
7	6	DS006	李鹏	工艺部	男	1996-04-11
8	7	DS007	吴君乐	销售部	男	1990-04-11
9	8	DS008	赵宣	工艺部	男	1990-04-11

图2-17

2.1.6 特殊数据的输入方法

微课视频

有时，用户会在表格中输入一些特殊数据，例如以0开头的编号、18位的身份证号码等，这些数据通常在Excel中不能直接输入。用户可以通过设置数字格式来输入这些特殊数据。

1. 输入以0开头的编号

选择单元格，在“开始”选项卡中将数字格式设置为“文本”，如图2-18所示，这时即可输入以0开头的编号，如图2-19所示。或者输入数据前，先输入英文单引号，如图2-20所示。

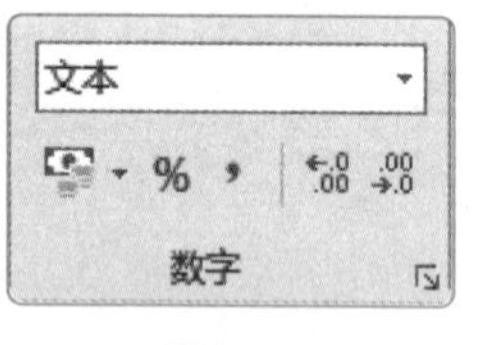

图2-18

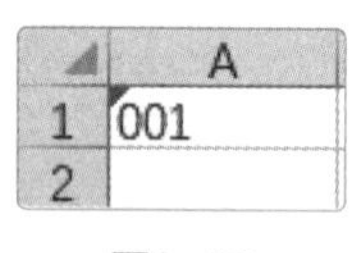

图2-19

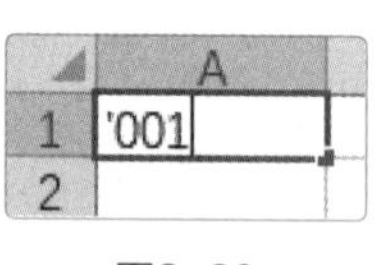

图2-20

基础入门篇

2. 输入18位的身份证号码

选择单元格，将数字格式设置为“文本”，或者按【Ctrl+1】组合键，打开“设置单元格格式”对话框，在“数字”选项卡中选择“文本”选项，单击“确定”按钮即可，如图2-21所示。

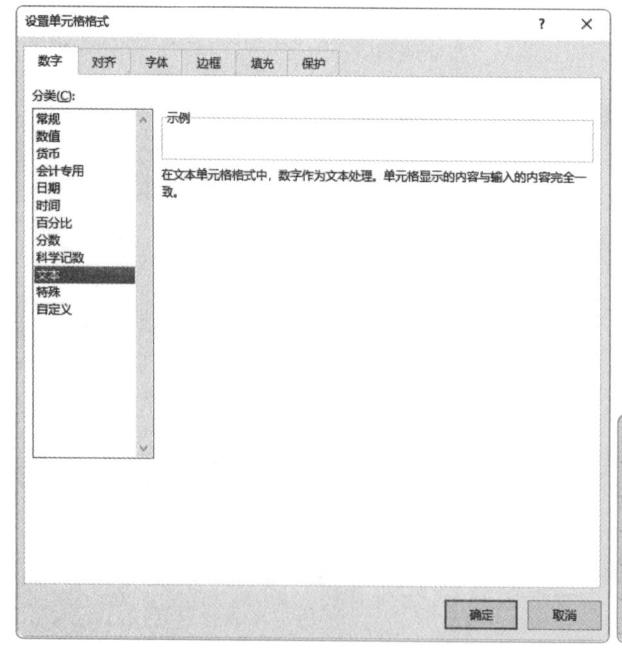

	A
1	300000199200014O4
2	100000199100014O5
3	700000199800014O6
4	500000199200014O7
5	600000199300014O8

图2-21

应用秘技

用户要想输入超过11位的数字，就需要将数字格式设置为“文本”。

2.1.7 自定义数字格式

除了使用系统内置的数字格式外，用户也可以自定义数字格式。自定义数字格式在“设置单元格格式”对话框中设置实现。具体方法是在该对话框中选择“自定义”选项，可以看到很多预设的数字格式，然后根据需要选择即可，如图2-22所示。通常用户需要自行定义新的数字格式，以让数据按自己需要的格式呈现。

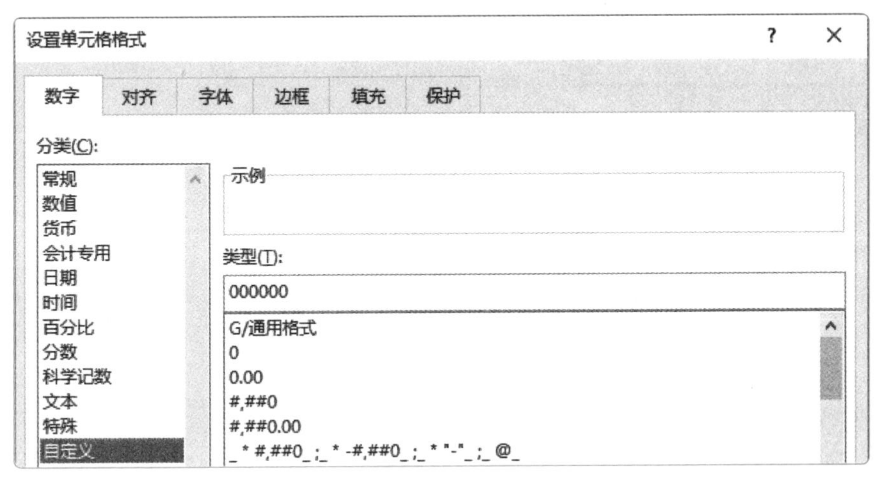

图2-22

[实操2-4] 将联系电话分段显示
[实例资源] 第2章\例2-4.xlsx

微课视频

用户可以通过自定义数字格式，让联系电话分段显示。下面将介绍具体的操作方法。

STEP 1 选择L2:L9单元格区域，如图2-23所示。按【Ctrl+1】组合键，打开“设置单元格格式”对话框，在“数字”选项卡中选择“自定义”选项❶，在“类型”文本框中输入代码“000-0000-0000”❷，单击“确定”按钮❸，如图2-24所示。

	J	K	L	M
1	学历	婚姻状况	联系电话	邮箱
2	专科	未婚	12345678911	158612@qq.com
3	本科	已婚	12345678912	238613@163.com
4	本科	未婚	12345678913	458614@qq.com
5	研究生	已婚	12345678914	118615@qq.com
6	研究生	已婚	12345678915	398616@163.com
7	研究生	未婚	12345678916	968617@qq.com
8	专科	已婚	12345678917	428618@qq.com
9	本科	已婚	12345678918	368619@163.com

图2-23

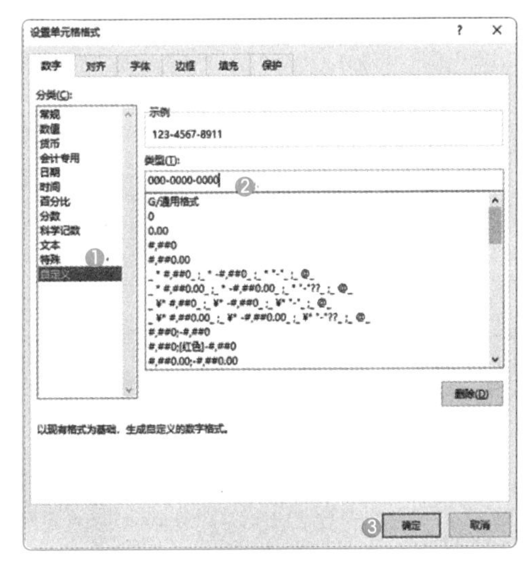

图2-24

STEP 2 这时即可将联系电话分段显示，如图2-25所示。

	K	L
1	婚姻状况	联系电话
2	未婚	123-4567-8911
3	已婚	123-4567-8912
4	未婚	123-4567-8913
5	已婚	123-4567-8914
6	已婚	123-4567-8915
7	未婚	123-4567-8916
8	已婚	123-4567-8917
9	已婚	123-4567-8918

图2-25

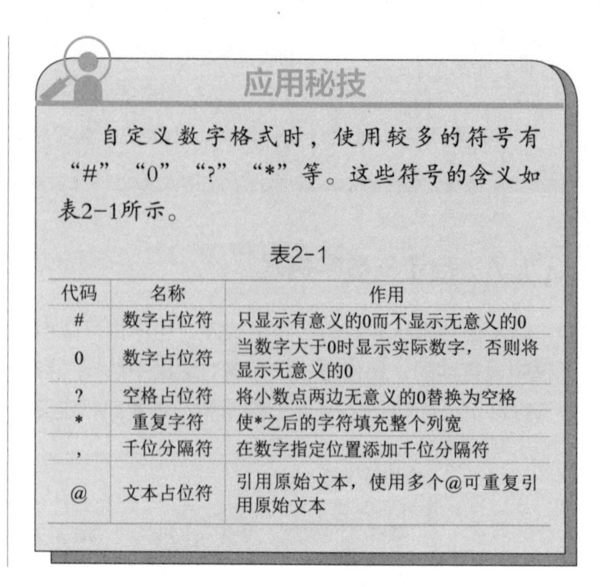

应用秘技

自定义数字格式时，使用较多的符号有“#”“0”“?”“*”等。这些符号的含义如表2-1所示。

表2-1

代码	名称	作用
#	数字占位符	只显示有意义的0而不显示无意义的0
0	数字占位符	当数字大于0时显示实际数字，否则将显示无意义的0
?	空格占位符	将小数点两边无意义的0替换为空格
*	重复字符	使*之后的字符填充整个列宽
,	千位分隔符	在数字指定位置添加千位分隔符
@	文本占位符	引用原始文本，使用多个@可重复引用原始文本

2.2 快速提取数据

对于一些有规律的数据，用户可以快速提取所需信息。下面将介绍分列和快速填充功能的使用。

基础入门篇

2.2.1 使用分列功能提取数据

使用分列功能不仅可以将一列数据按照指定规律拆分成多列，还可以从一列数据中提取有用信息，如图2-26所示。

图2-26

[实操2-5] 从身份证号中提取出生日期

[实例资源] 第2章\例2-5.xlsx

微课视频

身份证号码中的第7～第14位数表示出生日期，用户可以使用分列功能将出生日期从身份证号码中提取出来。

STEP 1 选择G2:G9单元格区域，在“数据”选项卡中单击“分列”按钮，如图2-27所示。

图2-27

STEP 2 打开“文本分列向导 - 第1步，共3步”对话框，选择“固定宽度”单选按钮❶，单击“下一步”按钮❷，如图2-28所示。

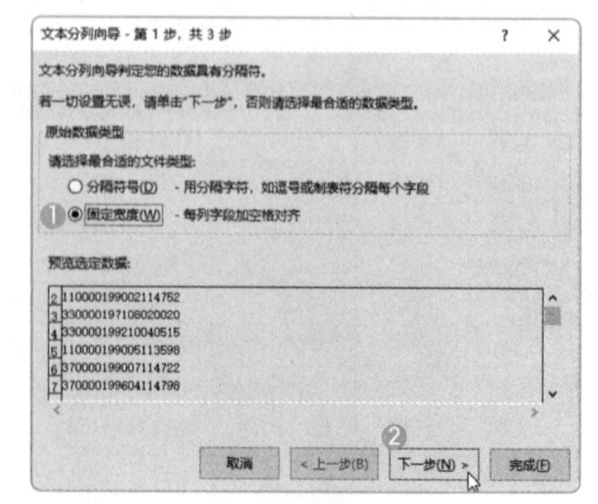

图2-28

STEP 3 打开“文本分列向导 - 第 2 步，共 3 步”对话框，在“数据预览”区域单击添加分列线❶，单击“下一步”按钮❷，如图 2-29 所示。

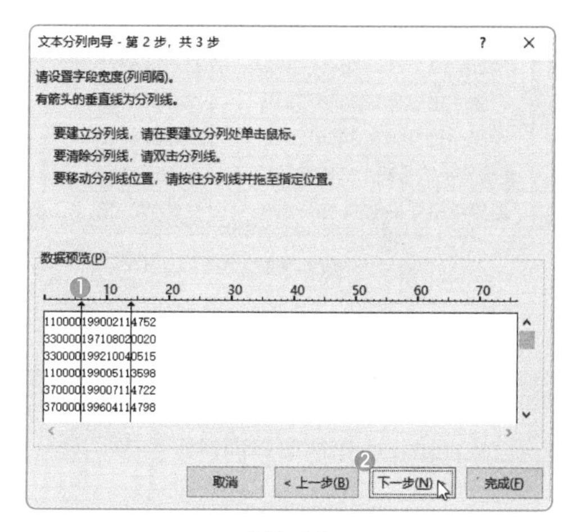

图2-29

STEP 4 打开“文本分列向导 - 第 3 步，共 3 步”对话框，在“数据预览”区域单击选择第 1 列数据❶，并选择“不导入此列（跳过）”单选按钮❷，然后选择第 3 列数据❸，选择“不导入此列（跳过）”单选按钮❹，如图 2-30 所示。

图2-30

STEP 5 在“数据预览”区域选择第 2 列数据❶，并选择“日期”单选按钮❷，然后设置“目标区域”❸，单击“完成”按钮❹，如图 2-31 所示。

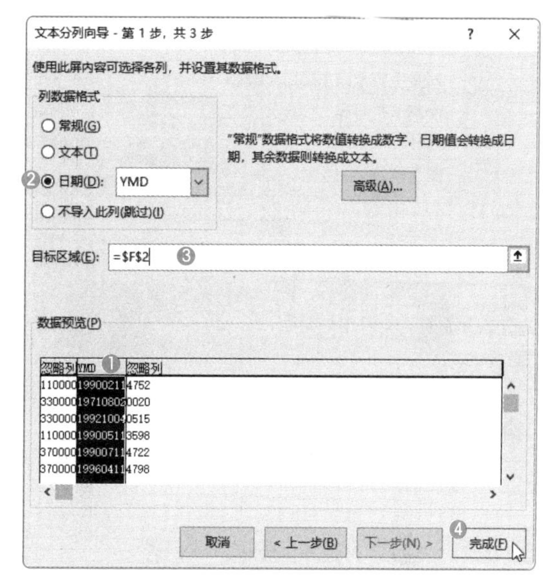

图2-31

STEP 6 此时，可从身份证号码中提取出出生日期，如图 2-32 所示。

	F	G
1	出生日期	身份证号码
2	1990/2/11	110000199002114752
3	1971/8/2	330000197108020020
4	1992/10/4	330000199210040515
5	1990/5/11	110000199005113598
6	1990/7/11	370000199007114722
7	1996/4/11	370000199604114798
8	1990/4/11	370000199004114752
9	1990/4/11	370000199004114752

图2-32

2.2.2 使用快速填充功能提取数据

使用快速填充功能可以从复杂的数据中提取需要的信息。快速填充的基本原理是，根据提供的样本数据，自动识别样本数据中的规律。在数据结构比较简单的时候，提供一个样本数据就可以。例如，要想从信息中提取联系电话，只需要在B2单元格中输入一个样本数据❶，在“数据”选项卡中单击“快速填充”按钮❷，如图2-33所示。或者按【Ctrl+E】组合键，即可将数据快速提取出来，如图2-34所示。

	A	B
1	信息	联系电话
2	张宇手机号码:12345678911	12345678911
3	王晓手机号码:12345678912	
4	周珂手机号码:12345678913	
5	孙岩杨手机号码:12345678914	
6	刘雯手机号码:12345678915	
7	李鹏手机号码:1234567	
8	吴君乐手机号码:123456	
9	赵宣手机号码:1234567	

分列 快速填充 删除重复值 数据验证 合并计算 数据工具

图2-33

	A	B
1	信息	联系电话
2	张宇手机号码:12345678911	12345678911
3	王晓手机号码:12345678912	12345678912
4	周珂手机号码:12345678913	12345678913
5	孙岩杨手机号码:12345678914	12345678914
6	刘雯手机号码:12345678915	12345678915
7	李鹏手机号码:12345678916	12345678916
8	吴君乐手机号码:12345678917	12345678917
9	赵宣手机号码:12345678918	12345678918

图2-34

2.3 限制数据的输入

在表格中输入数据时，为了防止输入错误的数据或不符合要求的数据，用户可以通过设置限制数据的输入。下面将进行详细介绍。

2.3.1 通过下拉列表输入数据

当需要输入的数据有固定范围（例如“男、女”“专科、本科”等）时，用户可以使用数据验证功能，通过下拉列表输入数据，如图2-35所示。

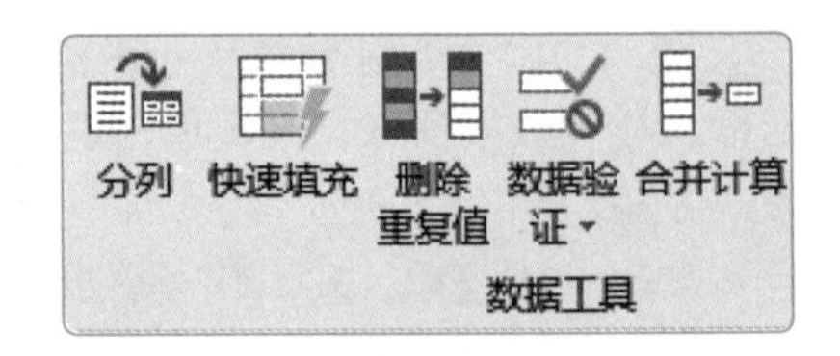

图2-35

基础入门篇

[实操2-6] 通过下拉列表输入部门信息

[实例资源] 第2章\例2-6.xlsx

用户如果需要在表格中输入“销售部”“研发部”“工艺部”，则可以通过下拉列表输入。下面将介绍具体的操作方法。

STEP 1 选择D2:D9单元格区域，在“数据”选项卡中单击“数据验证”按钮，如图2-36所示。

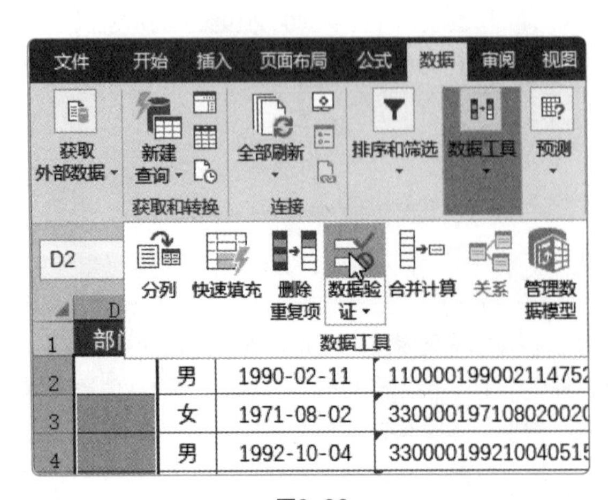

图2-36

STEP 2 打开“数据验证”对话框，在“设置”选项卡中将“允许”设置为“序列”❶，在“来源”文本框中输入“销售部,研发部,工艺部”❷，单击“确定”按钮❸，如图2-37所示。

图2-37

新手误区

"来源"文本框中"销售部,研发部,工艺部"的每个内容之间要用英文半角状态下的逗号隔开。

STEP 3 选择 D2 单元格，单击其右侧下拉按钮，从下拉列表中选择需要的选项，如图 2-38 所示。

	D	E	F	G
1	部门	性别	出生日期	身份证号
2		男	1990-02-11	1100001990021
3	销售部	女	1971-08-02	3300001971080
4	研发部 工艺部	男	1992-10-04	3300001992100
5		男	1990-05-11	1100001990051
6		女	1990-07-11	3700001990071
7		男	1996-04-11	3700001996041
8		男	1990-04-11	3700001990041

图2-38

STEP 4 按照上述方法，完成对部门信息的输入，如图 2-39 所示。

	D	E	F	G
1	部门	性别	出生日期	身份证号
2	销售部	男	1990-02-11	1100001990021
3	研发部	女	1971-08-02	3300001971080
4	销售部	男	1992-10-04	3300001992100
5	工艺部	男	1990-05-11	1100001990051
6	研发部	女	1990-07-11	3700001990071
7	工艺部	男	1996-04-11	3700001996041
8	销售部	男	1990-04-11	3700001990041

图2-39

2.3.2 输入指定位数的数字

在输入如身份证号码、手机号码、银行卡号等数据时，可能会多输入一位数字或少输入一位数字。为了避免这种情况的发生，用户可以使用数据验证功能设置输入指定位数的数字。

[实操2-7] 限制输入11位手机号码

[实例资源] 第2章\例2-7.xlsx

微课视频

通常手机号码是11位的。为了防止输入错误，我们可以按照以下方法操作。

STEP 1 选择 L2:L9 单元格区域，打开"数据验证"对话框，在"设置"选项卡中将"允许"设置为"文本长度"①，将"数据"设置为"等于"②，在"长度"文本框中输入"11"③，如图 2-40 所示。

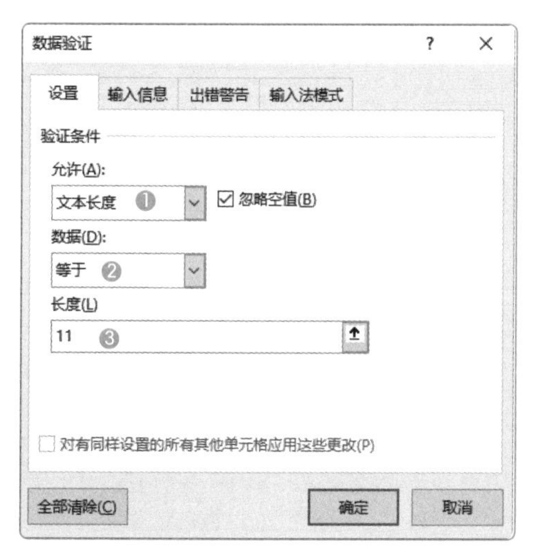

图2-40

STEP 2 打开"出错警告"选项卡，在"标题"文本框中输入"号码长度有误！"①，在"错误信息"文本框中输入"手机号码必须是 11 位的！"②，单击"确定"按钮③，如图 2-41 所示。

数据验证
设置 输入信息 出错警告 输入法模式
输入无效数据时显示出错警告(S)
输入无效数据时显示下列出错警告:
样式(Y): 停止
标题(T): 号码长度有误! ①
错误信息(E): 手机号码必须是11位的! ②
全部清除(C) ③ 确定 取消

图2-41

STEP 3 此时，输入联系电话，当输入的号码不是11位数字时，会弹出警告信息，如图2-42所示。用户根据提示，输入正确的号码即可。

	H	I	J	K	L	M
1	籍贯	入职日期	学历	婚姻状况	联系电话	邮箱
2	北京市东城区	2015/3/13	专科	未婚	12345678911	158612@qq.com
3	浙江省金华市婺城区	2016/3/19	本科	已婚	12345678912	238613@163.com
4	浙江省金华市金华县	2014/3/20	本科	未婚	12345678913	458614@qq.com
5					12345678914	118615@qq.com
6					12345678915	398616@163.com
7					1234567891	968617@qq.com
8						428618@qq.com
9						368619@163.com

图2-42

2.3.3 输入指定格式的日期

用户输入日期时出现错误的频率很高。使用数据验证功能可以对日期格式和区间进行限定，以保证日期输入的规范性。

[实操2-8] 输入规范的入职日期

[实例资源] 第2章\例2-8.xlsx

用户如果想要限制入职日期的输入格式和区间，可以按照以下方法操作。

STEP 1 选择I2:I9单元格区域，打开“数据验证”对话框，在“设置”选项卡中将“允许”设置为“日期”❶，将“数据”设置为“大于”❷，在“开始日期”文本框中输入“1990/1/1”❸，如图2-43所示。

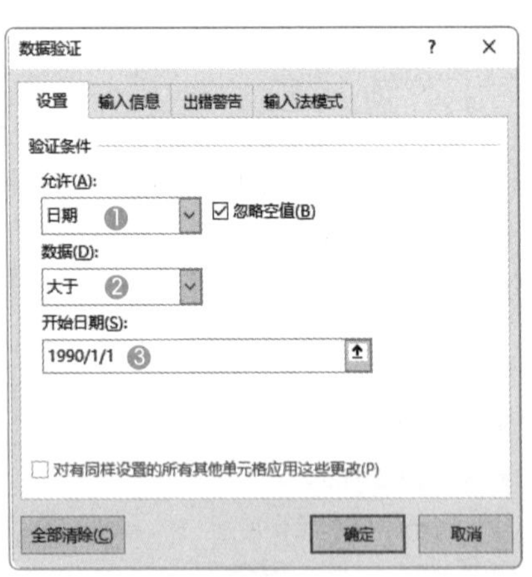

图2-43

STEP 2 打开“输入信息”选项卡，在“标题”文本框中输入“日期格式”❶，在“输入信息”文本框中输入“例如1992/7/1或1992-7-1”❷，单击“确定”按钮❸，如图2-44所示。

图2-44

STEP 3 选择I2单元格，其下方会弹出提示信息，如图2-45所示。用户根据提示信息输入规范的入职日期即可，如图2-46所示。

	H	I	J
1	籍贯	入职日期	学历
2	北京市东城区		专科
3	浙江省金华市婺城区		
4	浙江省金华市金华县		
5	北京市东城区		
6	山东省东营市利津县		研究生
7	山东省济南市		研究生
8	山东省枣庄市		专科

日期格式
例如1992/7/1或1992-7-1

图2-45

	H	I	J
1	籍贯	入职日期	学历
2	北京市东城区	2015/3/13	专科
3	浙江省金华市婺城区	2016/3/19	本科
4	浙江省金华市金华县	2014/3/20	本科
5	北京市东城区	2015/3/21	研究生
6	山东省东营市利津县	2015/3/22	研究生
7	山东省济南市	2012/3/23	研究生
8	山东省枣庄市	2010/3/24	专科

图2-46

2.3.4 限制输入空格

输入数据时，用户可能会为了美观，特意输入空格，以保证整体内容对齐。但在Excel中输入空格，不利于对数据进行整理、分析。此时，使用数据验证功能可以限制空格的输入。

[实操2-9] 限制在姓名中输入空格

[实例资源] 第2章\例2-9.xlsx

为了防止输入姓名时输入空格，用户可以按照以下方法操作。

STEP 1 选择C2:C9单元格区域，打开“数据验证”对话框，在“设置”选项卡中将“允许”设置为“自定义”①，在“公式”文本框中输入“=LEN(C2)=LEN(SUBSTITUTE(C2," ",))”②，单击“确定”按钮③，如图2-47所示。

图2-47

STEP 2 当在姓名中输入空格时，会弹出提示对话框，限制空格输入，如图2-48所示。

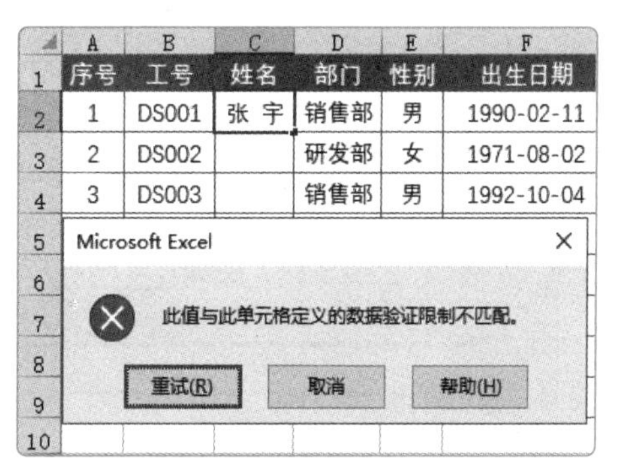

图2-48

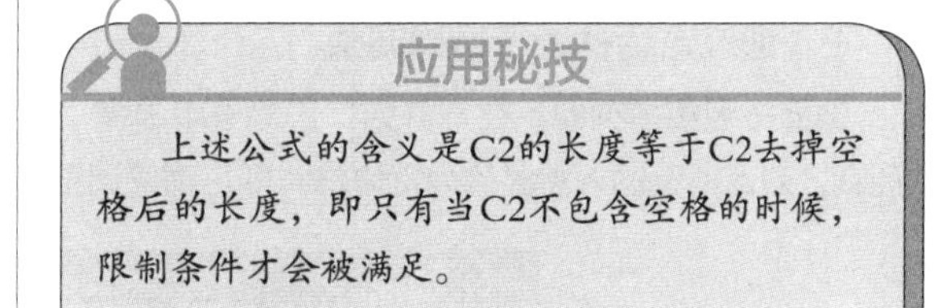

应用秘技

上述公式的含义是C2的长度等于C2去掉空格后的长度，即只有当C2不包含空格的时候，限制条件才会被满足。

2.3.5 圈释无效数据

输入数据后才设置数据验证，这样即使有不符合条件的数据，Excel也不会弹出提示。用户可以选择将无效的数据圈释出来，此时需要单击“数据验证”下拉列表中的“圈释无效数据”选项，如图2-49所示。这时即可将不符合数据验证条件的数据用红色圆圈标记出来，如图2-50所示。

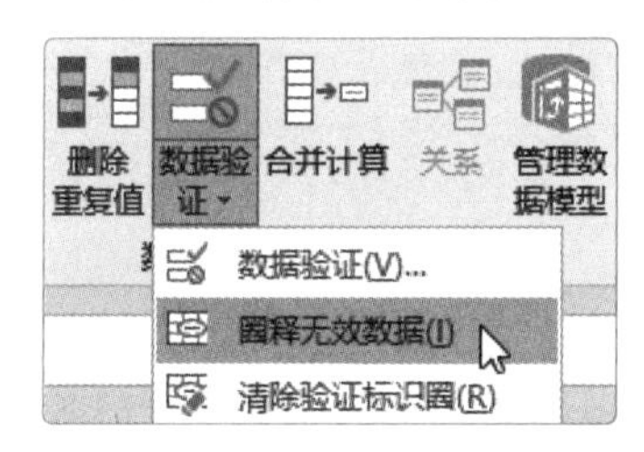

图2-49

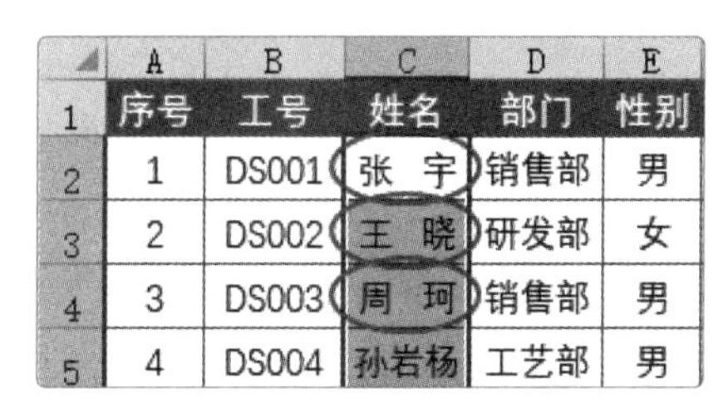

图2-50

2.4 单元格格式化设置

在表格中输入数据后，需要对单元格的格式进行设置，例如调整行高/列宽、批量删除/添加行列、使用单元格样式等。

2.4.1 调整行高 / 列宽

在Excel中，行是用阿拉伯数字表示的，而列是用英文字母表示的。调整行高与列宽时既可以针对一行或一列操作，也可以批量操作。用户可以使用鼠标拖曳实现快速调整，或者通过对话框进行精确调整。

1. 使用鼠标拖曳实现快速调整

选择一行或多行，将鼠标指针移至行分隔线上，当鼠标指针变为“+”形状时，按住鼠标左键不放，向上或向下拖曳鼠标，即可调整行高，如图2-51所示。调整列宽的方法与此类似。

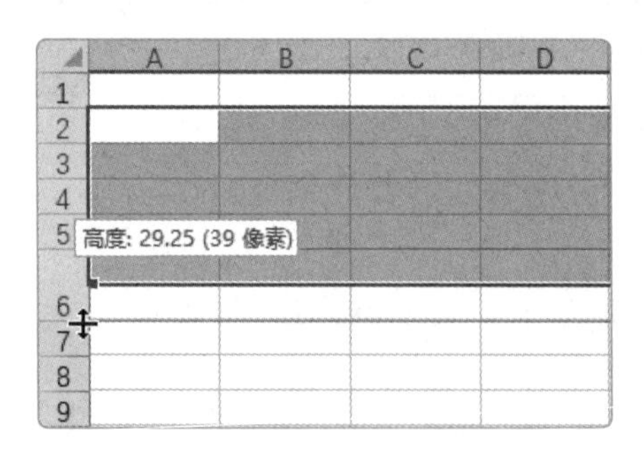

图2-51

2. 通过对话框进行精确调整

选择一列或多列❶，在“开始”选项卡中单击“格式”下拉按钮❷，从列表中选择“列宽”选项❸，打开“列宽”对话框，输入需要的列宽值❹，即可精确调整列宽，如图2-52所示。行高的设置与此类似。

图2-52

2.4.2 批量删除 / 添加行列

在编辑工作表的过程中，往往需要删除/添加行列。除了删除/添加一行或一列外，用户也可以批量删除/添加行列。

1. 删除多行/列

选择多行/列，单击鼠标右键，从弹出的快捷菜单中选择“删除”命令，即可删除多行/列，如图2-53所示。

2. 添加多行/列

选择多行/列，单击鼠标右键，从弹出的快捷菜单中选择“插入”命令，如图2-54所示。或者按【Ctrl+Shift+=】组合键，即可插入多行。

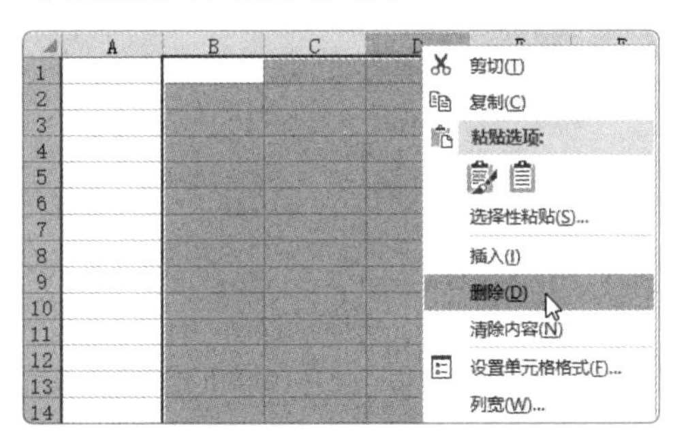

图2-53

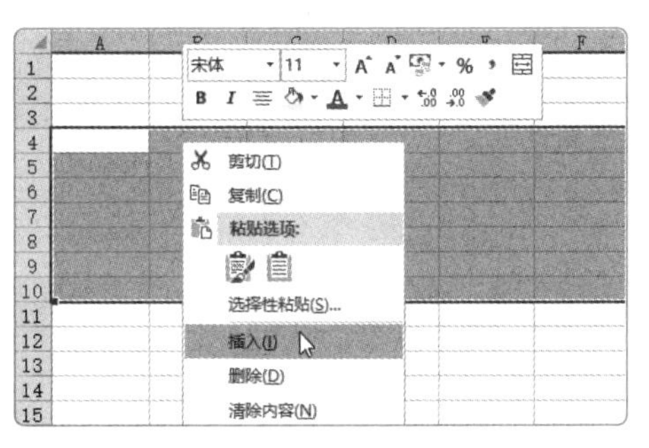

图2-54

2.4.3 使用单元格样式

单元格样式是一组特定单元格格式的组合，使用单元格样式可以快速对应用相同样式的单元格或单元格区域进行格式化。Excel内置了一些典型的样式，用户可以直接套用这些样式，如图2-55所示。

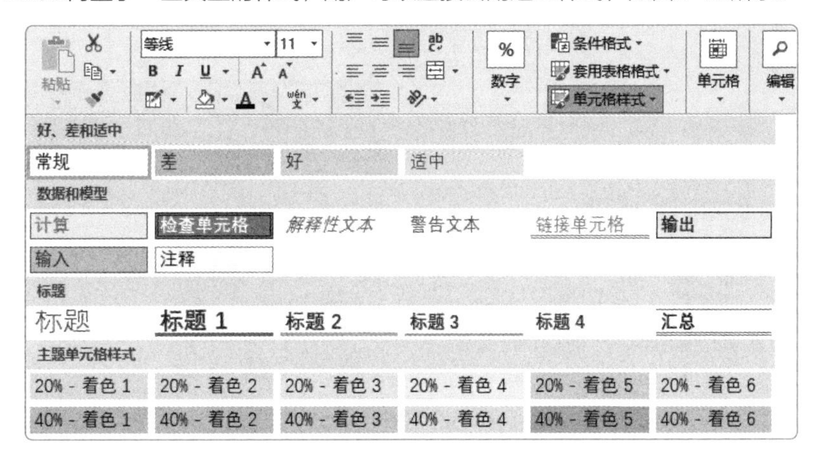

图2-55

[实操2-10] 创建自定义单元格样式“标题样式”
[实例资源] 第2章\例2-10.xlsx

当内置的样式不能满足用户的需求时，用户可以新建自定义的单元格样式。下面将介绍具体的操作方法。

STEP 1 在“开始”选项卡中单击“单元格样式”下拉按钮❶，从列表中选择“新建单元格样式”选项❷，如图 2-56 所示。

STEP 2 打开“样式”对话框，在“样式名”文本框中输入样式的名称❶，单击“格式”按钮❷，如图 2-57 所示。

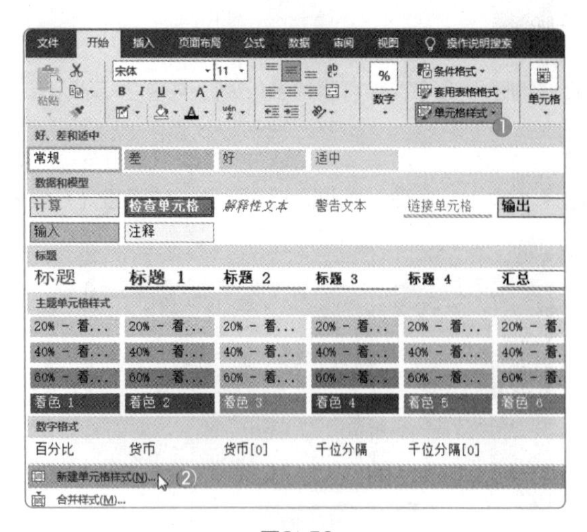

图2-56

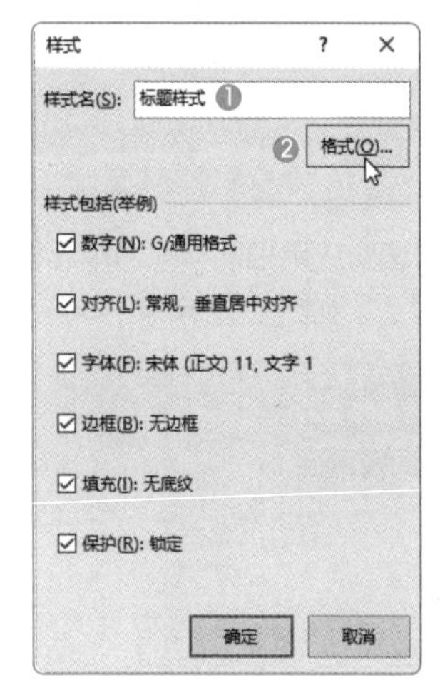

图2-57

STEP 3　打开“设置单元格格式”对话框，选择“字体”选项卡①，将“字体”设置为“微软雅黑”②，将“字形”设置为“加粗”③，将“字号”设置为“11”④，将“字体颜色”设置为“白色”⑤，如图 2-58 所示。

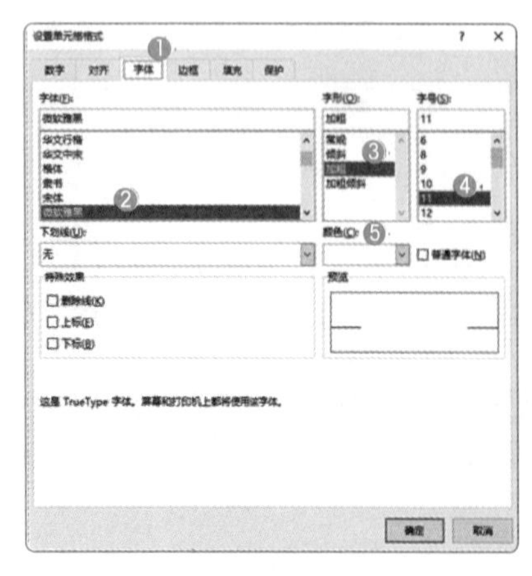

图2-58

STEP 4　打开“填充”选项卡①，选择合适的背景色②，单击“确定”按钮③，如图 2-59 所示。

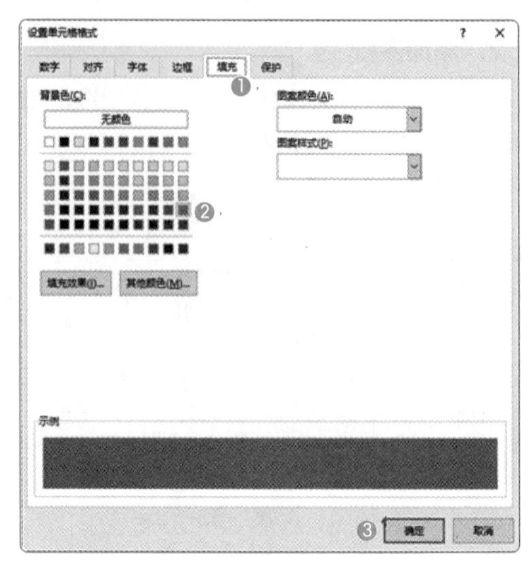

图2-59

STEP 5　返回“样式”对话框，直接单击“确定”按钮。选择单元格区域，在“开始”选项卡中单击“单元格样式”下拉按钮①，从列表中选择自定义的样式②，如图 2-60 所示。

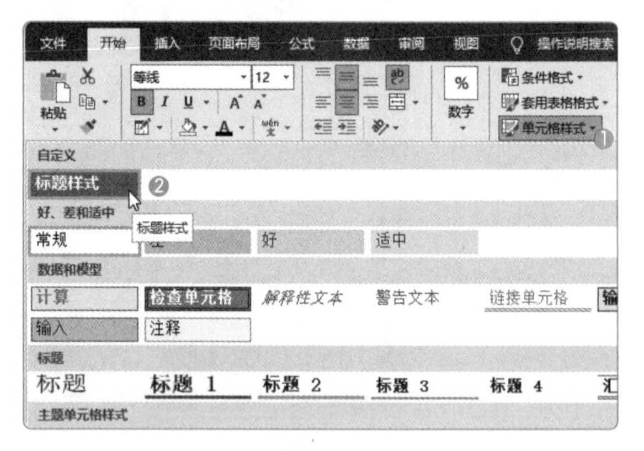

图2-60

STEP 6　此时，可为所选单元格区域应用自定义的单元格样式，如图 2-61 所示。

序号	工号	姓名	部门	性别
1	DS001	张宇	销售部	男
2	DS002	王晓	研发部	女
3	DS003	周珂	销售部	男
4	DS004	孙岩杨	工艺部	男
5	DS005	刘雯	研发部	女
6	DS006	李鹏	工艺部	男
7	DS007	吴君乐	销售部	男
8	DS008	赵宣	工艺部	男

图2-61

2.4.4 修改单元格样式

用户如果想要修改某个单元格样式，则可以在该样式上单击鼠标右键，从弹出的快捷菜单中选择“修改”命令，如图2-62所示。在打开的“样式”对话框中，根据需要对相应的“数字”“对齐”“字体”“边框”“填充”“保护”等单元格格式进行修改即可，如图2-63所示。

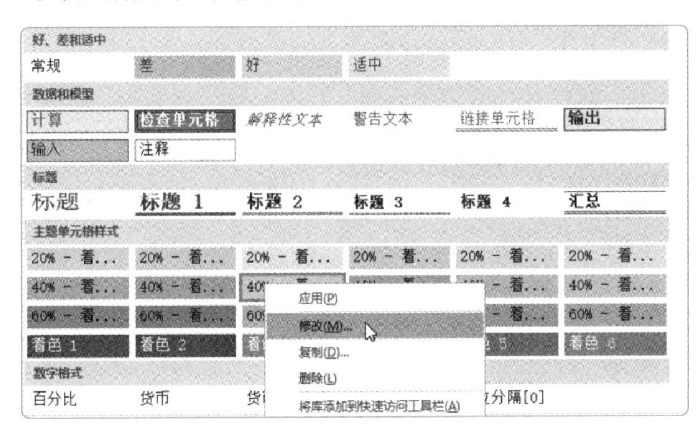

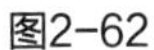
图2-62

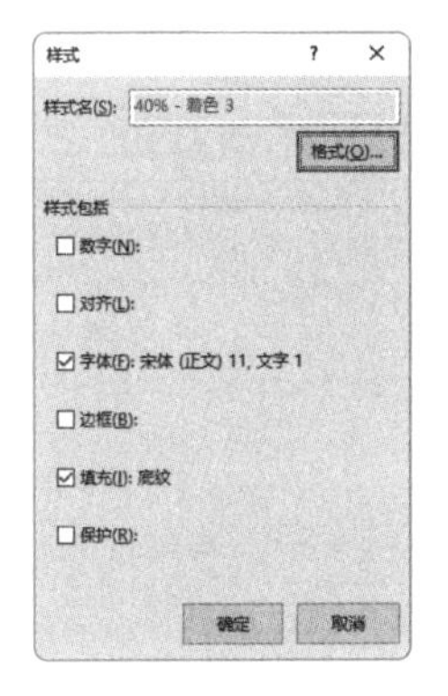

图2-63

2.4.5 合并样式

创建的自定义样式只会保存在当前工作簿中，不会影响到其他工作簿的样式。如果需要在其他工作簿中使用当前工作簿中创建的自定义样式，可以使用合并样式来实现。

[实操2-11] 在其他工作簿中使用自定义样式

[实例资源] 第2章\例2-11.xlsx

用户如果想要在其他工作簿中使用2.4.3小节创建的“标题样式”，则可按照以下方法操作。

STEP 1 打开“样式模板”工作簿，然后打开需要合并样式的工作簿，在后者的“开始”选项卡中单击“单元格样式”下拉按钮❶，从列表中选择“合并样式”选项❷，如图 2-64 所示。

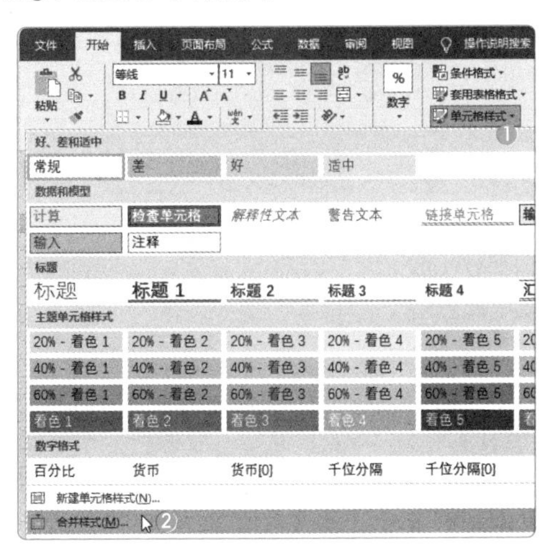

图2-64

STEP 2 打开“合并样式”对话框，选择包含自定义样式的工作簿名❶，单击“确定”按钮❷，弹出一个提示对话框，直接单击“是”按钮❸，如图 2-65 所示。这样，“样式模板”工作簿中的自定义样式就被复制到当前工作簿中了。

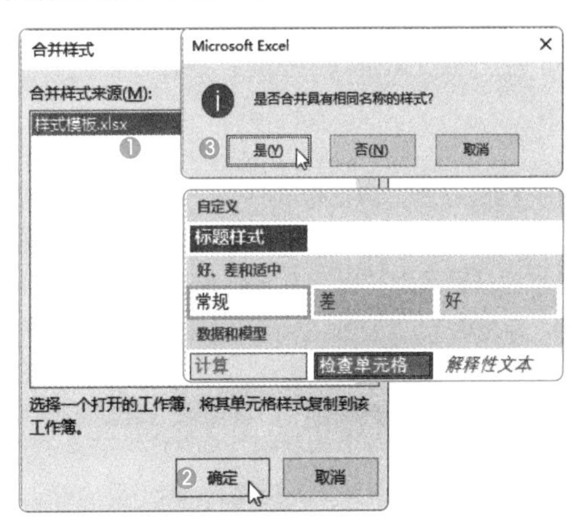

图2-65

2.5 查找和替换数据

在大量的数据中，想要查找或修改个别数据，费时又费力，此时可以选择使用查找和替换功能。下面将进行详细介绍。

2.5.1 批量修改数据

当需要修改的数据比较多且数据分布比较分散时，使用查找和替换功能可以进行批量修改。在使用查找和替换功能之前，必须先确定查找的目标范围。要在某一个区域中进行查找，则需要先选取该区域；要在整个工作表或工作簿的范围内进行查找，则只需要选定工作表中的任意一个单元格。

[实操2-12] 批量修改邮箱数据

[实例资源] 第2章\例2-12.xlsx

微课视频

在登记邮箱时，不小心将邮箱写成163邮箱，下面将介绍如何将163邮箱批量修改成QQ邮箱。

STEP 1 选择邮箱列数据①，在“开始”选项卡中单击“查找和选择”下拉按钮②，从列表中选择“替换”选项③，如图 2-66 所示。

图2-66

STEP 2 打开“查找和替换”对话框，在“替换”选项卡中，将“查找内容”设置为“@163”①，将“替换为”设置为“@qq”②，单击“全部替换”按钮③，弹出提示对话框，提示完成3处替换，单击“确定”按钮④，如图 2-67 所示。

STEP 3 此时，可将163邮箱全部替换为QQ邮箱，如图 2-68 所示。

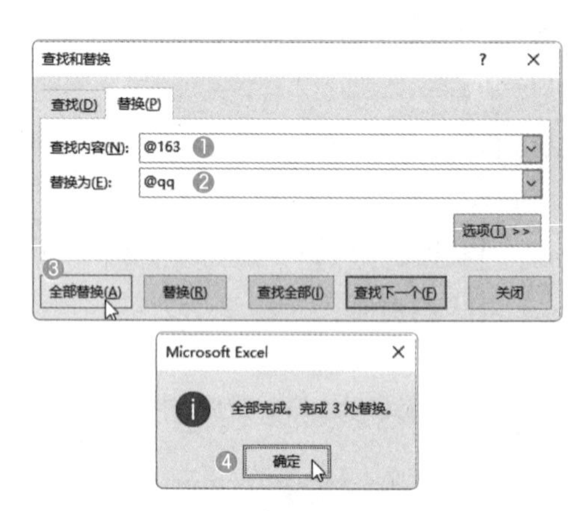

图2-67

	K	L	M
1	婚姻状况	联系电话	邮箱
2	未婚	12345678911	158612@qq.com
3	已婚	12345678912	238613@qq.com
4	未婚	12345678913	458614@qq.com
5	已婚	12345678914	118615@qq.com
6	已婚	12345678915	398616@qq.com
7	未婚	12345678916	968617@qq.com
8	已婚	12345678917	428618@qq.com
9	已婚	12345678918	368619@qq.com

图2-68

新手误区

如果用户在“查找内容”文本框中输入“163”，在“替换为”文本框中输入“qq”，则会将邮箱中的“163”都替换成“qq”，此时需要缩小匹配范围，所以要加上“@”符号。

基础入门篇

2.5.2 按单元格颜色查找和替换

在“查找和替换”对话框中，用户可以设置按照单元格的格式进行查找和替换，如图2-69所示。

- **“格式”选项：**用于设置要查找内容的填充颜色、字体、字号、对齐方式等。
- **“从单元格选择格式”选项：**用于按照现有单元格的格式进行查找。

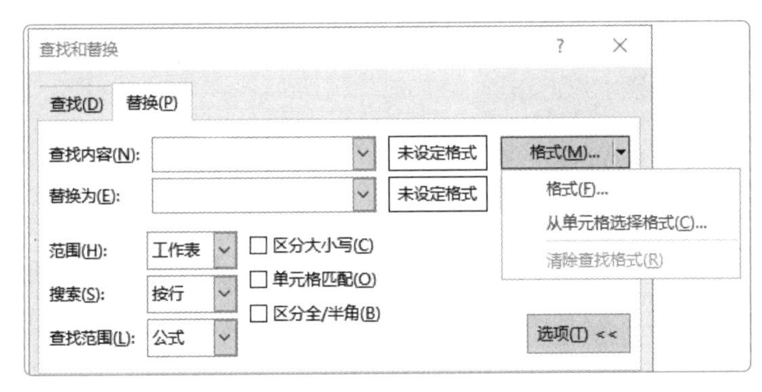

图2-69

例如，将红色填充单元格中的数据统一替换为“100”。按【Ctrl+H】组合键，打开“查找和替换”对话框，单击“选项”按钮，展开更多的查找和替换选项，单击“查找内容”右侧的“格式”下拉按钮，选择“从单元格选择格式”选项，鼠标指针变为滴管形状，单击红色填充的任意单元格，“格式”下拉按钮左侧的“预览”变为红色，在“替换为”文本框中输入“100”❶，单击“全部替换”按钮即可❷，如图2-70所示。

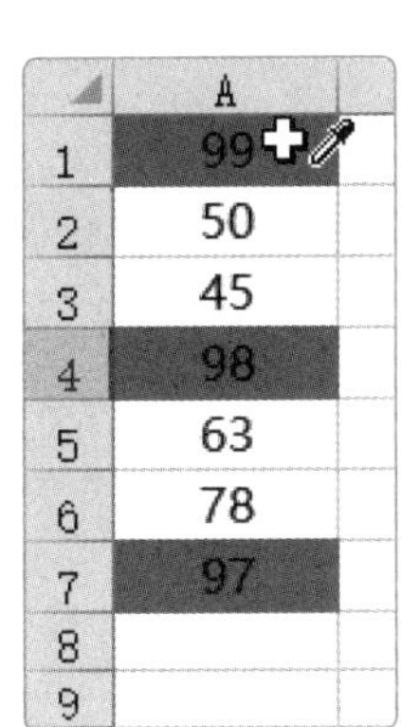

	A
1	99
2	50
3	45
4	98
5	63
6	78
7	97
8	
9	

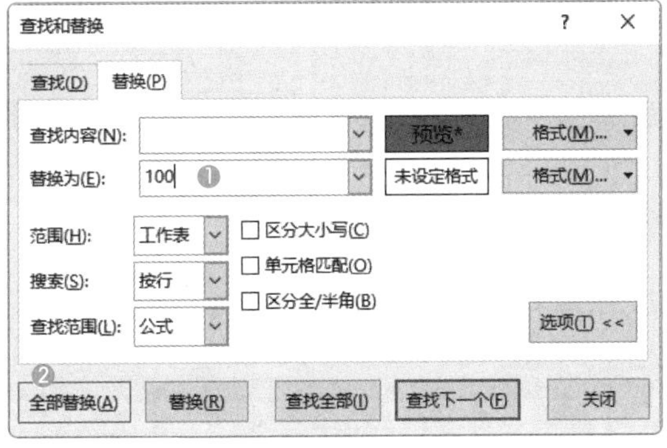

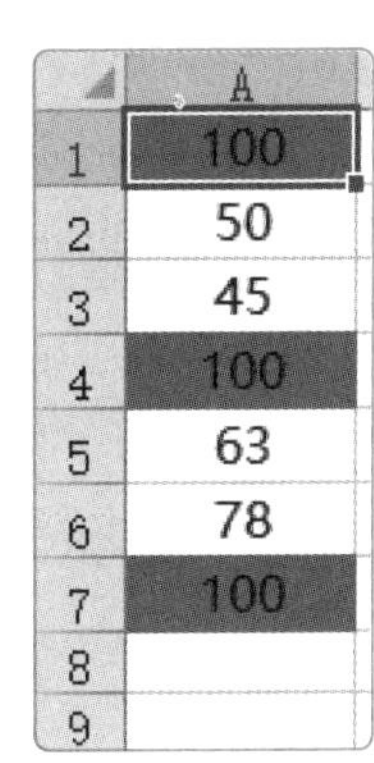

	A
1	100
2	50
3	45
4	100
5	63
6	78
7	100
8	
9	

图2-70

2.5.3 模糊匹配查找和替换

当精确匹配找不到对象时，使用通配符可以进行模糊匹配查找和替换。模糊匹配查找和替换功能一般通过通配符“*”或“?”来实现。“*”可以代替任意个字符；“?”可以代替一个字符。

[实操2-13] 将邮箱的域名统一换成“dssf.com”

[实例资源] 第2章\例2-13.xlsx

微课视频

用户可以将邮箱的QQ域名、163域名统一替换成“dssf.com”，下面将介绍具体的操作方法。

STEP 1 选择邮箱列数据，如图 2-71 所示。按【Ctrl+H】组合键，打开“查找和替换”对话框，在“查找内容”文本框中输入“@*.com”①，在“替换为”文本框中输入“@dssf.com”②，单击“全部替换”按钮③，在打开的对话框中直接单击“确定”按钮④，如图 2-72 所示。

	J	K	L	M
1	学历	婚姻状况	联系电话	邮箱
2	专科	未婚	12345678911	158612@qq.com
3	本科	已婚	12345678912	238613@163.com
4	本科	未婚	12345678913	458614@qq.com
5	研究生	已婚	12345678914	118615@qq.com
6	研究生	已婚	12345678915	398616@163.com
7	研究生	未婚	12345678916	968617@qq.com
8	专科	已婚	12345678917	428618@qq.com
9	本科	已婚	12345678918	368619@163.com

图2-71

STEP 2 此时，已经将邮箱的 QQ 域名和 163 域名统一替换成“dssf.com”，如图 2-73 所示。

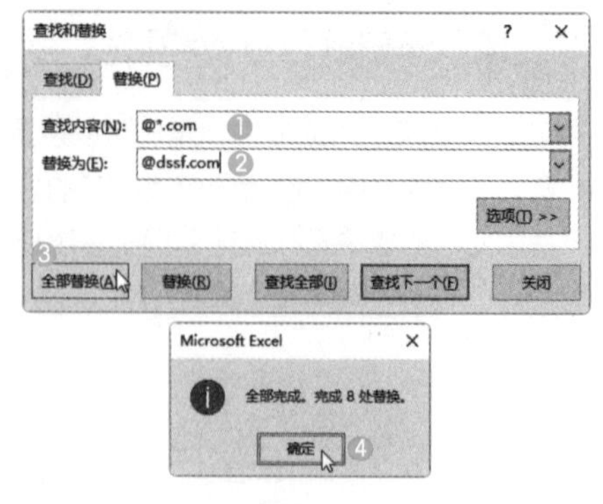

图2-72

	H	I	J	K	L	M
1	籍贯	入职日期	学历	婚姻状况	联系电话	邮箱
2	北京市东城区	2015/3/13	专科	未婚	12345678911	158612@dssf.com
3	浙江省金华市婺城区	2016/3/19	本科	已婚	12345678912	238613@dssf.com
4	浙江省金华市金华县	2014/3/20	本科	未婚	12345678913	458614@dssf.com
5	北京市东城区	2015/3/21	研究生	已婚	12345678914	118615@dssf.com
6	山东省东营市利津县	2015/3/22	研究生	已婚	12345678915	398616@dssf.com
7	山东省济南市	2012/3/23	研究生	未婚	12345678916	968617@dssf.com
8	山东省枣庄市	2010/3/24	专科	已婚	12345678917	428618@dssf.com
9	山东省东营市利津县	2013/3/25	本科	已婚	12345678918	368619@dssf.com

图2-73

实战演练

制作办公用品领用登记表

本章实战演练将运用前面所介绍的知识制作办公用品领用登记表，以帮助用户熟练掌握数据的输入和编辑操作。

微课视频

1. 案例效果

本章实战演练为制作办公用品领用登记表，最终效果如图2-74所示。

	A	B	C	D	E	F	G	H	I
1	序号	物品名称	单位	日期	领用数量	领用部门	领用人	经办	备注
2	1	便利贴	个	2021-10-05	5	销售部	赵琪	王晓	
3	2	记号笔	支	2021-10-07	8	生产部	张玉	王晓	
4	3	胶水	个	2021-10-11	25	设计部	韩慧	王晓	
5	4	笔筒	个	2021-10-15	15	财务部	李佳	王晓	
6	5	订书机	个	2021-10-20	2	财务部	姜辉	王晓	
7	6	卷笔刀	个	2021-10-24	5	设计部	王颖	王晓	
8	7	橡皮	个	2021-10-26	3	销售部	刘佳	王晓	
9	8	复写纸	盒	2021-10-28	10	生产部	陈晓	王晓	
10	9	笔记本	本	2021-10-30	15	设计部	李楠	王晓	

图2-74

2. 操作思路

掌握自动填充序号、自定义数字格式、数据验证等的应用，下面将进行简单介绍。

STEP 1 输入序号。在 A2 单元格中输入“1”，在 A3 单元格中输入“2”，选择 A2:A3 单元格区域，如图 2-75 所示。这时可通过双击填充柄实现快速填充序号。

STEP 2 设置日期格式。选择日期数据，通过自定义数字格式来设置日期的显示格式，如图 2-76 所示。

STEP 3 输入领用部门。通过使用数据验证功能，从下拉列表中选择输入数据，如图 2-77 所示。

STEP 4 输入经办。通过使用【Ctrl+Enter】组合键，快速填充相同数据，如图 2-78 所示。

	A	B	C	D
1	序号	物品名称	单位	日期
2	1	便利贴	个	2021/10/5
3	2	记号笔	支	2021/10/7
4		胶水	个	2021/10/11
5		笔筒	个	2021/10/15
6		订书机	个	2021/10/20
7		卷笔刀	个	2021/10/24
8		橡皮	个	2021/10/26
9		复写纸	盒	2021/10/28
10		笔记本	本	2021/10/30

图2-75

设置单元格格式

数字 对齐 字体 边框 填充 保护

分类(C): 常规 数值 货币 会计专用 日期 时间 百分比 分数 科学记数 文本 特殊 自定义

示例 2021-10-05

类型(T): yyyy-mm-dd

图2-76

	D	E	F	G
1	日期	领用数量	领用部门	领用人
2	2021-10-05	5		赵琪
3	2021-10-07	8	销售部	张玉
4	2021-10-11	25	生产部	韩慧
5	2021-10-15	15	设计部	李佳
6	2021-10-20	2	财务部	姜辉
7	2021-10-24	5		王颖
8	2021-10-26	3		刘佳
9	2021-10-28	10		陈晓
10	2021-10-30	15		李楠

图2-77

H2 王晓

	D	E	F	G	H
1	日期	领用数量	领用部门	领用人	经办
2	2021-10-05	5	销售部	赵琪	王晓
3	2021-10-07	8	生产部	张玉	
4	2021-10-11	25	设计部	韩慧	
5	2021-10-15	15	财务部	李佳	
6	2021-10-20	2	财务部	姜辉	
7	2021-10-24	5	设计部	王颖	
8	2021-10-26	3	销售部	刘佳	
9	2021-10-28	10	生产部	陈晓	
10	2021-10-30	15	设计部	李楠	

图2-78

疑难解答

Q：如何清除数据验证？

A：选择设置了数据验证的单元格区域，打开“数据验证”对话框，单击“全部清除”按钮即可，如图2-79所示。

Q：如何隐藏行/列？

A：选择需要隐藏的行/列，单击鼠标右键，从弹出的快捷菜单中选择“隐藏”命令即可，如图2-80所示。

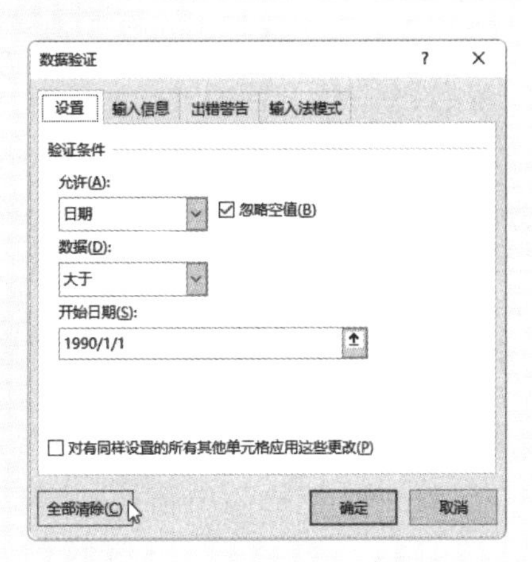

图2-79

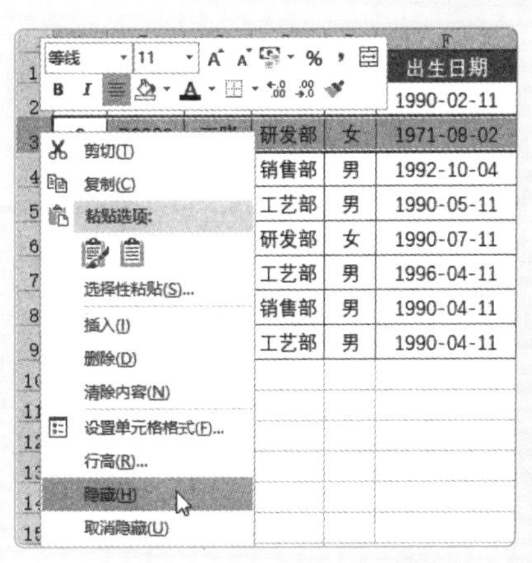

图2-80

Q：如何在单元格中换行输入？

A：选择需要换行输入的单元格，在“开始”选项卡中单击“自动换行”按钮，如图2-81所示。或者打开“设置单元格格式”对话框，选择“对齐”选项卡❶，勾选“自动换行”复选框即可❷，如图2-82所示。

图2-81

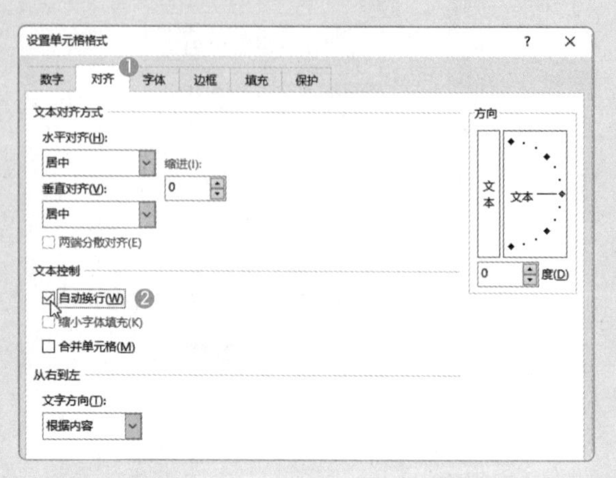

图2-82

Q：如何为数据统一添加单位？

A：选中需要统一添加单位的单元格区域，按【Ctrl+1】组合键，打开“设置单元格格式”对话框，在“数字”选项卡❶中选择“自定义”选项❷，在“类型”文本框中的“G/通用格式”后面输入单位，此处输入“元”❸，单击“确定”按钮❹，如图2-83所示。所选单元格区域内的数值后面随即被统一添加单位“元”，如图2-84所示。

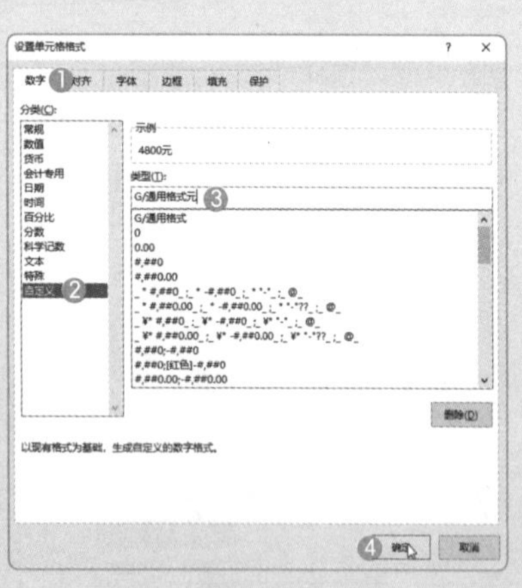

图2-83

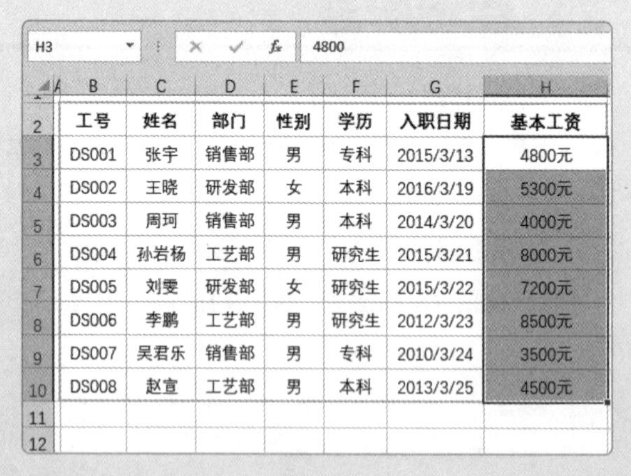

H3 4800

工号	姓名	部门	性别	学历	入职日期	基本工资
DS001	张宇	销售部	男	专科	2015/3/13	4800元
DS002	王晓	研发部	女	本科	2016/3/19	5300元
DS003	周珂	销售部	男	本科	2014/3/20	4000元
DS004	孙岩杨	工艺部	男	研究生	2015/3/21	8000元
DS005	刘雯	研发部	女	研究生	2015/3/22	7200元
DS006	李鹏	工艺部	男	研究生	2012/3/23	8500元
DS007	吴君乐	销售部	男	专科	2010/3/24	3500元
DS008	赵宣	工艺部	男	本科	2013/3/25	4500元

图2-84

基础入门篇

第 3 章

公式与函数的基本应用

数据计算是 Excel 最基本的功能之一。在 Excel 中不仅可使用大量数学公式，而且可以通过函数功能将复杂的公式简化，提高运算效率。本章将对公式与函数的基本应用进行介绍。

3.1 初识公式

公式就是Excel工作表中进行数值计算的等式，公式输入是以“=”开始的。要想熟练使用公式，用户需要对公式的基本结构有所了解。

3.1.1 公式的组成

Excel公式通常由“等号”“运算符”“单元格引用”“函数”“常量”等组成。表3-1列举了一些常见的公式。

表3-1

公式	公式的组成
=(3+5)/4	等号、常量、运算符
=A1*3+B1*2	等号、单元格引用、运算符、常量
=SUM(A1:A10)/2	等号、函数、单元格引用、运算符、常量
=A1	等号、单元格引用
=A1&"元"	等号、单元格引用、运算符、常量

3.1.2 公式的输入

微课视频

通常情况下，当以“=”开头，在单元格内输入时，单元格将自动变成公式输入状态，如图3-1所示。进入公式输入状态后，用鼠标选中其他单元格时，该选中的单元格将会作为引用自动输入公式中，如图3-2所示。

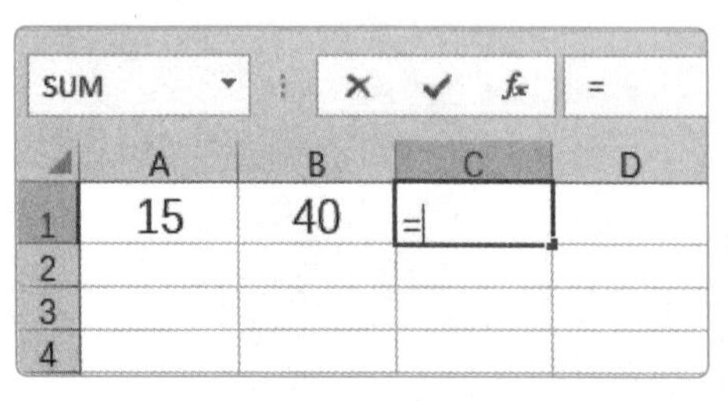

图3-1

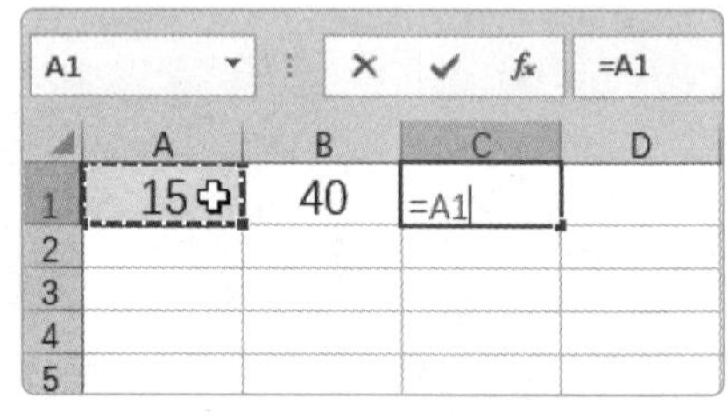

图3-2

当公式输入完成后，按【Enter】键，即可结束公式输入状态，计算出结果，如图3-3所示。

图3-3

如果需要修改公式，则可以通过以下几种方法再次进入公式编辑状态。

- 双击公式所在单元格，即可进入编辑状态。
- 选中公式所在单元格，单击上方的“编辑栏”，在“编辑栏”中进行修改。
- 选中公式所在单元格，按【F2】键，即可进入编辑状态。

新手误区

在单元格中输入公式时，切记不要输入如“=15+40”形式的公式，因为这种公式只能计算当前数值，无法通过复制计算其他数值。

3.1.3 复制和填充公式

微课视频

当表格中多个单元格所需公式的计算规则相同时，使用复制和填充功能可以进行计算。

1．复制公式

选择公式所在单元格，按【Ctrl+C】组合键进行复制，如图3-4所示。然后选择目标单元格区域，按【Ctrl+V】组合键，粘贴公式，如图3-5所示。

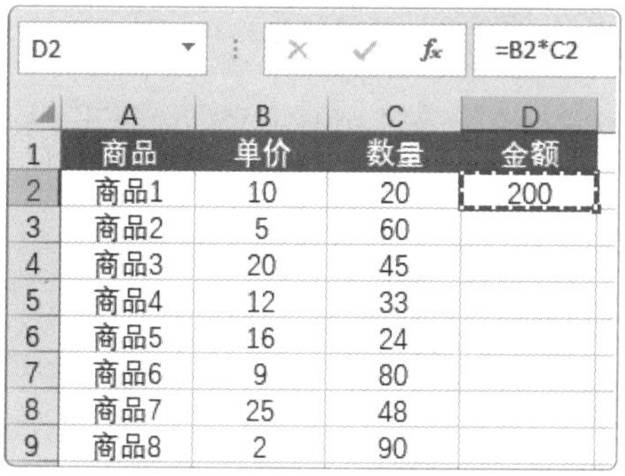

图3-4

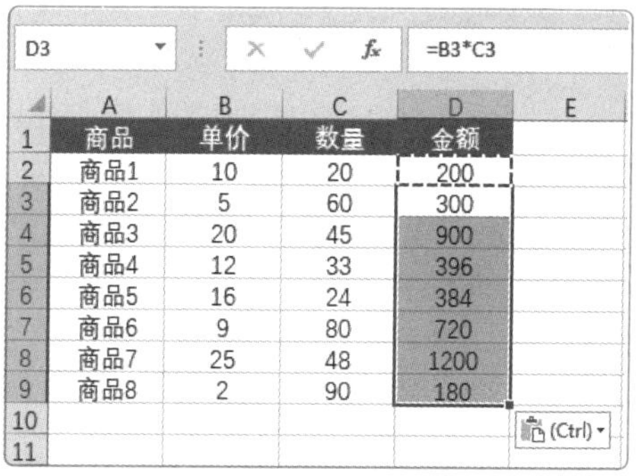

图3-5

2．填充公式

方法一：选择公式所在单元格，将鼠标指针移至该单元格右下角，向下拖曳鼠标填充公式，如图3-6所示。

方法二：选择公式所在单元格，将鼠标指针移至该单元格右下角，如图3-7所示。双击此处，公式将向下填充到其他单元格中。

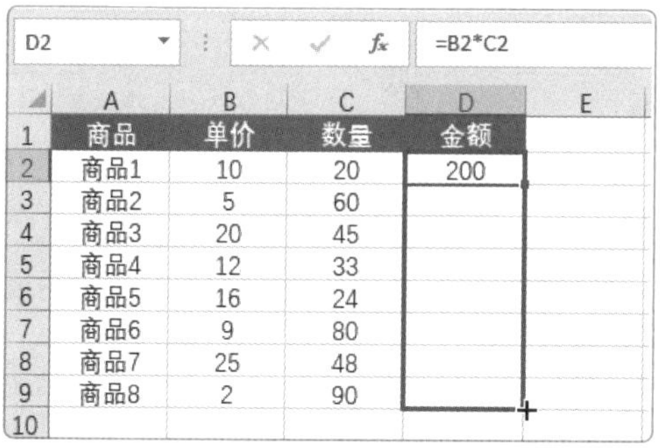

图3-6

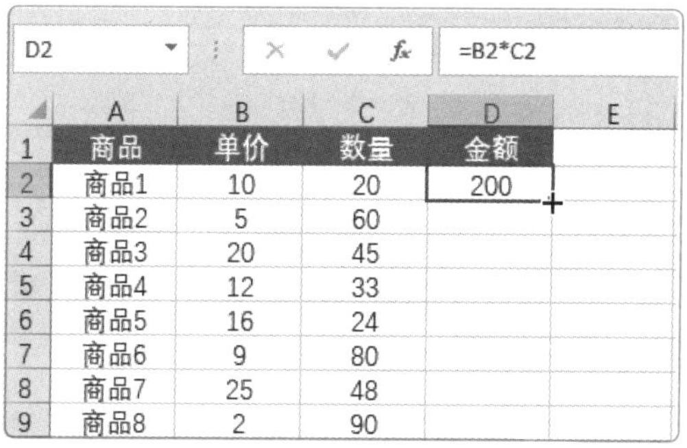

图3-7

3.1.4 公式中的常见错误

使用公式进行计算时，可能会由于某种原因无法得到或显示正确结果而在单元格中返回错误值。常见的错误值及其含义如表3-2所示。

表3-2

错误值	含义
#####	列宽不够显示数字，或者使用负的日期、负的时间
#VALUE!	使用的参数或操作数类型错误
#DIV/0!	数字被零（0）除
#NAME?	Excel未识别公式中的文本，如未加载宏或定义名称
#N/A	数值对函数或公式不可用
#REF!	单元格引用无效
#NUM!	公式或函数中使用无效数值
#NULL!	用空格表示两个单元格区域之间的相交运算符，但指定的两个单元格区域并不相交

3.1.5 单元格的 3 种引用

在公式中，单元格的引用具有以下关系：如果单元格A1包含公式“=B1”，那么B1就是A1的引用单元格，A1就是B1的从属单元格，如图3-8所示。从属单元格与引用单元格之间的位置关系被称为单元格引用的相对性。单元格的引用可以分为3种，即相对引用、绝对引用和混合引用。

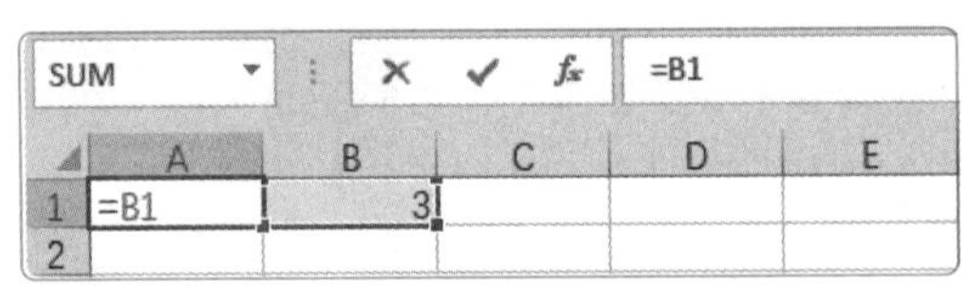

图3-8

1. 相对引用

当复制公式到其他单元格时，Excel保持从属单元格与引用单元格的相对位置不变，这种情况被称为相对引用。例如，在B1单元格中输入公式“=A1”①，如图3-9所示。当向右复制公式时，将依次变为=B1②、=C1③等，如图3-10所示。

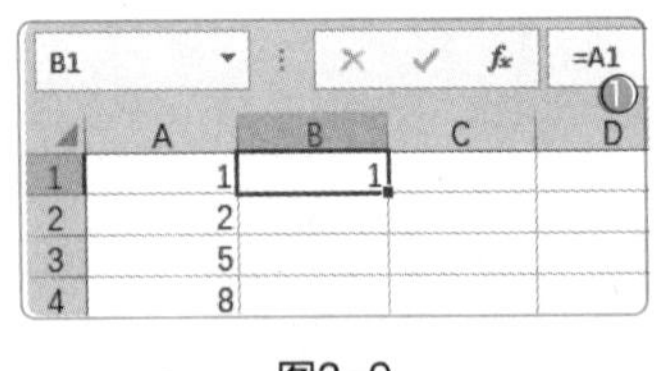

图3-9

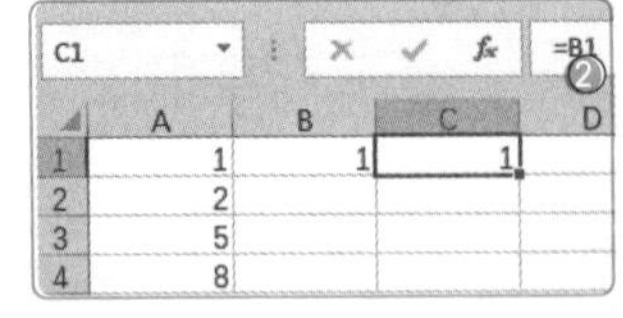

图3-10

当向下复制公式时，将依次变为=A2①、=A3②、=A4③，如图3-11所示。引用单元格始终位于从属单元格的左侧1列。

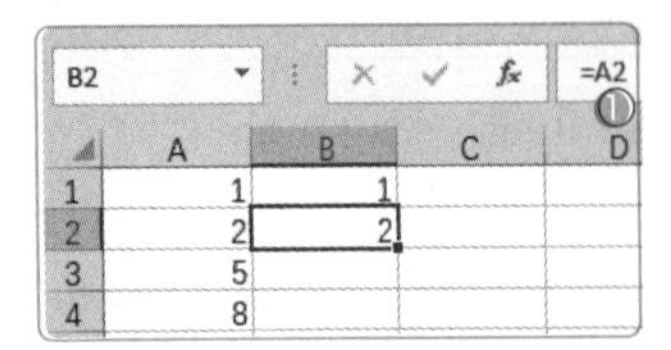

图3-11

基础入门篇

2. 绝对引用

当复制公式到其他单元格时，Excel保持公式所引用的单元格绝对位置不变，这种情况被称为绝对引用。例如，在B1单元格中输入公式“=$A$3”，如图3-12所示，则无论公式是向右还是向下复制，都始终保持为“=$A$3”不变，如图3-13所示。

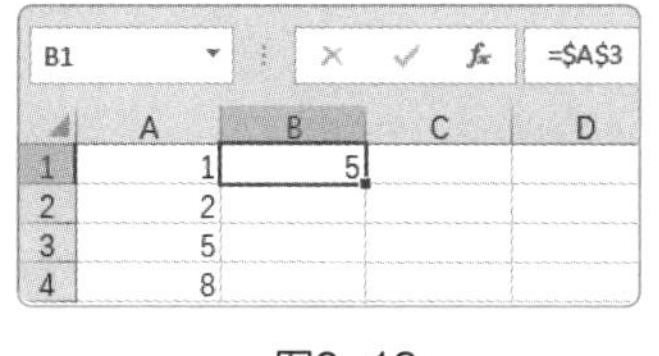

图3-12

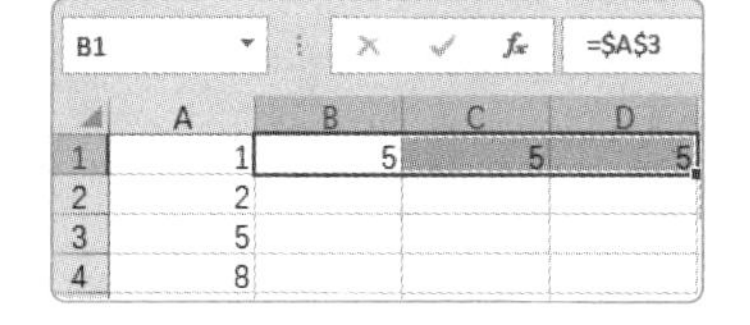

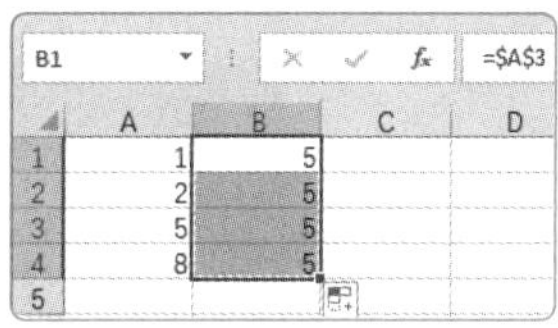

图3-13

3. 混合引用

当复制公式到其他单元格时，Excel仅保持所引用单元格的行或列的绝对位置不变，而另一方向位置发生变化，这种引用方式被称为混合引用。混合引用可分为行绝对列相对引用和行相对列绝对引用。例如，在B1单元格中输入公式“=$A2”①，如图3-14所示，公式向右复制时始终保持为“=$A2”②，如图3-15所示；向下复制时行号将发生变化③，如图3-16所示。这种引用就是行相对列绝对引用。

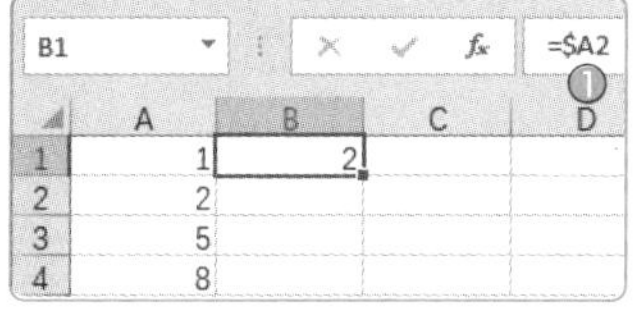

图3-14

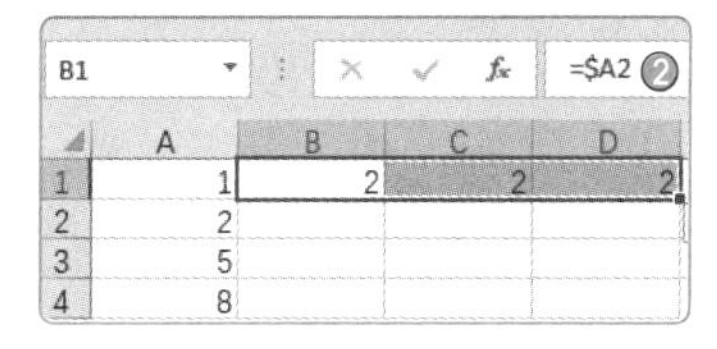

图3-15

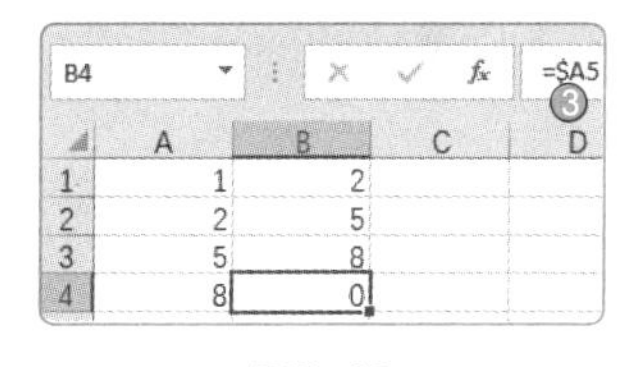

图3-16

应用秘技

当列号前面加$符号时，无论公式被复制到什么地方，列的引用保持不变，行的引用自动调整；当行号前面加$符号时，无论公式被复制到什么地方，行的引用保持不变，列的引用自动调整。

3.2 理解 Excel 函数

Excel函数是由Excel内部预先定义并按照特定的顺序、结构来执行计算和分析等数据处理任务的功能模块，下面将对其进行介绍。

3.2.1 函数的结构

在公式中使用函数时，通常由表示公式开始的“=”、函数名称、左括号、以半角逗号相间隔的参数和右括号构成，如图3-17所示。有的函数可以允许多个参数，有的函数可以没有参数或不需要参数。

函数的参数可以由数值、日期和文本等组成，也可以是常量、数组、单元格引用或其他函数。使用函数作为另一个函数的参数，被称为函数的嵌套。

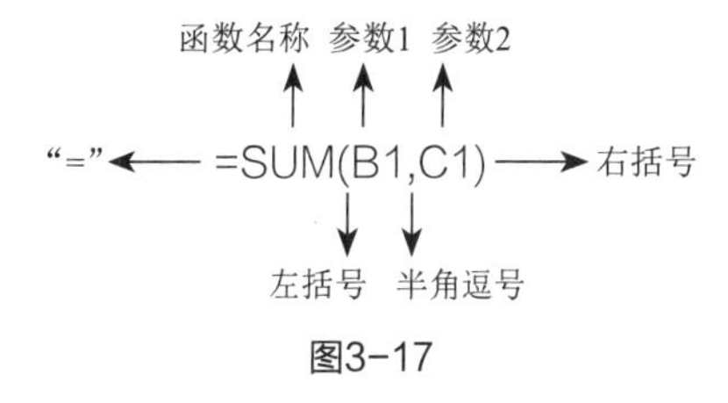

图3-17

3.2.2 函数的类型

由于Excel的版本不同，其所包含的函数类型也有所不同。在Excel 2016中，函数的类型包括逻辑函数、文本函数、日期和时间函数、查找与引用函数、数学和三角函数、统计函数、信息函数、财务函数等。

用户可以在“公式”选项卡的“函数库”选项组中对函数的类型进行查看，如图3-18所示。

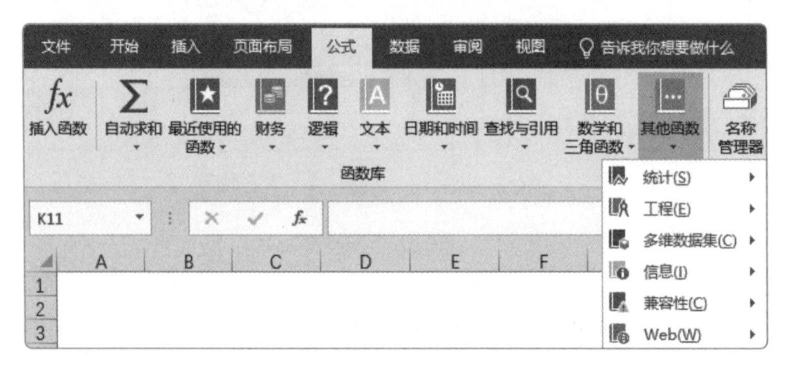

图3-18

3.2.3 函数的输入方法

用户可以通过多种方法输入函数，例如，使用“函数库”输入已知类别的函数、使用“插入函数”输入函数。

方法一：使用“函数库”输入已知类别的函数

在“公式”选项卡的“函数库”选项组中选择需要的函数，如图3-19所示。打开“函数参数”对话框，设置各参数❶，单击“确定”按钮❷，如图3-20所示，这时即可在单元格中输入函数。

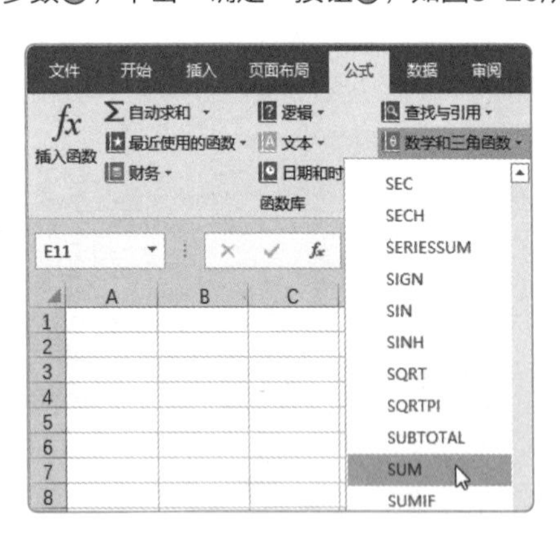

图3-19

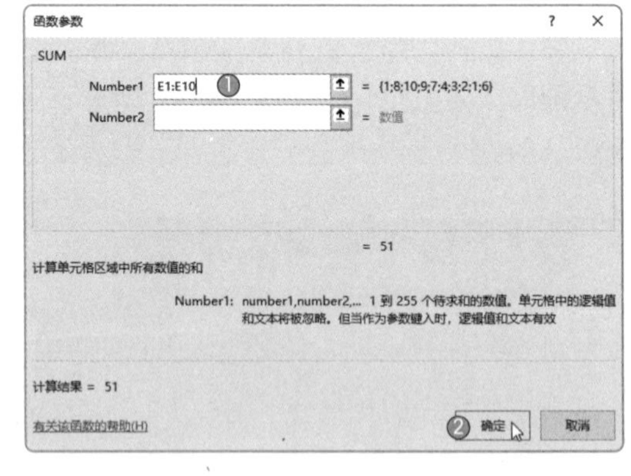

图3-20

方法二：使用“插入函数”输入函数

如果用户对函数所属的类型不太熟悉，则可以使用“插入函数”选择或搜索所需函数。在“公式”选项卡中单击“插入函数”按钮（见图3-21）或单击“编辑栏”左侧的“插入函数”按钮（见图3-22），打开“插入函数”对话框，在“搜索函数”文本框中输入关键词❶，单击“转到”按钮❷，即可显示“推荐”的函数列表，在“选择函数”列表框中选择需要的函数❸，单击“确定”按钮❹，如图3-23所示。这时，在打开的“函数参数”对话框中设置参数即可。

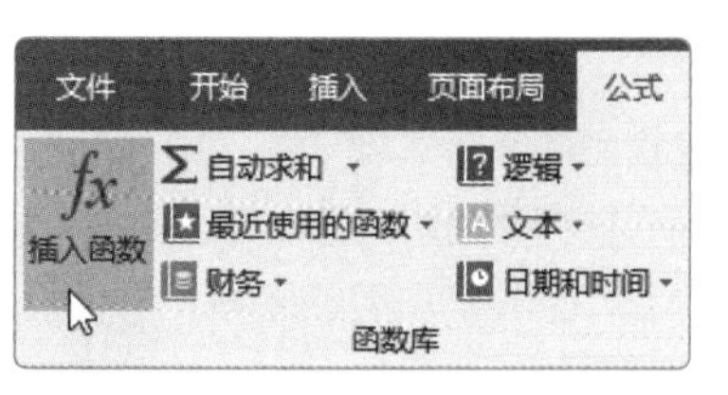

图3-21

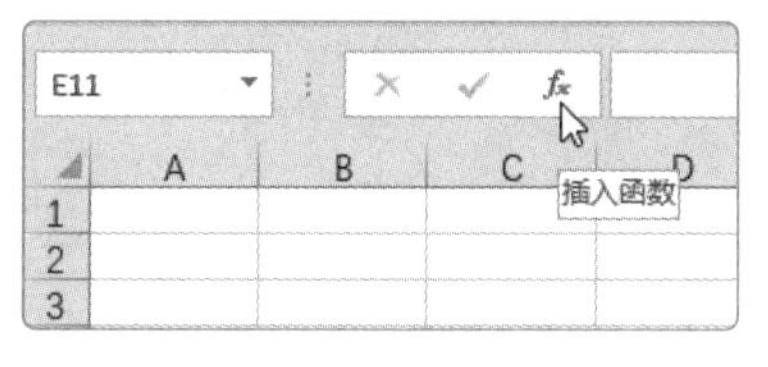

图3-22

图3-23

[实操3-1] 自动计算出总金额

[实例资源] 第3章\例3-1.xlsx

用户可以使用自动求和功能快速对数据进行求和。下面将介绍具体的操作方法。

STEP 1 选择 D2:D6 单元格区域，在“公式”选项卡中单击“自动求和”下拉按钮❶，从列表中选择“求和”选项❷，如图 3-24 所示。

	A	B	C	D
1	商品名称	价格	数量	金额
2	毛衣	100	20	2000
3	针织衫	230	10	2300
4	牛仔裤	120	60	7200
5	运动鞋	250	30	7500
6	衬衫	90	20	1800
7			总金额	

图3-24

STEP 2 这时即可快速计算出总金额，如图 3-25 所示。

D2 =B2*C2

	A	B	C	D
1	商品名称	价格	数量	金额
2	毛衣	100	20	2000
3	针织衫	230	10	2300
4	牛仔裤	120	60	7200
5	运动鞋	250	30	7500
6	衬衫	90	20	1800
7			总金额	20800
8				
9				

图3-25

3.3 审核和检查公式

为了保证计算结果的准确性，用户需要对表格中的公式进行审核、检查。下面将对其进行介绍。

3.3.1 追踪单元格

追踪单元格的作用是跟踪选定单元格的引用单元格或从属单元格。追踪单元格可分为追踪引用单元格和追踪从属单元格。

1. 追踪引用单元格

追踪引用单元格用于指示哪些单元格会影响当前所选单元格的值。选择单元格，在“公式”选项卡中单击“追踪引用单元格”按钮①，即可出现蓝色箭头，用以指明当前所选单元格引用了哪些单元格②，如图3-26所示。

此外，选择单元格①，按【Ctrl+[】组合键，可以定位到所选单元格的引用单元格②，如图3-27所示。

图3-26

图3-27

2. 追踪从属单元格

追踪从属单元格用于指示哪些单元格受当前所选单元格的值影响。选择单元格，单击“追踪从属单元格”按钮①，蓝色箭头指向受当前所选单元格影响的单元格②，如图3-28所示。

此外，选择单元格①，按【Ctrl+]】组合键，可以定位到所选单元格的从属单元格②，如图3-29所示。

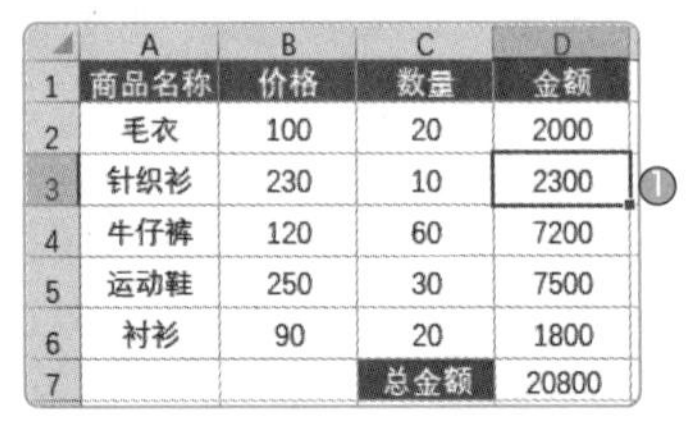

	A	B	C	D
1	商品名称	价格	数量	金额
2	毛衣	100	20	2000
3	针织衫	230	10	2300
4	牛仔裤	120	60	7200
5	运动鞋	250	30	7500
6	衬衫	90	20	1800
7			总金额	20800

图3-28

图3-29

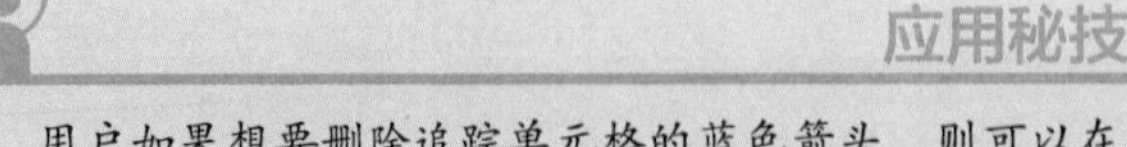

应用秘技

用户如果想要删除追踪单元格的蓝色箭头，则可以在“公式”选项卡中单击“移去箭头”下拉按钮，从列表中根据需要进行选择，如图3-30所示。

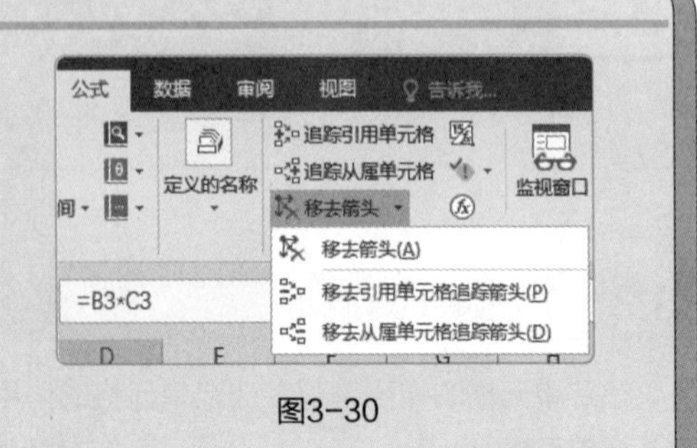

图3-30

3.3.2 显示公式本身

当输入公式并结束编辑后，可能出现并未得到计算结果而是在单元格中显示公式本身的问题。以下是这个问题的两种可能原因和解决方法。

1. 启用了“显示公式”模式

如果用户在“公式”选项卡中单击了“显示公式”按钮，则会将表格中的公式显示出来，如图3-31所示。

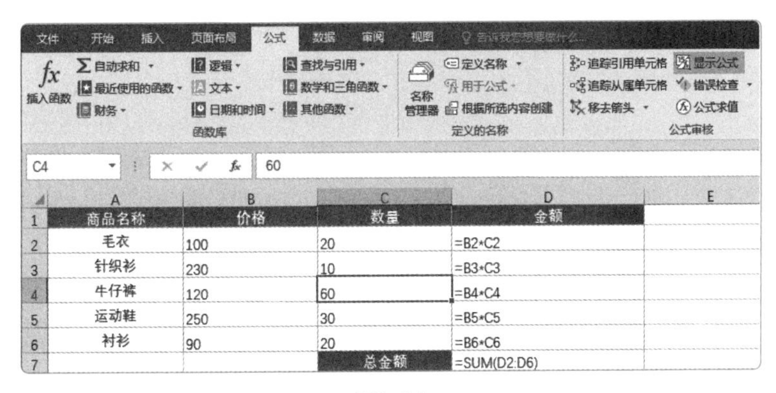

图3-31

解决方法

在“公式”选项卡中再次单击“显示公式”按钮，取消其选中状态。

2. 单元格设置了“文本”格式

如果“显示公式”按钮未处于选中状态，单元格中仍然是公式本身而不是计算结果，则可能是单元格设置了“文本”格式后又输入公式，如图3-32所示。

	A	B	C	D
4	牛仔裤	120	60	7200
5	运动鞋	250	30	7500
6	衬衫	90	20	1800
7			总金额	=SUM(D2:D6)

图3-32

解决方法

选择公式所在单元格，按【Ctrl+1】组合键，打开“设置单元格格式”对话框，在“数字”选项卡中选择“常规”选项，单击“确定”按钮，重新激活单元格中的公式，并结束编辑。

3.3.3 自动检查错误公式

当公式的结果返回错误值时，应该及时查找错误原因，并修改公式以解决问题。Excel提供后台检查错误的功能，用户只需要单击“文件”按钮，选择“选项”选项，打开“Excel选项”对话框，选择“公式”选项①，在“错误检查”区域勾选“允许后台错误检查”复选框②，并在“错误检查规则”区域勾选相应的规则选项③，单击“确定”按钮④即可，如图3-33所示。

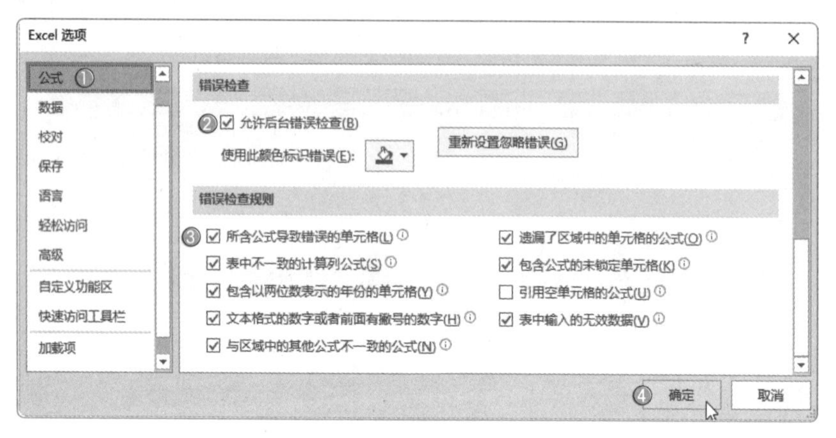

图3-33

当单元格中的公式或值出现与在“错误检查规则”区域勾选的选项相符的情况时，单元格左上角会显示绿色小三角形，如图3-34所示。选择该单元格，在其左侧会出现感叹号形状的“错误指示器”，如图3-35所示。当鼠标指针移至“错误指示器”时，会出现下拉按钮▾。单击“错误指示器”下拉按钮，在列表中可以查看公式错误的原因，列表中第一个选项表示错误原因，如图3-36所示。

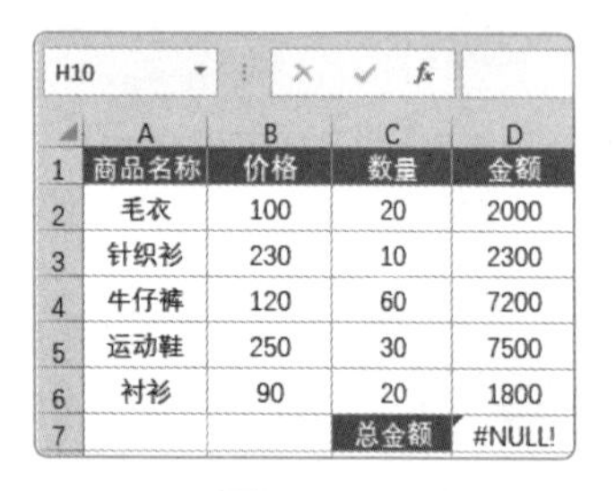

图3-34

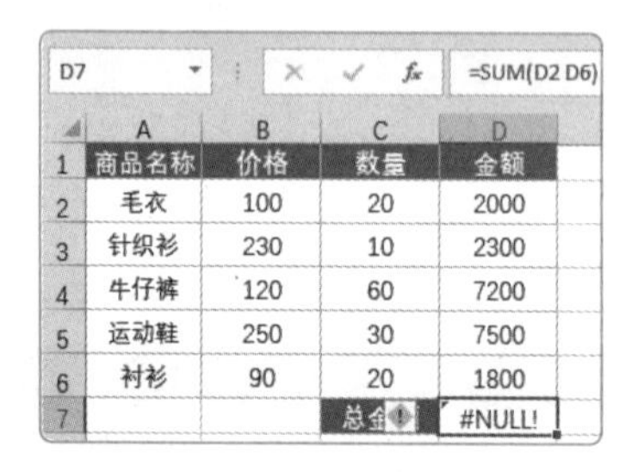

图3-35

图3-36

[实操3-2] 检查并修改错误公式

[实例资源] 第3章\例3-2.xlsx

微课视频

当表格中出现错误值时，用户可以使用错误检查功能手动检查错误公式。下面将介绍具体的操作方法。

STEP 1 选择C2:C6单元格区域，如图3-37所示。单击区域左上角的“错误指示器”下拉按钮①，从列表中选择“转换为数字”选项②，如图3-38所示。

STEP 2 此时，C7单元格中即可显示出正确的求和数，如图3-39所示。

STEP 3 在“公式”选项卡中单击“错误检查”按钮①，打开“错误检查”对话框，在该对话框中显示出错的单元格及出错原因，用户在对话框的右侧可以单击“关于此错误的帮助”按钮、“显示计算步骤”按钮、“忽略错误”按钮、“在编辑栏中编辑”按钮，这里单击“在编辑栏中编辑”按钮②，如图3-40所示。

	A	B	C	D
1	商品名称	价格	数量	金额
2	毛衣	100	20	2000
3	针织衫	230	10	#VALUE!
4	牛仔裤	120	60	7200
5	运动鞋	250	30	7500
6	衬衫	90	20	1800
7		总量	0	

图3-37

	A	B	C	D
1	商品名称	价格	数量	金额
2	毛衣	10	20	2000
3	针织衫	23		
4	牛仔裤	12		
5	运动鞋	25		
6	衬衫	9		
7		总		
8				
9				

以文本形式存储的数字
转换为数字(C)
关于此错误的帮助(H)
忽略错误(I)
在编辑栏中编辑(F)
错误检查选项(O)...

图3-38

	A	B	C	D
1	商品名称	价格	数量	金额
2	毛衣	100	20	2000
3	针织衫	230	10	#VALUE!
4	牛仔裤	120	60	7200
5	运动鞋	250	30	7500
6	衬衫	90	20	1800
7		总量	140	

图3-39

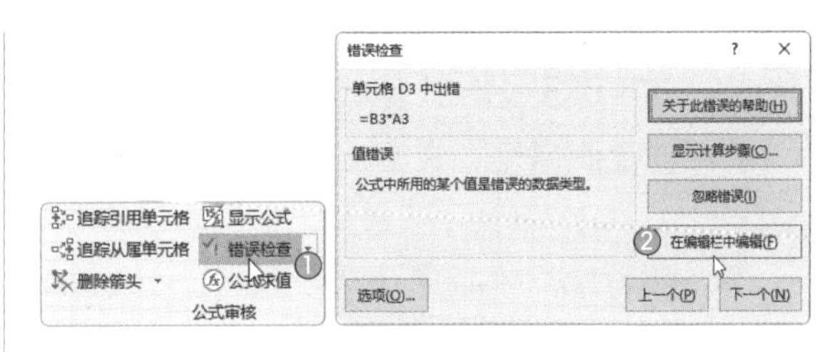

图3-40

STEP 4 在“编辑栏”中修改公式后①，单击“继续”按钮②，继续检查其他错误公式，检查并修改完成后会弹出提示对话框，直接单击“确定”按钮即可③，如图 3-41 所示。

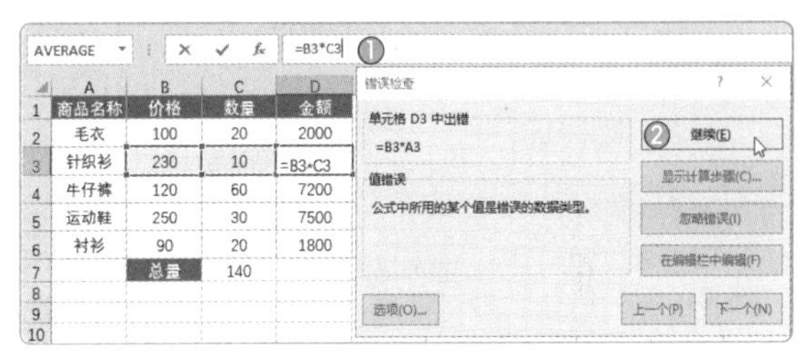

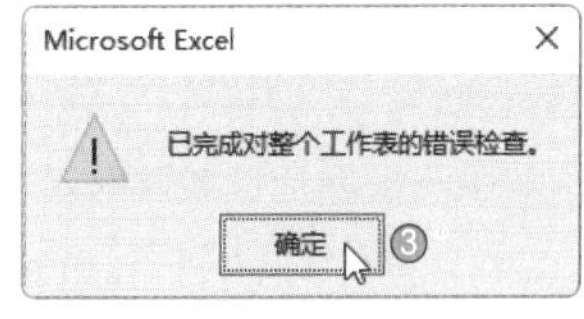

图3-41

3.4 常用数学函数

用户可以使用数学函数进行简单的计算，例如求和、取余、随机计算等。常用的数学函数有SUM函数、SUMIF函数、SUMIFS函数、RAND函数等，下面将对这些函数进行介绍。

3.4.1 SUM 函数

SUM函数用于对单元格区域中所有数值求和，其语法格式如下。

=SUM(number1[,number2]⋯)

数值1　　数值2

参数说明

- **number1：** 必选参数，其表示要求和的第1个数值，可以是直接输入的数值、单元格引用或数组。
- **number2：** 可选参数，其表示要求和的第2～第255个数值，可以是直接输入的数值、单元格引用或数组。

新手误区

如果参数为数组或单元格引用，则只有其中的数值被用于计算。数组或单元格引用中的空白单元格、逻辑值、文本等会被忽略；如果参数中有错误值或参数为不能转换成数值的文本，将会导致错误。

[实操3-3] 计算销售总额

[实例资源] 第3章\例3-3.xlsx

用户可以使用SUM函数计算销售总额，下面将介绍具体的操作方法。

STEP 1 选择G2单元格，输入公式“=SUM(E2:E11)”，如图3-42所示。

AVERAGE　=SUM(E2:E11)

	A	B	C	D	E	F	G
1	销售日期	商品	数量	单价	金额		销售总额
2	2021/8/1	笔记本	50	2.5	125.00		=SUM(E2:E11)
3	2021/8/2	直尺	100	1.5	150.00		
4	2021/8/3	便利贴	150	2	300.00		
5	2021/8/4	直尺	300	2.5	750.00		
6	2021/8/5	笔记本	250	3	750.00		
7	2021/8/6	固体胶棒	180	2.6	468.00		
8	2021/8/7	固体胶棒	260	3.2	832.00		
9	2021/8/8	笔记本	120	2.8	336.00		
10	2021/8/9	笔记本	240	3.2	768.00		
11	2021/8/10	便利贴	100	1.8	180.00		

图3-42

STEP 2 按【Enter】键确认，即可计算出销售总额，如图3-43所示。

G2　=SUM(E2:E11)

	A	B	C	D	E	F	G
1	销售日期	商品	数量	单价	金额		销售总额
2	2021/8/1	笔记本	50	2.5	125.00		4659.00
3	2021/8/2	直尺	100	1.5	150.00		
4	2021/8/3	便利贴	150	2	300.00		
5	2021/8/4	直尺	300	2.5	750.00		
6	2021/8/5	笔记本	250	3	750.00		
7	2021/8/6	固体胶棒	180	2.6	468.00		
8	2021/8/7	固体胶棒	260	3.2	832.00		
9	2021/8/8	笔记本	120	2.8	336.00		
10	2021/8/9	笔记本	240	3.2	768.00		
11	2021/8/10	便利贴	100	1.8	180.00		

图3-43

3.4.2 SUMIF 函数

SUMIF函数用于根据指定条件对若干单元格的值求和，其语法格式如下。

=SUMIF(range,criteria,sum_range)

条件区域　求和条件　实际求和区域

参数说明

- **range：** 为条件区域，即用于条件判断的单元格区域。
- **criteria：** 为求和条件，由数字、逻辑表达式等组成。
- **sum_range：** 为实际求和区域，它可以是需要求和的单元格区域或单元格引用。

[实操3-4] 计算笔记本的销售总额

[实例资源] 第3章\例3-4.xlsx

微课视频

用户可以使用SUMIF函数，计算笔记本的销售总额，下面将介绍具体的操作方法。

STEP 1 选择H2单元格，输入公式“=SUMIF(B2:B11,G2,E2:E11)”，如图3-44所示。

AVERAGE　=SUMIF(B2:B11,G2,E2:E11)

	A	B	C	D	E	F	G	H
1	销售日期	商品	数量	单价	金额		商品	销售总额
2	2021/8/1	笔记本	50	2.5	125.00		笔记本	=SUMIF(B2:B11,G2,E2:E11)
3	2021/8/2	直尺	100	1.5	150.00			
4	2021/8/3	便利贴	150	2	300.00			
5	2021/8/4	直尺	300	2.5	750.00			
6	2021/8/5	笔记本	250	3	750.00			
7	2021/8/6	固体胶棒	180	2.6	468.00			
8	2021/8/7	固体胶棒	260	3.2	832.00			
9	2021/8/8	笔记本	120	2.8	336.00			
10	2021/8/9	笔记本	240	3.2	768.00			
11	2021/8/10	便利贴	100	1.8	180.00			

图3-44

STEP 2 按【Enter】键确认，即可计算出笔记本的销售总额，如图3-45所示。

H2　=SUMIF(B2:B11,G2,E2:E11)

	A	B	C	D	E	F	G	H
1	销售日期	商品	数量	单价	金额		商品	销售总额
2	2021/8/1	笔记本	50	2.5	125.00		笔记本	1979.00
3	2021/8/2	直尺	100	1.5	150.00			
4	2021/8/3	便利贴	150	2	300.00			
5	2021/8/4	直尺	300	2.5	750.00			
6	2021/8/5	笔记本	250	3	750.00			
7	2021/8/6	固体胶棒	180	2.6	468.00			
8	2021/8/7	固体胶棒	260	3.2	832.00			
9	2021/8/8	笔记本	120	2.8	336.00			
10	2021/8/9	笔记本	240	3.2	768.00			
11	2021/8/10	便利贴	100	1.8	180.00			

图3-45

3.4.3 SUMIFS 函数

SUMIFS函数用于解决多条件求和问题，其语法格式如下。

=SUMIFS(sum_range,range1,criteria1,…)

求和区域　区域1　条件1

参数说明

- sum_range：是求和的实际单元格，即求和区域。
- range1：是要为特定条件计算的单元格区域，即区域1。
- criteria1：是数字、表达式或文本形式的条件，即条件1。它定义了单元格求和的范围。

[实操3-5] 计算2月扫描仪的入库数量

[实例资源] 第3章\例3-5.xlsx

用户可以使用SUMIFS函数，计算2月扫描仪的入库数量，下面将介绍具体的操作方法。

STEP 1 选择C13单元格，输入公式"=SUMIFS(D2:D10,A2:A10,"2月",C2:C10,"扫描仪")"，如图3-46所示。

	A	B	C	D	E
1	月份	产品编码	产品名称	入库数量	出库数量
2	1月	D001	电脑	10	9
3	2月	D002	打印机	25	20
4	3月	D003	扫描仪	20	8
5	1月	D004	打印机	30	25
6	2月	D005	扫描仪	28	25
7	3月	D006	打印机	19	21
8	1月	D007	电脑	20	33
9	2月	D008	扫描仪	18	9
10	3月	D009	打印机	16	8
12	月份	产品名称	入库数量		
13	=SUMIFS(D2:D10,A2:A10,"2月",C2:C10,"扫描仪")				

图3-46

STEP 2 按【Enter】键确认，即可计算出2月扫描仪的入库数量，如图3-47所示。

	A	B	C	D	E
1	月份	产品编码	产品名称	入库数量	出库数量
2	1月	D001	电脑	10	9
3	2月	D002	打印机	25	20
4	3月	D003	扫描仪	20	8
5	1月	D004	打印机	30	25
6	2月	D005	扫描仪	28	25
7	3月	D006	打印机	19	21
8	1月	D007	电脑	20	33
9	2月	D008	扫描仪	18	9
10	3月	D009	打印机	16	8
12	月份	产品名称	入库数量		
13	2月	扫描仪	46		

图3-47

3.4.4 RAND 函数

RAND函数用于返回大于或等于0及小于1的均匀分布随机数，其语法格式如下。

=RAND()

该函数不需要参数

[实操3-6] 随机安排值班人员的排班顺序

[实例资源] 第3章\例3-6.xlsx

要想随机安排值班人员的排班顺序，用户可以使用RAND函数生成随机小数作为辅助列，然后进行排序。

STEP 1 选择B2单元格，输入公式"=RAND()"，按【Enter】键确认，计算出结果，如图3-48所示。

STEP 2 将公式向下填充，然后对随机数进行升序排列，如图3-49所示。

	A	B
1	值班人员	随机数
2	李佳	=RAND()
3	王晓	
4	李琦	
5	周丽	
6	何洁	
7	孙杨	

	A	B
1	值班人员	随机数
2	李佳	0.412077
3	王晓	
4	李琦	
5	周丽	
6	何洁	
7	孙杨	

图3-48

	A	B
1	值班人员	随机数
2	李佳	0.047346
3	王晓	0.902315
4	李琦	0.655723
5	周丽	0.481441
6	何洁	0.43865
7	孙杨	0.551361

	A	B
1	值班人员	随机数
2	李佳	0.996553
3	何洁	0.417073
4	周丽	0.234568
5	孙杨	0.982672
6	李琦	0.33981
7	王晓	0.070595

图3-49

3.5 常用统计函数

统计函数用于从各种角度去分析统计数据，并捕捉统计数据的所有特征。常用的统计函数有COUNTIF函数、MAX函数、MIN函数、RANK函数等，下面将对这些函数进行介绍。

3.5.1 COUNTIF 函数

COUNTIF函数用于求满足给定条件的数据个数，其语法格式如下。

=COUNTIF(range,criteria)

单元格区域　条件

参数说明

- **range**：为需要计算其中满足条件的单元格数量的单元格区域。
- **criteria**：为确定哪些单元格被计算在内的条件，其形式可以为数字、表达式或文本。

[实操3-7] 统计销售业绩大于3万台的人数

[实例资源] 第3章\例3-7.xlsx

微课视频

用户可以使用COUNTIF函数统计销售业绩大于3万台的人数，下面将介绍具体的操作方法。

STEP 1 选择E2单元格，输入公式“=COUNTIF(C2:C8,">30000")”，如图3-50所示。

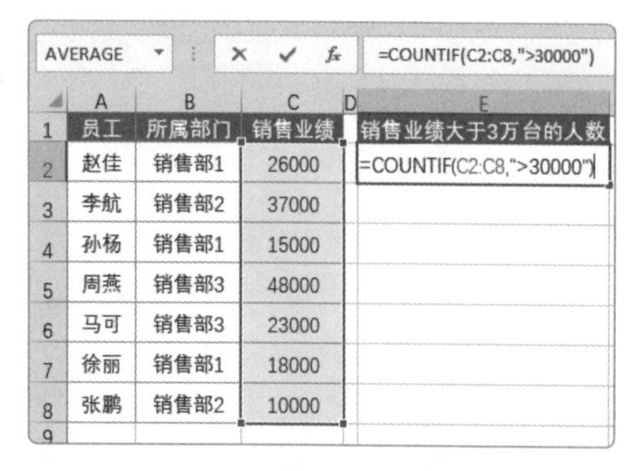

AVERAGE　=COUNTIF(C2:C8,">30000")

	A	B	C	D	E
1	员工	所属部门	销售业绩		销售业绩大于3万台的人数
2	赵佳	销售部1	26000		=COUNTIF(C2:C8,">30000")
3	李航	销售部2	37000		
4	孙杨	销售部1	15000		
5	周燕	销售部3	48000		
6	马可	销售部3	23000		
7	徐丽	销售部1	18000		
8	张鹏	销售部2	10000		

图3-50

STEP 2 按【Enter】键确认，即可统计出销售业绩大于3万台的人数，如图3-51所示。

E2　=COUNTIF(C2:C8,">30000")

	A	B	C	D	E
1	员工	所属部门	销售业绩		销售业绩大于3万台的人数
2	赵佳	销售部1	26000		2
3	李航	销售部2	37000		
4	孙杨	销售部1	15000		
5	周燕	销售部3	48000		
6	马可	销售部3	23000		
7	徐丽	销售部1	18000		
8	张鹏	销售部2	10000		

图3-51

3.5.2 MAX 函数

MAX函数用于返回一组数值中的最大值，其语法格式如下。

=MAX(number1,number2,…)
数值1　　数值2

参数说明

- **number1,number2,…：** 为需求最大值的指定数值或者数值所在的单元格。如果参数为错误值或不能转换成数值的文本，将产生错误。如果参数为数组或单元格引用，则只有数组或单元格引用中的数值被计算；数组或单元格引用中的空白单元格、逻辑值、文本被忽略。

[实操3-8] 统计最大销售业绩
[实例资源] 第3章\例3-8.xlsx

用户可以使用MAX函数统计最大销售业绩，下面将介绍具体的操作方法。

STEP 1 选择E2单元格，输入公式“=MAX(C2:C8)”，如图 3-52 所示。

AVERAGE　=MAX(C2:C8)

	A	B	C	D	E
1	员工	所属部门	销售业绩		最大销售业绩
2	赵佳	销售部1	26000		=MAX(C2:C8)
3	李航	销售部2	37000		
4	孙杨	销售部1	15000		
5	周燕	销售部3	48000		
6	马可	销售部3	23000		
7	徐丽	销售部1	18000		
8	张鹏	销售部2	10000		

图3-52

STEP 2 按【Enter】键确认，即可统计出最大销售业绩，如图 3-53 所示。

E2　=MAX(C2:C8)

	A	B	C	D	E
1	员工	所属部门	销售业绩		最大销售业绩
2	赵佳	销售部1	26000		48000
3	李航	销售部2	37000		
4	孙杨	销售部1	15000		
5	周燕	销售部3	48000		
6	马可	销售部3	23000		
7	徐丽	销售部1	18000		
8	张鹏	销售部2	10000		

图3-53

3.5.3 MIN 函数

MIN函数用于返回一组数值中的最小值，其语法格式如下。

=MIN(number1,number2, …)
数值1　　数值2

参数说明

- **number1,number2,…：** 是要从中找出最小值的1～255个参数。参数可以是数值、空白单元格、逻辑值或表示数值的字符串。如果参数中有错误值或无法转换成数值的文本，将产生错误。如果参数是数组或单元格引用，则函数MIN仅使用其中的数值，数组或单元格引用中的空白单元格、逻辑值、文本或错误值被忽略。

[实操3-9] 统计最小销售业绩
[实例资源] 第3章\例3-9.xlsx

用户可以使用MIN函数统计最小销售业绩，下面将介绍具体的操作方法。

STEP 1 选择 E2 单元格，输入公式“=MIN(C2:C8)”，如图 3-54 所示。

STEP 2 按【Enter】键确认，即可统计出最小销售业绩，如图 3-55 所示。

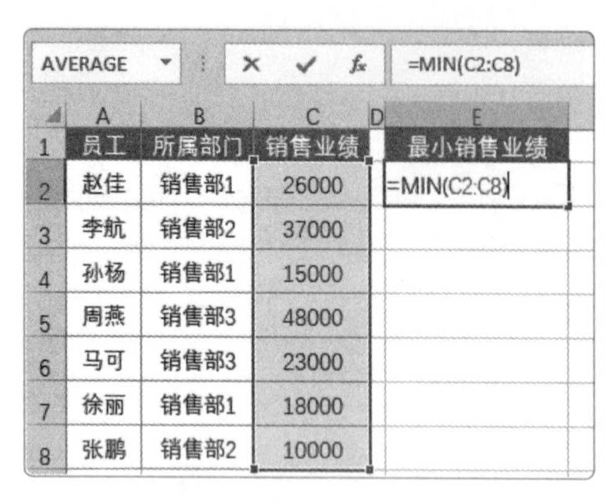

AVERAGE　=MIN(C2:C8)

	A	B	C	D	E
1	员工	所属部门	销售业绩		最小销售业绩
2	赵佳	销售部1	26000		=MIN(C2:C8)
3	李航	销售部2	37000		
4	孙杨	销售部1	15000		
5	周燕	销售部3	48000		
6	马可	销售部3	23000		
7	徐丽	销售部1	18000		
8	张鹏	销售部2	10000		

图3-54

E2　=MIN(C2:C8)

	A	B	C	D	E
1	员工	所属部门	销售业绩		最小销售业绩
2	赵佳	销售部1	26000		10000
3	李航	销售部2	37000		
4	孙杨	销售部1	15000		
5	周燕	销售部3	48000		
6	马可	销售部3	23000		
7	徐丽	销售部1	18000		
8	张鹏	销售部2	10000		

图3-55

3.5.4 RANK 函数

RANK函数用于返回一个数值在一组数值中的排位，其语法格式如下。

=RANK(number,ref[,order])

数值　引用　排位方式

参数说明

- **number：** 为需找到排位的指定数值或数值所在的单元格。
- **ref：** 为包含数值的指定单元格区域或区域名称。ref区域内的空白单元格、文本、逻辑值被忽略。
- **order：** 可选参数，用于指定排位方式，升序时指定为1，降序时指定为0。如果省略order，则为降序排位。

[实操3-10] 对员工销售业绩进行排名

[实例资源] 第3章\例3-10.xlsx

用户可使用RANK函数对员工销售业绩进行排名，下面将介绍具体的操作方法。

STEP 1 选择D2单元格，输入公式“=RANK(C2,$C$2:$C$8,0)”，如图3-56所示。

AVERAGE　=RANK(C2,$C$2:$C$8,0)

	A	B	C	D	E	F
1	员工	所属部门	销售业绩	排名		
2	赵佳	销售部1	=RANK(C2,$C$2:$C$8,0)			
3	李航	销售部2	37000			
4	孙杨	销售部1	15000			
5	周燕	销售部3	48000			
6	马可	销售部3	23000			
7	徐丽	销售部1	18000			
8	张鹏	销售部2	10000			

图3-56

STEP 2 按【Enter】键确认，即可计算出结果，并将公式向下填充，统计出员工销售业绩排名，如图3-57所示。

D2　=RANK(C2,$C$2:$C$8,0)

	A	B	C	D	E	F
1	员工	所属部门	销售业绩	排名		
2	赵佳	销售部1	26000	3		
3	李航	销售部2	37000	2		
4	孙杨	销售部1	15000	6		
5	周燕	销售部3	48000	1		
6	马可	销售部3	23000	4		
7	徐丽	销售部1	18000	5		
8	张鹏	销售部2	10000	7		

图3-57

在对相同数值进行排位时，其排位相同，但会影响后续数值的排位。

制作销售数据统计表

本章实战演练将运用前面所介绍的知识制作销售数据统计表，以帮助用户熟练掌握公式与函数的应用。

微课视频

1. 案例效果

本章实战演练为制作销售数据统计表，最终效果如图3-58所示。

销售额	订单量	下单人数	商品销量	客单价
3340	11	10	71	334.0

订单号	客户ID	商品编码	商品品类	商品名称	单位	数量	单价	金额	客户名称	联系电话	收货地址
201001001	3020000101	401022001	品类1	品名1	件	9	20	180	客户1	187****0001	浙江省杭州市****
201001001	3020000101	401022002	品类2	品名2	件	8	25	200	客户1	187****0001	浙江省杭州市****
201001002	3020000102	401022001	品类1	品名1	件	4	30	120	客户2	188****0003	安徽省合肥市****
201001002	3020000102	401022004	品类4	品名4	件	6	45	270	客户2	188****0003	安徽省合肥市****
201001003	3020000102	401022005	品类5	品名5	件	3	60	180	客户2	188****0003	浙江省杭州市****
201001005	3020000104	401022006	品类1	品名3	件	7	78	546	客户4	188****0006	江苏省无锡市****
201001006	3020000105	401022007	品类2	品名7	件	5	20	100	客户5	188****0007	福建省福州市****
201001007	3020000106	401022008	品类3	品名8	件	6	33	198	客户6	188****0008	浙江省杭州市****
201001008	3020000107	401022005	品类5	品名5	件	4	100	400	客户7	188****0009	安徽省合肥市****
201001009	3020000108	401022010	品类5	品名10	件	3	52	156	客户8	188****0010	江苏省南京市****
201001010	3020000109	401022011	品类1	品名11	件	5	60	300	客户9	188****0011	安徽省合肥市****
201001011	3020000110	401022002	品类2	品名2	件	3	38	114	客户10	188****0012	浙江省杭州市****
201001012	3020000111	401022013	品类3	品名13	件	8	72	576	客户11	188****0013	安徽省合肥市****

图3-58

2. 操作思路

掌握SUM函数、COUNT函数的使用方法，下面将进行简单介绍。

STEP 1 计算销售额。在 A2 单元格中输入公式“=SUM(J5:J17)”并按【Enter】键即可，如图 3-59 所示。

STEP 2 计算订单量。在 D2 单元格中输入公式“=COUNT(0/FREQUENCY(A5:A17,A5:A17))”并按【Enter】键即可，如图 3-60 所示。

A2　=SUM(J5:J17)

销售额	订单量		
3340			
订单号	客户ID	商品编码	商品品类
201001001	3020000101	401022001	品类1
201001001	3020000101	401022002	品类2
201001002	3020000102	401022001	品类1
201001002	3020000102	401022004	品类4
201001003	3020000102	401022005	品类5

图3-59

D2　=COUNT(0/FREQUENCY(A5:A17,A5:A17))

销售额	订单量			
3340	11			
订单号	客户ID	商品编码	商品品类	商品名称
201001001	3020000101	401022001	品类1	品名1
201001001	3020000101	401022002	品类2	品名2
201001002	3020000102	401022001	品类1	品名1
201001002	3020000102	401022004	品类4	品名4

图3-60

STEP 3 计算下单人数。在 G2 单元格中输入公式“=COUNT(0/FREQUENCY(B5:B17,B5:B17))”并按【Enter】键即可，如图 3-61 所示。

STEP 4 计算商品销量。在 J2 单元格中输入公式“=SUM(H5:H17)”并按【Enter】键即可，如图 3-62 所示。

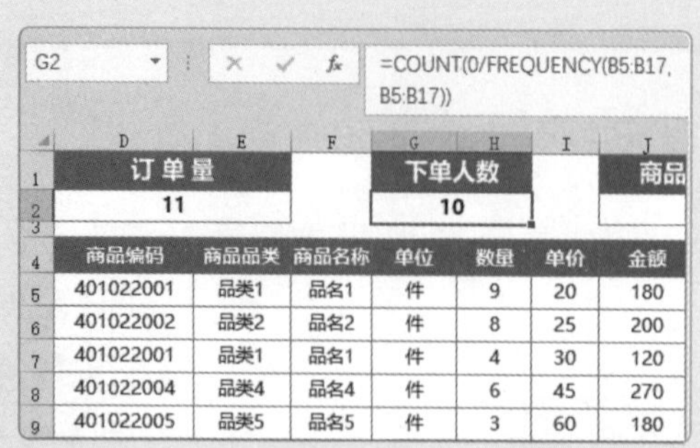

商品编码	商品品类	商品名称	单位	数量	单价	金额
401022001	品类1	品名1	件	9	20	180
401022002	品类2	品名2	件	8	25	200
401022001	品类1	品名1	件	4	30	120
401022004	品类4	品名4	件	6	45	270
401022005	品类5	品名5	件	3	60	180

图3-61

J2 =SUM(H5:H17)

下单人数	商品销量
10	71

单位	数量	单价	金额	客户名称	联系电话
件	9	20	180	客户1	187****0001
件	8	25	200	客户1	187****0001
件	4	30	120	客户2	188****0003
件	6	45	270	客户2	188****0003

图3-62

STEP 5 计算客单价。在 M2 单元格中输入公式“=A2/G2”并按【Enter】键即可，如图 3-63 所示。

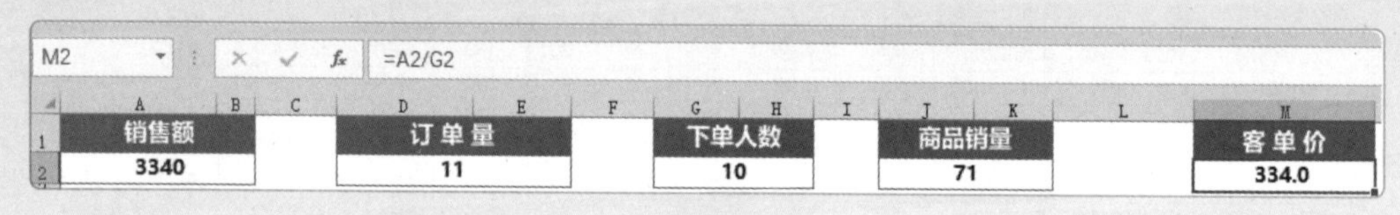

图3-63

应用秘技

FREQUENCY函数为统计函数，它用于统计数据的频率分布。

语法为：FREQUENCY(data_array,bins_array)，其中参数data_array是指需要对其频率进行计数的一组数值或对这组数值的引用；参数bins_array是指数据分组的间隔。

疑难解答

Q：如何通过公式记忆手动输入函数？

A：如果知道所需函数的全部或开头部分字母，则可以直接在单元格中手动输入函数。例如，在单元格中输入“=MA”后，Excel将自动在下拉列表中显示所有以“MA”开头的函数，如图3-64所示。在列表中双击需要的函数，即可将该函数输入单元格中，如图3-65所示。接着输入相关参数，按【Enter】键确认即可。

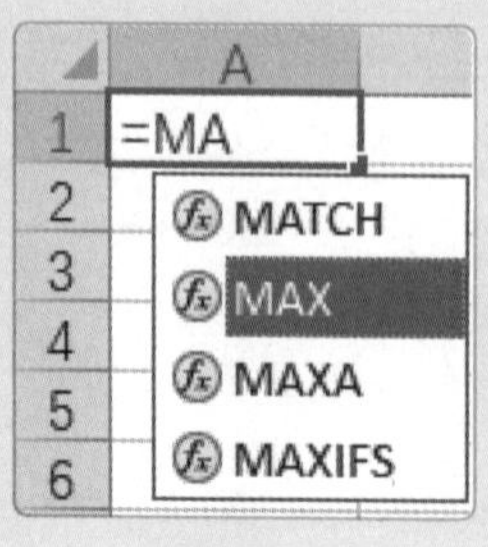

图3-64

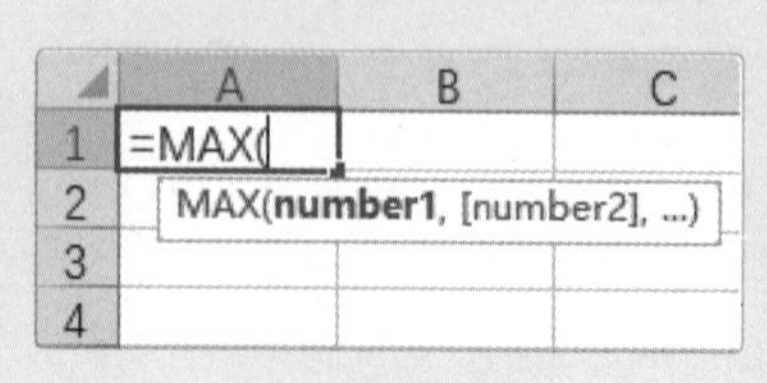

图3-65

Q：如何查看公式的分步计算结果？

A：在单元格中输入公式后，如果用户需要查看公式每个步骤的计算结果，则可以选择输入公式的单元格，在“公式”选项卡中单击“公式求值”按钮，打开“公式求值”对话框，在“求值”区域会显示公式，单击“求值”按钮，可以逐步查看公式计算结果，如图3-66所示。

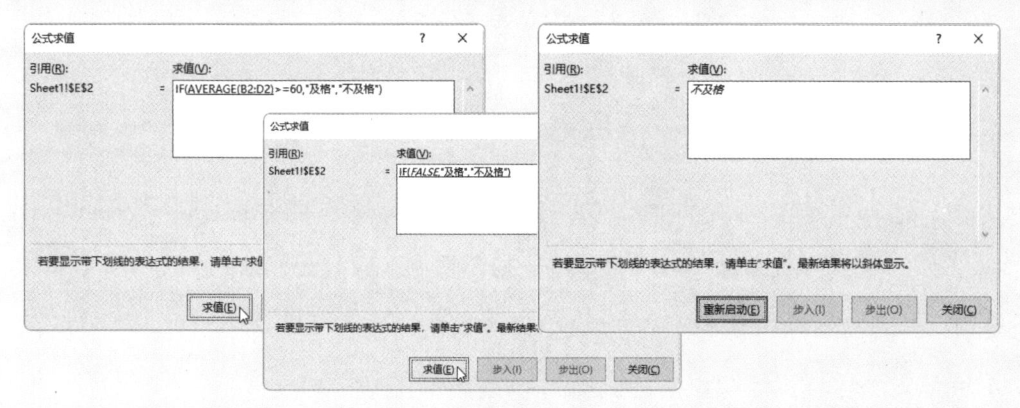

图3-66

Q：如何删除公式？

A：要删除已有公式，用户可以选中公式所在单元格，按【Delete】键。

Q：如何使用快捷键求和？

A：选择需要输入公式的单元格区域①，如图3-67所示。按下【Alt+=】组合键②，即可完成自动求和，如图3-68所示。

D12

	A	B	C	D	E	F
1	销售日期	商品	单价	数量	金额	
2	2021/8/1	笔记本	2.5	50	125.00	
3	2021/8/2	直尺	1.5	100	150.00	
4	2021/8/3	便利贴	2	150	300.00	
5	2021/8/4	直尺	2.5	300	750.00	
6	2021/8/5	笔记本	3	250	750.00	
7	2021/8/6	固体胶棒	2.6	180	468.00	
8	2021/8/7	固体胶棒	3.2	260	832.00	
9	2021/8/8	笔记本	2.8	120	336.00	
10	2021/8/9	笔记本	3.2	240	768.00	
11	2021/8/10	便利贴	1.8	100	180.00	
12	合计				①	
13						

图3-67

D12 =SUM(D2:D11)

	A	B	C	D	E	F
1	销售日期	商品	单价	数量	金额	
2	2021/8/1	笔记本	2.5	50	125.00	
3	2021/8/2	直尺	1.5	100	150.00	
4	2021/8/3	便利贴	2	150	300.00	
5	2021/8/4	直尺	2.5	300	750.00	
6	2021/8/5	笔记本	3	250	750.00	
7	2021/8/6	固体胶棒	2.6	180	468.00	
8	2021/8/7	固体胶棒	3.2	260	832.00	
9	2021/8/8	笔记本	2.8	120	336.00	
10	2021/8/9	笔记本	3.2	240	768.00	
11	2021/8/10	便利贴	1.8	100	180.00	
12	合计			1750	4659.00	
13						

图3-68

第4章

公式与函数的高级应用

掌握公式与函数的基本应用后，接下来可对函数功能进行深入的研究，以帮助用户进一步提高工作效率。本章将着重对公式与函数的高级应用进行介绍，其中包括数组公式、嵌套函数的使用等。

4.1 什么是数组公式

在介绍数组公式及其应用之前，先要介绍什么是数组，这样有助于用户掌握数组公式的使用。

4.1.1 理解数组

在函数与公式的应用中，数组是指按一行、一列或多行多列排列的一组数据元素的集合。数据元素可以是数值、文本、日期、逻辑值和错误值等。数组可以分为常量数组、区域数组、内存数组和命名数组。

1. 常量数组

常量数组是指直接在公式中写入数组元素，并用大括号{}在首尾进行标识的字符串表达式。其不依赖单元格区域，可以直接参与公式的计算。

常量数组的组成元素只能为常量元素，不能是函数、公式或单元格引用。常量元素中不可以包含美元符号、逗号、小括号和百分号。

一维纵向常量数组的各元素用半角分号“;”间隔，如图4-1所示。

一维横向常量数组的各元素用半角逗号“,”间隔，如图4-2所示。

={1;2;3;4;5;6}

图4-1

={"张宇","王晓","林娜","周洁"}

图4-2

应用秘技

数组的维度是指数组的行列方向，一行多列的数组为一维横向数组，如图4-3所示。一列多行的数组为一维纵向数组，如图4-4所示。

	A	B	C	D
1	1	2	3	4
2	一维横向数组			

图4-3

	A
1	1
2	2
3	3
4	4
5	一维纵向数组

图4-4

2. 区域数组

如果在公式或函数参数中引用工作表的某个单元格区域，且其中函数参数不是单元格引用或单元格区域、向量时，Excel会自动将对该区域的引用转换成由区域中各单元格的值构成的数组，其可被称为区域数组。

3. 内存数组

内存数组是指某一公式通过计算，在内存中临时返回的多个结果值构成的数组。而该公式的计算结果不必存储到单元格区域中，可作为一个整体直接嵌套进其他公式中继续参与计算。该公式本身被称为内存数组公式。

内存数组与区域数组的主要区别在于，区域数组通过单元格引用而非通过公式计算获得，并且区域数组依赖于引用的单元格区域，而非独立存在于内存中。

4. 命名数组

命名数组指的是用名称定义数组，该名称可在公式或函数中作为数组直接引用。在一些自定义的公式中不能输入常量数组，就可以利用命名数组的形式来引用。

应用秘技

数组的维数是指数组中不同维度的个数。只有一行或一列在单一方向上延伸的数组被称为一维数组；多行多列同时拥有两个维度的数组被称为二维数组。

4.1.2 认识数组公式

数组公式是指区别于普通公式并以按【Ctrl+Shift+Enter】组合键来完成编辑的特殊公式。对于标识，Excel会自动在“编辑栏”中给数组公式的首尾加上大括号“{}”。数组公式的实质是单元格公式的一种书写形式。

4.1.3 创建数组公式

利用数组公式可以同时计算一组或多组数据，并返回一个或多个计算结果。

[实操4-1] 快速计算出销售金额或销售总额数据

[实例资源] 第4章\例4-1.xlsx

微课视频

使用数组公式可以快速计算销售金额或销售总额，下面将介绍具体的操作方法。

STEP 1 选择E2:E11单元格区域，在“编辑栏”中输入公式“=C2:C11*D2:D11”，如图4-5所示。

AVERAGE　=C2:C11*D2:D11

	A	B	C	D	E
1	销售日期	商品	数量	单价	销售金额
2	2021/8/1	笔记本	50	2.5	=C2:C11*D2:D11
3	2021/8/2	直尺	100	1.5	
4	2021/8/3	便利贴	150	2	
5	2021/8/4	直尺	300	2.5	
6	2021/8/5	笔记本	250	3	
7	2021/8/6	固体胶棒	180	2.6	
8	2021/8/7	固体胶棒	260	3.2	
9	2021/8/8	笔记本	120	2.8	
10	2021/8/9	笔记本	240	3.2	
11	2021/8/10	便利贴	100	1.8	

图4-5

STEP 2 按【Ctrl+Shift+Enter】组合键，即可计算出所有商品的销售金额，如图4-6所示。

E2　{=C2:C11*D2:D11}

	A	B	C	D	E
1	销售日期	商品	数量	单价	销售金额
2	2021/8/1	笔记本	50	2.5	125.00
3	2021/8/2	直尺	100	1.5	150.00
4	2021/8/3	便利贴	150	2	300.00
5	2021/8/4	直尺	300	2.5	750.00
6	2021/8/5	笔记本	250	3	750.00
7	2021/8/6	固体胶棒	180	2.6	468.00
8	2021/8/7	固体胶棒	260	3.2	832.00
9	2021/8/8	笔记本	120	2.8	336.00
10	2021/8/9	笔记本	240	3.2	768.00
11	2021/8/10	便利贴	100	1.8	180.00

图4-6

STEP 3 选择D12单元格，输入公式“=SUM(C2:C11*D2:D11)”，如图4-7所示。

	A	B	C	D	E	F
1	销售日期	商品	数量	单价		
2	2021/8/1	笔记本	50	2.5		
3	2021/8/2	直尺	100	1.5		
4	2021/8/3	便利贴	150	2		
5	2021/8/4	直尺	300	2.5		
6	2021/8/5	笔记本	250	3		
7	2021/8/6	固体胶棒	180	2.6		
8	2021/8/7	固体胶棒	260	3.2		
9	2021/8/8	笔记本	120	2.8		
10	2021/8/9	笔记本	240	3.2		
11	2021/8/10	便利贴	100	1.8		
12			销售总额	=SUM(C2:C11*D2:D11)		

图4-7

STEP 4 按【Ctrl+Shift+Enter】组合键，即可计算出销售总额，如图4-8所示。

D12　{=SUM(C2:C11*D2:D11)}

	A	B	C	D	E
1	销售日期	商品	数量	单价	
2	2021/8/1	笔记本	50	2.5	
3	2021/8/2	直尺	100	1.5	
4	2021/8/3	便利贴	150	2	
5	2021/8/4	直尺	300	2.5	
6	2021/8/5	笔记本	250	3	
7	2021/8/6	固体胶棒	180	2.6	
8	2021/8/7	固体胶棒	260	3.2	
9	2021/8/8	笔记本	120	2.8	
10	2021/8/9	笔记本	240	3.2	
11	2021/8/10	便利贴	100	1.8	
12			销售总额	4,659	

图4-8

4.1.4 数组公式的编辑

在Excel中，对数组公式进行编辑时，有以下限制。

- 不能单独改变公式区域某一部分单元格的内容。
- 不能单独移动公式区域的某一部分单元格。
- 不能单独删除公式区域的某一部分单元格。
- 不能在公式区域中插入新的单元格。

如果需要修改数组公式，则选择公式区域，如图4-9所示。按【F2】键进入编辑模式，如图4-10所示。修改公式内容后，按【Ctrl+Shift+Enter】组合键，结束编辑。

E2 {=C2:C11*D2:D11}

	A	B	C	D	E
1	销售日期	商品	数量	单价	销售金额
2	2021/8/1	笔记本	50	2.5	125.00
3	2021/8/2	直尺	100	1.5	150.00
4	2021/8/3	便利贴	150	2	300.00
5	2021/8/4	直尺	300	2.5	750.00
6	2021/8/5	笔记本	250	3	750.00
7	2021/8/6	固体胶棒	180	2.6	468.00
8	2021/8/7	固体胶棒	260	3.2	832.00
9	2021/8/8	笔记本	120	2.8	336.00
10	2021/8/9	笔记本	240	3.2	768.00
11	2021/8/10	便利贴	100	1.8	180.00

图4-9

AVERAGE =C2:C11*D2:D11

	A	B	C	D	E
1	销售日期	商品	数量	单价	销售金额
2	2021/8/1	笔记本	50	=C2:C11*D2:D11	
3	2021/8/2	直尺	100	1.5	150.00
4	2021/8/3	便利贴	150	2	300.00
5	2021/8/4	直尺	300	2.5	750.00
6	2021/8/5	笔记本	250	3	750.00
7	2021/8/6	固体胶棒	180	2.6	468.00
8	2021/8/7	固体胶棒	260	3.2	832.00
9	2021/8/8	笔记本	120	2.8	336.00
10	2021/8/9	笔记本	240	3.2	768.00
11	2021/8/10	便利贴	100	1.8	180.00

图4-10

如果需要删除数组公式，则将公式区域选中，按【Delete】键即可。

4.2 文本函数的应用

使用文本函数，可以在公式中处理字符串。用户不仅可以单独使用文本函数，还可以将它与其他函数嵌套使用。下面对其进行介绍。

4.2.1 LEN 函数和 LENB 函数

LEN函数用于返回字符串的字符数，其语法格式如下。

=LEN(text)

字符串

参数说明

- text：为必需参数，其表示要查找长度的文本，空格将作为字符进行计数。

LENB函数用于返回字符串的字节数，其语法格式如下。

=LENB(text)

字符串

参数说明

- text：为要查找长度的文本，空格将作为字符进行计数。

[实操4-2] 计算总价数据
[实例资源] 第4章\例4-2.xlsx

表格的数量列中同时包含数量和单位，此时要想计算总价，可以使用LEN函数、LENB函数等。

STEP 1 选择D2单元格，输入公式“=C2*LEFT(B2,LEN(B2)-(LENB(B2)-LEN(B2)))”，如图4-11所示。

	A	B	C	D
1	产品	数量	单价（元）	总价
2	尺子	12把	1.5	=C2*LEFT(B2,LEN(B2)-(LENB(B2)-LEN(B2)))
3	铅笔	20支	2	
4	订书机	15个	15	
5	笔记本	30本	3	
6	橡皮	40个	2.5	
7	文件夹	18个	1.5	

图4-11

STEP 2 按【Enter】键确认，即可计算出总价，并将公式向下填充，如图4-12所示。

D2 =C2*LEFT(B2,LEN(B2)-(LENB(B2)-LEN(B2)))

	A	B	C	D	E
1	产品	数量	单价（元）	总价	
2	尺子	12把	1.5	18	
3	铅笔	20支	2	40	
4	订书机	15个	15	225	
5	笔记本	30本	3	90	
6	橡皮	40个	2.5	100	
7	文件夹	18个	1.5	27	

图4-12

应用秘技

由于一个单位占用2字节，即一个字符，因此使用LENB函数计算B2的字节数，减去B2的字符数，得到产品单位占的字符数。然后用B2的字符数减去产品单位所占字符数，得到数字占的字符数。接着使用LEFT函数从左侧提取数字，得到数量，即可计算出总价。

4.2.2 LEFT函数和FIND函数

LEFT函数用于从字符串的左侧开始提取指定个数的字符，其语法格式如下。

=LEFT(text[,num_chars])
字符串　字符数

参数说明

- text：为要提取字符的字符串。
- num_chars：为LEFT函数提取的字符数。如果省略num_chars，则假定其值为1。

FIND函数用于返回一个字符串出现在另一个字符串中的起始位置，其语法格式如下。

=FIND(find_text,within_text[,start_num])
要查找的字符串　被查找的字符串　开始位置

参数说明

- find_text：必需参数，其为要查找的字符串。
- within_text：必需参数，其为被查找的字符串。
- start_num：可选参数，其用于指定进行查找的开始位置。within_text中首字符的编号为1。如果省略start_num，则假定其值为1。

[实操4-3] 从地址中提取省份
[实例资源] 第4章\例4-3.xlsx

微课视频

用户可以通过LEFT函数和FIND函数嵌套使用来从地址中提取省份。下面将介绍具体的操作方法。

STEP 1 选择B2单元格，输入公式“=LEFT(A2,FIND("省",A2))”，如图4-13所示。

图4-13

STEP 2 按【Enter】键确认，即可提取出省份，并将公式向下填充，如图4-14所示。

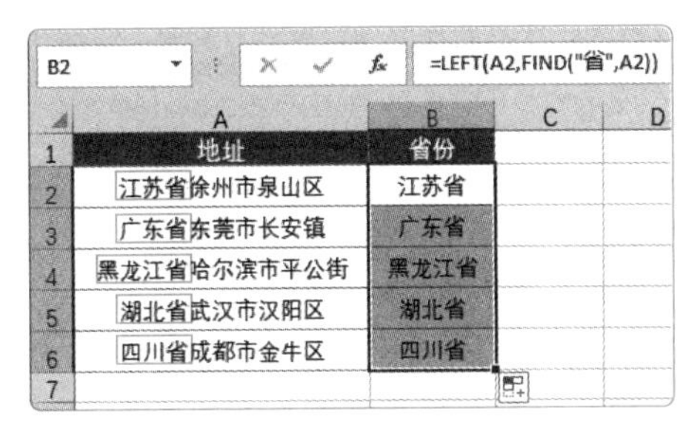

图4-14

应用秘技

上述公式中用FIND函数查找“省”字在地址中的位置，再通过LEFT函数将从第一个字的位置开始到该位置结束的所有字符提取出来。

4.2.3 MID函数和TEXT函数

MID函数用于从任意位置提取指定数量的字符，其语法格式如下。

=MID(text,start_num,num_chars)
字符串　开始位置　字符个数

参数说明

- text：准备从中提取指定数量字符的字符串。
- start_num：准备提取字符的开始位置。
- num_chars：指定所要提取的字符个数。

TEXT函数用于将数值转换为指定格式的文本，其语法格式如下。

=TEXT(value,format_text)
值　数字格式

参数说明

- value：为数值、计算结果为数值的公式或对包含数值的单元格的引用。
- format_text：为“设置单元格格式”对话框中“数字”选项卡的“分类”列表框下文本形式的数字格式。

format_text参数的一些常用代码如表4-1所示。

表4-1

format_text	数值	文本	说明
"G/通用格式"	6	6	常规格式
"000.0"	12.56	012.6	小数点前面不够3位时以0补齐，保留1位小数；不足1位小数时以0补齐

第4章 公式与函数的高级应用

续表

format_text	数值	文本	说明
"####"	200.00	200	不显示多余的0
"00.##"	1.4	01.4	小数点前不足两位时以0补齐，保留两位小数；不足两位小数时不补位
"正数;负数;零"	1	正数	大于0，显示为“正数”
	0	零	等于0，显示为“零”
	-1	负数	小于0，显示为“负数”
"0000-00-00"	19930530	1993-05-30	按所示形式显示日期
"#!.0000万元"	19587	1.9587万元	以万元为单位，保留4位小数
"[DBNum1]"	123	一百二十三	显示汉字，用十、百、千、万……显示
"[DBNum1]###0"	123	一二三	用中文数字表示数值
"[DBNum2]"	123	壹佰贰拾叁	表示大写数字
"[>=90]优秀;[>=60]及格;不及格"	90	优秀	大于或等于90，显示为“优秀”
	60	及格	大于或等于60，且小于90，显示为“及格”
	59	不及格	小于60，显示为“不及格”

[实操4-4] 从身份证号码中提取出生日期

[实例资源] 第4章\例4-4.xlsx

基础入门篇

用户可以通过TEXT函数和MID函数嵌套使用，从身份证号码中提取出生日期。下面将介绍具体的操作方法。

STEP 1 选择D2单元格，输入公式“=TEXT(MID(C2,7,8),"0000-00-00")”，如图4-15所示。

AVERAGE =TEXT(MID(C2,7,8),"0000-00-00")

	A	B	C	D
1	工号	姓名	身份证号码	出生日期
2	DT001	孙琦	100000198510083121	=TEXT(MID(C2,7,8),"0000-00-00")
3	DT002	王晓	10000019910612043!	
4	DT003	李佳	100000199304304327	
5	DT004	徐雪	100000197912097649	
6	DT005	张宇	100000198809104661	
7	DT006	赵亮	100000199606139871	
8	DT007	曹兴	100000199910111282	

图4-15

STEP 2 按【Enter】键确认，即可从身份证号码中提取出生日期，并将公式向下填充，如图4-16所示。

D2 =TEXT(MID(C2,7,8),"0000-00-00")

	A	B	C	D
1	工号	姓名	身份证号码	出生日期
2	DT001	孙琦	100000198510083121	1985-10-08
3	DT002	王晓	100000199106120435	1991-06-12
4	DT003	李佳	100000199304304327	1993-04-30
5	DT004	徐雪	100000197912097649	1979-12-09
6	DT005	张宇	100000198809104661	1988-09-10
7	DT006	赵亮	100000199606139871	1996-06-13
8	DT007	曹兴	100000199910111282	1999-10-11

图4-16

应用秘技

身份证号码的第7～第14位数字代表出生日期。上述公式中使用MID函数从身份证号码中提取出代表出生日期的数字，然后用TEXT函数将提取出的数字以指定格式的文本返回。

4.2.4 REPLACE 函数

REPLACE函数用于将一个字符串中的部分字符用另一个字符串替换，其语法格式如下。

=REPLACE(old_text,start_num[,num_chars],new_text)

原字符串　开始位置　字符个数　新字符串

参数说明

- old_text：要进行字符替换的原字符串。
- start_num：要替换为new_text的部分字符在old_text中的开始位置。
- num_chars：要从old_text中替换的部分字符的字符个数，该参数可省略。
- new_text：用来对old_text中的部分字符进行替换的新字符串。

[实操4-5] 规范产品型号内容

[实例资源] 第4章\例4-5.xlsx

在产品型号中，有的“TRH”后面添加了“00”，有的没有添加。现需要规范产品型号，统一在“TRH”后面添加“00”。

STEP 1 选择B2单元格，输入公式“=IF(MID(A2,4,2)="00",A2,REPLACE(A2,4,,"00"))”，如图4-17所示。

	A	B	C
1	产品型号	规范化	
2	=IF(MID(A2,4,2)="00",A2,REPLACE(A2,4,,"00"))		
3	TRH11256		
4	TRH00119SA		
5	TRH13128		
6	TRH1913Q		
7	TRH2114T		
8	TRH007115A		
9	TRH91164		

图4-17

STEP 2 按【Enter】键确认，即可在“TRH”后面添加“00”，然后将公式向下填充，如图4-18所示。

B2　=IF(MID(A2,4,2)="00",A2,REPLACE(A2,4,,"00"))

	A	B	C	D
1	产品型号	规范化		
2	TRH11091	TRH0011091		
3	TRH11256	TRH0011256		
4	TRH00119SA	TRH00119SA		
5	TRH13128	TRH0013128		
6	TRH1913Q	TRH001913Q		
7	TRH2114T	TRH002114T		
8	TRH007115A	TRH007115A		
9	TRH91164	TRH0091164		

图4-18

应用秘技

上述公式中，首先通过MID函数提取出产品型号的第4个、第5个字符，如果它们是“00”，则保持原产品型号不变，否则利用REPLACE函数在产品型号的第3个字符之后插入“00”。

4.2.5 SUBSTITUTE 函数

SUBSTITUTE函数用于用新字符串替换字符串中的部分字符，其语法格式如下。

=SUBSTITUTE(text,old_text,new_text[,instance_num])

字符串　原字符串　新字符串　替换序号

参数说明

- text：必需参数，需要替换其中部分字符的字符串，或是含有字符串的单元格的引用。

- **old_text：** 必需参数，需要替换的原字符串。
- **new_text：** 必需参数，用于替换old_text的新字符串。
- **instance_num：** 可选参数，为一数值，用来指定以new_text替换第几次出现的old_text。如果指定instance_num，则只有满足要求的old_text被替换；如果省略，则将用new_text 替换text中出现的所有old_text。

[实操4-6] 删除电话号码中的空格

[实例资源] 第4章\例4-6.xlsx

电话号码中添加了2个空格，下面将介绍如何使用SUBSTITUTE函数对电话号码进行调整。

STEP 1 选择B2单元格，输入公式"=SUBSTITUTE(SUBSTITUTE(A2," ","-",1)," ","")"，如图 4-19 所示。

	A	B	C
1	电话号码	调整号码	
2	=SUBSTITUTE(SUBSTITUTE(A2," ","-",1)," ","")		
3	010 8715 1475		
4	010 4785 3568		
5	010 8723 6854		
6	010 3325 1478		

图4-19

STEP 2 按【Enter】键确认，即可对电话号码进行调整，然后将公式向下填充，如图 4-20 所示。

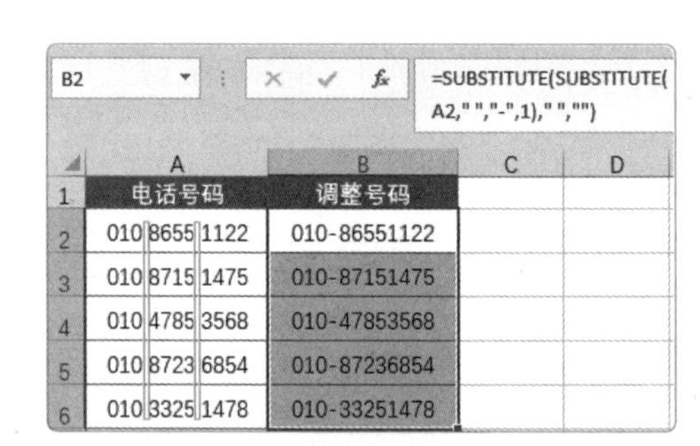
B2 =SUBSTITUTE(SUBSTITUTE(A2," ","-",1)," ","")

	A	B	C	D
1	电话号码	调整号码		
2	010 8655 1122	010-86551122		
3	010 8715 1475	010-87151475		
4	010 4785 3568	010-47853568		
5	010 8723 6854	010-87236854		
6	010 3325 1478	010-33251478		

图4-20

应用秘技

上述公式中，使用SUBSTITUTE函数查找第1个空格，并将其替换成"-"，接着查找第2个空格，并将其删除。

4.2.6 CONCAT 函数

CONCAT函数用于连接字符串、单元格区域等，其语法格式如下。

=CONCAT(text1[,text2]···)

字符串1　字符串2

参数说明

- **text1,[text2],···：** 是要连接的1～254个字符串、单元格区域等。

[实操4-7] 快速合并文本信息

[实例资源] 第4章\例4-7.xlsx

用户可以使用CONCAT函数将年级、学院代码、专业代码等组合，快速生成学号。下面将介绍具体的操作方法。

STEP 1 选择 E2 单元格，输入公式“=CONCAT(A2:D2)”，如图 4-21 所示。

	A	B	C	D	E
1	年级	学院代码	专业代码	录取序号	学号
2	21	158	25	=CONCAT(A2:D2)	
3	21	158	78	78	
4	21	158	36	36	
5	21	158	25	41	
6	21	158	78	12	
7	21	158	36	19	

图4-21

STEP 2 按【Enter】键确认，即可快速生成学号，并将公式向下填充，如图 4-22 所示。

E2 =CONCAT(A2:D2)

	A	B	C	D	E
1	年级	学院代码	专业代码	录取序号	学号
2	21	158	25	15	211582515
3	21	158	78	78	211587878
4	21	158	36	36	211583636
5	21	158	25	41	211582541
6	21	158	78	12	211587812
7	21	158	36	19	211583619

图4-22

4.3 查找与引用函数的应用

如果需要在计算过程中进行查找或者引用某些符合要求的目标数据，则可以借助查找与引用函数实现。下面将对其进行介绍。

4.3.1 VLOOKUP 函数和 COLUMN 函数

VLOOKUP函数用于查找指定的数值，并返回当前行中指定列处的数值，其语法格式如下。

=VLOOKUP(lookup_value,table_array,col_index_num,range_lookup)

查找值　数据表　列号　匹配条件

参数说明

- lookup_value：为需要在table_array的col_index_num列中进行查找的数值。lookup_value可以为数值、单元格引用或字符串。当省略该参数时，表示用0查找。
- table_array：为需要在其中查找数据的数据表，以对区域或区域名称的引用作为值。
- col_index_num：为在table_array中查找数据的列号。col_index_num为1时，返回table_array第一列的数值；col_index_num为2时，返回table_array第二列的数值，依此类推。
- range_lookup：为逻辑值，指明函数VLOOKUP在查找时是采用精确匹配还是采用近似匹配。如果range_lookup为FALSE或0，则返回精确匹配值。如果range_lookup为TRUE或1，函数VLOOKUP将查找近似匹配值。如果在精确匹配时找不到精确匹配值，则返回小于lookup_value的最大数值。

COLUMN函数用于返回单元格引用的列号，其语法格式如下。

=COLUMN(reference)

参照区域

参数说明

reference为需要得到其列号的参照区域（单元格或单元格区域）。如果省略reference，则假定为对函数COLUMN所在单元格的引用。如果reference为一个单元格区域，并且以横向数组形式输入，则函数COLUMN会将reference 中的列号以横向数组的形式返回。

[实操4-8] 快速查询员工信息

[实例资源] 第4章\例4-8.xlsx

微课视频

用户可以将VLOOKUP函数和COLUMN函数嵌套使用，查询员工信息。下面将介绍具体的操作方法。

STEP 1 选择G2单元格，输入公式“=VLOOKUP($F2,$A$2:$D$9,COLUMN(B:B),FALSE)”，如图4-23所示。

	A	B	C	D	E	F	G	H	I
1	工号	姓名	部门	基本工资		工号	姓名	部门	基本工资
2	DS001	赵璇	销售部	=VLOOKUP($F2,$A$2:$D$9,COLUMN(B:B),FALSE)					
3	DS002	李凯	技术部	3000					
4	DS003	周丽	生产部	4500					
5	DS004	王阳	生产部	3500					
6	DS005	孙杨	销售部	4000					
7	DS006	李琦	销售部	3500					
8	DS007	徐轩	生产部	5000					
9	DS008	马可	技术部	4500					

图4-23

STEP 2 按【Enter】键确认，并将公式向右填充，即可查询出员工信息，如图4-24所示。

G2 =VLOOKUP($F2,$A$2:$D$9,COLUMN(B:B),FALSE)

	A	B	C	D	E	F	G	H	I
1	工号	姓名	部门	基本工资		工号	姓名	部门	基本工资
2	DS001	赵璇	销售部	5000		DS003	周丽	生产部	4500
3	DS002	李凯	技术部	3000					
4	DS003	周丽	生产部	4500					
5	DS004	王阳	生产部	3500					
6	DS005	孙杨	销售部	4000					
7	DS006	李琦	销售部	3500					
8	DS007	徐轩	生产部	5000					
9	DS008	马可	技术部	4500					

图4-24

应用秘技

在上述公式中，COLUMN函数的实际作用是返回B列的列号2，其参数B:B表示B列，因为是相对引用，所以向右填充时会自动变为C:C、D:D。

4.3.2 MATCH函数和INDEX函数

MATCH函数用于返回指定检索方法时与指定数值匹配的元素的位置，其语法格式如下。

=MATCH(lookup_value,lookup_array[,match_type])

查找值　查找区域　检索方法

参数说明

- lookup_value：为查找值，它可以为值（数字、文本、逻辑值）或对数字、文本、逻辑值的单元格引用。
- lookup_array：为在1行或1列中用于检索查找值的连续单元格区域，即查找区域。
- match_type：为检索查找值的方法，如表4-2所示。

表4-2

match_type值	检索方法
1或省略	MATCH函数会查找小于或等于lookup_value的最大值，lookup_array中的值必须按升序排列
0	MATCH函数会查找等于lookup_value的第一个值，lookup_array中的值可以按任何顺序排列
-1	MATCH函数会查找大于或等于lookup_value的最小值，lookup_array中的值必须按降序排列

INDEX函数用于返回指定行列交叉处引用的单元格，其语法格式如下。

=INDEX(reference,row_num[,column_num][,area_num])

单元格区域　行号　列号　区域序号

参数说明

- reference：必需参数，为对一个或多个单元格区域的引用。如果引用是不连续的区域，必须将其用括号括起来。如果引用中的每个区域只包含一行或一列，则相应的参数row_num或column_num分别为可选项。
- row_num：必需参数，为引用中某行的行号，函数从该行返回一个引用。
- column_num：可选参数，为引用中某列的列号，函数从该列返回一个引用。
- area_num：可选参数，用于选择引用中的一个区域，以从中返回row_num和column_num所对应区域的交叉区域。选中或输入的第一个区域序号为1，第二个区域序号为2，依此类推。如果省略area_num，则函数INDEX使用区域1。

[实操4-9] 根据书号检索出书名信息

[实例资源] 第4章\例4-9.xlsx

用户可以将MATCH函数和INDEX函数嵌套使用，根据书号检索书名。下面将介绍具体的操作方法。

STEP 1 选择B13单元格，输入公式“=INDEX(A2:A10,MATCH(B12,B2:B10,0))”，如图4-25所示。

	A	B	C
1	书名	ISBN	
2	北京私家园林志	9787302217084	
3	不是孩子的问题	9787302225645	
4	第N种危机	9787302207399	
5	管一辈子的教育	9787302215028	
6	杰出青少年自我管理手册(第二版)	9787302195948	
7	垃圾游乐园	9787302547266	
8	鸟与兽的通俗生活	9787302299004	
9	夏沫与豆瓣	9787302564737	
10	小天使的世界3	9787302548072	
11			
12	ISBN（书号）	9787302547266	
13	书名	=INDEX(A2:A10,MATCH(B12,B2:B10,0))	

图4-25

STEP 2 按【Enter】键确认，即可根据书号，检索出对应的书名，如图4-26所示。

B13 =INDEX(A2:A10,MATCH(B12,B2:B10,0))

	A	B	C	D
1	书名	ISBN		
2	北京私家园林志	9787302217084		
3	不是孩子的问题	9787302225645		
4	第N种危机	9787302207399		
5	管一辈子的教育	9787302215028		
6	杰出青少年自我管理手册(第二版)	9787302195948		
7	垃圾游乐园	9787302547266		
8	鸟与兽的通俗生活	9787302299004		
9	夏沫与豆瓣	9787302564737		
10	小天使的世界3	9787302548072		
11				
12	ISBN（书号）	9787302547266		
13	书名	垃圾游乐园		

图4-26

应用秘技

上述公式中，使用MATCH函数查找书号所在位置，然后使用INDEX函数返回第7行A列处的单元格。

4.3.3 INDIRECT 函数和 ROW 函数

INDIRECT函数用于返回由字符串指定的引用，其语法格式如下。

=INDIRECT(ref_text[,a1])

单元格引用　引用类型

参数说明

- **ref_text：** 对单元格的引用。如果ref_text引用的单元格不正确，则返回错误值#REF!或#NAME?；如果ref_text引用的是另一个工作簿，则该工作簿必须被打开，否则函数返回错误值#REF!。
- **a1：** 为逻辑值，其用于指定包含在单元格ref_text中的引用类型。如果a1为TRUE或省略，则表示ref_text为A1样式的引用；如果a1为FALSE，则表示ref_text为R1C1样式的引用。

A1样式和R1C1样式指的是单元格引用的两种方式。其中A1样式较为常用，该样式是将行号用数字表示、列标用大写字母表示，例如，A3单元格则表示A列第3行单元格；R1C1样式的R表示ROW（行）、C表示COLUMN（列），R1表示第1行，C1表示第1列，例如，R3C4则表示第3行第4列单元格。

ROW函数用于返回引用的行号，其语法格式如下。

=ROW(reference)

参照区域

参数说明

- **reference：**为需要得到其行号的单元格或单元格区域，即参数区域。如果省略reference，则默认是对函数ROW所在单元格的引用。如果reference为单元格区域，并且以纵向数组形式输入，则函数ROW会将reference的行号以纵向数组的形式返回。

[实操4-10] 合并多个工作表中的数据
[实例资源] 第4章\例4-10.xlsx

用户通过将INDIRECT函数和ROW函数嵌套使用，可以合并多个工作表中的数据。下面将介绍具体的操作方法。

STEP 1 打开并查看名为“1月”“2月”“3月”的3个工作表，工作表中的商品名称相同，并且排列顺序一致，如图4-27所示。

	A	B
1	商品	销量
2	华为手机	2000
3	小米手机	1500
4	vivo手机	800
5	OPPO手机	900

1月

	A	B
1	商品	销量
2	华为手机	1800
3	小米手机	1200
4	vivo手机	900
5	OPPO手机	1000

2月

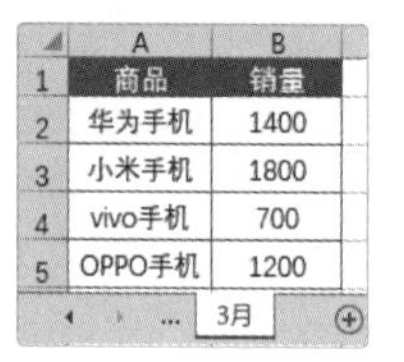

	A	B
1	商品	销量
2	华为手机	1400
3	小米手机	1800
4	vivo手机	700
5	OPPO手机	1200

3月

图4-27

STEP 2 打开名为“总表”的工作表，选择B2单元格，输入公式“=INDIRECT(B$1&"!B"&ROW())”，如图4-28所示。

	A	B	C	D
1	商品	1月	2月	3月
2	=INDIRECT(B$1&"!B"&ROW())			
3	小米手机			
4	vivo手机			
5	OPPO手机			

总表 1月 2月 3月

图4-28

STEP 3 按【Enter】键确认，即可引用1月的华为手机的销量，并将公式向右填充，如图4-29所示。

B2 =INDIRECT(B$1&"!B"&ROW())

	A	B	C	D	E	F
1	商品	1月	2月	3月		
2	华为手机	2000	1800	1400		
3	小米手机					
4	vivo手机					
5	OPPO手机					

总表 1月 2月 3月

图4-29

STEP 4 选择B2:D2单元格区域，将鼠标指针移至区域右下角，按住鼠标左键向下拖曳，填充公式即可，如图4-30所示。

B2 =INDIRECT(B$1&"!B"&ROW())

	A	B	C	D	E	F
1	商品	1月	2月	3月		
2	华为手机	2000	1800	1400		
3	小米手机	1500	1200	1800		
4	vivo手机	800	900	700		
5	OPPO手机	900	1000	1200		

图4-30

应用秘技

上述公式中，B$1的值是“1月”；&为连接符；ROW()用于返回当前行号；“!B”（为文本字符串）是指公式中固定不变的值。B$1&"!B"&ROW()的结果就是1月!B2，即引用“1月”工作表中B2单元格的数据。

4.4 日期与时间函数的应用

通过日期与时间函数，可以快速、准确地从日期或时间中提取各种信息。日期与时间函数可以直接使用，也可以作为其他函数的参数使用。下面将对其进行介绍。

4.4.1 YEAR 函数和 TODAY 函数

YEAR函数用于返回某个日期对应的年份，其语法格式如下。

=YEAR(serial_number)
日期

参数说明

- serial_number：为日期，其中包含要查找的年份。日期有多种类型的输入：带引号的字符串（如"2021/05/30"）、系列数（如使用1900年日期系统，则35825表示1998年1月30日）、其他公式或函数的结果。

TODAY函数用于返回当前日期，其语法格式如下。

=TODAY()
该函数不需要参数

[实操4-11] 计算出公司成立的周年数
[实例资源] 第4章\例4-11.xlsx

假设公司成立时间为2001年，要想计算公司成立多少周年，用户可以将YEAR函数和TODAY函数嵌套使用来实现。

STEP 1 选择B1单元格，输入公式“=YEAR(TODAY())-2001”，如图4-31所示。

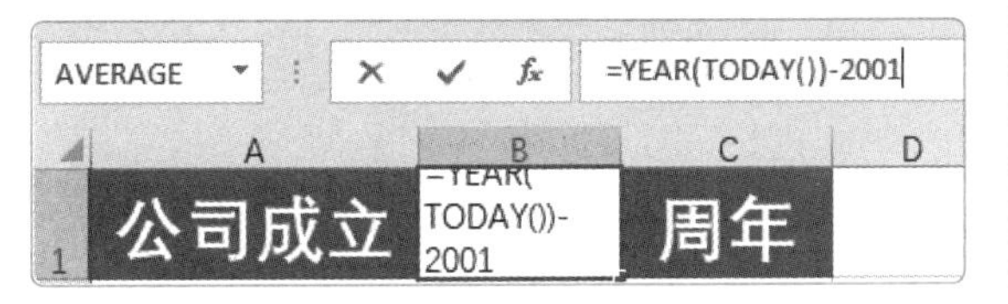

图4-31

STEP 2 按【Enter】键确认，即可计算出公司成立多少周年，如图4-32所示。

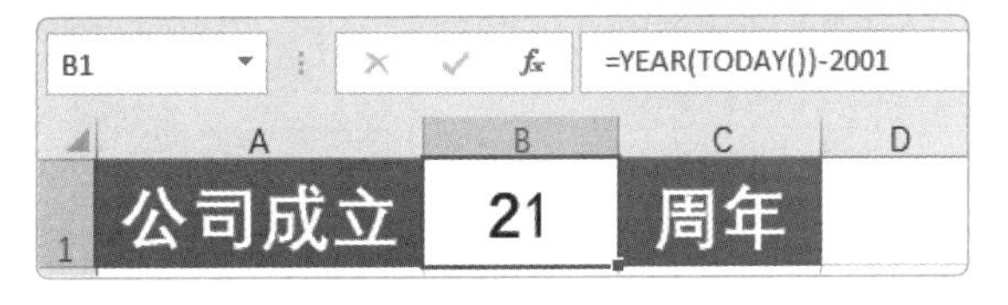

图4-32

应用秘技

上述公式中，先利用TODAY函数产生当前系统日期，再利用YEAR函数计算其年份，最后用当前年份减去公司成立时间2001，从而计算出公司成立的周年数。

4.4.2 DATE 函数和 MONTH 函数

DATE函数用于求以年、月、日表示的日期的序列号，其语法格式如下。

=DATE(year,month,day)
年　月　日

参数说明

- **year**：该参数的值可以包含1～4位数字。默认情况下，Microsoft Excel for Windows 将使用1900年日期系统。
- **month**：一个正整数或负整数，表示一年中从1月至12月的各个月。如果所输入的月份大于12，将从指定年份的一月开始往上计算。
- **day**：一个正整数或负整数，表示一个月中从1日到31日的各天。如果day的值大于该月份的最大天数，则将从指定月份的第一天开始往上计算。

MONTH函数用于提取日期中的月份，其语法格式如下。

=MONTH(serial_number)

日期

参数说明

- **serial_number**：表示日期，其中包含要查找的月份。日期有多种类型的输入，如"2021/05/30"。

[实操4-12] 计算指定月份第1天的日期

[实例资源] 第4章\例4-12.xlsx

每月的第一天都是1号。如果要得到指定日期所在月第1天对应的日期值，用户可以将DATE函数、YEAR函数和MONTH函数嵌套使用来实现。

STEP 1 选择B2单元格，输入公式“=DATE(YEAR(A2),MONTH(A2),1)”，如图4-33所示。

	A	B	C
1	日期	该月第1天	
2	2(=DATE(YEAR(A2),MONTH(A2),1)		
3	2013/10/25		
4	2021/5/29		
5	2020/6/13		
6	2019/4/18		
7	2018/2/17		

图4-33

STEP 2 按【Enter】键确认，即可计算出结果，然后将公式向下填充，计算其他日期，如图4-34所示。

B2 =DATE(YEAR(A2),MONTH(A2),1)

	A	B	C	D
1	日期	该月第1天		
2	2018/7/5	2018/7/1		
3	2013/10/25	2013/10/1		
4	2021/5/29	2021/5/1		
5	2020/6/13	2020/6/1		
6	2019/4/18	2019/4/1		
7	2018/2/17	2018/2/1		

图4-34

4.4.3 DATEDIF 函数

DATEDIF函数用于用指定的单位计算起始日和结束日之间的差值，其语法格式如下。

=DATEDIF(start_date,end_date,unit)

开始日期 终止日期 单位

参数说明

- **start_date**：为开始日期。日期有多种类型的输入：带引号的字符串（如"2021/5/30"）、系列数、其他公式或函数的结果。
- **end_date**：用于表示时间段的最后一个日期，即终止日期。
- **unit**：要返回信息的单位，如表4-3所示。

表4-3

unit	返回结果
"Y"	一段时期内的整年数
"M"	一段时期内的整月数
"D"	一段时期内的天数
"MD"	start_date与end_date之间天数之差，忽略日期中的月份和年份
"YM"	start_date与end_date之间月份之差，忽略日期中的天数和年份
"YD"	start_date与end_date的月份和天数之差，忽略日期中的年份

[实操4-13] 计算出工作的天数和月数

[实例资源] 第4章\例4-13.xlsx

微课视频

用户可以使用DATEDIF函数，计算员工的工作天数和月数。下面将介绍具体的操作方法。

STEP 1 选择 D2 单元格，输入公式“=DATEDIF(B2,C2,"D")”，如图 4-35 所示。

	A	B	C	D
1	员工	入职日期	离职日期	工作天数
2	赵倩	2018/7/1	=DATEDIF(B2,C2,"D")	
3	刘雯	2019/6/18	2020/7/4	
4	李佳	2017/9/10	2019/8/15	
5	王晓	2019/4/12	2021/5/20	
6	孙杨	2020/10/15	2021/1/20	

图4-35

STEP 2 按【Enter】键确认，即可计算出工作天数，并将公式向下填充，如图 4-36 所示。

D2 =DATEDIF(B2,C2,"D")

	A	B	C	D
1	员工	入职日期	离职日期	工作天数
2	赵倩	2018/7/1	2019/10/21	477
3	刘雯	2019/6/18	2020/7/4	382
4	李佳	2017/9/10	2019/8/15	704
5	王晓	2019/4/12	2021/5/20	769
6	孙杨	2020/10/15	2021/1/20	97

图4-36

STEP 3 选择 E2 单元格，输入公式“=DATEDIF(B2,C2,"M")”，按【Enter】键确认，即可计算出工作月数，并将公式向下填充，如图 4-37 所示。

E2 =DATEDIF(B2,C2,"M")

	A	B	C	D	E
1	员工	入职日期	离职日期	工作天数	工作月数
2	赵倩	2018/7/1	2019/10/21	477	15
3	刘雯	2019/6/18	2020/7/4	382	12
4	李佳	2017/9/10	2019/8/15	704	23
5	王晓	2019/4/12	2021/5/20	769	25
6	孙杨	2020/10/15	2021/1/20	97	3

图4-37

4.4.4 HOUR 函数和 MINUTE 函数

HOUR函数用于返回时间的小时数，其语法格式如下。

=HOUR(serial_number)

时间

参数说明

- serial_number：表示时间，其中包含要查找的小时数。时间有多种类型的输入：带引号的字符串（如"5:45 PM"）、十进制数（如0.78125表示6:45 PM）、其他公式或函数的结果。

MINUTE函数用于返回时间的分钟数，其语法格式如下。

=MINUTE(serial_number)

时间

参数说明

- serial_number：表示时间，其中包含要查找的分钟数。时间有多种类型的输入：带引号的字符串

（如"7:25 PM"）、十进制数（如0.78125表示6:45 PM）、其他公式或函数的结果。

[实操4-14] 计算员工一天的工作时间

[实例资源] 第4章\例4-14.xlsx

用户通过使用HOUR函数和MINUTE函数，可以计算员工一天的工作时间。下面将介绍具体的操作方法。

STEP 1 选择 E2 单元格，输入公式“=HOUR(C2)+MINUTE(C2)/60-HOUR(B2)-MINUTE(B2)/60-D2+24*(C2<B2)”，如图 4-38 所示。

	A	B	C	D	E
1	员工	上班时间	下班时间	休息时间 / h	工作时间 / h
2	赵倩	8:00	17:30	1.5	=HOUR(C2)+MINUTE(C2)/60-HOUR(B2)-MINUTE(B2)/60-D2+24*(C2<B2)
3	刘雯	8:30	18:30	1.5	
4	李佳	8:30	19:00	0.5	
5	王晓	23:00	7:30	0.5	
6	孙杨	15:30	23:30	1	

图4-38

STEP 2 按【Enter】键确认，即可计算出工作时间，并将公式向下填充，如图 4-39 所示。

E2 =HOUR(C2)+MINUTE(C2)/60-HOUR(B2)-MINUTE(B2)/60-D2+24*(C2<B2)

	A	B	C	D	E
1	员工	上班时间	下班时间	休息时间 / h	工作时间 / h
2	赵倩	8:00	17:30	1.5	8
3	刘雯	8:30	18:30	1.5	8.5
4	李佳	8:30	19:00	0.5	10
5	王晓	23:00	7:30	0.5	8
6	孙杨	15:30	23:30	1	7

图4-39

应用秘技

上述公式中，利用HOUR函数计算工作的小时数；用MINUTE函数计算分钟数，再将分钟数除以60转换成小时数。两者相加再扣除休息时间即为工作时间，单位为小时（h）。为了防止出现负数，对上班时间的小时数大于下班时间小时数的情况应加24小时做调整。

4.4.5 WEEKDAY 函数和 NOW 函数嵌套

WEEKDAY函数用于返回指定日期对应的星期数，其语法格式如下。

=WEEKDAY(serial_number[,return_type])

日期 返回值类型

参数说明

- **serial_number：** 为要返回星期数的日期。用户应使用DATE函数输入日期，或者将日期作为其他公式或函数的结果输入。
- **return_type：** 用于确定返回值类型的数字，如表4-4所示。

表4-4

return_type	返回的数字	return_type	返回的数字
1 或省略	从 1（星期日）到 7（星期六）	13	数字 1（星期三）到数字 7（星期二）
2	从 1（星期一）到 7（星期日）	14	数字 1（星期四）到数字 7（星期三）
3	从 0（星期一）到 6（星期日）	15	数字 1（星期五）到数字 7（星期四）
11	数字 1（星期一）到数字 7（星期日）	16	数字 1（星期六）到数字 7（星期五）
12	数字 1（星期二）到数字 7（星期一）	17	数字 1（星期日）到数字 7（星期六）

NOW函数用于返回当前日期和时间，其语法格式如下。

=NOW()

该函数不需要参数

[实操4-15] 计算当前日期的星期数

[实例资源] 第4章\例4-15.xlsx

假设当前日期为2021年8月12日，用户可以将WEEKDAY函数和NOW函数嵌套使用来计算今天是星期几。

STEP 1 选择A2单元格，输入公式“=WEEKDAY(NOW(),2)”，如图4-40所示。

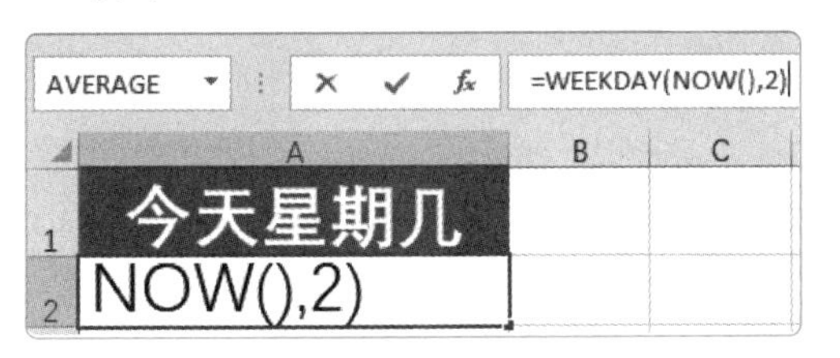

图4-40

STEP 2 按【Enter】键确认，即可计算出今天是星期几，如图4-41所示。

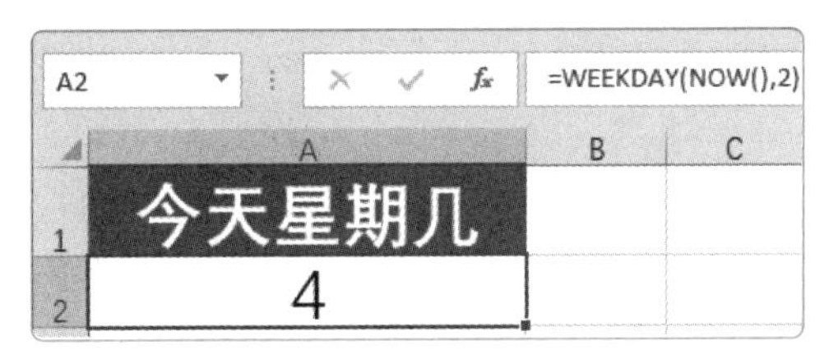

图4-41

应用秘技

上述公式中，使用WEEKDAY函数计算今天是星期几。其中第二个参数是“2”，表示星期数的计算方式是以星期一作为一周的第1天。

4.5 逻辑函数的应用

使用逻辑函数可以对单个或多个表达式的逻辑关系进行判断。通过逻辑函数与其他函数的搭配，可以实现更加复杂的计算。下面将对其进行介绍。

4.5.1 IF函数和AND函数

IF函数用于执行真假值判断，根据检测条件返回不同的结果，其语法格式如下。

=IF(logical_test,value_if_true,value_if_false)

检测条件　　真值　　单位

参数说明

- logical_test：表示计算结果为TRUE/FALSE的任意值或表达式，即检测条件。
- value_if_true：表示logical_test为TRUE时返回的值。
- value_if_false：表示logical_test为FALSE时返回的值。

AND函数用于判定指定的多个条件是否全部成立，其语法格式如下。

=AND(logical1,logical2,···)

检测条件1　检测条件2

参数说明

- logical1,logical2：是1～255个结果为TRUE或FALSE的检测条件。检测内容可以是逻辑值、数组或单元格引用。所有检测条件的结果为真时，返回TRUE；只要有一个参数的逻辑值为假，即返回FALSE。

[实操4-16] 判断产品是否合格

[实例资源] 第4章\例4-16.xlsx

用户通过将IF函数和AND函数嵌套使用，可以判断产品是否合格。下面将介绍具体的操作方法。

STEP 1 选择 C2 单元格，输入公式“=IF(AND(B2>100,B2<300),"合格","不合格")”，如图 4-42 所示。

	A	B	C	D
1	型号	元素含量	是否合格	
2	TH=IF(AND(B2>100,B2<300),"合格","不合格")			
3	TH-152A	180		
4	TH-542C	230		
5	TH-475D	280		
6	TH-201A	450		
7	TH-368H	200		

图4-42

STEP 2 按【Enter】键确认，即可判断产品是否合格，并将公式向下填充，如图 4-43 所示。

C2　=IF(AND(B2>100,B2<300),"合格","不合格")

	A	B	C	D	E
1	型号	元素含量	是否合格		
2	TH-006H	100	不合格		
3	TH-152A	180	合格		
4	TH-542C	230	合格		
5	TH-475D	280	合格		
6	TH-201A	450	不合格		
7	TH-368H	200	合格		

图4-43

应用秘技

上述公式中，首先使用AND函数判断元素含量是否大于100且小于300，再用IF函数判断AND函数的返回结果是否成立：如果成立，则返回“合格”；如果不成立，则返回“不合格”。

4.5.2 OR 函数

OR函数用于判定指定的多个检测条件中是否有一个以上成立，其语法格式如下。

=OR(logical1,logical2,…)

检测条件1　检测条件2

参数说明

- **logical1，logical2：** 是1～255个结果为TRUE或FALSE的检测条件。其中任何一个检测条件的结果为 TRUE，则返回 TRUE；所有检测条件的结果为 FALSE，才返回 FALSE。

[实操4-17] 根据考核评分判断员工是否有奖励

[实例资源] 第4章\例4-17.xlsx

用户通过将IF函数和OR函数嵌套使用，可以判断员工是否有奖励。下面将介绍具体的操作方法。

STEP 1 选择 D2 单元格，输入公式“=IF(OR(B2>80,C2>80),"有","没有")”，如图 4-44 所示。

STEP 2 按【Enter】键确认，即可判断员工是否有奖励，并将公式向下填充，如图 4-45 所示。

	A	B	C	D	E
1	员工	工作能力评分	工作态度评分	是否有奖励	
2	周佳	60	=IF(OR(B2>80,C2>80),"有","没有")		
3	李欢	85	69		
4	王晓	44	79		
5	林娜	69	78		
6	孙杨	95	89		
7	徐丽	75	65		
8	陈勇	87	70		

图4-44

D2 =IF(OR(B2>80,C2>80),"有","没有")

	A	B	C	D	E
1	员工	工作能力评分	工作态度评分	是否有奖励	
2	周佳	60	32	没有	
3	李欢	85	69	有	
4	王晓	44	79	没有	
5	林娜	69	78	没有	
6	孙杨	95	89	有	
7	徐丽	75	65	没有	
8	陈勇	87	70	有	

图4-45

应用秘技

上述公式中，首先使用OR函数判断工作能力评分是否大于80，或者工作态度评分是否大于80，再使用IF函数判断OR函数的返回结果是否符合条件：如果符合，则返回“有”；如果不符合，则返回“没有”。

4.5.3 IFS 函数

IFS函数用于检测是否满足一个或多个条件，返回第一个结果为TRUE的检测条件所对应的值，其语法格式如下。

=IFS(logical_test1,value_if_true1[,logical_test2,value_if_true2]…)

检测条件1　真值1　检测条件2　真值2

参数说明

- logical_test1：必需参数，计算结果为TRUE或FALSE的检测条件。
- value_if_true1：必需参数，当logical_test1的结果为TRUE时要返回的结果。
- logical_test2：可选参数，计算结果为TRUE或FALSE的检测条件。
- value_if_true2：可选参数，当logical_test2的结果为TRUE时要返回的结果。

[实操4-18] 根据总分判断考核结果

[实例资源] 第4章\例4-18.xlsx

用户可以使用IFS函数，根据总分判断考核结果。下面将介绍具体的操作方法。

STEP 1 选择 E2 单元格，输入公式“=IFS(D2<100,"差",D2<130,"一般",D2<150,"良好",D2>=150,"优秀")”，如图 4-46 所示。

	A	B	C	D	E	F	G
1	员工	工作质量评分	工作效率评分	总分	考核结果		
2	李欢	60	=IFS(D2<100,"差",D2<130,"一般",D2<150,"良好",D2>=150,"优秀")				
3	周扬	80	65	145			
4	马可	55	50	105			
5	王晓	88	70	158			
6	孙琦	80	85	165			
7	吴乐	56	45	101			
8	刘雯	45	50	95			

图4-46

STEP 2 按【Enter】键确认，即可判断出考核结果，并将公式向下填充，如图 4-47 所示。

E2 =IFS(D2<100,"差",D2<130,"一般",D2<150,"良好",D2>=150,"优秀")

	A	B	C	D	E	F	G
1	员工	工作质量评分	工作效率评分	总分	考核结果		
2	李欢	60	75	135	良好		
3	周扬	80	65	145	良好		
4	马可	55	50	105	一般		
5	王晓	88	70	158	优秀		
6	孙琦	80	85	165	优秀		
7	吴乐	56	45	101	一般		
8	刘雯	45	50	95	差		

图4-47

实战演练

制作员工档案信息表

本章实战演练将运用前面所介绍的知识制作员工档案信息表，以帮助用户熟练掌握公式与函数的高级应用。

微课视频

1. 案例效果

本章实战演练为制作员工档案信息表，最终效果如图4-48所示。

工号	姓名	部门	身份证号码	性别	年龄	出生日期	退休时间	联系电话
DT001	孙琦	销售部	100000199304301431	男	28	1993-04-30	2053/4/30	10003312029
DT002	李珊	采购部	100000199505281422	女	26	1995-05-28	2045/5/28	10004223089
DT003	赵宣	财务部	100000198901301473	男	32	1989-01-30	2049/1/30	10002016871
DT004	张玉	人事部	100000198802281424	女	33	1988-02-28	2038/2/28	10001568074
DT005	王易	采购部	100000199110301455	男	30	1991-10-30	2051/10/30	10001532011
DT006	张亮	财务部	100000199611241496	男	25	1996-11-24	2056/11/24	10001542169
DT007	王晓	销售部	100000198708261467	女	34	1987-08-26	2037/8/26	10001547025
DT008	王超	销售部	100000198809131418	男	33	1988-09-13	2048/9/13	10001585048

图4-48

2. 操作思路

掌握根据身份证号码提取信息的使用方法，下面将进行简单介绍。

STEP 1 提取性别。选择E2单元格，使用公式"=IF(MOD(MID(D2,17,1),2),"男","女")"，按【Enter】键确认，并将公式向下填充，如图4-49所示。

STEP 2 提取年龄。选择F2单元格，使用公式"=YEAR(TODAY())-MID(D2,7,4)"，按【Enter】键确认，并将公式向下填充，如图4-50所示。

E2 =IF(MOD(MID(D2,17,1),2),"男","女")

工号	姓名	部门	身份证号码	性别	年龄
DT001	孙琦	销售部	100000199304301431	男	
DT002	李珊	采购部	100000199505281422	女	
DT003	赵宣	财务部	100000198901301473	男	
DT004	张玉	人事部	100000198802281424	女	
DT005	王易	采购部	100000199110301455	男	
DT006	张亮	财务部	100000199611241496	男	
DT007	王晓	销售部	100000198708261467	女	
DT008	王超	销售部	100000198809131418	男	

图4-49

F2 =YEAR(TODAY())-MID(D2,7,4)

姓名	部门	身份证号码	性别	年龄
孙琦	销售部	100000199304301431	男	28
李珊	采购部	100000199505281422	女	26
赵宣	财务部	100000198901301473	男	32
张玉	人事部	100000198802281424	女	33
王易	采购部	100000199110301455	男	30
张亮	财务部	100000199611241496	男	25
王晓	销售部	100000198708261467	女	34
王超	销售部	100000198809131418	男	33

图4-50

STEP 3 提取出生日期。选择G2单元格，使用公式"=TEXT(MID(D2,7,8),"0000-00-00")"，按【Enter】键确认，并将公式向下填充，如图4-51所示。

STEP 4 提取退休时间。选择H2单元格，使用公式"=EDATE(G2,MOD(MID(D2,17,1),2)*120+600)"，按【Enter】键确认，并将公式向下填充，如图4-52所示。

基础入门篇

G2 =TEXT(MID(D2,7,8),"0000-00-00")

部门	身份证号码	性别	年龄	出生日期
销售部	100000199304301431	男	28	1993-04-30
采购部	100000199505281422	女	26	1995-05-28
财务部	100000198901301473	男	32	1989-01-30
人事部	100000198802281424	女	33	1988-02-28
采购部	100000199110301455	男	30	1991-10-30
财务部	100000199611241496	男	25	1996-11-24
销售部	100000198708261467	女	34	1987-08-26

图4-51

H2 =EDATE(G2,MOD(MID(D2,17,1),2)*120+600)

性别	年龄	出生日期	退休时间	联系电话
男	28	1993-04-30	2053/4/30	10003312029
女	26	1995-05-28	2045/5/28	10004223089
男	32	1989-01-30	2049/1/30	10002016871
女	33	1988-02-28	2038/2/28	10001568074
男	30	1991-10-30	2051/10/30	10001532011
男	25	1996-11-24	2056/11/24	10001542169

图4-52

应用秘技

EDATE函数用于计算一个日期后，间隔一定月数后的日期。

语法：EDATE(start_date, months)，其中start_date参数为指定的起始日期；months参数为指定的月数。如果月数为当前日期后几个月，那其参数则为正数；如果月数为当前日期前几个月，那其参数则为负数。

疑难解答

Q：如何引用其他工作表区域？

A：如果希望在公式中引用其他工作表的单元格区域，用户可以在公式输入状态下，通过单击相应的工作表标签，然后选取相应的单元格区域，如图4-53所示。

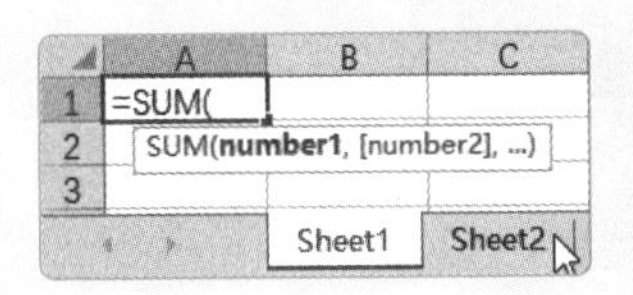

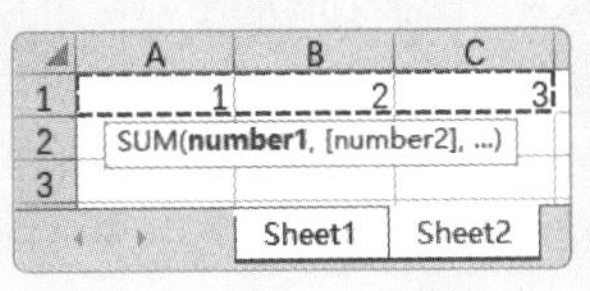

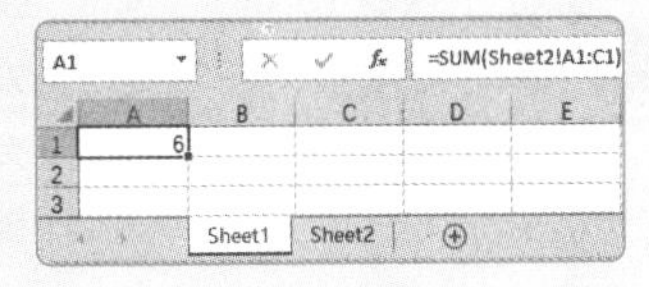

图4-53

Q：如何查找包含循环引用的单元格？

A：在“公式”选项卡中单击“错误检查”下拉按钮①，从列表中选择“循环引用”选项②，在其级联菜单中会显示包含循环引用的单元格，单击“$E$12”③,将跳转到对应的单元格，如图4-54所示。

E12 =SUM(E2:E12)

	A	B	C	D	E
7	2021/8/6	固体胶棒	180	2.6	468.00
8	2021/8/7	固体胶棒	260	3.2	832.00
9	2021/8/8	笔记本	120	2.8	336.00
10	2021/8/9	笔记本	240	3.2	768.00
11	2021/8/10	便利贴	100	1.8	180.00
12				销售总额	0.00

图4-54

Q：如何使用【F9】键查看运算结果？

A：在公式输入状态下，选择公式的全部或公式中的某一部分①，按【F9】键，可以单独计算并显示该部分公式的运算结果②，如图4-55所示。选择公式的某一部分时，该部分必须包含一个完整的运算对象。

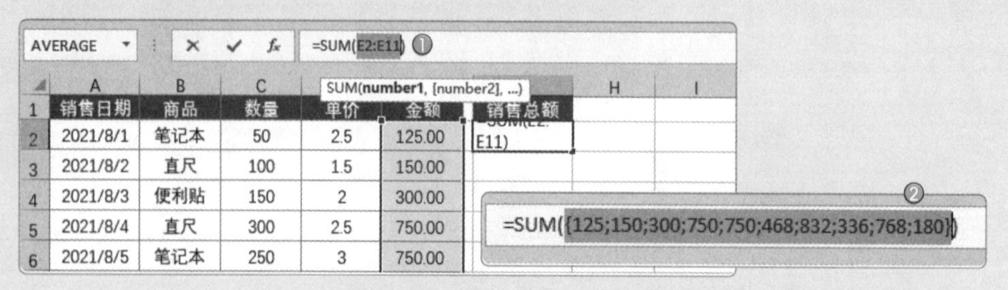

	A	B	C	D	E	F
1	销售日期	商品	数量	单价	金额	销售总额
2	2021/8/1	笔记本	50	2.5	125.00	=SUM(E2:E11)
3	2021/8/2	直尺	100	1.5	150.00	
4	2021/8/3	便利贴	150	2	300.00	
5	2021/8/4	直尺	300	2.5	750.00	
6	2021/8/5	笔记本	250	3	750.00	

图4-55

Q：用TEXT函数和MID函数从身份证号码中提取的出生日期为什么不能更改格式？

A：TEXT函数将数据转换成了指定格式的文本，因此不能更改格式。若想要更改日期的格式可以在公式的等号之后输入两个“-”号，将公式变为“=--TEXT(MID(D2,7,8),"0000-00-00")”，如图4-56所示。

	A	B	C	D	E
1	工号	姓名	所属部门	身份证号码	出生日期
2	DT001	孙琦	财务部	100000198510083121	1985年10月8日
3	DT002	王晓	销售部	100000199106120435	1991年6月12日
4	DT003	李佳	生产部	100000199304304327	1993年4月30日
5	DT004	徐雪	财务部	100000197912097649	1979年12月9日
6	DT005	张宇	人事部	100000198809104661	1988年9月10日
7	DT006	赵亮	生产部	100000199606139871	1996年6月13日
8	DT007	曹兴	销售部	100000199910111282	1999年10月11日

图4-56

基础入门篇

第 5 章

数据的分析与处理

Excel 是专门用来处理数据的软件。除了能够用于创建各种类型的表格外，还具有强大的数据分析与处理能力，例如排序、筛选、分类汇总等。本章将对数据的分析与处理进行详细介绍。

5.1 排序数据

对数据进行排序是常见的数据处理操作，用户可以使用多种方法对数据进行排序。下面将对其进行详细介绍。

5.1.1 了解 Excel 排序的原则

排序是根据一定的规则将数据重新排列的过程，因此，用户需要了解Excel排序的原则，才能更好地使用排序功能。

1. Excel的默认顺序

Excel根据排序关键字所在列数据的值来进行排序，而不是根据其格式来排序。在升序排列中，默认的排序顺序可以分为以下几种。

- 数值：数字从最小负数到最大正数排序，日期和时间则根据它们所对应的序数值排序。
- 文本：按照数字（0~9）、特殊符号（如“!”“#”“%”“&”“( )”“*”“,”“。”等）、小写英文字母（a ~z）、大写英文字母（A ~Z）、汉字（以拼音排序）排序。
- 逻辑值：FALSE排在TRUE之前。
- 错误值：所有的错误值（如#NUM!和#REF!）都是相等的。
- 空白单元格：总是排在最后。

在降序排列中，除了总是排在最后的空白单元格外，其他顺序皆与升序排列相反。

2. 排序原则

当对数据进行排序时，Excel会遵循以下原则。

- 如果对某一列排序，则在该列上有完全相同项的行将保持它们的原始次序。
- 隐藏行不会被移动，除非它们是分级显示的一部分。
- 如果按多列进行排序，主要列中有完全相同项的行会根据用户指定的第二列进行排序。第二列中有完全相同项的行会根据用户指定的第三列进行排序，依此类推。

5.1.2 单列排序

单列排序是指对表格中的某一列进行排序。用户通过单击“升序”按钮（见图5-1）或单击“降序”按钮（见图5-2），可以对数据进行升序或降序排列。

图5-1

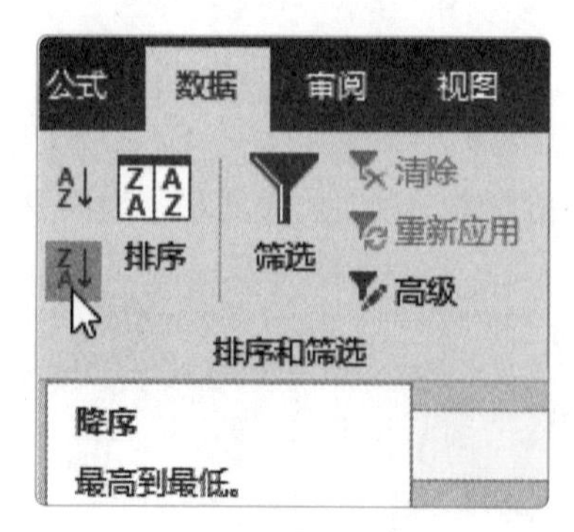

图5-2

[实操5-1] 对订单数量进行升序排列

[实例资源] 第5章\例5-1.xlsx

用户如果想要将订单数量按照从小到大的顺序进行排序，则可以使用“升序”功能实现。

STEP 1 选择订单数量列任意单元格①，在“数据”选项卡中单击“升序”按钮②，如图 5-3 所示。

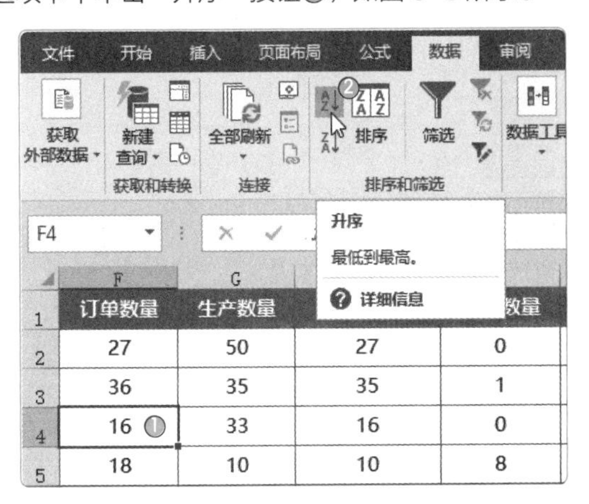

图5-3

STEP 2 这时即可对订单数量列中的数据进行升序排列，如图 5-4 所示。

	D	E	F	G
1	产品名称	规格型号	订单数量	生产数量
2	数码相机	QW-410	14	11
3	充电器	XR-842	16	33
4	数码相机	QW-452	18	10
5	数码相机	FR-714	18	10
6	手机	VX-698	23	80
7	手机	RS-238	25	60
8	手机	VX-001	27	50
9	充电器	XR-119	30	13
10	电脑	SZ-120	35	20
11	电脑	SZ-876	36	35
12	电脑	DZ-832	39	39

图5-4

5.1.3 多列排序

多列排序是指对工作表中的数据按照两个或两个以上的关键字进行排序。用户只需要在“排序”对话框中添加多个排序条件即可，如图5-5所示。

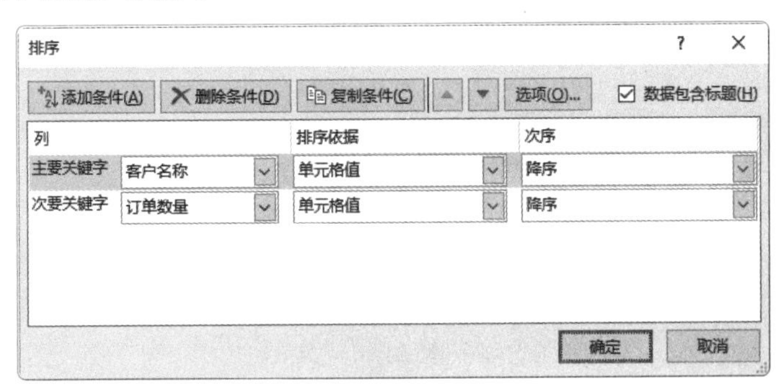

图5-5

[实操5-2] 按客户名称和订单数量排序

[实例资源] 第5章\例5-2.xlsx

微课视频

用户如果需要将表格中的数据按客户名称和订单数量进行降序排列，则可以按照以下方法操作。

STEP 1 选择表格中任意单元格，在“数据”选项卡中单击“排序”按钮，如图5-6所示。

STEP 2 打开“排序”对话框，将“主要关键字”设置为“客户名称”①，将“次序”设置为“降序”②，单击“添加条件”按钮③，如图5-7所示。

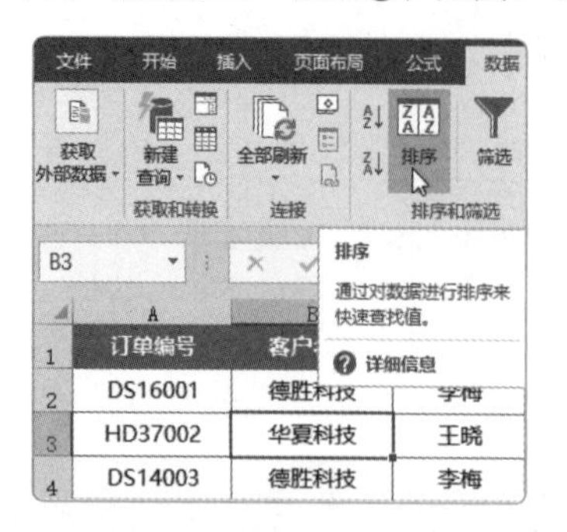

图5-6

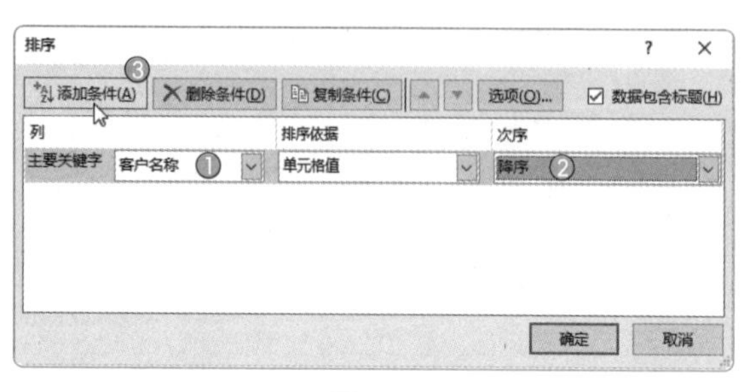

图5-7

STEP 3 添加主要关键字后，将“次要关键字”设置为“订单数量”①，将“次序”设置为“降序”②，单击“确定”按钮③，如图 5-8 所示。

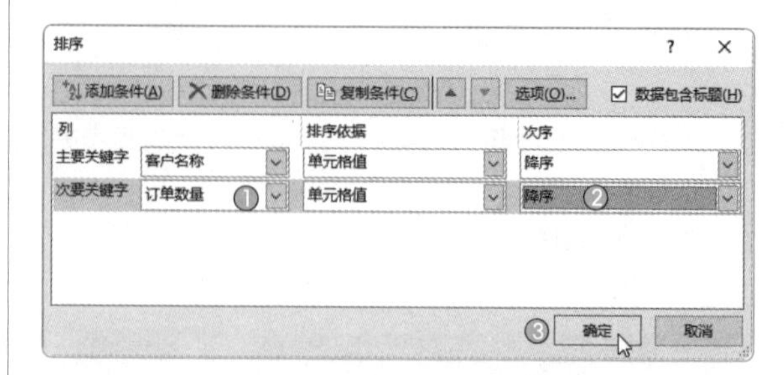

图5-8

STEP 4 此时，Excel 将按照客户名称和订单数量对数据进行降序排列，如图 5-9 所示。

	A	B	C	D	E	F
1	订单编号	客户名称	负责人	产品名称	规格型号	订单数量
2	CJ52007	长青科技	孙杨	手机	VX-187	46
3	CD38011	长青科技	孙杨	电脑	SZ-120	35
4	CJ48005	长青科技	孙杨	手机	VX-698	23
5	CS21004	长青科技	孙杨	数码相机	QW-452	18
6	HD54012	华夏科技	王晓	数码相机	FR-417	45
7	HD37002	华夏科技	王晓	电脑	SZ-876	36
8	HC20009	华夏科技	王晓	充电器	XR-119	30
9	HD78008	华夏科技	王晓	数码相机	QW-410	14

图5-9

应用秘技

在多列表格中，先被排序过的列会在后续其他列的排序过程中尽量保持自己的顺序。

因此，在使用这种方法时应该遵循的规则是：先排序较次要的列，后排序较重要的列。

5.1.4 按指定序列排序

Excel可以根据数字顺序或字母顺序进行排序，但它并不局限于这两个标准的排序。如果用户想用特殊的顺序进行排序，例如按照“优、良、中、差”或“经理、主管、员工”等进行排序，则可以使用自定义序列。只需要打开“排序”对话框，设置“主要关键字”①，在“次序”下拉列表中选择“自定义序列”选项②，如图5-10所示。

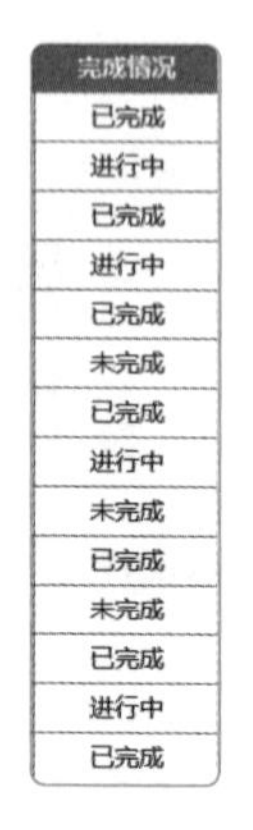

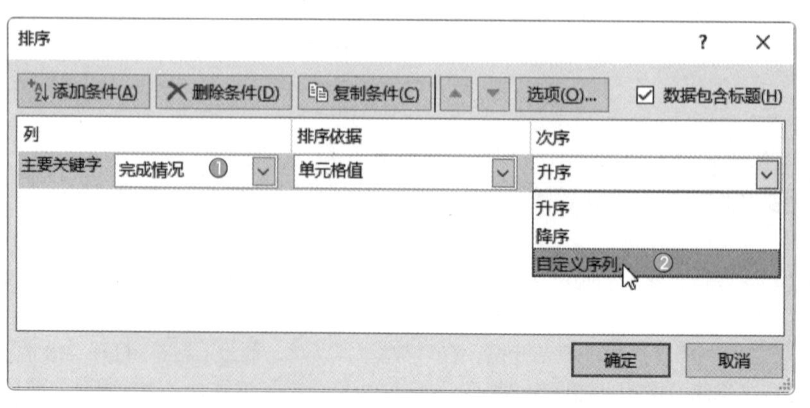

图5-10

打开“自定义序列”对话框，在“输入序列”文本框中输入类别顺序①，单击“添加”按钮②，将其添加至“自定义序列”列表框中③，单击“确定”按钮即可，如图5-11所示。

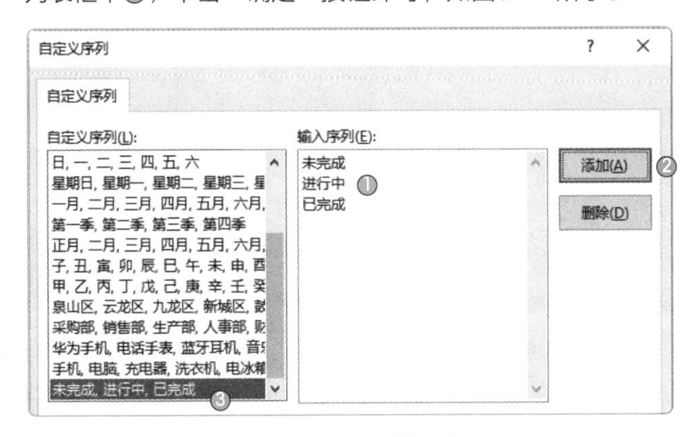

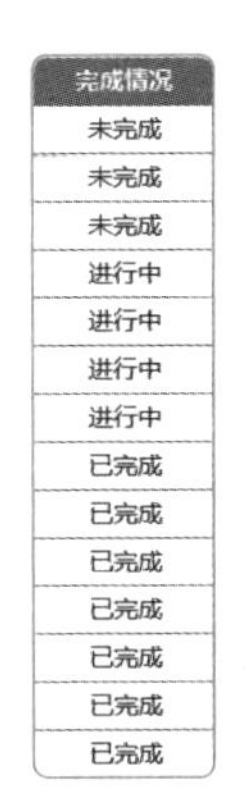

图5-11

应用秘技

将设置的序列添加到“自定义序列”列表框中，下次按照同样的顺序对数据进行排序时，只需要在“自定义序列”列表框中选择即可。

5.1.5 按笔画排序

在默认情况下，Excel对汉字的排序方式是按照字母顺序排序。以产品名称为例，即按照产品名称第1个字的拼音首字母在26个英文字母中出现的顺序进行排列；如果首字母相同，则按照第2个、第3个字母等进行排序。在图5-12所示的表格中对产品名称按字母顺序进行了升序排列。用户如果想要按照笔画的顺序对其进行排序，则需要在“排序选项”对话框中进行设置，如图5-13所示。

	D	E	F	G	H
1	产品名称	规格型号	订单数量	生产数量	交货数量
2	充电器	XR-842	16	33	16
3	充电器	XR-119	30	13	11
4	电脑	SZ-876	36	35	35
5	电脑	DZ-832	39	20	20
6	电脑	SZ-120	35	20	20
7	手机	VX-001	27	50	27
8	手机	VX-698	23	80	23
9	手机	VX-187	46	90	46
10	手机	RS-542	47	60	47
11	手机	RS-238	25	60	25
12	数码相机	QW-452	18	10	10
13	数码相机	QW-410	14	11	11
14	数码相机	FR-417	45	70	45
15	数码相机	FR-714	18	10	10

图5-12

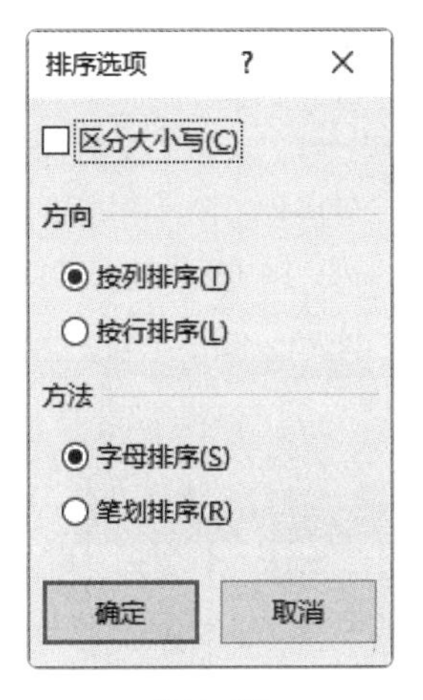

图5-13

[实操5-3] 按笔画排列产品名称

[实例资源] 第5章\例5-3.xlsx

用户如果想要将产品名称按照笔画进行升序排列，则可以按照以下方法操作。

STEP 1 选择表格中任意单元格，打开“排序”对话框，将“主要关键字”设置为“产品名称”①，将“次序”设置为“升序”②，单击“选项”按钮③，如图 5-14 所示。

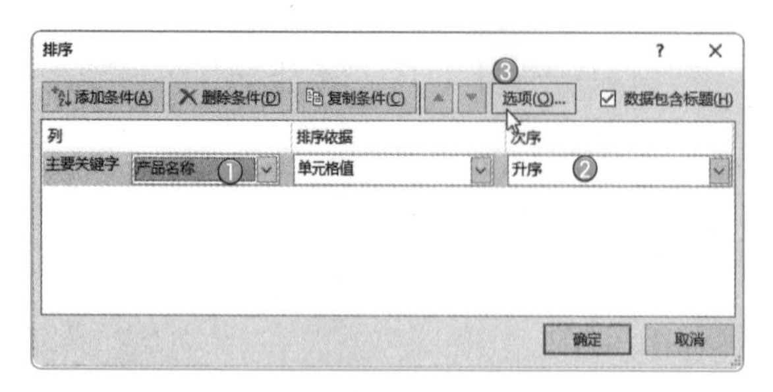

图5-14

STEP 2 打开“排序选项”对话框，选择“笔画排序”单选按钮①，单击“确定”按钮②，如图 5-15 所示。

STEP 3 此时，Excel 将按照笔画对产品名称进行升序排列，如图 5-16 所示。

图5-15

订单编号	客户名称	负责人	产品名称	规格型号	订单数量	生产数量	交货数量
DS16001	德胜科技	李梅	手机	VX-001	27	50	27
CJ48005	长青科技	孙杨	手机	VX-698	23	80	23
CJ52007	长青科技	孙杨	手机	VX-187	46	90	46
DS14010	德胜科技	李梅	手机	RS-542	47	60	47
DS475623	德胜科技	李梅	手机	RS-238	25	60	25
HD37002	华夏科技	王晓	电脑	SZ-876	36	35	35
DN23006	德胜科技	李梅	电脑	DZ-832	39	20	20
CD38011	长青科技	孙杨	电脑	SZ-120	35	20	20
DS14003	德胜科技	李梅	充电器	XR-842	16	33	16
HC20009	华夏科技	王晓	充电器	XR-119	30	13	11
CS21004	长青科技	孙杨	数码相机	QW-452	18	10	10
HD78008	华夏科技	王晓	数码相机	QW-410	14	11	11

图5-16

> **应用秘技**
>
> 笔画排序的规则是：首先按照首字的笔画数来排序；如果首字的笔画数相同，则依次按第2个字、第3个字等的笔画数来排序。

5.1.6 按字符数排序

除了按照数字的大小、汉字的笔画等排序外，用户也可以按字符数进行排序，即按照数据的长短排序。只需要增加一个辅助列，在其中输入公式“=LEN(A2)”，即可计算出字符串的长度，如图5-17所示。然后对辅助列进行升序排列，即可按照姓名的长短进行排序，如图5-18所示。排序完成后可删除辅助列。

B2 =LEN(A2)

姓名	辅助列
李梅	2
张三	3
王五	2
李四	4
孙杨	2
李霜雪	3
赵六	4

图5-17

B2 =LEN(A2)

姓名	辅助列
李梅	2
王五	2
孙杨	2
张三	3
李霜雪	3
李四	4
赵六	4

图5-18

5.2 筛选数据

用户使用筛选功能可以从大量的数据中查找符合条件的数据，下面将对其进行介绍。

5.2.1 自动筛选

自动筛选就是指按照设定的条件，对工作表中的数据进行筛选，一般分为按文本特征筛选、按数字特征筛选等。用户通过在“数据”选项卡中单击“筛选”按钮，就可以启动筛选功能，如图5-19所示。

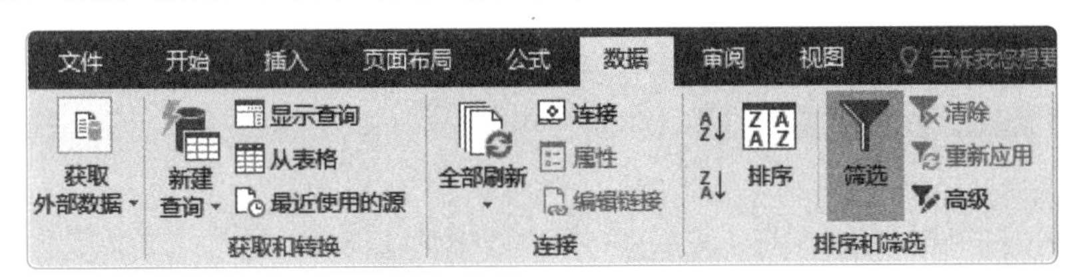

图5-19

[实操5-4] 按文本特征筛选客户名称

[实例资源] 第5章\例5-4.xlsx

按文本特征筛选就是指将符合某种特征的文本筛选出来，如将客户名称为“德胜科技”的数据筛选出来。

STEP 1 选择表格中任意单元格，在“数据”选项卡中单击“筛选”按钮，启动筛选功能。单击客户名称的筛选按钮①，从列表中取消对“全选”复选框的勾选，并勾选“德胜科技”选项②，单击“确定”按钮③，如图5-20所示。或者在“搜索”文本框中输入“德胜科技”，如图5-21所示，按【Enter】键确认。

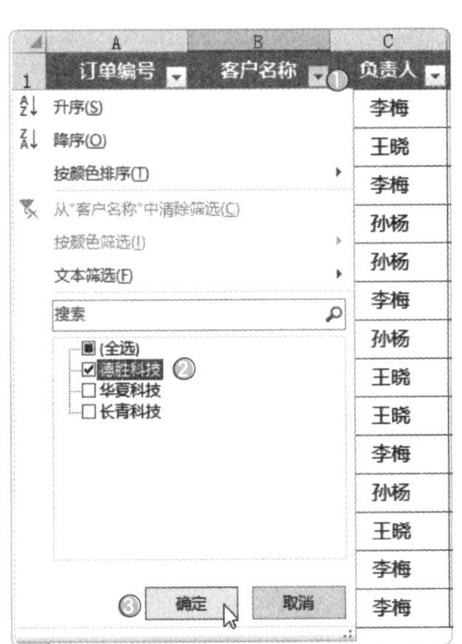

图5-20

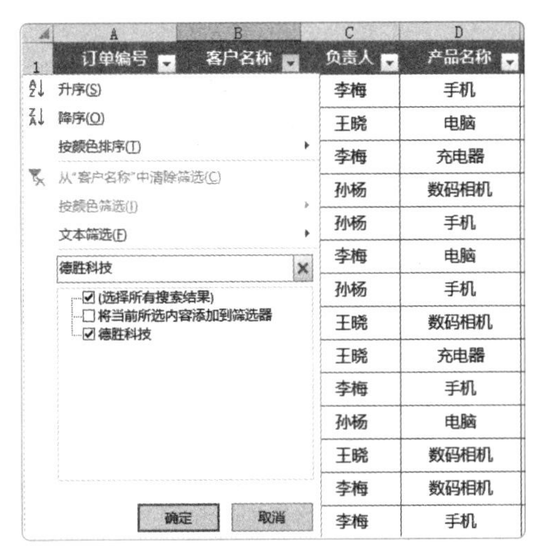

图5-21

STEP 2 此时，可将客户名称为“德胜科技”的数据筛选出来，如图5-22所示。

订单编号	客户名称	负责人	产品名称	规格型号	订单数量	生产数量
DS16001	德胜科技	李梅	手机	VX-001	27	50
DS14003	德胜科技	李梅	充电器	XR-842	16	33
DN23006	德胜科技	李梅	电脑	DZ-832	39	39
DS14010	德胜科技	李梅	手机	RS-542	47	60
DN45013	德胜科技	李梅	数码相机	FR-714	18	10
DS475623	德胜科技	李梅	手机	RS-238	25	60

图5-22

[实操5-5] 按数字特征筛选订单数量

[实例资源] 第5章\例5-5.xlsx

按数字特征筛选是指对数值型数据进行筛选，例如将订单数量大于40的数据筛选出来。

STEP 1 选择表格中任意单元格，按【Ctrl+Shift+L】组合键，启动筛选功能。单击订单数量的筛选按钮①，从列表中选择“数字筛选”选项②，并从其级联菜单中选择“大于”选项③，如图5-23所示。

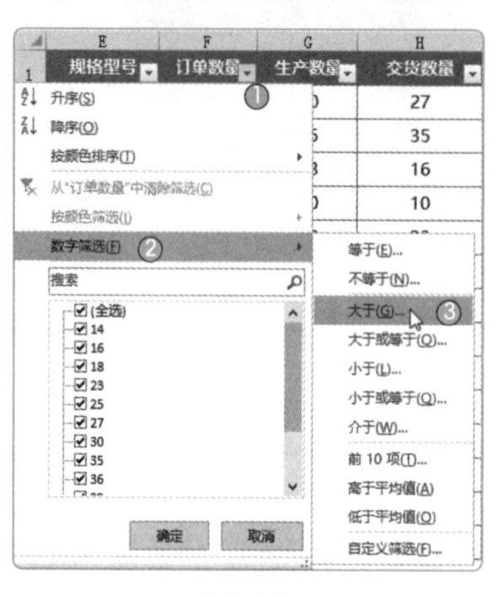

图5-23

STEP 2 打开“自定义自动筛选方式”对话框，在“大于”后面的文本框中输入“40”①，单击“确定”按钮②，即可将订单数量大于40的数据筛选出来，如图5-24所示。

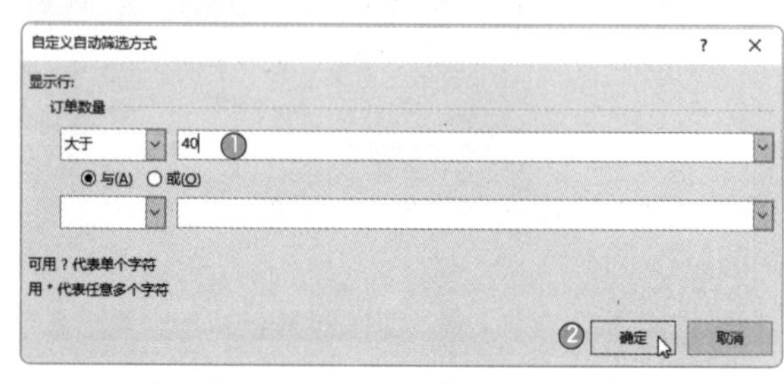

	D	E	F	G	H
1	产品名称	规格型号	订单数量	生产数量	交货数量
8	手机	VX-187	46	90	46
11	手机	RS-542	47	60	47
13	数码相机	FR-417	45	70	45

图5-24

应用秘技

用户如果想要清除筛选结果，并取消显示筛选按钮，则在“数据”选项卡中再次单击“筛选”按钮，取消其选中状态即可。

5.2.2 高级筛选

如果需要将一些比较复杂的数据筛选出来，而自动筛选不能满足用户的需求，用户可以使用高级筛选完成符合特殊条件的筛选操作。进行高级筛选时，首先要指定一个单元格区域放置筛选条件，如图5-25所示，然后以该区域中的条件来进行筛选。当条件都在同一行时，表示“与”关系；当条件不在同一行时，则表示“或”关系。

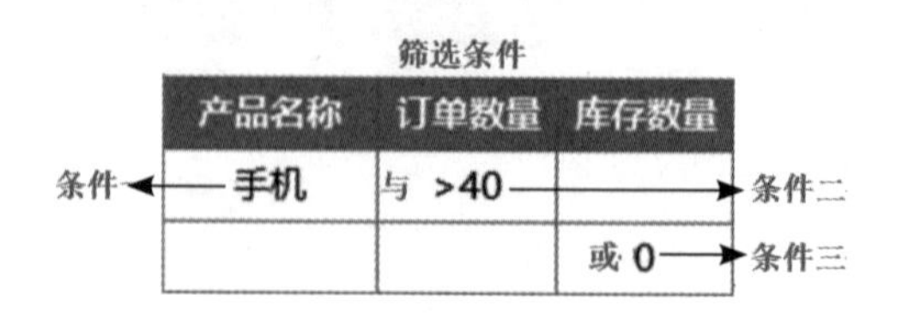

图5-25

[实操5-6] 筛选产品名称、订单数量和库存数量

[实例资源] 第5章\例5-6.xlsx

微课视频

用户如果想要将产品名称为“手机”且订单数量大于40或库存数量等于0的数据筛选出来，则可以使用高级筛选功能。

STEP 1 选择表格中任意单元格，在“数据”选项卡中单击“高级”按钮，如图 5-26 所示。

图5-26

STEP 2 打开“高级筛选”对话框，将“方式”设置为“在原有区域显示筛选结果”①，并设置“列表区域”②和“条件区域”③，其中“列表区域”表示要进行筛选的单元格区域，也就是整个数据表，而“条件区域”表示包含指定筛选数据条件的单元格区域，也就是创建的筛选条件区域，单击“确定”按钮④，如图 5-27 所示。

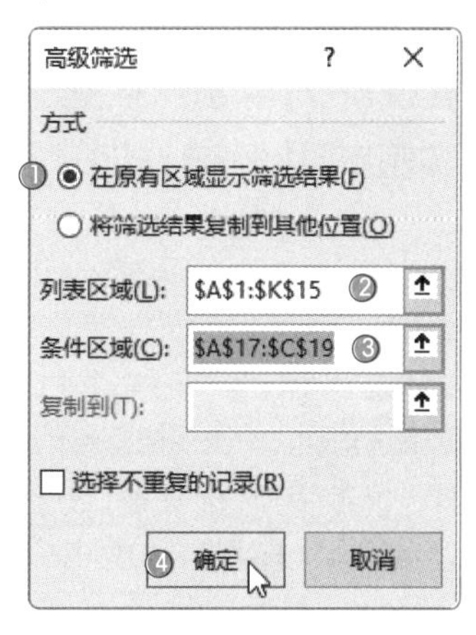

图5-27

STEP 3 这时即可将符合条件的数据筛选出来，并在原有区域显示筛选结果，如图 5-28 所示。

订单编号	客户名称	负责人	产品名称	规格型号	订单数量	生产数量	交货数量	未交数量	库存数量	完成情况
HD37002	华夏科技	王晓	电脑	SZ-876	36	35	35	1	0	未完成
CS21004	长青科技	孙杨	数码相机	QW-452	18	10	10	8	0	未完成
DN23006	德胜科技	李梅	电脑	DZ-832	39	39	39	0	0	已完成
CJ52007	长青科技	孙杨	手机	VX-187	46	90	46	0	44	已完成
HD78008	华夏科技	王晓	数码相机	QW-410	14	11	11	3	0	未完成
DS14010	德胜科技	李梅	手机	RS-542	47	60	47	0	13	已完成
CD38011	长青科技	孙杨	电脑	SZ-120	35	20	20	15	0	未完成
DN45013	德胜科技	李梅	数码相机	FR-714	18	10	10	8	0	未完成

产品名称	订单数量	库存数量
手机	>40	
		0

图5-28

新手误区

创建筛选条件区域时，其列标题必须与所需要筛选表格数据的列标题一致，否则无法筛选出正确的结果。

5.2.3 模糊筛选

用于筛选数据的条件有时并不能明确指定某项内容，而是指定某一类内容，例如姓“李”的员工、订单编号以“DS”开头的产品等。此时，可以使用Excel提供的通配符来进行筛选。

模糊筛选中通配符的使用必须借助“自定义自动筛选方式”对话框来完成，并允许使用两种通配符，即“?”和“*”，其中“?”代表单个字符，而“*”代表任意多个字符，如图5-29所示。

图5-29

[实操5-7] 筛选规格型号以“VX”开头的产品

[实例资源] 第5章\例5-7.xlsx

用户可以使用“*”通配符将规格型号以“VX”开头的产品筛选出来。下面将介绍具体的操作方法。

STEP 1 选择表格中任意单元格，按【Ctrl+Shift+L】组合键，启动筛选功能。单击规格型号的筛选按钮①，从列表中选择“文本筛选”选项②，并从其级联菜单中选择“自定义筛选”选项③，如图5-30所示。

图5-30

STEP 2 打开“自定义自动筛选方式”对话框，在“等于”后面的文本框中输入“VX*”①，单击“确定”按钮②，如图5-31所示。

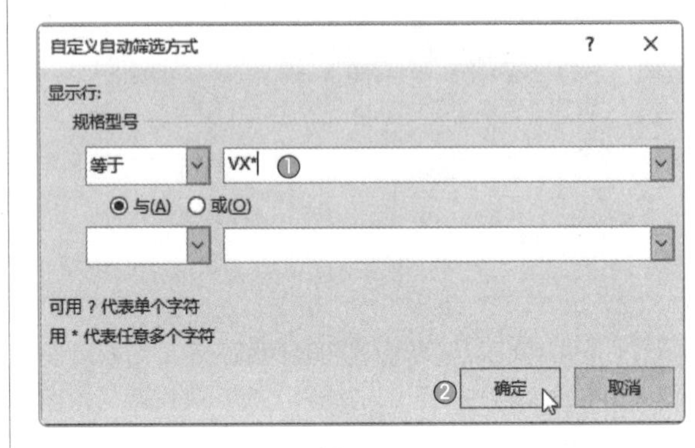

图5-31

STEP 3 这时即可将规格型号以“VX”开头的产品筛选出来，如图5-32所示。

	A	B	C	D	E	F	G
1	订单编号	客户名称	负责人	产品名称	规格型号	订单数量	生产数量
2	DS16001	德胜科技	李梅	手机	VX-001	27	50
6	CJ48005	长青科技	孙杨	手机	VX-698	23	80
8	CJ52007	长青科技	孙杨	手机	VX-187	46	90

图5-32

新手误区

通配符仅能用于文本型数据，而对数值和日期型数据无效。在“*”和“?”前面使用浪纹线“~*”“~?”，代表“*”和“?”不作为通配符，而作为原字符。

5.2.4 筛选不重复记录

使用高级筛选功能可以将表格内的多行重复数据隐藏起来，只保留其中一行。这种方法的好处在于，万一操作失误，取消筛选后仍可以还原表格，不会导致数据丢失。

[实操5-8] 筛选不重复数据并复制到其他位置

[实例资源] 第5章\例5-8.xlsx

当表格中存在大量的重复数据时，使用高级筛选功能可以将表格中不重复的数据筛选出来，并复制到其他位置。

STEP 1 选择表格中任意单元格，打开“高级筛选”对话框，将“方式”设置为“将筛选结果复制到其他位置”①，并设置“列表区域”②和“复制到”位置③，勾选“选择不重复的记录”复选框④，单击“确定”按钮⑤，如图5-33所示。

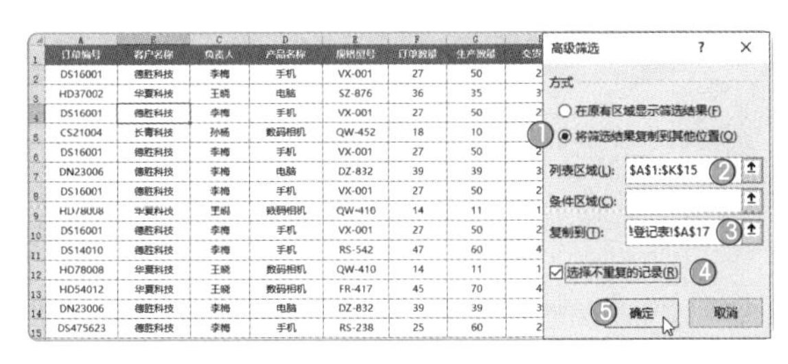

图5-33

STEP 2 此时，可将筛选的不重复数据复制到指定位置，如图 5-34 所示。

订单编号	客户名称	负责人	产品名称	规格型号	订单数量	生产数量	交货数量	未交数量	库存数量	完成情况
DS16001	德胜科技	李梅	手机	VX-001	27	50	27	0	23	已完成
HD37002	华翼科技	王晓	电脑	SZ-876	36	35	35	1	0	未完成
CS21004	长青科技	孙杨	数码相机	QW-452	18	10	10	8	0	未完成
DN23006	德胜科技	李梅	电脑	DZ-832	39	39	39	0	0	已完成
HD78008	华翼科技	王晓	数码相机	QW-410	14	11	11	3	0	未完成
DS14010	德胜科技	李梅	手机	RS-542	47	60	47	0	13	已完成
HD54012	华翼科技	王晓	数码相机	FR-417	45	70	45	0	25	已完成
DS475623	德胜科技	李梅	手机	RS-238	25	60	25	0	35	已完成

图5-34

5.3 分类汇总数据

Excel中的分类汇总功能能够用于轻松实现数据组的分类，并且创建数据组。下面将对其进行介绍。

5.3.1 创建简单分类汇总

分类汇总能够快速地以某一个字段为分类项，对表格中其他字段的数值进行各种统计计算，如求和、计数、求平均值、求最大值、求最小值等。

使用分类汇总功能前，必须要对表格中需要分类汇总的字段进行排序。

[实操5-9] 按照客户名称分类汇总

[实例资源] 第5章\例5-9.xlsx

用户如果想要计算每个客户的订单总数，则可以按照以下方法操作。

STEP 1 选择客户名称列的任意单元格，在“数据”选项卡中单击“升序”按钮，对其进行升序排列，如图 5-35 所示。

图5-35

STEP 2 在“数据”选项卡中单击“分类汇总”按钮，如图 5-36 所示。

图5-36

STEP 3 打开“分类汇总”对话框，将“分类字段”设置为“客户名称”①，将“汇总方式”设置为“求和”②，在“选定汇总项”列表框中勾选“订单数量”复选框③，单击“确定”按钮④，如图 5-37 所示。

STEP 4 此时，可按照客户名称进行字段分类，对订单数量字段进行求和汇总，如图 5-38 所示。

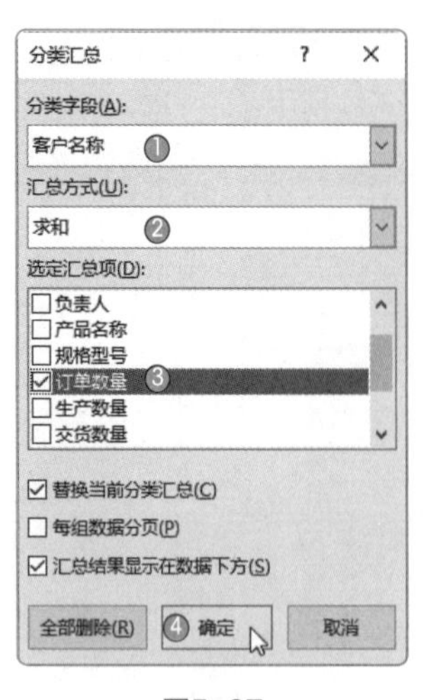

图5-37

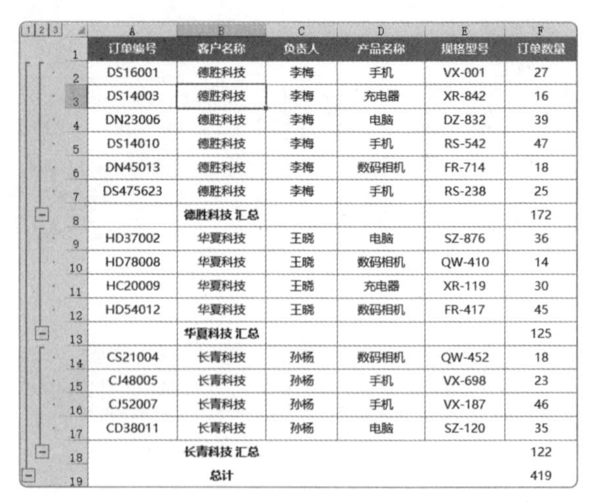

订单编号	客户名称	负责人	产品名称	规格型号	订单数量
DS16001	德胜科技	李梅	手机	VX-001	27
DS14003	德胜科技	李梅	充电器	XR-842	16
DN23006	德胜科技	李梅	电脑	DZ-832	39
DS14010	德胜科技	李梅	手机	RS-542	47
DN45013	德胜科技	李梅	数码相机	FR-714	18
DS475623	德胜科技	李梅	手机	RS-238	25
	德胜科技 汇总				172
HD37002	华夏科技	王晓	电脑	SZ-876	36
HD78008	华夏科技	王晓	数码相机	QW-410	14
HC20009	华夏科技	王晓	充电器	XR-119	30
HD54012	华夏科技	王晓	数码相机	FR-417	45
	华夏科技 汇总				125
CS21004	长青科技	孙杨	数码相机	QW-452	18
CJ48005	长青科技	孙杨	手机	VX-698	23
CJ52007	长青科技	孙杨	手机	VX-187	46
CD38011	长青科技	孙杨	电脑	SZ-120	35
	长青科技 汇总				122
	总计				419

图5-38

5.3.2 创建多重分类汇总

用户如果需要对分类汇总之后的数据表进行多个字段的分类汇总，则可以创建多重分类汇总。多重分类汇总是一种多级的分类汇总。

[实操5-10] 显示订单总数和最大未交数量

[实例资源] 第5章\例5-10.xlsx

微课视频

按照客户名称对订单数量字段进行求和汇总后，用户可以计算每个客户的最大未交数量。

STEP 1 打开“例5-9.xlsx”素材文件，如图5-39所示。

订单编号	客户名称	负责人	产品名称	规格型号	订单数量
DS16001	德胜科技	李梅	手机	VX-001	27
DS14003	德胜科技	李梅	充电器	XR-842	16
DN23006	德胜科技	李梅	电脑	DZ-832	39
DS14010	德胜科技	李梅	手机	RS-542	47
DN45013	德胜科技	李梅	数码相机	FR-714	18
DS475623	德胜科技	李梅	手机	RS-238	25
	德胜科技 汇总				172
HD37002	华夏科技	王晓	电脑	SZ-876	36
HD78008	华夏科技	王晓	数码相机	QW-410	14
HC20009	华夏科技	王晓	充电器	XR-119	30
HD54012	华夏科技	王晓	数码相机	FR-417	45
	华夏科技 汇总				125

图5-39

STEP 2 打开“分类汇总”对话框，将“分类字段”设置为“客户名称”❶，将“汇总方式”设置为“最大值”❷，在“选定汇总项”列表框中勾选“未交数量”复选框❸，同时取消“替换当前分类汇总”复选框的勾选❹，单击“确定”按钮❺，如图5-40所示。

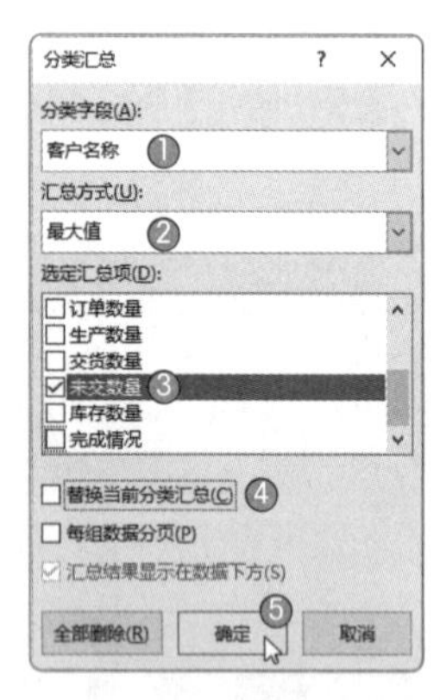

图5-40

STEP 3 此时，将按照客户名称分类，对订单数量进行求和汇总，并计算未交数量的最大值，如图5-41所示。

订单编号	客户名称	负责人	产品名称	规格型号	订单数量	生产数量	交货数量	未交数量
DS16001	德胜科技	李梅	手机	VX-001	27	50	27	0
DS14003	德胜科技	李梅	充电器	XR-842	16	33	16	0
DN23006	德胜科技	李梅	电脑	DZ-832	39	39	39	0
DS14010	德胜科技	李梅	手机	RS-542	47	60	47	0
DN45013	德胜科技	李梅	数码相机	FR-714	18	10	10	8
DS475623	德胜科技	李梅	手机	RS-238	25	60	25	0
	德胜科技 最大值							8
	德胜科技 汇总				172			
HD37002	华夏科技	王晓	电脑	SZ-876	36	35	35	1
HD78008	华夏科技	王晓	数码相机	QW-410	14	11	11	3
HC20009	华夏科技	王晓	充电器	XR-119	30	13	11	19
HD54012	华夏科技	王晓	数码相机	FR-417	45	70	45	0
	华夏科技 最大值							19
	华夏科技 汇总				125			

图5-41

应用秘技

用户如果需要取消分类汇总，则可以打开“分类汇总”对话框，直接单击“全部删除”按钮。

5.3.3 使用自动分页符

用户如果想将分类汇总后的数据表按汇总项打印出来，则需要在“分类汇总”对话框中勾选“每组数据分页”复选框，如图5-42所示，然后单击“确定”按钮。此时，在打印预览界面中，可以看到每组数据单独打印在一页上，如图5-43所示。

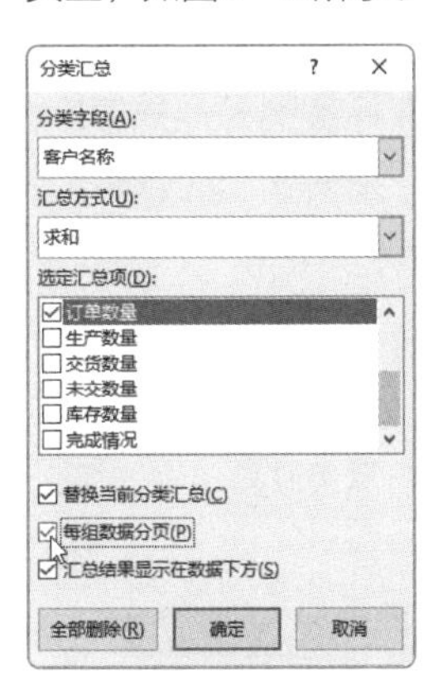

图5-42

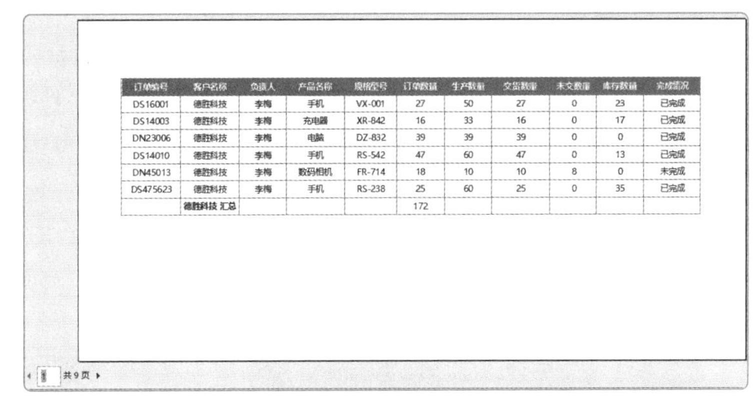

订单编号	客户名称	负责人	产品名称	规格型号	订单数量	生产数量	交货数量	未交数量	库存数量	完成情况
DS16001	德胜科技	李梅	手机	VX-001	27	50	27	0	23	已完成
DS14003	德胜科技	李梅	充电器	XR-842	16	33	16	0	17	已完成
DN23006	德胜科技	李梅	电脑	DZ-832	39	39	39	0	0	已完成
DS14010	德胜科技	李梅	手机	RS-542	47	60	47	0	13	已完成
DN45013	德胜科技	李梅	数码相机	FR-714	18	10	10	8	0	未完成
DS475623	德胜科技	李梅	手机	RS-238	25	60	25	0	35	已完成
	德胜科技 汇总				172					

图5-43

5.3.4 清除分级显示

创建分类汇总后，表格中的数据会分级显示，如图5-44所示。用户如果想要清除分级显示，只保留汇总明细数据，则可以在“数据”选项卡中单击“取消组合”下拉按钮①，从列表中选择“清除分级显示”选项②，如图5-45所示。

	A	B	C
1	订单编号	客户名称	负责人
8		德胜科技 汇总	
9	HD37002	华夏科技	王晓
10	HD78008	华夏科技	王晓
11	HC20009	华夏科技	王晓
12	HD54012	华夏科技	王晓
13		华夏科技 汇总	
14	CS21004	长青科技	孙杨
15	CJ48005	长青科技	孙杨
16	CJ52007	长青科技	孙杨
17	CD38011	长青科技	孙杨
18		长青科技 汇总	
19		总计	

图5-44

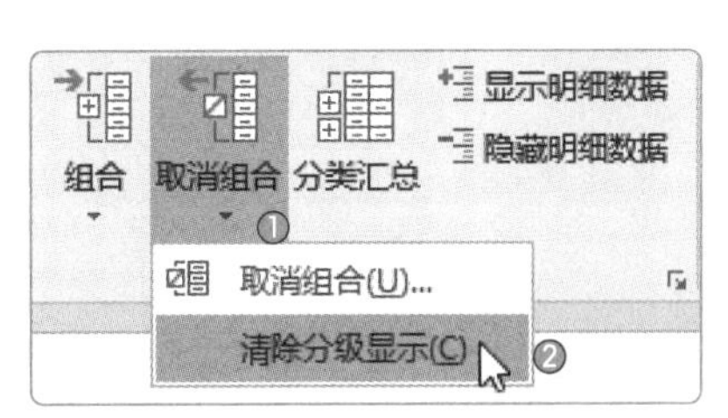

	A	B	C
1	订单编号	客户名称	负责人
2	DS16001	德胜科技	李梅
3	DS14003	德胜科技	李梅
4	DN23006	德胜科技	李梅
5	DS14010	德胜科技	李梅
6	DN45013	德胜科技	李梅
7	DS475623	德胜科技	李梅
8		德胜科技 汇总	

图5-45

5.4 条件格式的应用

使用Excel的条件格式功能，用户可以预置单元格格式或者单元格的图形效果，并在指定的某种条件被满足时将其自动应用于目标单元格。下面将对条件格式进行介绍。

5.4.1 使用数据条、色阶和图标集

Excel在条件格式功能中提供了数据条、色阶和图标集这3种内置的单元格图形效果样式。

1. 使用数据条

数据条从外观上主要分为“渐变填充”和“实心填充”两类，数据条的长短可以直观地反映数值的大小。选择数据区域，在“开始”选项卡中单击“条件格式”下拉按钮①，从列表中选择“数据条”选项②，并从其级联菜单中选择合适的样式③，即可为所选数据区域添加数据条，如图5-46所示。

2. 使用色阶

色阶可以用色彩直观地反映数据大小。色阶预置了12种样式，用户可以根据数据的特点选择不同的样式。选择数据区域，单击“条件格式”下拉按钮①，从列表中选择“色阶”选项②，并从其级联菜单中选择合适的样式③，即可为所选数据区域添加色阶，如图5-47所示。

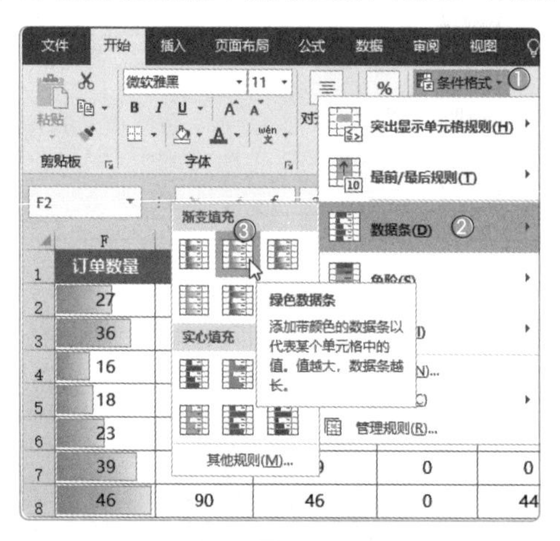

图5-46

图5-47

3. 使用图标集

图标集允许用户在单元格中呈现不同的图标来区分数据的大小。Excel提供了方向、形状、标记、等级四大类，共计20种图标样式。选择数据区域，单击“条件格式”下拉按钮①，从列表中选择“图标集”选项②，并从其级联菜单中选择合适的图标样式③，即可为所选数据区域添加图标集，如图5-48所示。

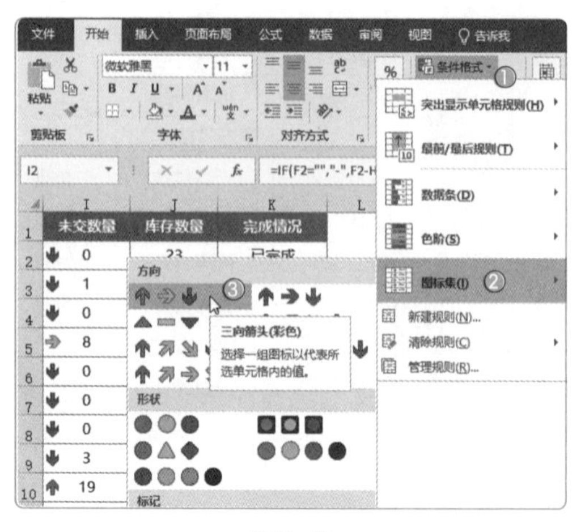

图5-48

5.4.2 突出显示单元格规则

条件格式内置了7种突出显示单元格规则，如大于、小于、介于、等于、文本包含、发生日期、重复值，如表5-1所示。

表5-1

突出显示单元格规则	说明
大于	为大于设定值的单元格设置指定的单元格格式
小于	为小于设定值的单元格设置指定的单元格格式
介于	为介于设定值之间的单元格设置指定的单元格格式
等于	为等于设定值的单元格设置指定的单元格格式
文本包含	为包含设定文本的单元格设置指定的单元格格式
发生日期	为包含设定发生日期的单元格设置指定的单元格格式
重复值	为包含重复值或唯一值的单元格设置指定的单元格格式

[实操5-11] 突出显示完成情况为未完成的单元格

[实例资源] 第5章\例5-11.xlsx

用户如果想要将完成情况为未完成的单元格突出显示出来，则可以按照以下方法操作。

STEP 1 选择K2:K15单元格区域，在“开始”选项卡中单击“条件格式”下拉按钮①，从列表中选择“突出显示单元格规则”选项②，并从其级联菜单中选择“等于”选项③，如图5-49所示。

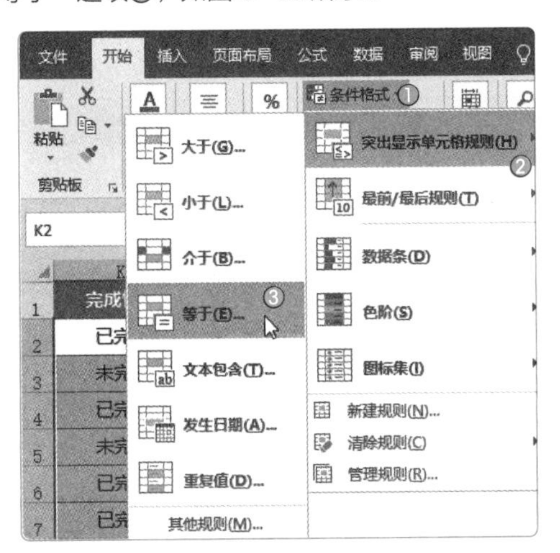

图5-49

STEP 2 打开“等于”对话框，在文本框中输入“未完成”①，在“设置为”下拉列表中选择“浅红填充色深红色文本”选项②，单击“确定”按钮③，即可将完成情况为未完成的单元格突出显示出来，如图5-50所示。

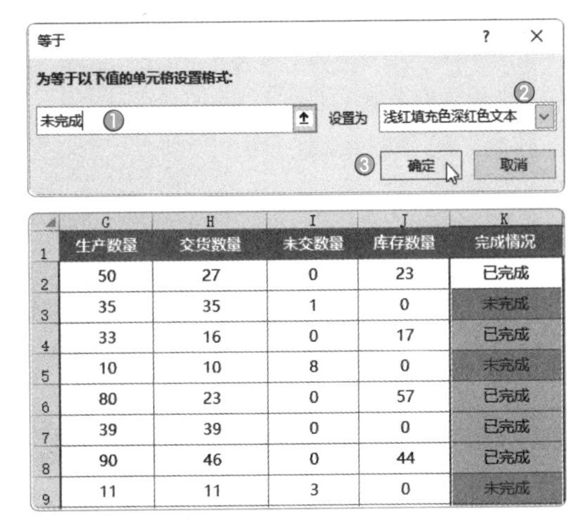

图5-50

5.4.3 最前 / 最后显示规则

Excel内置了6种最前/最后显示规则，如前10项、前10%、最后10项、最后10%、高于平均值、低于平均值，如表5-2所示。

表5-2

显示规则	说明
前10项	为值最大的*n*项单元格设置指定格式，其中*n*的值由用户设定
前10%	为值最大的*n*%项单元格设置指定格式，其中*n*的值由用户设定
最后10项	为值最小的*n*项单元格设置指定格式，其中*n*的值由用户设定
最后10%	为值最小的*n*%项单元格设置指定格式，其中*n*的值由用户设定
高于平均值	为高于平均值的单元格设置指定格式
低于平均值	为低于平均值的单元格设置指定格式

[实操5-12] 突出显示前3个最大的库存数量

[实例资源] 第5章\例5-12.xlsx

用户如果想要将前3个最大的库存数量突出显示出来，则可以按照以下方法操作。

STEP 1 选择 J2:J15 单元格区域，在“开始”选项卡中单击“条件格式”下拉按钮❶，从列表中选择“最前/最后规则”选项❷，并从其级联菜单中选择“前10 项”选项❸，如图 5-51 所示。

图5-51

STEP 2 打开“前 10 项”对话框，在数值框中输入“3”❶，在“设置为”下拉列表中选择“浅红填充色深红色文本”选项❷，单击“确定”按钮❸，即可将前 3 个最大的库存数量突出显示出来，如图 5-52 所示。

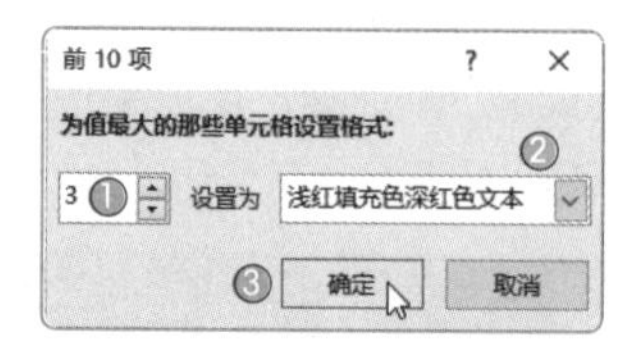

	G	H	I	J	K
1	生产数量	交货数量	未交数量	库存数量	完成情况
2	50	27	0	23	已完成
5	10	10	8	0	未完成
6	80	23	0	57	已完成
7	39	39	0	0	已完成
8	90	46	0	44	已完成
9	11	11	3	0	未完成
14	10	10	8	0	未完成
15	60	25	0	35	已完成

图5-52

5.4.4 自定义条件规则

如果内置的条件格式样式不能满足用户需要，则可以通过新建规则功能自定义条件格式。

[实操5-13] 标识出大于30的订单数量

[实例资源] 第5章\例5-13.xlsx

微课视频

用户可以使用图标集将订单数量大于30的单元格标识出来。下面将介绍具体的操作方法。

STEP 1 选择F列，单击“条件格式”下拉按钮①，从列表中选择“新建规则”选项②，如图5-53所示。

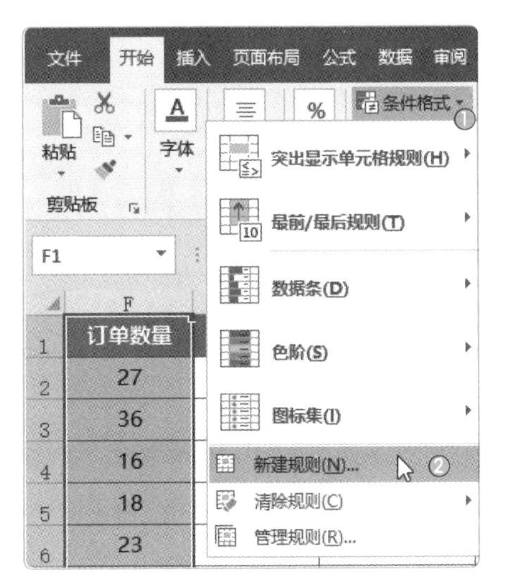

图5-53

STEP 2 打开“新建格式规则”对话框，在“选择规则类型”列表框中选择“基于各自值设置所有单元格的格式”选项①，将“格式样式”设置为“图标集”②，并在“根据以下规则显示各个图标”区域设置图标③、类型④和值⑤，单击“确定”按钮⑥，如图5-54所示。

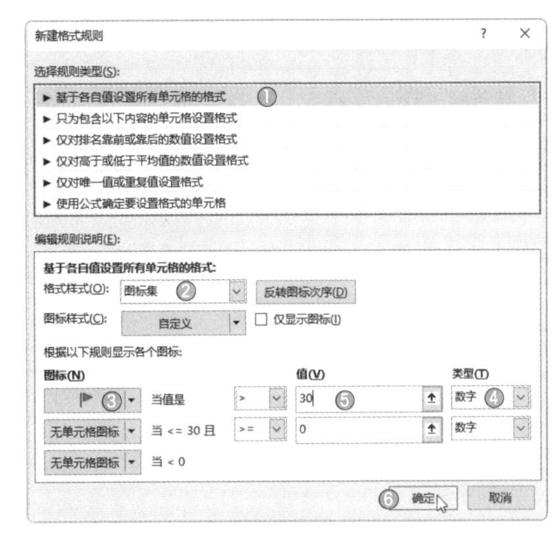

图5-54

STEP 3 此时，即可将订单数量大于30的单元格用小红旗标识出来，如图5-55所示。

订单编号	客户名称	负责人	产品名称	规格型号	订单数量	生产数量	交货数量
DS16001	德胜科技	李梅	手机	VX-001	27	50	27
HD37002	华夏科技	王晓	电脑	SZ-876	36	35	35
DS14003	德胜科技	李梅	充电器	XR-842	16	33	16
CS21004	长青科技	孙杨	数码相机	QW-452	18	10	10
CJ48005	长青科技	孙杨	手机	VX-698	23	80	23
DN23006	德胜科技	李梅	电脑	DZ-832	39	39	39
CJ52007	长青科技	孙杨	手机	VX-187	46	90	46
HD78008	华夏科技	王晓	数码相机	QW-410	14	11	11
HC20009	华夏科技	王晓	充电器	XR-119	30	13	11
DS14010	德胜科技	李梅	手机	RS-542	47	60	47

图5-55

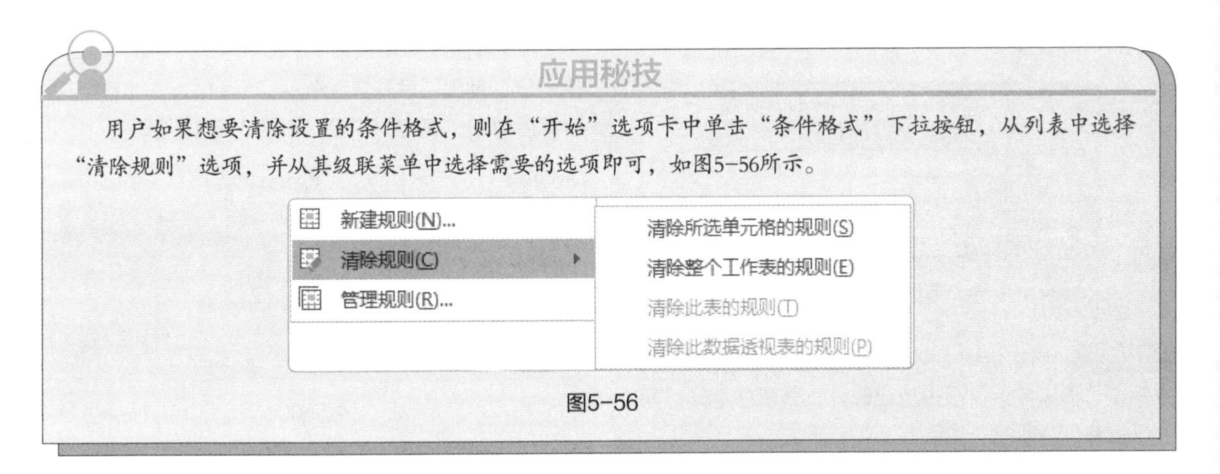

应用秘技

用户如果想要清除设置的条件格式，则在“开始”选项卡中单击“条件格式”下拉按钮，从列表中选择“清除规则”选项，并从其级联菜单中选择需要的选项即可，如图5-56所示。

图5-56

5.5 数据分析工具

在Excel中还有一些不常用到的数据分析工具，如单变量求解、模拟运算表、规划求解等。使用这些工具，用户可以完成复杂的分析操作。下面将对其进行介绍。

5.5.1 单变量求解

单变量求解是函数、公式的逆运算。如图5-57所示，B2单元格为常量，而B4单元格是B2经过某种特定运算的结果。用户可以通过改变B2单元格的数值，从而使B4单元格也跟着改变。这里称B2为可变单元格，B4为目标单元格。

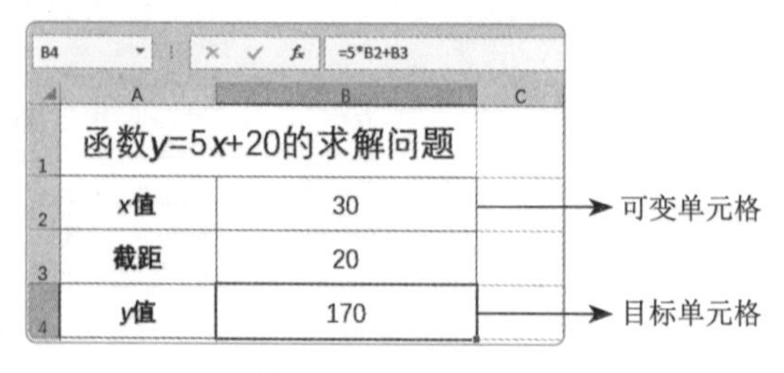

图5-57

如果想让目标单元格（B4）等于某一特定的值，与之对应的可变单元格（B2）的值应该怎么求解呢？此时，需要用到单变量求解功能。单变量求解可以解决“假定一个公式要取某一结果值，求其中变量的取值应为多少”这一问题。

[实操5-14] 计算住房总价

[实例资源] 第5章\例5-14.xlsx

例如，要贷款30年（360个月）购买一套住房，年利率假设为5.5%，无首付，想要知道每月还款3500元，可以购买总价为多少的住房。

STEP 1 选择B4单元格，输入公式“=-PMT(B3/12,B2,B1)”，按【Enter】键确认，计算每月还款额，如图5-58所示。

B4 =-PMT(B3/12,B2,B1)

	A	B	C	D
1	总价			
2	还款月数	360		
3	年利率	5.50%		
4	月支付	¥0.00		

图5-58

STEP 2 再次选中B4单元格，在“数据”选项卡中单击“模拟分析”下拉按钮①，从列表中选择“单变量求解”选项②，如图5-59所示。

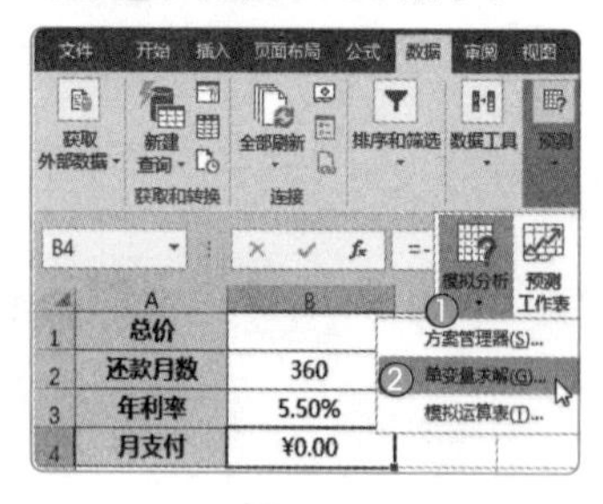

图5-59

STEP 3 打开“单变量求解”对话框，将“目标单元格”设置为“B4”①，将“目标值”设置为“3500”②，将“可变单元格”设置为“$B$1”③，单击“确定”按钮④，弹出“单变量求解状态”对话框，进行求解运算后单击“确定”按钮，如图5-60所示。

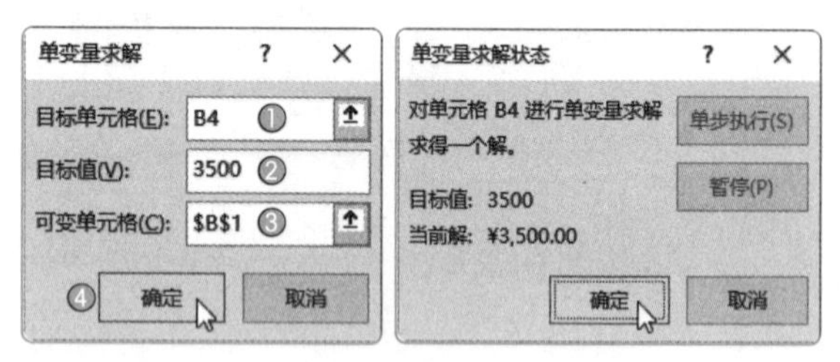

图5-60

STEP 4 这时即可求出每月还款3500元，可购买总价为616426.17的住房，如图5-61所示。

	A	B
1	总价	616426.17
2	还款月数	360
3	年利率	5.50%
4	月支付	¥3,500.00

图5-61

应用秘技

PMT为财务函数，它基于固定利率及等额的分期付款方式，返回投资或贷款的每期付款额。

语法为：PMT(rate, nper, pv, fv, type)。其中rate为各期利率，为固定值；nper为总投资（或贷款）期，即该项投资（或贷款）的付款总期数；pv为现值或一系列未来付款以恰当折现率折合的当前值累积和；fv为未来值或最后一次付款后希望得到的现金余额，若省略，则默认其值为0；type为付款方式，值可为0或1，0表示期末，1表示期初，省略则默认其值为0。

5.5.2 模拟运算表

模拟运算表实际上是一个单元格区域，它可以用列表的形式显示公式中某些参数的变化对计算结果的影响。在这个区域中，生成的值所需要的若干个相同公式被简化成一个公式，从而简化了公式的输入。模拟运算表根据行、列变量的个数，可以分为单变量模拟运算表和双变量模拟运算表。

1. 单变量模拟运算表

单变量模拟运算表主要用于分析一个参数变化且其他参数不变时对目标值的影响。单变量模拟运算表的结构特点是，其输入数值被排列在一列中（列引用）或一行中（行引用）。虽然输入的单元格不必是单变量模拟运算表的一部分，但是在单变量模拟运算表中的公式必须引用输入单元格。

[实操5-15] 计算不同还款金额下的贷款数额

[实例资源] 第5章\例5-15.xlsx

例如，某公司打算向银行贷款，假设当前的贷款利率为7%，贷款年限为10年，要求计算公司每月选择不同的还款金额可向银行获得的贷款数额。

STEP 1 选择B4单元格，输入公式“=-PV(B1/12,B2*12,A4)”，按【Enter】键确认，计算出结果，如图5-62所示。

B4 =-PV(B1/12,B2*12,A4)

	A	B	C	D
1	利率	7%		
2	年限	10		
3	月还款金额	总贷款金额		
4	¥3,000	¥258,379.06		
5	¥5,000			
6	¥7,000			
7	¥9,000			

图5-62

STEP 2 选择A4:B7单元格区域，在“数据”选项卡中单击“模拟分析”下拉按钮①，从列表中选择“模拟运算表”选项②，如图5-63所示。

图5-63

STEP 3 打开“模拟运算表”对话框，在“输入引用列的单元格”文本框中输入“$A$4”①，单击“确定”按钮②，如图5-64所示。

模拟运算表

输入引用行的单元格(R):

输入引用列的单元格(C): $A$4 ①

② 确定　取消

图5-64

STEP 4 这时即可计算出每月还款不同的金额，分别可向银行获得的贷款总额，如图 5-65 所示。

新手误区

使用模拟运算表计算的数据是存放在数组中的，计算结果的单个或部分数据无法被删除。要想删除数据表中的数据，只能选择所有数据后按【Delete】键。

	A	B
1	利率	7%
2	年限	10
3	月还款金额	总贷款金额
4	¥3,000	¥258,379.06
5	¥5,000	¥430,631.77
6	¥7,000	¥602,884.48
7	¥9,000	¥775,137.19

图5-65

应用秘技

PV为常用财务函数，它用于根据固定利率计算贷款或投资的现值。

语法为：PV(rate,nper,pmt,fv,type)。其中rate为各期利率；nper为总投资（或贷款）期，即该项投资（或贷款）的付款期总数；pmt为各期所应支付的金额，其数值在整个年金期间保持不变；fv为未来值或在最后一次支付后希望得到的现金余额，如果省略 fv，则假设其值为0；type用以指定各期的付款时间是在期初（取值1）还是期末（取值0）。

2. 双变量模拟运算表

在其他因素不变的条件下分析两个参数的变化对目标值的影响时，需要使用双变量模拟运算表。

[实操5-16] 计算不同年利率和贷款年限下的每月还款额

[实例资源] 第5章\例5-16.xlsx

例如，某人贷款20万元，现在准备决策一下分期还款，需知道贷款年限（为10年～20年）和年利率（从4%～6%）对每个月还款额的影响。

STEP 1 选择 B3 单元格，输入公式“=-PMT(F1/12,D1*12,B1)”，按【Enter】键确认，计算出每月还款额，如图 5-66 所示。

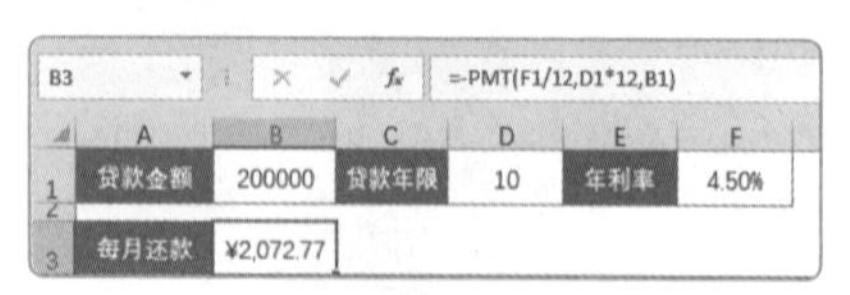

图5-66

STEP 2 选择 B5 单元格，输入公式“=B3”，按【Enter】键确认，引用 B3 单元格中的数值，如图 5-67 所示。

STEP 3 选择 B5:M16 单元格区域，在“数据”选项卡中单击“模拟分析”下拉按钮❶，从列表中选择“模拟运算表”选项❷，打开“模拟运算表”对话框，在“输入引用行的单元格”文本框中输入“$F$1”❸，在“输入引用列的单元格”文本框中输入“$D$1”❹，单击“确定”按钮❺，即可计算出不同年利率和贷款年限下的每月还款额，如图 5-68 所示。

	A	B	C	D	E	F	G	H	I	J	K	L	M
4			年利率										
5		¥2,072.77	4%	4.20%	4.50%	4.60%	4.80%	5%	5.20%	5.40%	5.60%	5.80%	6%
6	贷款年限	10											
7		11											
8		12											
9		13											
10		14											
11		15											
12		16											
13		17											
14		18											
15		19											
16		20											

图5-67

图5-68

5.5.3 规划求解

规划求解也被称为假设分析工具，使用规划求解可以求出工作表中某个单元格中公式的最佳值。在Excel中，一个规划求解问题由3个部分组成：可变单元格、目标函数和约束条件。

- **可变单元格：** 是实际问题中有待解决的未知因素。一个规划求解问题中可能有一个变量，也可能有多个变量。在规划求解问题中，可以有一个可变单元格，也可以有一组可变单元格。可变单元格也被称为决策变量，一个或一组决策变量代表一个规划求解方案。
- **目标函数：** 表示规划求解要达到的最终目标。一般来说，目标函数是规划求解模型中变量的函数。目标函数是规划求解的关键，它可以是线性函数，也可以是非线性函数。
- **约束条件：** 是实现目标的限制条件，与规划求解的结果有着密切的关系，对可变单元格中的值起着直接的限制作用。它可以是等式，也可以是不等式。

1. 加载规划求解工具

在Excel中，规划求解功能并不是必选的，因此，用户需要手动加载规划求解工具。单击“文件”按钮，选择“选项”选项，打开“Excel选项”对话框，选择“加载项”选项❶，单击“转到”按钮❷，打开“加载项”对话框，勾选“规划求解加载项”复选框❸，单击“确定”按钮❹，如图5-69所示。此时在“数据”选项卡的“分析”选项组中就会显示“规划求解”按钮，如图5-70所示。

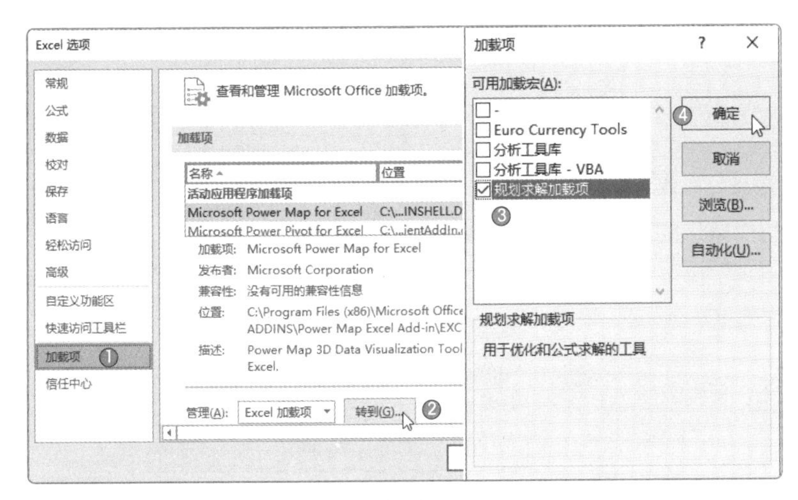

图5-69

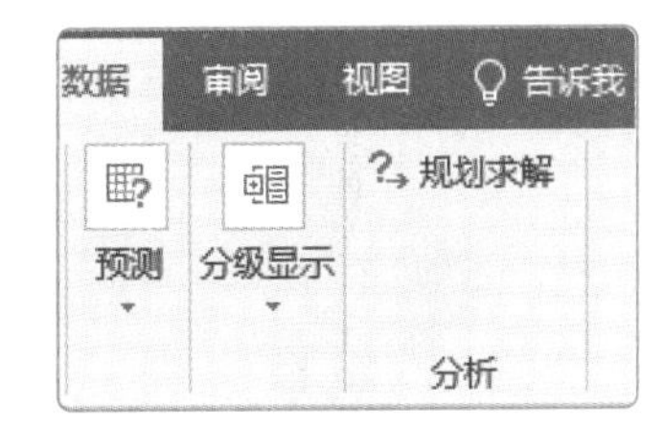

图5-70

2. 建立规划求解模型

作为运筹学中的一个常用术语，线性规划是指使用线性模型对问题建立相关的数学模型。要解决一个线性规划问题，首先需要建立相应问题的规划求解模型。

例如，某企业需要生产A、B两种产品，其中每生产一件A产品需要x原料4 kg、y原料5 kg、z原料6 kg，每生产一件B产品需要x原料3 kg、y原料10 kg、z原料8 kg。已知每天各种原料的使用限额为x原料160 kg、y原料300 kg、z原料280 kg，根据预测，每销售一件A产品可获利1.8万元，每销售一件B产品可获利1.4万元。那么如何安排生产计划才能在有限的原料供应下获得最大的利润呢?

首先根据上述问题，建立规划求解模型，分别确定决策变量、设置约束条件和目标函数。

- **决策变量：** 该问题的决策变量为A产品和B产品的生产数量，可以分别用x_1、x_2表示。
- **约束条件：** 该问题的约束条件为生产过程中使用原料的限额数量，用公式表示如下。

$$x_1 \times 4 + x_2 \times 3 \leqslant 160$$

$$x_1 \times 5 + x_2 \times 10 \leqslant 300$$

$$x_1 \times 6 + x_2 \times 8 \leqslant 280$$

● **目标函数**：该问题的目标函数为企业生产获得的利润最大函数，用公式表示如下。

$$P_{\max}=x_1\times1.8+x_2\times1.4$$

建立好规划求解模型后，将数据输入工作表中，制作成一个表格，如图5-71所示。

	A	B	C	D	E	F	G	H
1		原料x	原料y	原料z	生产数量		最大利润	55
2	原料限额	160	300	280				
3	产品A	4	5	6	15			
4	产品B	3	10	8	20			
5	合计	120	275	250				

图5-71

因为尚未开始规划求解，所以暂时将A产品和B产品的生产数量设置成15和20。B5单元格为x原料的消耗总量，计算公式为“=B3*$E3+B4*$E4”，并将公式向右填充至D5单元格。H1单元格为计算利润额的目标函数，计算公式为“=E3*1.8+E4*1.4”。

[实操5-17] 计算最大利润

[实例资源] 第5章\例5-17.xlsx

用户可以利用Excel的规划求解工具找到最佳方案，下面将介绍具体的操作方法。

STEP 1 在“数据”选项卡中单击“分析”选项组的“规划求解”按钮，打开“规划求解参数”对话框，在“设置目标”中引用H1单元格①，选择“最大值”单选按钮②，在“通过更改可变单元格”中引用E3:E4单元格区域③，单击“添加”按钮④，添加约束条件，分别为“$B$5<=$B$2”、“$C$5<=$C$2”、“$D$5<=$D$2”，将“选择求解方法”设置为“单纯线性规划”⑤，单击“求解”按钮⑥，如图5-72所示。

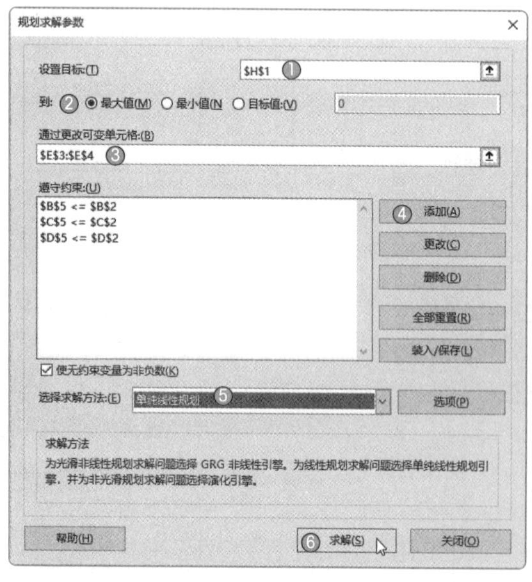

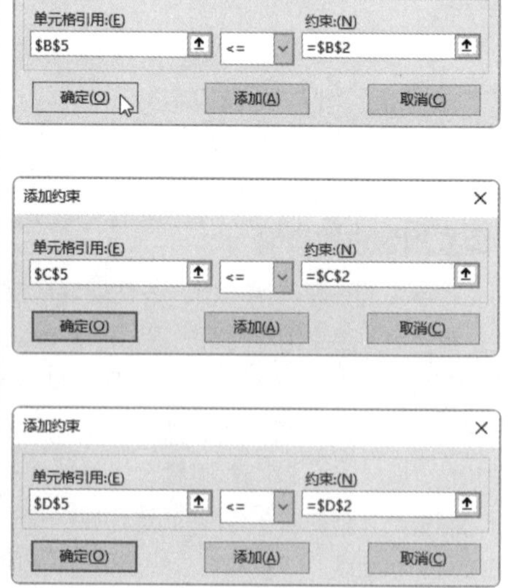

图5-72

STEP 2 打开“规划求解结果”对话框，选择“保留规划求解的解”单选按钮①，单击“确定”按钮②，即可计算出最优解，如图5-73所示。从计算结果可以看出，最佳生产计划是每天生产A产品31件、B产品11件，可以获得最大利润73万元。

规划求解结果

规划求解找到一解，可满足所有的约束及最优状况。

报告

运算结果报告
敏感性报告
极限值报告

◉ 保留规划求解的解 ①

○ 还原初值

☐ 返回“规划求解参数”对话框　　☐ 制作报告大纲

② 确定　取消　保存方案...

规划求解找到一解，可满足所有的约束及最优状况。

使用 GRG 引擎时，规划求解至少找到了一个本地最优解。使用单纯线性规划时，这意味着规划求解已找到一个全局最优解。

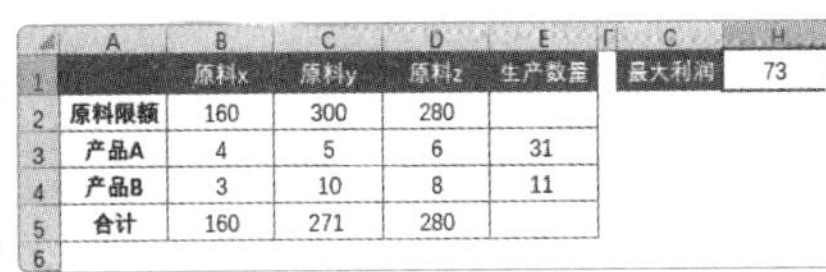

	原料x	原料y	原料z	生产数量	最大利润	73
原料限额	160	300	280			
产品A	4	5	6	31		
产品B	3	10	8	11		
合计	160	271	280			

图5-73

实战演练

分析产品生产报表

本章实战演练将运用前面所介绍的知识分析产品生产报表，以帮助用户熟练掌握数据分析与处理操作。

微课视频

1. 案例效果

本章实战演练为分析产品生产报表，最终效果如图5-74所示。

产品编号	产品名称	规格型号	车间	负责人	开始日期	结束日期	计划生产	实际生产	完成率	合格品	不合格品	合格率
WQ10034	手机	S-1001	车间1	李可	2021-02-05	2021-02-09	16	27	168.75%	10	17	37.04%
WQ10035	电脑	D-1002	车间1	李可	2021-02-06	2021-02-10	22	33	150.00%	15	18	45.45%
WQ10036	手机	S-1002	车间1	李可	2021-02-08	2021-02-11	71	84	118.31%	80	4	95.24%
WQ10037	充电器	C-1004	车间1	李可	2021-02-10	2021-02-14	82	21	25.61%	15	6	71.43%
		车间1 汇总									45	
WQ10038	手机	S-2003	车间2	周夕	2021-02-11	2021-02-15	11	63	572.73%	60	3	95.24%
WQ10039	充电器	C-2003	车间2	周夕	2021-02-13	2021-02-17	55	95	172.73%	46	49	48.42%
WQ10040	充电器	C-2004	车间2	周夕	2021-02-14	2021-02-15	20	30	150.00%	10	20	33.33%
WQ10041	电脑	D-2003	车间2	周夕	2021-02-15	2021-02-18	15	55	366.67%	54	1	98.18%
		车间2 汇总									73	
WQ10042	手机	S-3001	车间3	于文	2021-02-16	2021-02-17	33	18	54.55%	17	1	94.44%
WQ10043	电脑	D-3002	车间3	于文	2021-02-17	2021-02-19	10	22	220.00%	20	2	90.91%
WQ10044	充电器	C-3003	车间3	于文	2021-02-18	2021-02-22	24	10	41.67%	8	2	80.00%
WQ10045	电脑	D-3002	车间3	于文	2021-02-19	2021-02-25	36	68	188.89%	50	18	73.53%
		车间3 汇总									23	
		总计									141	

图5-74

2. 操作思路

掌握分类汇总、条件格式等功能的应用，下面将进行简单介绍。

STEP 1 使用分类汇总功能，按照车间字段，对不合格品进行求和汇总，如图 5-75 所示。

产品编号	产品名称	规格型号	车间	负责人	开始日期	结束日期	计划生产	实际生产	完成率	合格品	不合格品	合格率
WQ10034	手机	S-1001	车间1	李可	2021-02-05	2021-02-09	16	27	168.75%	10	17	37.04%
WQ10035	电脑	D-1002	车间1	李可	2021-02-06	2021-02-10	22	33	150.00%	15	18	45.45%
WQ10036	手机	S-1002	车间1	李可	2021-02-08	2021-02-11	71	84	118.31%	80	4	95.24%
WQ10037	充电器	C-1004	车间1	李可	2021-02-10	2021-02-14	82	21	25.61%	15	6	71.43%
		车间1 汇总									45	
WQ10038	手机	S-2003	车间2	周夕	2021-02-11	2021-02-15	11	63	572.73%	60	3	95.24%
WQ10039	充电器	C-2003	车间2	周夕	2021-02-13	2021-02-17	55	95	172.73%	46	49	48.42%
WQ10040	充电器	C-2004	车间2	周夕	2021-02-14	2021-02-15	20	30	150.00%	10	20	33.33%
WQ10041	电脑	D-2003	车间2	周夕	2021-02-15	2021-02-18	15	55	366.67%	54	1	98.18%
		车间2 汇总									73	
WQ10042	手机	S-3001	车间3	于文	2021-02-16	2021-02-17	33	18	54.55%	17	1	94.44%
WQ10043	电脑	D-3002	车间3	于文	2021-02-17	2021-02-19	10	22	220.00%	20	2	90.91%
WQ10044	充电器	C-3003	车间3	于文	2021-02-18	2021-02-22	24	10	41.67%	8	2	80.00%
WQ10045	电脑	D-3002	车间3	于文	2021-02-19	2021-02-25	36	68	188.89%	50	18	73.53%
		车间3 汇总									23	
		总计									141	

图5-75

STEP 2 使用条件格式功能，将合格率大于 90% 的数据突出显示出来，如图 5-76 所示。

	A	B	C	D	E	F	G	H	I	J	K	L	M
1	产品编号	产品名称	规格型号	车间	负责人	开始日期	结束日期	计划生产	实际生产	完成率	合格品	不合格品	合格率
2	WQ10034	手机	S-1001	车间1	李可	2021-02-05	2021-02-09	16	27	168.75%	10	17	37.04%
3	WQ10035	电脑	D-1002	车间1	李可	2021-02-06	2021-02-10	22	33	150.00%	15	18	45.45%
4	WQ10036	手机	S-1002	车间1	李可	2021-02-08	2021-02-11	71	84	118.31%	80	4	95.24%
5	WQ10037	充电器	C-1004	车间1	李可	2021-02-10	2021-02-14	82	21	25.61%	15	6	71.43%
6			车间1 汇总									45	
7	WQ10038	手机	S-2003	车间2	周夕	2021-02-11	2021-02-15	11	63	572.73%	60	3	95.24%
8	WQ10039	充电器	C-2003	车间2	周夕	2021-02-13	2021-02-17	55	95	172.73%	46	49	48.42%
9	WQ10040	充电器	C-2004	车间2	周夕	2021-02-14	2021-02-15	20	30	150.00%	10	20	33.33%
10	WQ10041	电脑	D-2003	车间2	周夕	2021-02-15	2021-02-18	15	55	366.67%	54	1	98.18%
11			车间2 汇总									73	
12	WQ10042	手机	S-3001	车间3	于文	2021-02-16	2021-02-17	33	18	54.55%	17	1	94.44%
13	WQ10043	电脑	D-3002	车间3	于文	2021-02-17	2021-02-19	10	22	220.00%	20	2	90.91%
14	WQ10044	充电器	C-3003	车间3	于文	2021-02-18	2021-02-22	24	10	41.67%	8	2	80.00%
15	WQ10045	电脑	D-3002	车间3	于文	2021-02-19	2021-02-25	36	68	188.89%	50	18	73.53%
16			车间3 汇总									23	
17			总计									141	

图5-76

疑难解答

Q：如何隐藏与显示汇总明细数据？

A：创建分类汇总后，用户可以通过单击“显示明细数据”按钮和“隐藏明细数据”按钮（图5-77），或者通过单击工作表左侧窗格中的“+”按钮、“-”按钮①，以及代表分类级别的数字“1”“2”“3”等②（见图5-78）来显示或隐藏汇总明细数据。

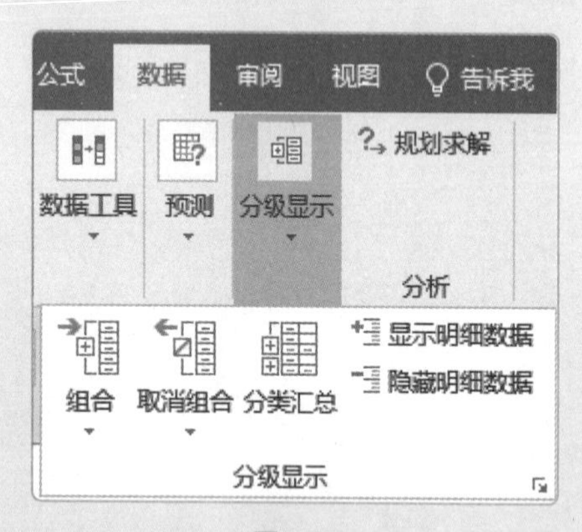

图5-77

	A	B	C	D
1	订单编号	客户名称	负责人	产品名称
8		德胜科技 汇总		
9	HD37002	华夏科技	王晓	电脑
10	HD78008	华夏科技	王晓	数码相机
11	HC20009	华夏科技	王晓	充电器
12	HD54012	华夏科技	王晓	数码相机
13		华夏科技 汇总		
14	CS21004	长青科技	孙杨	数码相机
15	CJ48005	长青科技	孙杨	手机
16	CJ52007	长青科技	孙杨	手机
17	CD38011	长青科技	孙杨	电脑

图5-78

Q：如何管理条件格式规则？

A：在“开始”选项卡中单击“条件格式”下拉按钮，从列表中选择“管理规则”选项，打开“条件格式规则管理器”对话框，在其中可以对条件格式规则进行编辑、删除、新建操作，如图5-79所示。

Q：如何调出“开发工具”选项卡？

A：单击“文件”按钮，选择“选项”选项，打开“Excel选项”对话框，选择“自定义功能区”选项①，在右侧“主选项卡”列表框中勾选“开发工具”复选框②，如图5-80所示，最后单击“确定”按钮即可。

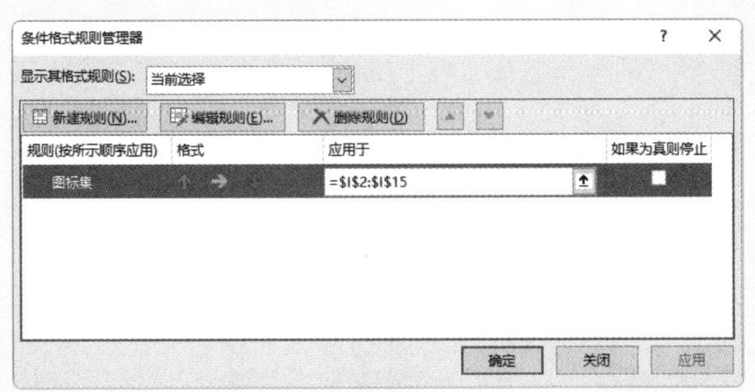

图5-79

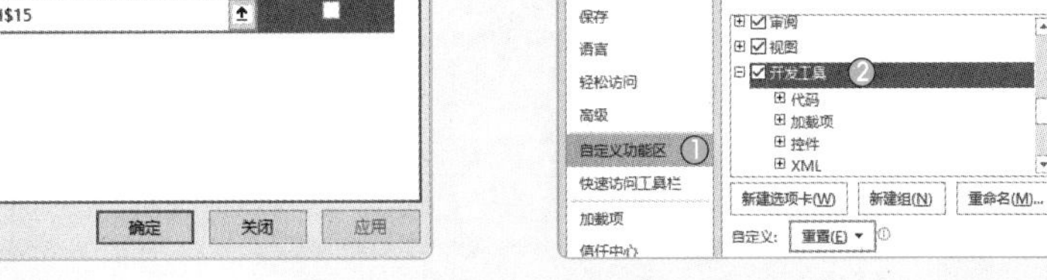

图5-80

Q：如何按颜色进行排序？

A：Excel表格中的数据可以按照“单元格颜色”或“字体颜色”进行排序。具体操作步骤如下。

打开“排序”对话框，将需要按颜色排序的字段设置为主要关键字①，单击“排序依据”下拉按钮②，在下拉列表中可以选择“单元格颜色”或“字体颜色”，此处选择“字体颜色”选项③，如图5-81所示。

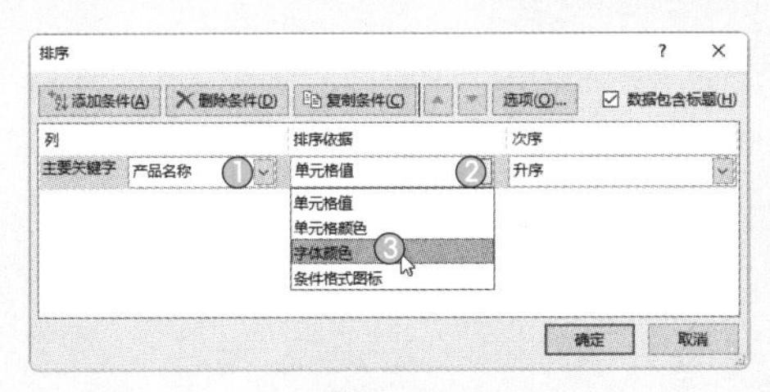

图5-81

“排序”对话框中的“次序”下拉按钮中随即显示颜色选项，单击“次序”下拉按钮，在下拉列表中可以查看到所选字段中包含的所有字体颜色，单击选择要在最顶端显示的字体颜色，如图5-82所示。随后依次单击“复制条件”按钮，设置下一个颜色，所有颜色设置完成后单击“确定”按钮，如图5-83所示。

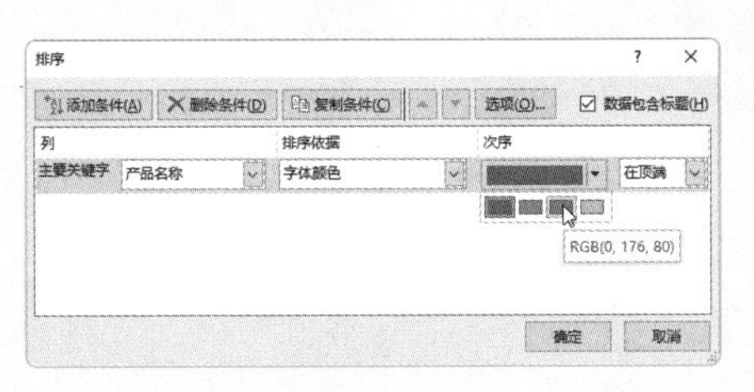

图5-82

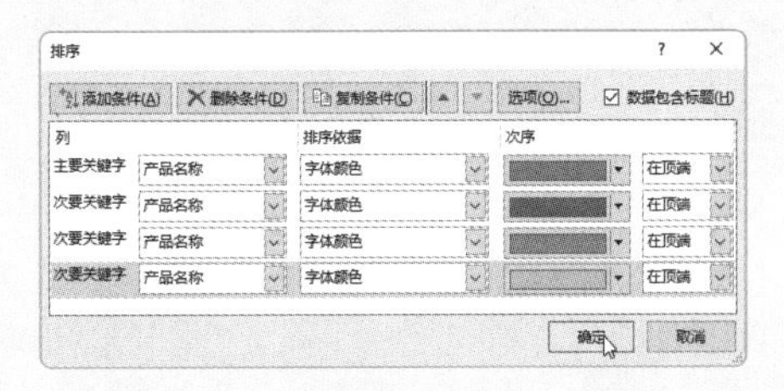

图5-83

按字体颜色排序的最终效果如图5-84所示。

订单编号	客户名称	负责人	产品名称	规格型号	订单数量	生产数量	交货数量
HD37002	华夏科技	王晓	电脑	SZ-876	36	35	35
DN23006	德胜科技	李梅	电脑	DZ-832	39	39	39
CD38011	长青科技	孙杨	电脑	SZ-120	35	20	20
DS16001	德胜科技	李梅	手机	VX-001	27	50	27
CJ48005	长青科技	孙杨	手机	VX-698	23	80	23
CJ52007	长青科技	孙杨	手机	VX-187	46	90	46
DS14010	德胜科技	李梅	手机	RS-542	47	60	47
DS475623	德胜科技	李梅	手机	RS-238	25	60	25
CS21004	长青科技	孙杨	数码相机	QW-452	18	10	10
HD78008	华夏科技	王晓	数码相机	QW-410	14	11	11
HD54012	华夏科技	王晓	数码相机	FR-417	45	70	45
DN45013	德胜科技	李梅	数码相机	FR-714	18	10	10
DS14003	德胜科技	李梅	[illegible]	XR-842	16	33	16
HC20009	华夏科技	王晓	[illegible]	XR-119	30	13	11

图5-84

第6章

数据的动态统计分析

对大型的表格进行数据动态统计分析时，Excel 提供了数据分析工具，可以简单、快捷、全面地对数据表的数据进行重新组织或汇总计算，这种工具就是数据透视表和数据透视图。本章将对数据透视表和数据透视图的应用进行介绍。

6.1 数据透视表的创建

数据透视表是一种对大量数据快速汇总和建立交叉关系的交互式动态表格，它可以帮助用户分析和组织数据。下面将介绍数据透视表的创建。

6.1.1 数据透视表的术语

在使用数据透视表分析数据之前，用户需要先了解一些数据透视表中涉及的术语，如表6-1所示。

表6-1

术语	术语说明
数据源	创建数据透视表所需要的数据区域
字段	描述字段内容的标识，一般为数据源中的标题行内容。用户可以通过拖曳字段对数据透视表进行透视
项	组成字段的成员，即字段中的内容
行	在数据透视表中具有行方向的字段
列	信息的种类，等价于数据列表中的列
筛选器	基于数据透视表中进行分页的字段，可对整个透视表进行筛选
组合	一组项的集合，组合可以自动或手动进行
汇总方式	Excel中数据值的统计方式。数值型字段的默认汇总方式为求和，文本型字段的默认汇总方式为计数
刷新	重新计算数据透视表，反映最新数据源的状态
透视	通过改变一个或多个字段的位置来重新安排数据透视表

6.1.2 创建数据透视表

微课视频

如果要创建一个数据透视表，首先要选择正确、恰当的数据源，然后选中数据源中任意单元格，在“插入”选项卡中单击“数据透视表”按钮，如图6-1所示。

	A	B	C	D	E	F	G	H	I	J	K
1	产品编号	产品名称	规格型号	计量单位	销售单价	销售数量	销售额	销售日期	销售部门	销售人员	备注
2	S1001	手机	VX-001	部	¥2,500.00	15	¥37,500.00	2021/9/1	销售1部	李佳	
3	D1002	电脑	SZ-876	台	¥3,600.00	6	¥21,600.00	2021/9/2	销售2部	张可	
4	C1003	充电器	XR-842	个	¥50.00	100	¥5,000.00	2021/9/3	销售3部	王晓	
5	S1004	数码相机	QW-452	台	¥1,800.00	20	¥36,000.00	2021/9/4	销售1部	孙琦	
6	S1005	手机	VX-698	部	¥3,800.00	8	¥30,400.00	2021/9/5	销售1部	刘威	
7	D1006	电脑	DZ-832	台	¥4,800.00	10	¥48,000.00	2021/9/6	销售2部	孙杨	
8	S1007	手机	VX-187	部	¥1,900.00	18	¥34,200.00	2021/9/7	销售3部	张琪	
9	S1008	数码相机	QW-410	台	¥500.00	25	¥12,500.00	2021/9/8	[illegible]	[illegible]	
10	C1009	充电器	XR-119	个	¥25.00	90	¥2,250.00	2021/9/9	[illegible]	[illegible]	
11	S1010	手机	RS-542	部	¥4,200.00	13	¥54,600.00	2021/9/10	[illegible]	[illegible]	
12	D1011	电脑	SZ-120	台	¥6,500.00	2	¥13,000.00	2021/9/11	[illegible]	[illegible]	
13	S1012	数码相机	FR-417	台	¥980.00	12	¥11,760.00	2021/9/12	[illegible]	[illegible]	
14	S1013	数码相机	FR-714	台	¥1,300.00	11	¥14,300.00	2021/9/13	[illegible]	[illegible]	
15	S1014	手机	RS-238	部	¥2,700.00	22	¥59,400.00	2021/9/14	[illegible]	[illegible]	

文件 开始 插入

数据透视表 推荐的数据透视表 表格

表格

图6-1

打开“创建数据透视表”对话框，保持对话框内默认的设置不变，单击“确定”按钮，如图6-2所示。此时，Excel将在新的工作表中创建一个空白数据透视表，并弹出“数据透视表字段”窗格，如图6-3所示。

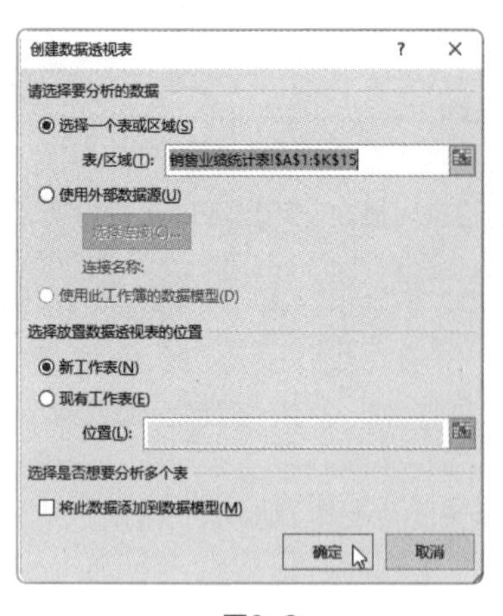

图6-2

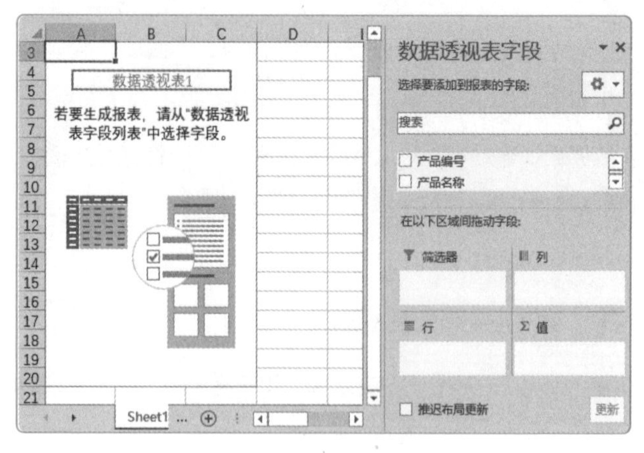

图6-3

在“数据透视表字段”窗格中，勾选需要的复选框，例如勾选“产品名称”复选框、“规格型号”复选框、“销售数量”复选框①，相应字段自动出现在“数据透视表字段”窗格的“行”区域②和“值”区域③，如图6-4所示。同时，相应的字段也被添加到数据透视表中，如图6-5所示。

或者在“数据透视表字段”窗格中，将鼠标指针放在“销售额”复选框上，并按住鼠标左键不放，将其拖曳至“值”区域，如图6-6所示，“销售额”字段将出现在数据透视表中。

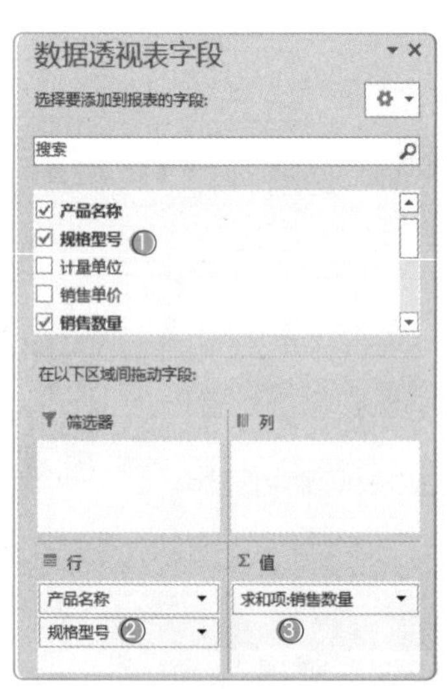

图6-4

行标签	求和项:销售数量
⊟手机	76
RS-238	22
RS-542	13
VX-001	15
VX-187	18
VX-698	8
⊟电脑	18
DZ-832	10
SZ-120	2
SZ-876	6
⊟充电器	190
XR-119	90
XR-842	100
⊟数码相机	68
FR-417	12
FR-714	11
QW-410	25
QW-452	20
总计	352

图6-5

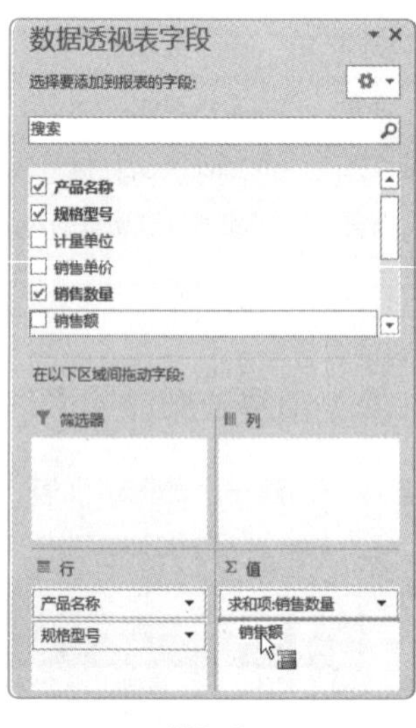

图6-6

6.1.3 数据透视表的结构

从结构上看，数据透视表分为4个部分，如图6-7所示。

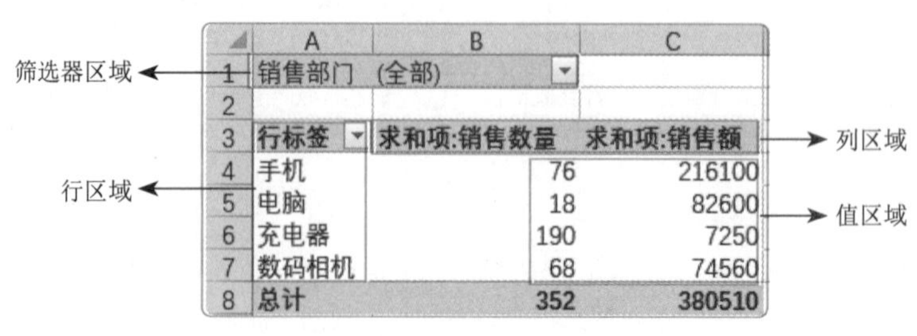

销售部门	(全部)	
行标签	求和项:销售数量	求和项:销售额
手机	76	216100
电脑	18	82600
充电器	190	7250
数码相机	68	74560
总计	352	380510

图6-7

- **筛选器区域：** 筛选器区域中的字段将作为数据透视表的筛选字段。
- **列区域：** 列区域中的字段将作为数据透视表的列标签显示。
- **行区域：** 行区域中的字段将作为数据透视表的行标签显示。
- **值区域：** 值区域中的字段将作为数据透视表的汇总数据显示。

6.1.4 影子数据透视表

影子数据透视表就是将数据透视表制作成一个动态的图片。该图片可以浮动于工作表中的任意位置、可以任意拖动改变大小，并与数据透视表保持实时更新。

[实操6-1] 创建影子数据透视表
[实例资源] 第6章\例6-1.xlsx

微课视频

创建影子数据透视表，首先需要将照相机功能调出来。下面将介绍具体的操作方法。

STEP 1 单击“文件”按钮，选择“选项”选项，打开“Excel 选项”对话框，选择“快速访问工具栏”选项①，在“从下列位置选择命令”下拉列表中选择“不在功能区中的命令”②，并在下方的列表框中选择“照相机”选项③，单击“添加”按钮④，将其添加到“自定义快速访问工具栏”下方的列表框中⑤，单击“确定”按钮⑥，此时“照相机”按钮被添加到“自定义快速访问工具栏”上，如图 6-8 所示。

STEP 2 选择数据透视表，单击“照相机”按钮，如图6-9所示。然后单击数据透视表外的任意单元格，即可生成一个影子数据透视表，如图 6-10 所示。

STEP 3 当数据透视表中的数据发生变动后，影子数据透视表也会同步变化，保持与数据透视表的实时更新。

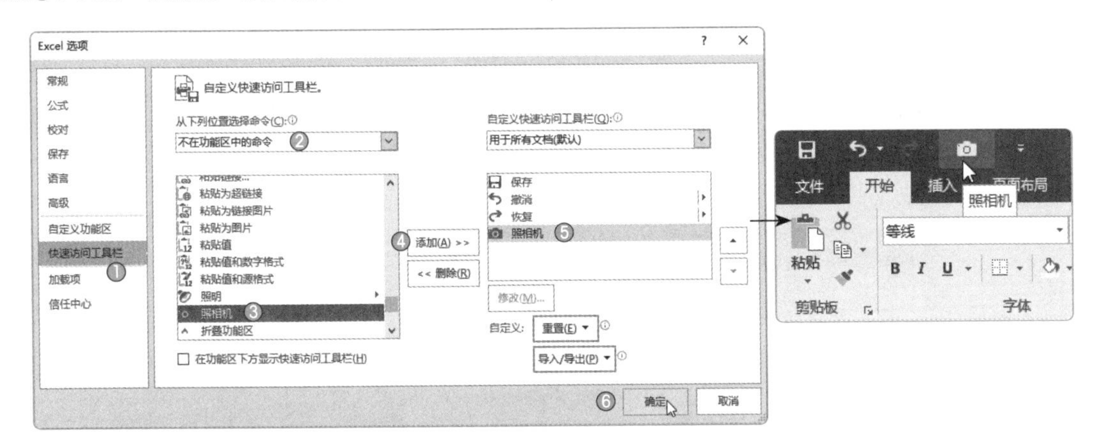

图6-8

	A	B	C
3	行标签	求和项:销售数量	求和项:销售额
4	⊟手机	76	216100
5	RS-238	22	59400
6	RS-542	13	54600
7	VX-001	15	37500
8	VX-187	18	34200
9	VX-698	8	30400
10	⊟电脑	18	82600
11	DZ-832	10	48000
12	SZ-120	2	13000
13	SZ-876	6	21600
14	⊟充电器	190	7250
15	XR-119	90	2250
16	XR-842	100	5000
17	⊟数码相机	68	74560
18	FR-417	12	11760
19	FR-714	11	14300
20	QW-410	25	12500
21	QW-452	20	36000
22	总计	352	380510

图6-9

	A	B	C	D–E	F–G	H
3	行标签	求和项:销售数量	求和项:销售额	行标签	求和项:销售数量	求和项:销售额
4	⊟手机	76	216100	⊟手机	76	216100
5	RS-238	22	59400	RS-238	22	59400
6	RS-542	13	54600	RS-542	13	54600
7	VX-001	15	37500	VX-001	15	37500
8	VX-187	18	34200	VX-187	18	34200
9	VX-698	8	30400	VX-698	8	30400
10	⊟电脑	18	82600	⊟电脑	18	82600
11	DZ-832	10	48000	DZ-832	10	48000
12	SZ-120	2	13000	SZ-120	2	13000
13	SZ-876	6	21600	SZ-876	6	21600
14	⊟充电器	190	7250	⊟充电器	190	7250
15	XR-119	90	2250	XR-119	90	2250
16	XR-842	100	5000	XR-842	100	5000
17	⊟数码相机	68	74560	⊟数码相机	68	74560
18	FR-417	12	11760	FR-417	12	11760
19	FR-714	11	14300	FR-714	11	14300
20	QW-410	25	12500	QW-410	25	12500
21	QW-452	20	36000	QW-452	20	36000
22	总计	352	380510	总计	352	380510

图6-10

应用秘技

当需要将数据透视表删除时，选择数据透视表，然后按【Delete】键即可。

6.2 整理数据透视表字段

创建数据透视表后，用户可以根据需要对数据透视表字段进行编辑。下面将对其进行介绍。

6.2.1 重命名字段

微课视频

当用户向“值”区域添加字段后，字段被重命名，例如“销售数量”①变成了“求和项:销售数量”②，如图6-11所示。这样会加大字段所在列的列宽，影响表格美观。此时，用户可以对字段进行重命名。

图6-11

方法一：直接修改字段名称

选择数据透视表中的标题字段，例如“求和项:销售数量”，如图6-12所示。在“编辑栏”中输入新标题“销量”，如图6-13所示，按【Enter】键确认即可。

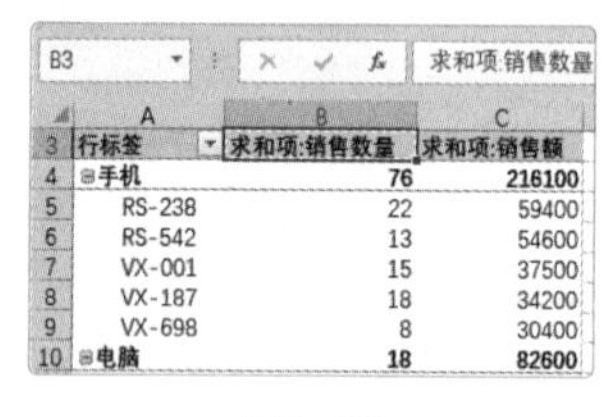

B3 | 求和项:销售数量

	A	B	C
3	行标签	求和项:销售数量	求和项:销售额
4	⊟手机	76	216100
5	RS-238	22	59400
6	RS-542	13	54600
7	VX-001	15	37500
8	VX-187	18	34200
9	VX-698	8	30400
10	⊟电脑	18	82600

图6-12

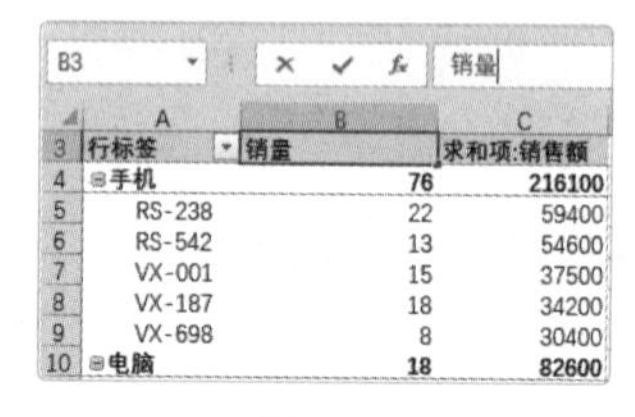

B3 | 销量

	A	B	C
3	行标签	销量	求和项:销售额
4	⊟手机	76	216100
5	RS-238	22	59400
6	RS-542	13	54600
7	VX-001	15	37500
8	VX-187	18	34200
9	VX-698	8	30400
10	⊟电脑	18	82600

图6-13

新手误区

使用上述方法修改后的新名称不能与原有字段名称相同，否则无法进行修改，如图6-14所示。

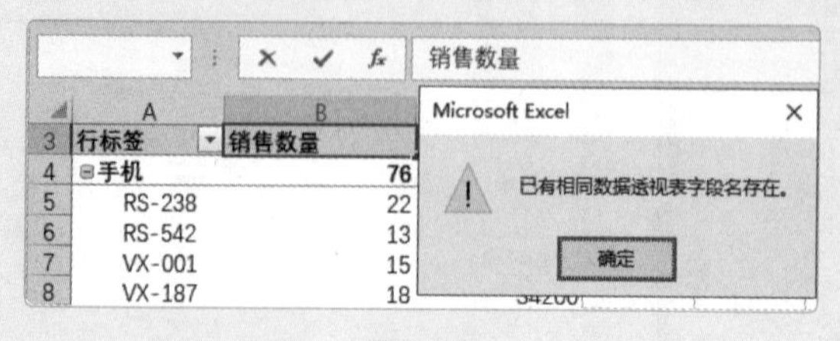

	A	B
3	行标签	销售数量
4	⊟手机	76
5	RS-238	22
6	RS-542	13
7	VX-001	15
8	VX-187	18

图6-14

方法二：替换字段名称

用户如果想要保持原有字段名称不变，可以使用替换。选择标题单元格区域，如图6-15所示，在“开始”选项卡中单击“查找和选择”下拉按钮①，从列表中选择“替换”选项②，如图6-16所示。

	A	B	C
3	行标签	求和项:销售数量	求和项:销售额
4	⊟手机	76	216100
5	RS-238	22	59400
6	RS-542	13	54600
7	VX-001	15	37500
8	VX-187	18	34200
9	VX-698	8	30400
10	⊟电脑	18	82600
11	DZ-832	10	48000
12	SZ-120	2	13000
13	SZ-876	6	21600
14	⊟充电器	190	7250

图6-15

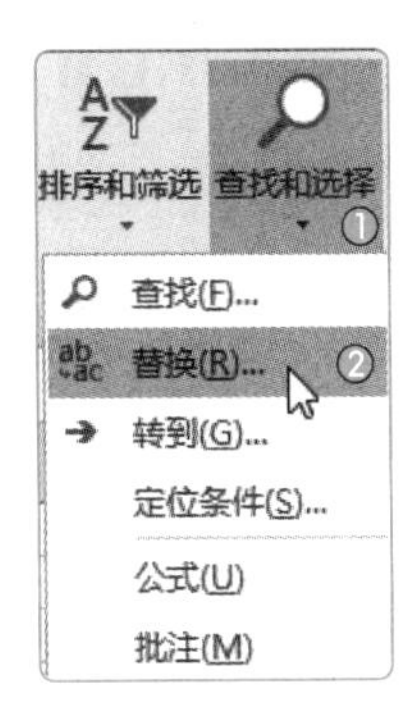

图6-16

打开“查找和替换”对话框，在“查找内容”文本框中输入“求和项:”①，在“替换为”文本框中输入一个空格②，单击“全部替换”按钮③，弹出提示对话框，直接单击“确定”按钮，如图6-17所示。这时即可完成对所选字段的重命名，如图6-18所示。

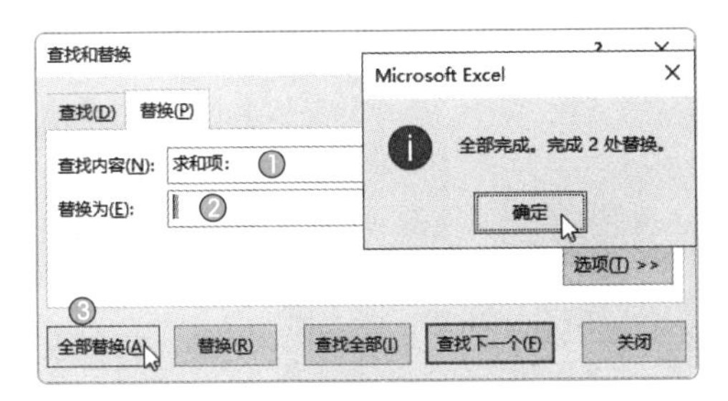

图6-17

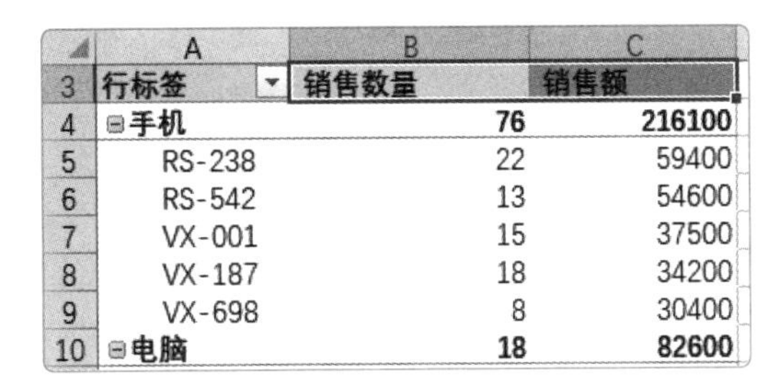

	A	B	C
3	行标签	销售数量	销售额
4	⊟手机	76	216100
5	RS-238	22	59400
6	RS-542	13	54600
7	VX-001	15	37500
8	VX-187	18	34200
9	VX-698	8	30400
10	⊟电脑	18	82600

图6-18

6.2.2 展开 / 折叠活动字段

用户如果需要显示详细数据，可以将折叠的字段展开，或者将一些敏感数据折叠隐藏起来。

方法一：单击“展开字段”按钮或“折叠字段”按钮

选择数据透视表中的任意字段，在“数据透视表工具-分析”选项卡中单击“折叠字段”按钮①，即可将所有的活动字段折叠起来②，如图6-19所示。

此外，单击“展开字段”按钮，即可将折叠字段全部展开，如图6-20所示。

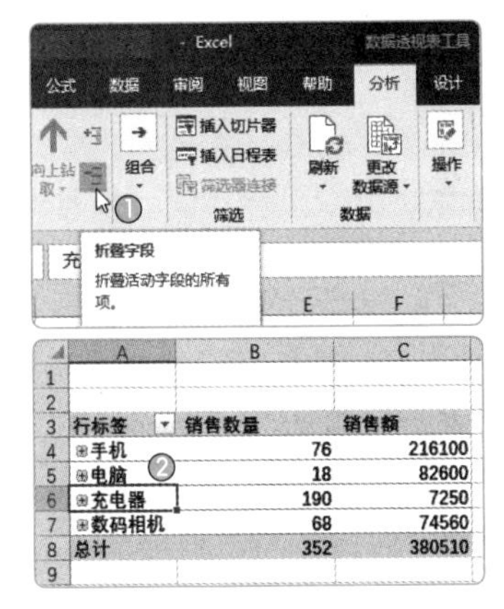

	A	B	C
1			
2			
3	行标签	销售数量	销售额
4	⊞手机	76	216100
5	⊞电脑	18	82600
6	⊞充电器	190	7250
7	⊞数码相机	68	74560
8	总计	352	380510
9			

图6-19

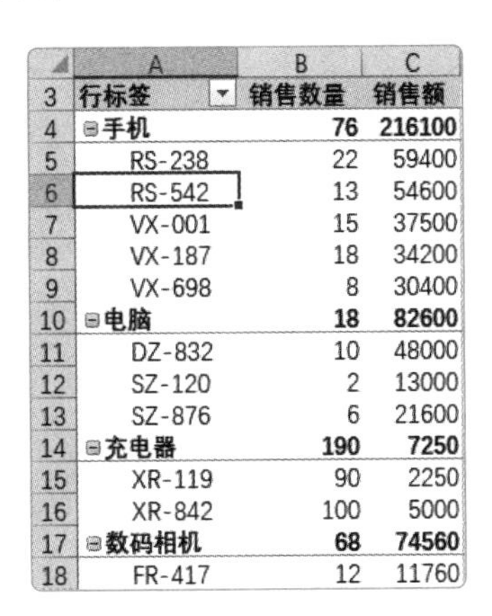

	A	B	C
3	行标签	销售数量	销售额
4	⊟手机	76	216100
5	RS-238	22	59400
6	RS-542	13	54600
7	VX-001	15	37500
8	VX-187	18	34200
9	VX-698	8	30400
10	⊟电脑	18	82600
11	DZ-832	10	48000
12	SZ-120	2	13000
13	SZ-876	6	21600
14	⊟充电器	190	7250
15	XR-119	90	2250
16	XR-842	100	5000
17	⊟数码相机	68	74560
18	FR-417	12	11760

图6-20

方法二：单击⊟或⊞按钮

单击字段前面的⊟按钮①，即可将活动字段折叠起来②，如图6-21所示。单击⊞按钮①，即可显示活动字段下的明细数据②，如图6-22所示。

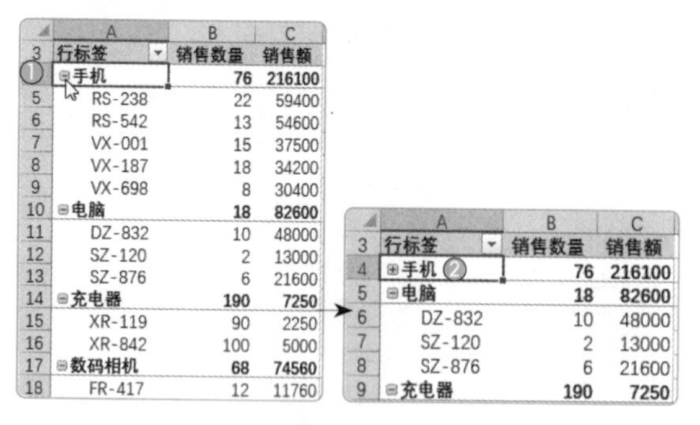

图6-21

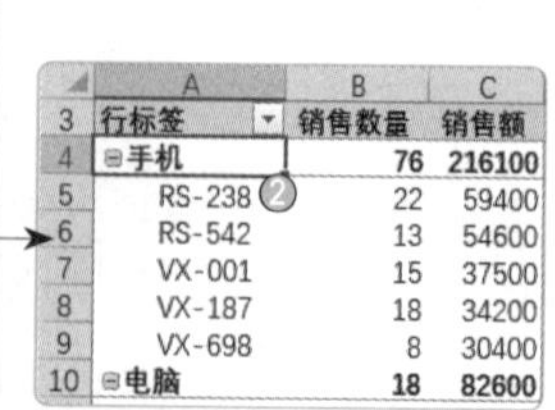

图6-22

6.2.3 删除数据透视表字段

用户在进行数据分析时，对数据透视表中不再需要显示的字段可以通过“数据透视表字段”窗格来删除。在“数据透视表字段”窗格中单击“行”区域中的字段，如单击“规格型号”字段（下拉按钮）①，从列表中选择“删除字段”选项②，即可将数据透视表中相应的字段删除③，如图6-23所示。

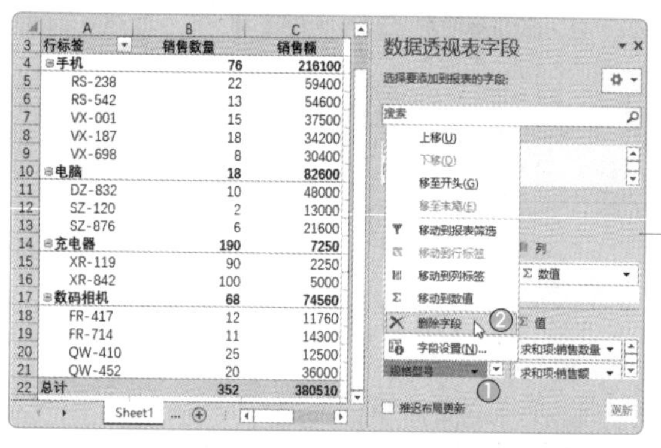

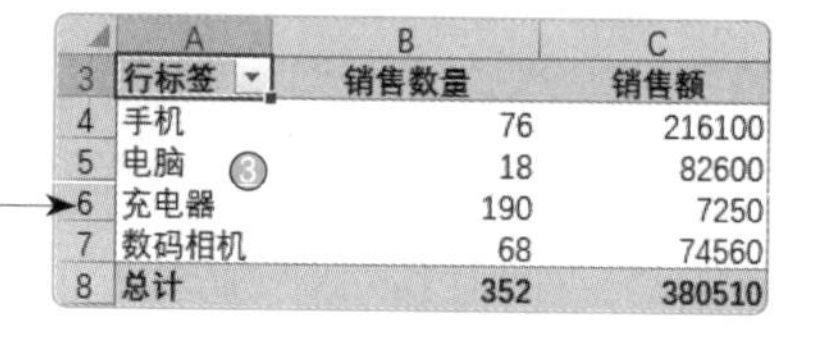

图6-23

应用秘技

如果数据源发生变化，则需要对数据透视表进行相应的刷新操作。选中数据透视表中任意单元格，在“数据透视表工具-分析”选项卡中单击“刷新”按钮即可，如图6-24所示。或者选中数据透视表中的任意单元格，单击鼠标右键，从快捷菜单中选择“刷新”命令，如图6-25所示。

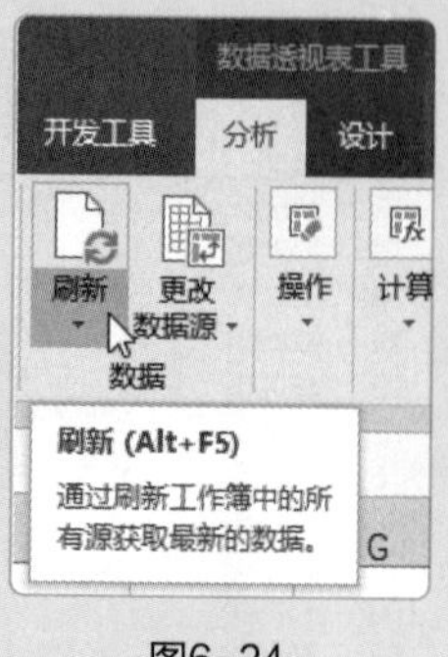

图6-24

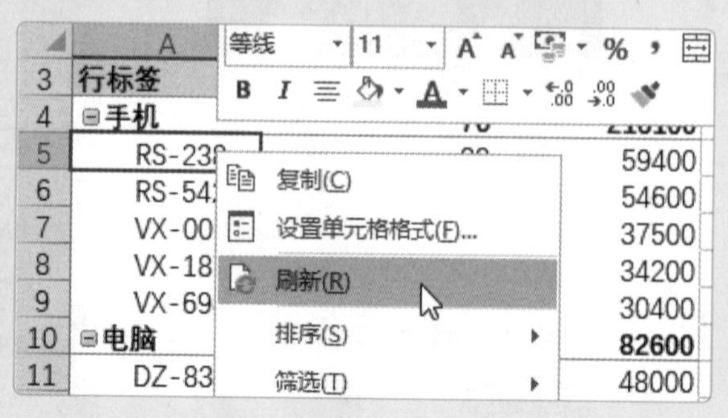

图6-25

6.3 在数据透视表中执行计算

在数据透视表中，用户可以更改值的汇总方式，或者计算平均值、最大值、最小值等。下面将对其进行介绍。

6.3.1 更改值的汇总方式

在默认状态下，数据透视表对“值”区域中的数值字段使用求和方式进行汇总。其实，除了求和外，数据透视表还提供了多种汇总方式，如计数、平均值、最大值、最小值、乘积等。用户可以通过单击“字段设置”按钮，更改值的汇总方式。

[实操6-2] 将求和汇总方式更改为最大值汇总方式

[实例资源] 第6章\例6-2.xlsx

用户如果想要将“销售数量”的求和汇总方式更改为最大值汇总方式，则可以按照以下方法操作。

STEP 1 将“销售数量”字段再次拖至“值”区域，增加一个新的字段“求和项:销售数量2”，如图6-26所示。

STEP 2 选择“求和项:销售数量2”字段①，在“数据透视表工具－分析”选项卡中单击“字段设置”按钮②，如图6-27所示。

STEP 3 打开“值字段设置”对话框，打开“值汇总方式”选项卡①，并选择“最大值”计算类型②，更改“自定义名称”③，单击“确定”按钮④，即可将求和汇总方式更改为最大值汇总方式，如图6-28所示。

	A	B	C	D
3	行标签	销售数量	求和项:销售数量2	销售额
4	⊟手机	76	76	216100
5	RS-238	22	22	59400
6	RS-542	13	13	54600
7	VX-001	15	15	37500
8	VX-187	18	18	34200
9	VX-698	8	8	30400
10	⊟电脑	18	18	82600
11	DZ-832	10	10	48000
12	SZ-120	2	2	13000
13	SZ-876	6	6	21600
14	⊟充电器	190	190	7250
15	XR-119	90	90	2250
16	XR-842	100	100	5000
17	⊟数码相机	68	68	74560
18	FR-417	12	12	11760
19	FR-714	11	11	14300
20	QW-410	25	25	12500
21	QW-452	20	20	36000
22	总计	352	352	380510
23				
24				
25				

Sheet1　销售业绩统计 ...

数据透视表字段
选择要添加到报表的字段:
搜索
☑ 销售数量
☑ 销售额
☐ 销售日期
☐ 销售部门
在以下区域间拖动字段:
筛选器　列
Σ 数值
行　Σ 值
产品名称　销售数量
规格型号　求和项:销售数量2
☐ 推迟布局更新　更新

图6-26

	C	D
3	求和项:销售数量2	销售额
4	76	216100
5	22	59400
6	13	54600
7	15	37500
8	18	34200
9	8	30400
10	18	82600
11	10	48000
12	2	13000
13	6	21600
14	190	7250
15	90	2250
16	100	5000

图6-27

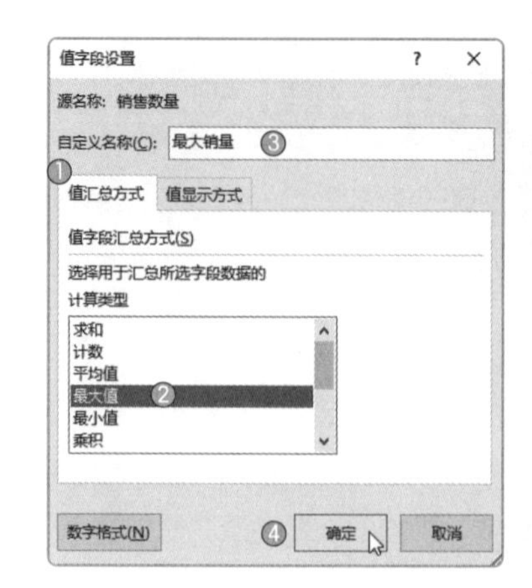

	A	B	C
3	行标签	销售数量	最大销量
4	⊟手机	76	22
5	RS-238	22	22
6	RS-542	13	13
7	VX-001	15	15
8	VX-187	18	18
9	VX-698	8	8
10	⊟电脑	18	10
11	DZ-832	10	10
12	SZ-120	2	2
13	SZ-876	6	6
14	⊟充电器	190	100
15	XR-119	90	90
16	XR-842	100	100
17	⊟数码相机	68	25
18	FR-417	12	12
19	FR-714	11	11
20	QW-410	25	25
21	QW-452	20	20
22	总计	352	100

图6-28

6.3.2 创建计算字段

数据透视表创建完成后，不允许在数据透视表中添加公式进行计算。如果需要在数据透视表中执行自定义计算，则必须使用计算字段功能。计算字段是通过对数据透视表中现有的字段执行计算后得到的新字段。

[实操6-3] 使用计算字段计算单价

[实例资源] 第6章\例6-3.xlsx

微课视频

用户可以根据“销售数量”和“销售额”字段，计算单价。下面将介绍具体的操作方法。

STEP 1 选择“销售额”字段，在“数据透视表工具-分析”选项卡中单击“字段、项目和集”下拉按钮❶，从列表中选择“计算字段”选项❷，如图6-29所示。

	A	B	C
3	行标签	销售数量	销售额
4	⊟手机	76	216100
5	RS-238	22	59400
6	RS-542	13	54600
7	VX-001	15	37500
8	VX-187	18	34200
9	VX-698	8	30400
10	⊟电脑	18	82600
11	DZ-832	10	48000
12	SZ-120	2	13000
13	SZ-876	6	21600
14	⊟充电器	190	7250
15	XR-119	90	2250
16	XR-842	100	5000
17	⊟数码相机	68	74560

图6-29

STEP 2 打开“插入计算字段”对话框，如图6-30所示。在“名称”文本框中输入“单价”❶，然后将“公式”文本框中的数据“=0”删除，通过双击“字段”列表框中的字段，输入公式“= 销售额 / 销售数量”❷，单击“添加”按钮❸，如图6-31所示。将定义好的计算字段添加到数据透视表中，单击“确定”按钮，此时数据透视表中新增了一个“求和项：单价”字段，如图6-32所示。

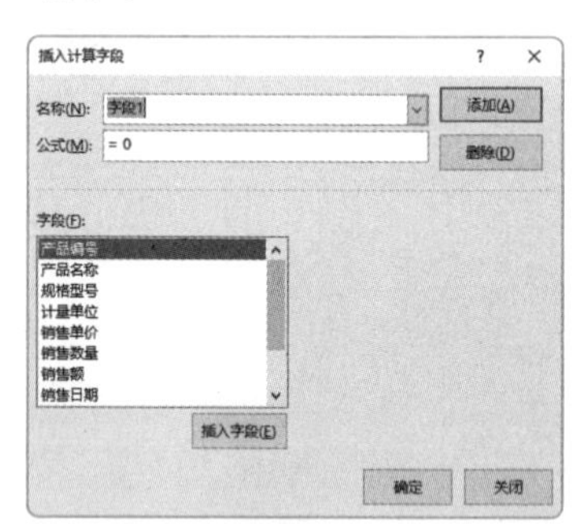

图6-30

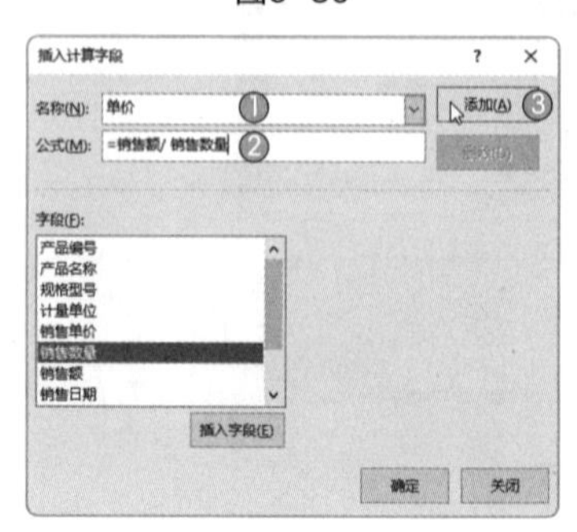

图6-31

基础入门篇

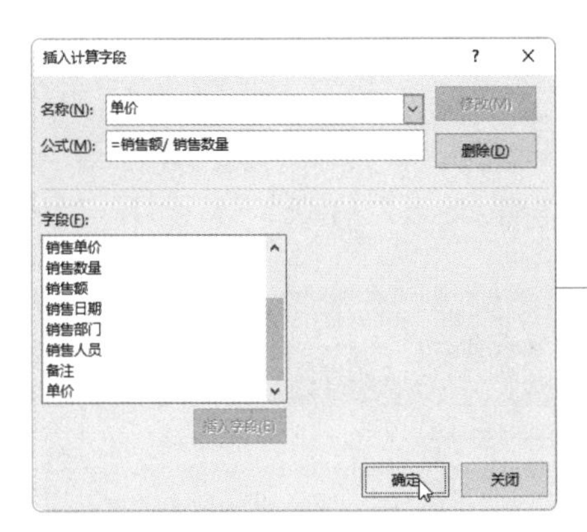

3	行标签	销售数量	销售额	求和项:单价
4	⊟手机	76	216100	2843.421053
5	RS-238	22	59400	2700
6	RS-542	13	54600	4200
7	VX-001	15	37500	2500
8	VX-187	18	34200	1900
9	VX-698	8	30400	3800
10	⊟电脑	18	82600	4588.888889
11	DZ-832	10	48000	4800
12	SZ-120	2	13000	6500
13	SZ-876	6	21600	3600
14	⊟充电器	190	7250	38.15789474
15	XR-119	90	2250	25
16	XR-842	100	5000	50
17	⊟数码相机	68	74560	1096.470588

图6-32

6.4 在数据透视表中进行筛选

Excel内置了丰富的筛选功能，用户可以在数据透视表中方便、高效地应用这些筛选功能。下面将对其进行介绍。

6.4.1 使用字段标签进行筛选

在数据透视表中会显示“行标签”字段。通过该字段标签，用户可以对数据进行筛选。

[实操6-4] 利用字段标签筛选规格型号

[实例资源] 第6章\例6-4.xlsx

用户如果想要将以“VX”开头的规格型号筛选出来，则可以按照以下方法操作。

STEP 1 单击“行标签”下拉按钮①，从列表中选择“标签筛选”选项②，并从其级联菜单中选择“开头是”选项③，如图 6-33 所示。

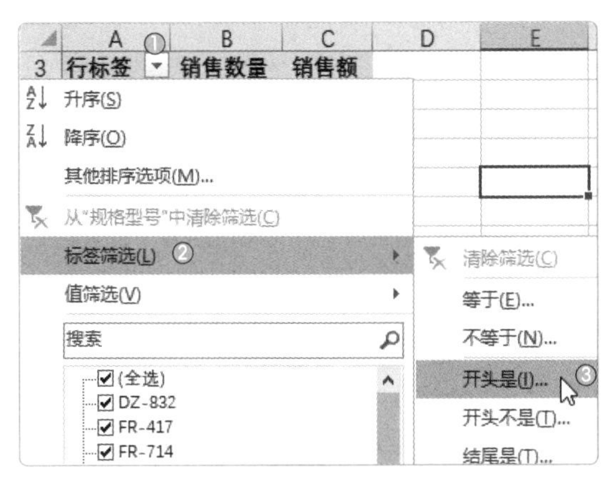

图6-33

STEP 2 打开“标签筛选(规格型号)”对话框，在“开头是”后面的文本框中输入“VX”①，单击“确定”按钮②，即可将以“VX”开头的规格型号筛选出来，如图 6-34 所示。

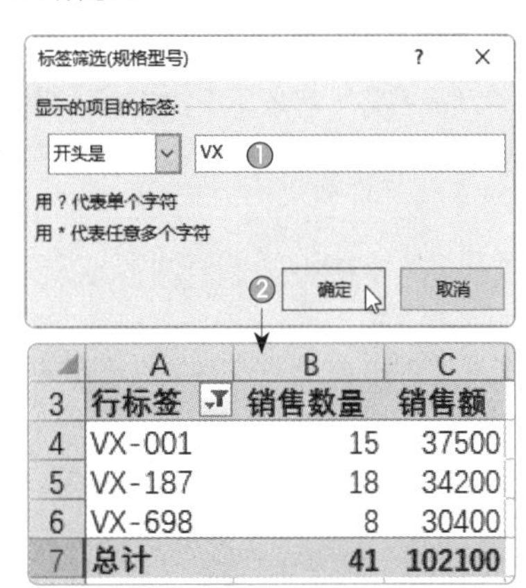

3	行标签	销售数量	销售额
4	VX-001	15	37500
5	VX-187	18	34200
6	VX-698	8	30400
7	总计	41	102100

图6-34

应用秘技

用户如果想要美化数据透视表，则可以选择数据透视表中任意单元格，打开“数据透视表工具–设计”选项卡，在“数据透视表样式”选项组中单击“其他”下拉按钮①，从列表中选择合适的样式②，如图6–35所示。这时即可快速为数据透视表套用所选样式，如图6–36所示。

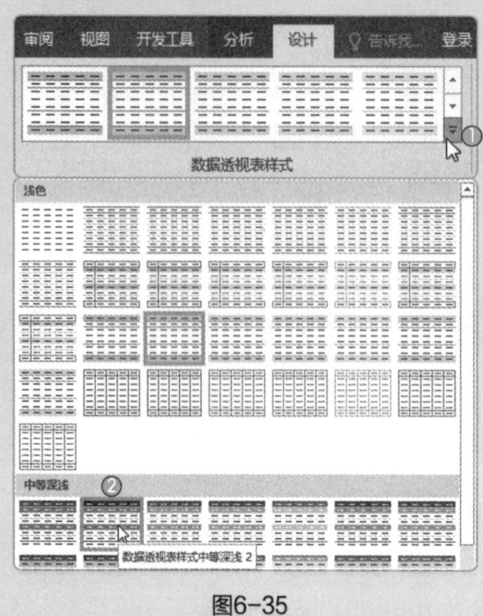

图6–35

	A	B	C
3	行标签	销售数量	销售额
4	⊟手机	76	216100
5	RS-238	22	59400
6	RS-542	13	54600
7	VX-001	15	37500
8	VX-187	18	34200
9	VX-698	8	30400
10	⊟电脑	18	82600
11	DZ-832	10	48000
12	SZ-120	2	13000
13	SZ-876	6	21600
14	⊟充电器	190	7250
15	XR-119	90	2250
16	XR-842	100	5000
17	⊟数码相机	68	74560
18	FR-417	12	11760
19	FR-714	11	14300
20	QW-410	25	12500
21	QW-452	20	36000
22	总计	352	380510

图6–36

6.4.2 使用筛选器进行筛选

用户通过向“数据透视表字段”窗格中的“筛选”区域添加字段，可以实现数据的筛选。

[实操6–5] 利用筛选器筛选产品名称
[实例资源] 第6章\例6–5.xlsx

用户如果想要将产品名称为“电脑”的数据筛选出来，则可以按照以下方法操作。

STEP 1 在“数据透视表字段”窗格中，单击“行”区域中的“产品名称”字段（下拉按钮）①，从列表中选择“移动到报表筛选”选项②，将“产品名称”字段移动到“筛选”区域③，同时数据透视表中出现一个“产品名称”筛选按钮④，如图 6–37 所示。

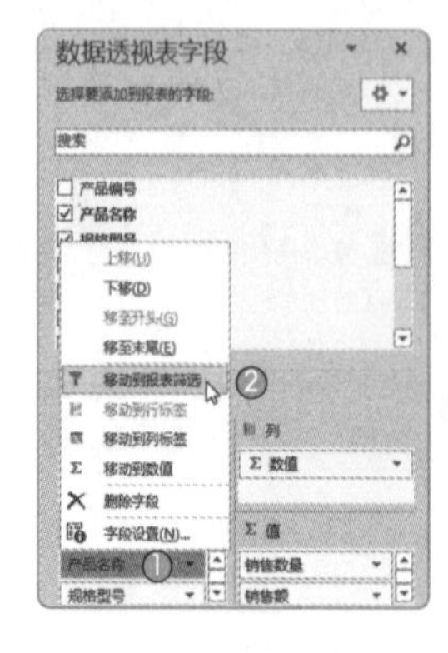

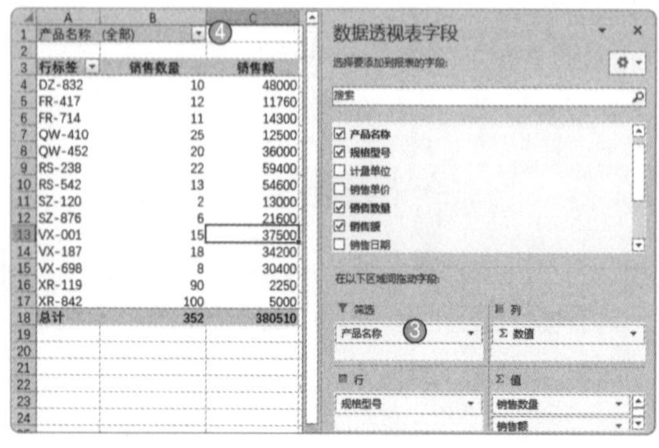

	A	B	C
1	产品名称	(全部)	
3	行标签	销售数量	销售额
4	DZ-832	10	48000
5	FR-417	12	11760
6	FR-714	11	14300
7	QW-410	25	12500
8	QW-452	20	36000
9	RS-238	22	59400
10	RS-542	13	54600
11	SZ-120	2	13000
12	SZ-876	6	21600
13	VX-001	15	37500
14	VX-187	18	34200
15	VX-698	8	30400
16	XR-119	90	2250
17	XR-842	100	5000
18	总计	352	380510

图6–37

基础入门篇

STEP 2 单击“产品名称”筛选按钮①，从列表中选择“电脑”选项②，单击“确定”按钮③，如图6-38所示。这时即可将产品名称为“电脑”的数据筛选出来，如图6-39所示。

图6-38

	A	B	C
1	产品名称	电脑	
2			
3	行标签	销售数量	销售额
4	DZ-832	10	48000
5	SZ-120	2	13000
6	SZ-876	6	21600
7	总计	18	82600
8			

图6-39

6.4.3 使用切片器进行筛选

数据透视表的切片器实际上就是指以一种图形化的筛选方式单独为数据透视表中的每个字段创建一个选取器，浮于数据透视表之上，然后用户通过对选取器中字段的筛选来实现更加方便、灵活的筛选功能。对数据透视表的字段应用切片器进行筛选操作后，用户可以非常直观地查看该字段的所有数据项信息。

[实操6-6] 筛选销售部门和产品名称

[实例资源] 第6章\例6-6.xlsx

微课视频

用户如果想要将销售3部的数码相机数据筛选出来，则可以使用切片器进行筛选。

STEP 1 选择数据透视表中任意单元格，在“数据透视表工具－分析”选项卡中单击“插入切片器”按钮，如图6-40所示。

	A	B	C
3	行标签	求和项:销售数量	求和项:销售额
4	⊟销售1部	67	172800
5	⊟手机	36	122500
6	RS-542	13	54600
7	VX-001	15	37500
8	VX-698	8	30400
9	⊟数码相机	31	50300
10	FR-714	11	14300
11	QW-452	20	36000
12	⊟销售2部	130	144250
13	⊟手机	22	59400
14	RS-238	22	59400
15	⊟电脑	18	82600
16	DZ-832	10	48000
17	SZ-120	2	13000
18	SZ-876	6	21600
19	⊟充电器	90	2250
20	XR-119	90	2250

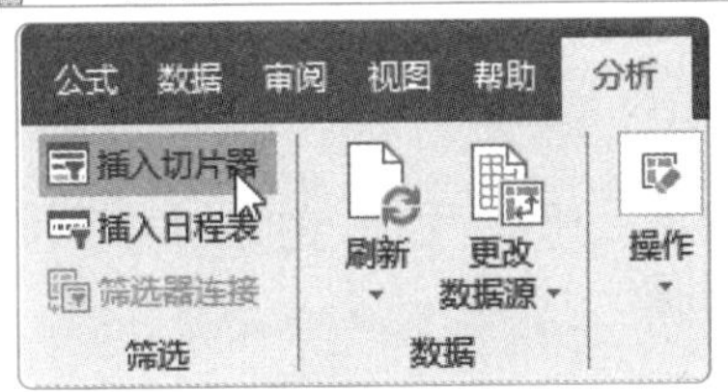

图6-40

STEP 2 打开“插入切片器”对话框，从中勾选“产品名称”①和“销售部门”复选框②，单击“确定”按钮③，如图6-41所示。

图6-41

STEP 3 这时即可在数据透视表中插入“销售部门”切片器和“产品名称”切片器，如图6-42所示。

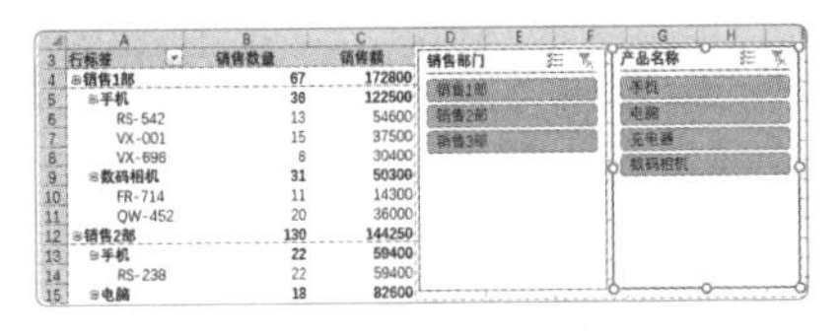

图6-42

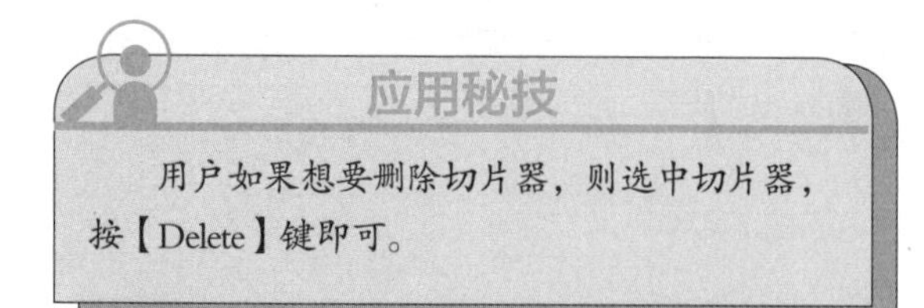

应用秘技

用户如果想要删除切片器，则选中切片器，按【Delete】键即可。

STEP 4 在“销售部门”切片器中单击“销售3部”①，然后在“产品名称”切片器中单击“数码相机”②，即可将销售3部的数码相机数据筛选出来，如图6-43所示。

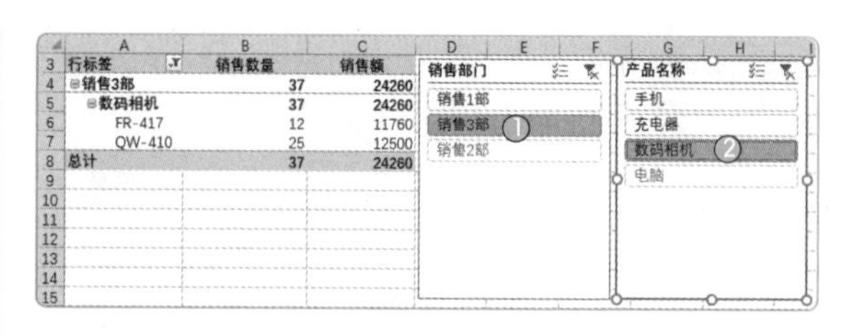

图6-43

应用秘技

如果需要清除切片器的筛选，则单击切片器右上方的“清除筛选器”按钮或按【Alt+C】组合键即可。

6.5 数据透视图的应用

数据透视图是以图形的方式，直观、动态地展现数据透视表中数据的工具。下面将对其进行介绍。

6.5.1 创建数据透视图

微课视频

创建数据透视图的方法非常简单，基本方法有以下两种。

方法一：根据数据透视表创建数据透视图

选择数据透视表中任意单元格，在“数据透视表工具-分析”选项卡中单击“数据透视图”按钮，如图6-44所示。打开“插入图表”对话框，选择合适的图表类型①，单击“确定”按钮即可②，如图6-45所示。

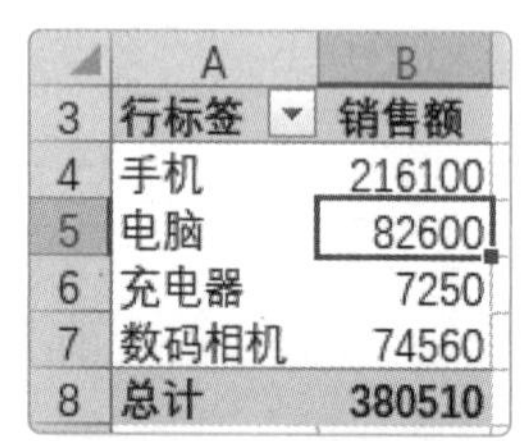

图6-44

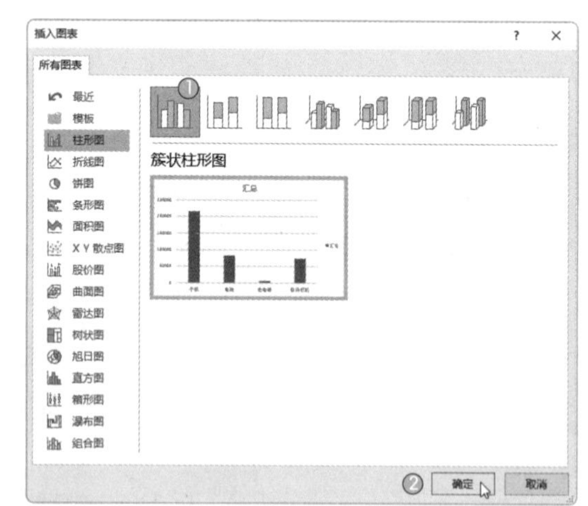

图6-45

方法二：根据数据源直接创建数据透视图

选择数据源中任意单元格，在“插入”选项卡中单击“数据透视图”按钮，如图6-46所示。打开“创建数据透视图”对话框，保持各选项为默认状态，单击“确定”按钮，如图6-47所示。

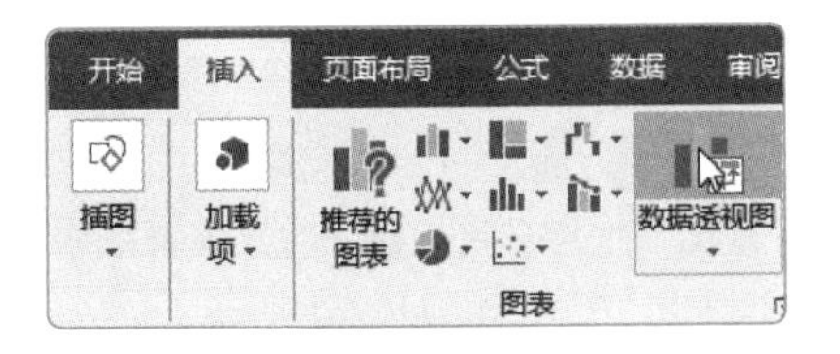

图6-46

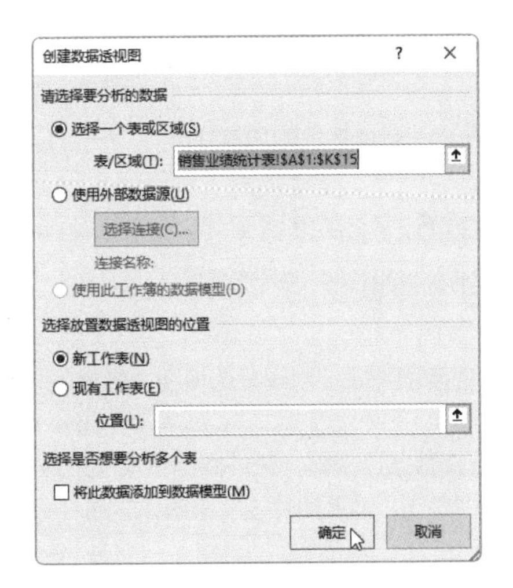

图6-47

此时，在新的工作表中创建一个空白的数据透视表①和数据透视图②，并弹出“数据透视图字段”窗格③，如图6-48所示。

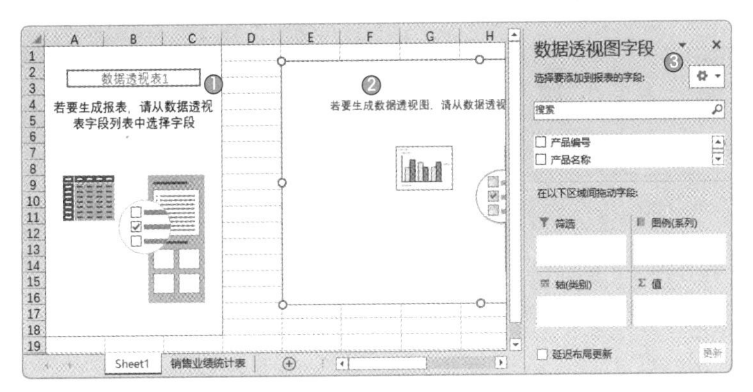

图6-48

在“数据透视图字段”窗格中勾选需要的复选框①，即可创建出数据透视表②，并同时生成与数据透视表对应的默认类型的数据透视图③，如图6-49所示。

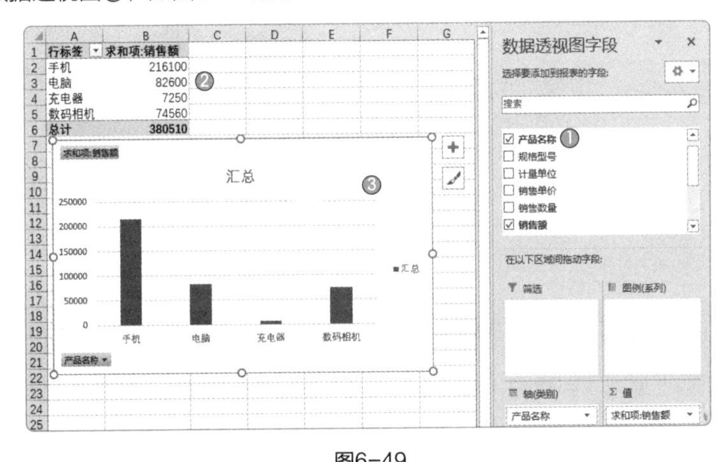

图6-49

6.5.2 使用切片器控制数据透视图

切片器是Excel最具特色的功能之一，用户可以使用切片器对数据透视图进行有效的控制。

[实操6-7] 在数据透视图中多角度显示数据

[实例资源] 第6章\例6-7.xlsx

微课视频

用户可以使用切片器控制数据透视图中数据的显示。下面将介绍具体的操作方法。

STEP 1 选择数据透视图，在“数据透视图工具－分析”选项卡中单击“插入切片器”按钮，如图6-50所示。

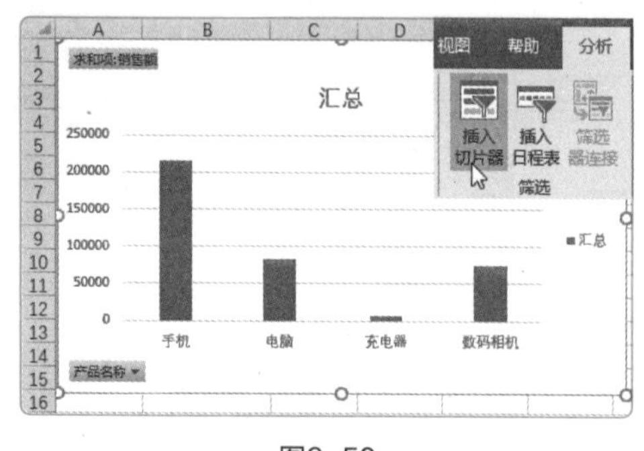

图6-50

STEP 2 打开“插入切片器”对话框，从中勾选“销售部门”复选框①，单击“确定”按钮②，如图6-51所示。

图6-51

STEP 3 插入一个“销售部门”切片器，在切片器中单击“销售2部”①，数据透视图中即可显示销售2部的数据②，如图6-52所示。

STEP 4 单击“销售3部”①，即可显示销售3部的相关数据②，如图6-53所示。

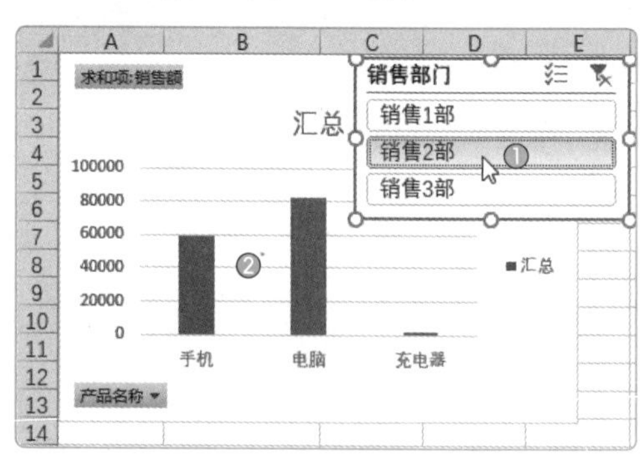

图6-52

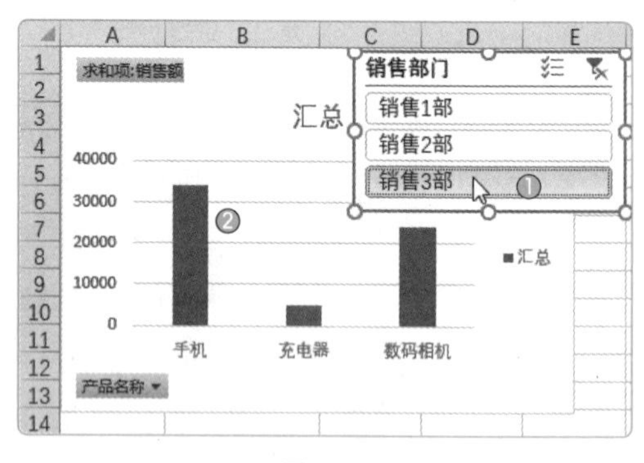

图6-53

6.5.3 将数据透视图转为静态图表

微课视频

数据透视图是基于数据透视表创建的，数据透视表的变动会直接在数据透视图中反映出来。用户如果想要将数据透视图转为静态图表，则可以采用以下几种方法。

方法一：将数据透视图转为图片形式

选中数据透视图，单击鼠标右键，从弹出的快捷菜单中选择“复制”命令，如图6-54所示。在需要存放图片的单元格上单击鼠标右键，选择“粘贴选项”下的“图片”命令即可，如图6-55所示。

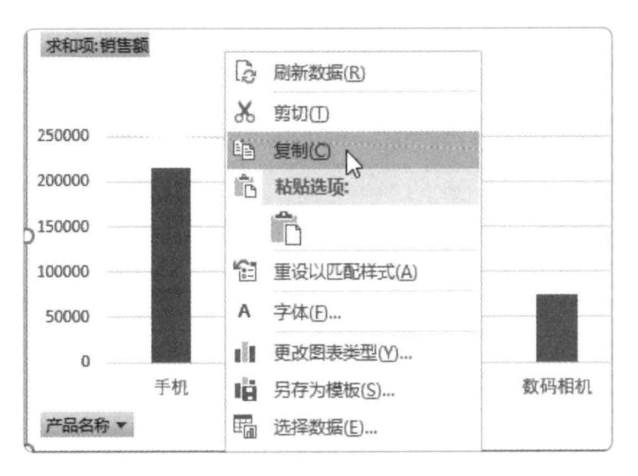

图6-54

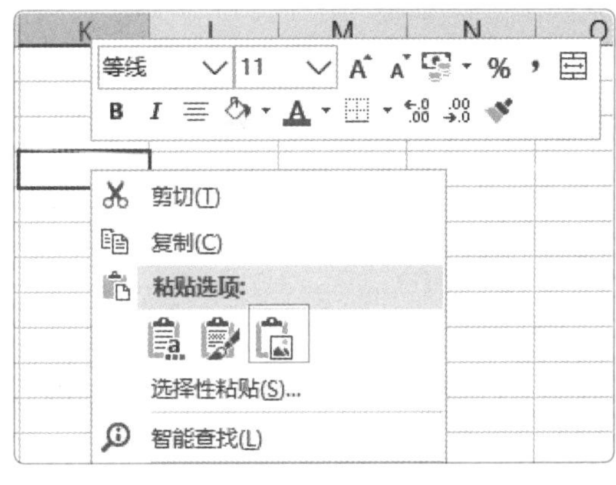

图6-55

方法二：直接删除数据透视表

选中数据透视表，直接按【Delete】键，删除数据透视表，此时数据透视图仍然存在，但数据透视图的数据被转为常量数组形式，从而形成静态图表。

方法三：断开数据透视图与数据透视表之间的联系

用户如果希望在保留数据透视表的同时，将相应的数据透视图转为静态图表，则可以选中整个数据透视表，将其复制到另一个单元格区域，制作一个新的数据透视表副本，删除与数据透视图相关联的数据透视表。

实战演练

创建生产报表数据透视表

本章实战演练将运用前面所介绍的知识创建生产报表数据透视表，以帮助读者熟练掌握数据透视表的创建与分析。

微课视频

1. 案例效果

本章实战演练为创建生产报表数据透视表，最终效果如图6-56所示。

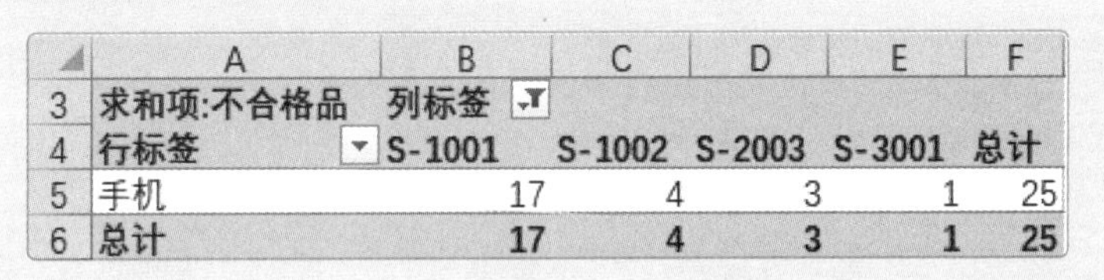

	A	B	C	D	E	F
3	求和项:不合格品	列标签				
4	行标签	S-1001	S-1002	S-2003	S-3001	总计
5	手机	17	4	3	1	25
6	总计	17	4	3	1	25

图6-56

2. 操作思路

掌握数据透视表字段的添加、筛选操作，下面将进行简单介绍。

STEP 1 根据数据源创建数据透视表，并添加“产品名称”“规格型号”“不合格品”字段，如图6-57所示。

	A	B	C	D	E	F	G	H	I	J	K	L	M
1	产品编号	产品名称	规格型号	车间	负责人	开始日期	结束日期	计划生产	实际生产	完成率	合格品	不合格品	合格率
2	WQ10034	手机	S-1001	车间1	李可	2021-02-05	2021-02-09	16	27	168.75%	10	17	37.04%
3	WQ10035	电脑	D-1002	车间1	李可	2021-02-06	2021-02-10	22	33	150.00%	15	18	45.45%
4	WQ10036	手机	S-1002	车间1	李可	2021-02-08	2021-02-11	71	84	118.31%	80	4	95.24%
5	WQ10037	充电器	C-1004	车间1	李可	2021-02-10	2021-02-14	82	21	25.61%	15	6	71.43%
6	WQ10038	手机	S-2003	车间2	周夕	2021-02-11	2021-02-15	11	63	572.73%	60	3	95.24%
7	WQ10039	充电器	C-2003	车间2	周夕	2021-02-13	2021-02-17	55	95	172.73%	46	49	48.42%

	A	B	C	D	E	F	G	H	I	J	K	L	M
3	求和项:不合格品	列标签											
4	行标签	C-1004	C-2003	C-2004	C-3003	D-1002	D-2003	D-3002	S-1001	S-1002	S-2003	S-3001	总计
5	手机								17	4	3	1	25
6	电脑					18	1	20					39
7	充电器	6	49	20	2								77
8	总计	6	49	20	2	18	1	20	17	4	3	1	141

图6-57

STEP 2 通过标签筛选，将以“S”开头的规格型号筛选出来，如图 6-58 所示。

	A	B	C	D	E	F
3	求和项:不合格品	列标签				
4	行标签	S-1001	S-1002	S-2003	S-3001	总计
5	手机	17	4	3	1	25
6	总计	17	4	3	1	25

图6-58

疑难解答

Q：如何移动字段?

A：在“数据透视表字段”窗格中，单击“行”区域中的“产品名称”字段（下拉按钮），如图6-59所示，然后按住鼠标左键不放，向上拖曳鼠标，如图6-60所示。此时可以将“产品名称”字段移至“规格型号”字段上方，如图6-61所示。

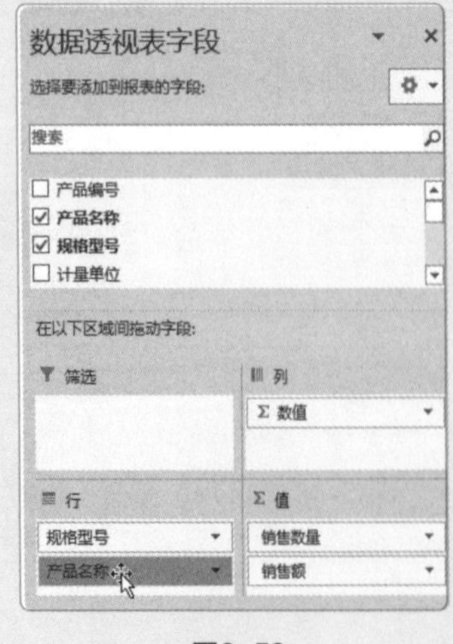

图6-59

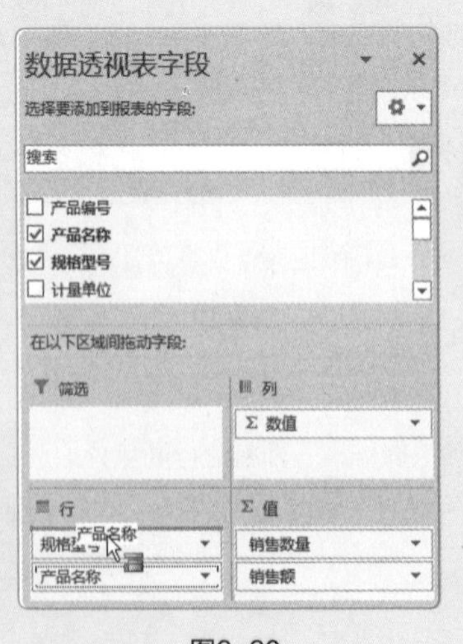

图6-60

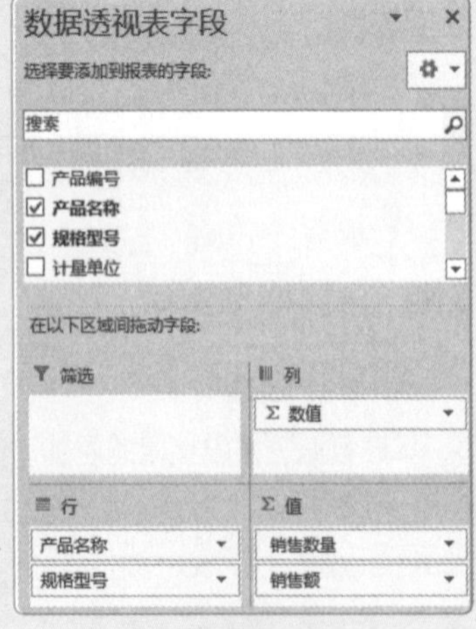

图6-61

Q：如何调整报表布局？

A：选择数据透视表中任意单元格，在“数据透视表工具-设计”选项卡中单击“报表布局”下拉按钮①，从列表中选择需要的布局，如选择“以表格形式显示”选项②，如图6-62所示。这时即可快速调整数据透视表的布局，如图6-63所示。

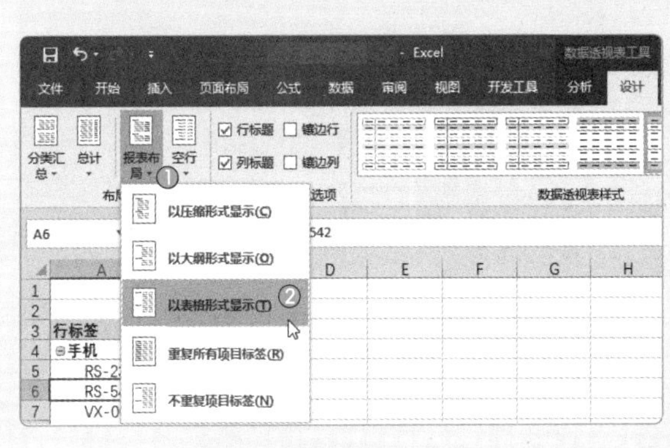

图6-62

	A	B	C	D
3	产品名称	规格型号	销售数量	销售额
4	⊟手机	RS-238	22	59400
5		RS-542	13	54600
6		VX-001	15	37500
7		VX-187	18	34200
8		VX-698	8	30400
9	手机 汇总		76	216100
10	⊟电脑	DZ-832	10	48000
11		SZ-120	2	13000
12		SZ-876	6	21600
13	电脑 汇总		18	82600
14	⊟充电器	XR-119	90	2250
15		XR-842	100	5000
16	充电器 汇总		190	7250
17	⊟数码相机	FR-417	12	11760

图6-63

Q：如何删除数据透视图？

A：选择数据透视图，直接按【Delete】键，即可将数据透视图删除。

Q：如何将值的显示方式更改成百分比形式？

A：右击值字段中的任意一个单元格，在弹出的菜单中选择“值显示方式”选项①，在级联菜单中选择“总计的百分比”选项②，如图6-64所示。当前字段的值随即被更改为百分比形式，如图6-65所示。

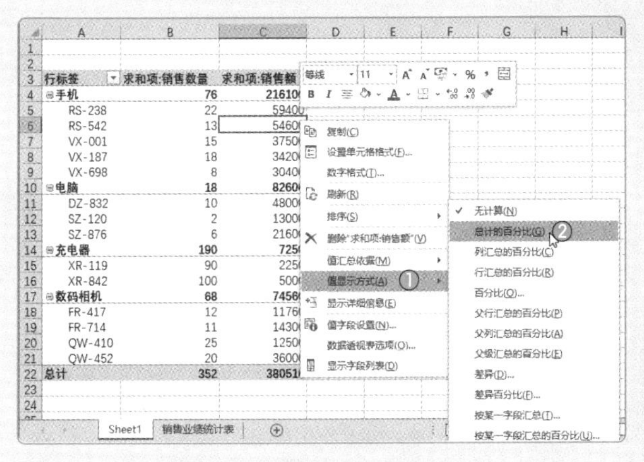

图6-64

	A	B	C
3	行标签	求和项:销售数量	求和项:销售额
4	⊟手机	76	56.79%
5	RS-238	22	15.61%
6	RS-542	13	14.35%
7	VX-001	15	9.86%
8	VX-187	18	8.99%
9	VX-698	8	7.99%
10	⊟电脑	18	21.71%
11	DZ-832	10	12.61%
12	SZ-120	2	3.42%
13	SZ-876	6	5.68%
14	⊟充电器	190	1.91%
15	XR-119	90	0.59%
16	XR-842	100	1.31%
17	⊟数码相机	68	19.59%
18	FR-417	12	3.09%
19	FR-714	11	3.76%
20	QW-410	25	3.29%
21	QW-452	20	9.46%
22	总计	352	100.00%

图6-65

基础入门篇

第 7 章

数据的图形化展示

图表具有直观、形象的优点，可以形象地反映数据的差异、构成比例或变化趋势。Excel 在提供强大的数据处理功能的同时，也提供了丰富、实用的图表功能，用户可以根据需要创建所需图表。本章将对图表和迷你图的应用进行介绍。

7.1 认识图表

图表是图形化的数据，它由点、线、面与数据等组合而成。在创建图表之前，用户需要先了解图表类型及图表的组成。下面将对其进行介绍。

7.1.1 图表类型

Excel内置了15种图表类型，如柱形图、折线图、饼图、条形图、面积图、XY（散点图）、股价图、曲面图、雷达图、树状图、旭日图、直方图、箱形图、瀑布图、组合等。其中，较常用到的有柱形图、折线图、饼图、条形图等。

- 柱形图：柱形图常用于比较多个类别的数据，如使用柱形图展示各员工2021年第二季度销量对比，如图7-1所示。
- 折线图：折线图主要用来表现趋势，侧重于数据点的数值随时间推移的大小变化，如用折线图展示盆地全年气温变化，如图7-2所示。

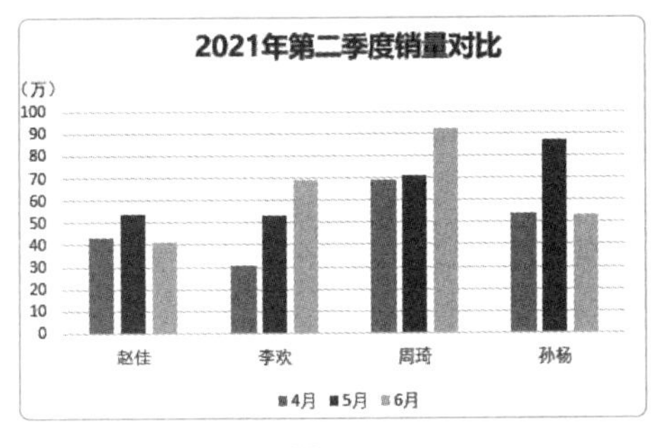

图7-1

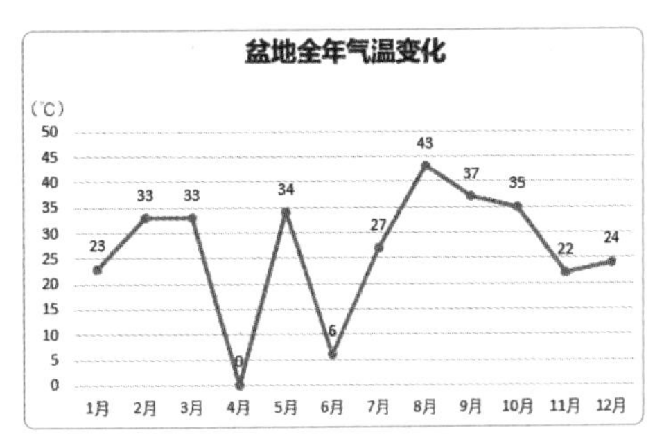

图7-2

- 饼图：饼图常用来表达一组数据的百分比占比关系，如使用饼图展示人员学历占比分析，如图7-3所示。
- 条形图：条形图更加适用于比较多个类别的数值大小，常用于表现排行名次，如使用条形图展示2021年××省地级市GDP排名，如图7-4所示。

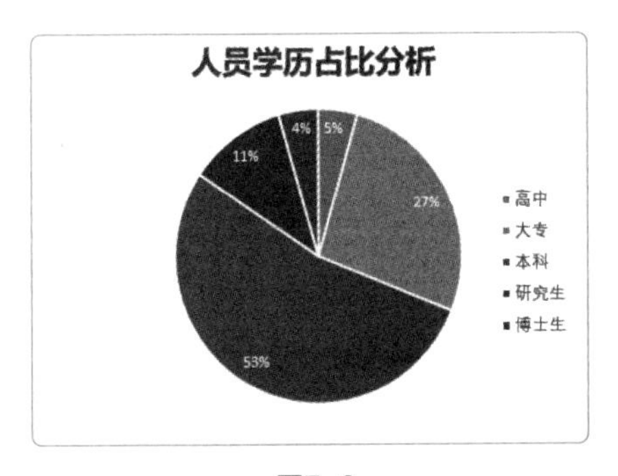

图7-3

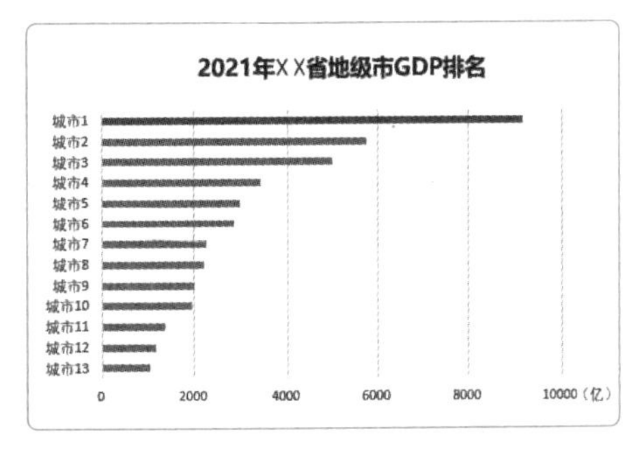

图7-4

7.1.2 图表的组成

认识图表的各个组成部分，对于正确选择图表元素和设置图表对象格式来说是非常重要的。图表默认由图表区、绘图区、网格线、数据系列、图表标题、图例、水平（类别）轴和垂直（值）轴等元素组成，如图7-5所示。

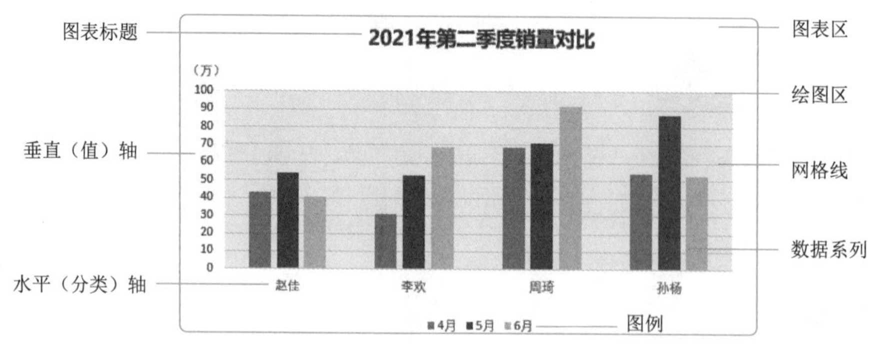

图7-5

- **图表区：** 图表区包含整个图表的所有元素。选择并拖曳图表右上角的空白区域，可以移动整个图表。
- **绘图区：** 绘图区是指图表区内图形表示的区域，即以两个坐标轴为边的长方形区域。选中绘图区时，将显示绘图区边框，其上的8个控制点用于调整绘图区的大小。
- **网格线：** 绘图区中的横线就是网格线。单击网格线，网格线两端出现小圆点，即表示网格线已经被选中。
- **数据系列：** 图表中的柱形、扇形、折线等就是数据系列。数据系列较醒目的属性是颜色。单击即可选中数据系列，再次单击可以选择单个形状。
- **图表标题：** 图表标题位于图表区上方中间位置，起引导说明的作用。
- **图例：** 图例用于标识图表数据系列，它一般在图表的下方。
- **水平（分类）轴和垂直（值）轴：** 水平轴和垂直轴，又被称作“x轴”和“y轴”，它们确定了图表的两个维度。坐标轴一般包含刻度、最大值、最小值等。

7.1.3 创建图表

创建图表基本上分为两个步骤，首先选中数据区域，然后插入图表。用户可以通过“插入图表”对话框创建图表，如图7-6所示。或者通过“插入”选项卡中相关功能来创建图表，如图7-7所示。

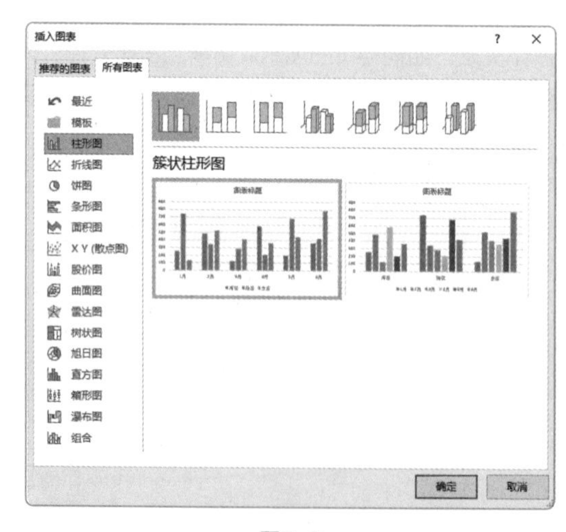

图7-6

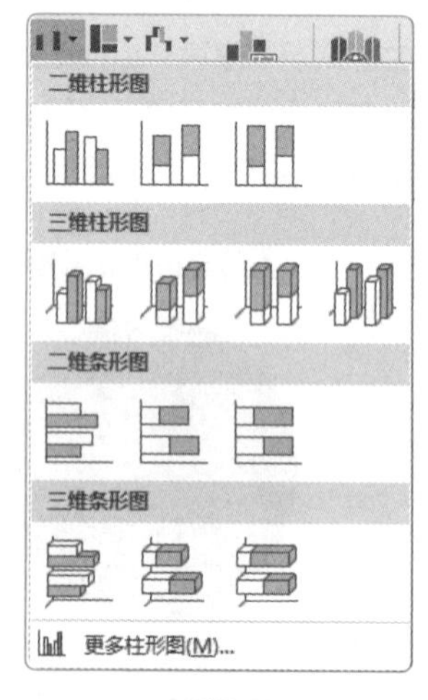

图7-7

[实操7-1] 创建产品发货量统计图表

[实例资源] 第7章\例7-1.xlsx

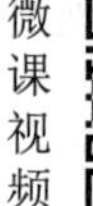
微课视频

根据数据性质，需要创建柱形图。下面将介绍具体的操作方法。

STEP 1 选择A2:G5单元格区域，在“插入”选项卡中单击“推荐的图表”按钮，如图7-8所示。

STEP 2 打开“插入图表”对话框，打开“所有图表”选项卡①，然后选择“柱形图”选项②，并选择“簇状柱形图”③，单击“确定”按钮④，即可插入一幅柱形图，接下来输入图表标题“燃气灶上半年不同渠道发货量统计”，如图7-9所示。

燃气灶上半年不同渠道发货量统计　单位：个

渠道	1月	2月	3月	4月	5月	6月
海运	253	486	123	584	201	365
陆运	745	342	285	210	681	423
空运	136	523	410	365	441	785

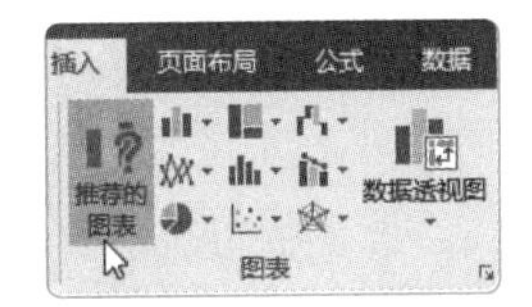

图7-8

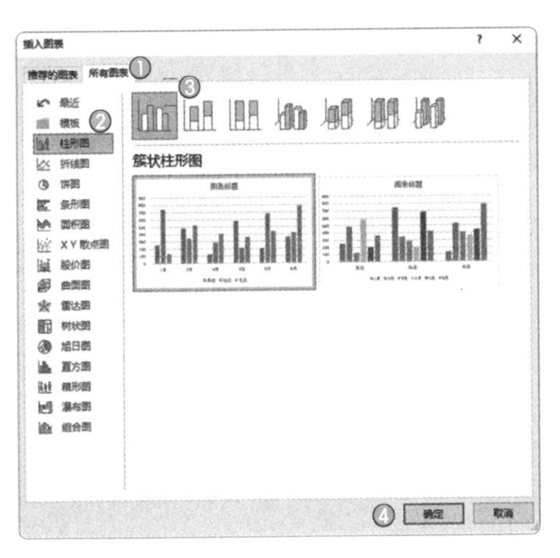

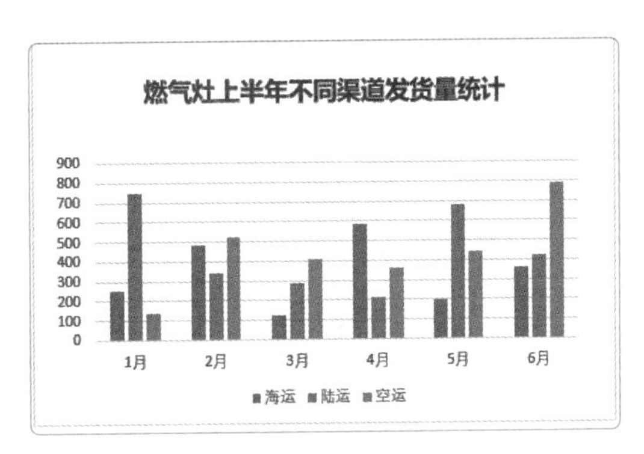

图7-9

应用秘技

选择数据区域后，然后按【Alt+F1】组合键，即可快速在数据所在的工作表中创建一个图表；按【F11】功能键，可以创建一个名为“Chart1”的图表工作表。

7.2 图表的编辑操作

创建图表后，用户可以根据需要对图表进行编辑，如更改图表类型、调整系列间距、添加图表元素等。下面将对其进行介绍。

7.2.1 更改图表类型

当创建的图表不符合要求时，用户可以更改图表类型。只需要选中图表，在“图表工具-设计”选项卡中单击“更改图表类型”按钮，打开“更改图表类型”对话框，从中选择合适的图表类型①，单击“确定”按钮即可②，如图7-10所示。

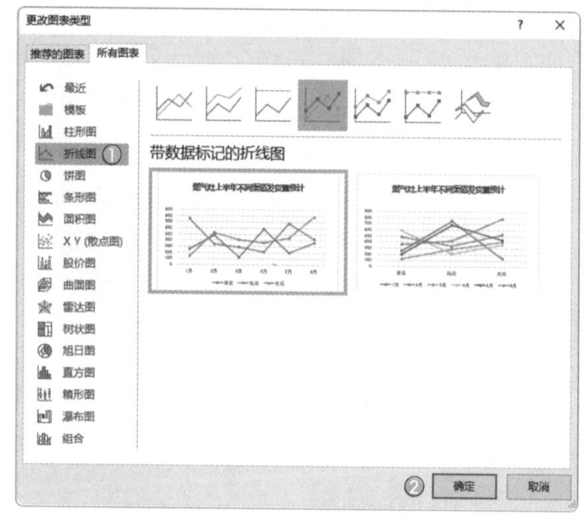

图7-10

7.2.2 调整系列间距

通常，在柱形图中需要调整柱形的间距，例如调整“系列重叠”和“分类间距”。此时，选择数据系列，单击鼠标右键，从弹出的快捷菜单中选择“设置数据系列格式”命令，如图7-11所示。打开“设置数据系列格式”窗格，在第二个“系列选项”下可以对“系列重叠”①和“分类间距”②进行设置，如图7-12所示。

其中，将“系列重叠”的滑块向右拖曳，系列的间距将会变小，直至系列重叠；向左拖曳滑块，系列的间距将会变大。将“分类间距”的滑块向右拖曳，分类的间距将会变大；向左拖曳滑块，分类的间距将会变小。

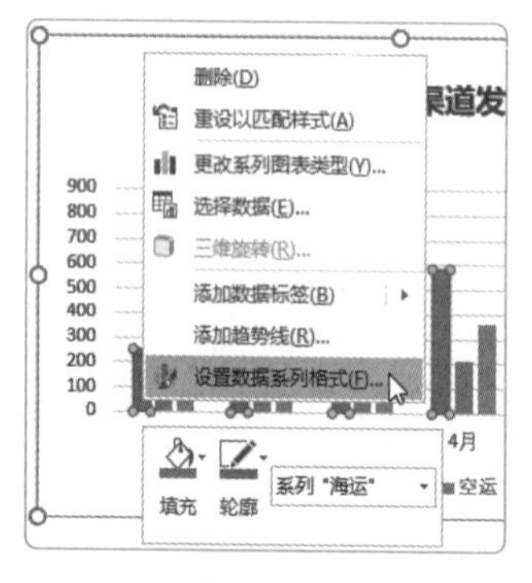

图7-11

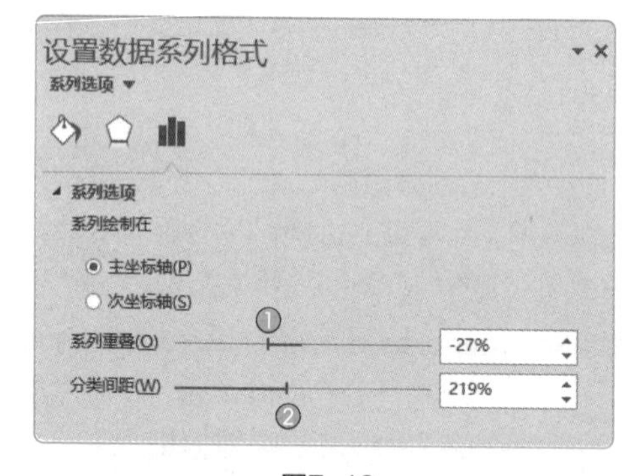

图7-12

应用秘技

如果当前图表布局不美观，则可以在“图表工具-设计”选项卡中单击“快速布局”下拉按钮，从列表中选择合适的布局样式，即可更改当前图表的布局，如图7-13所示。

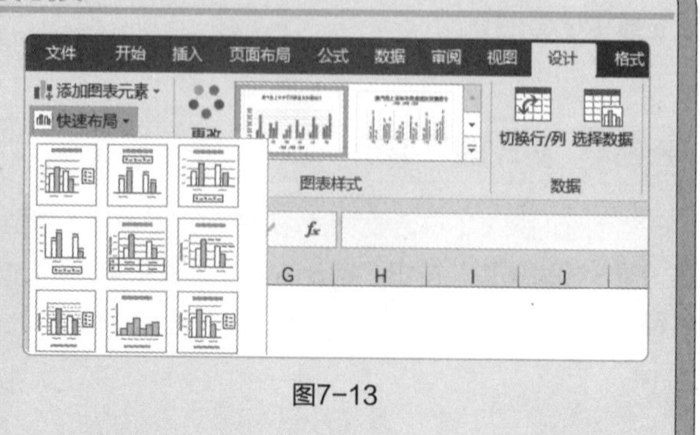

图7-13

7.2.3 添加图表元素

图表中有些元素是默认显示的，有些元素则需要自己添加，如数据标签、数据表、误差线、趋势线等。用户在“添加图表元素”列表中进行相关设置即可，如图7-14所示。

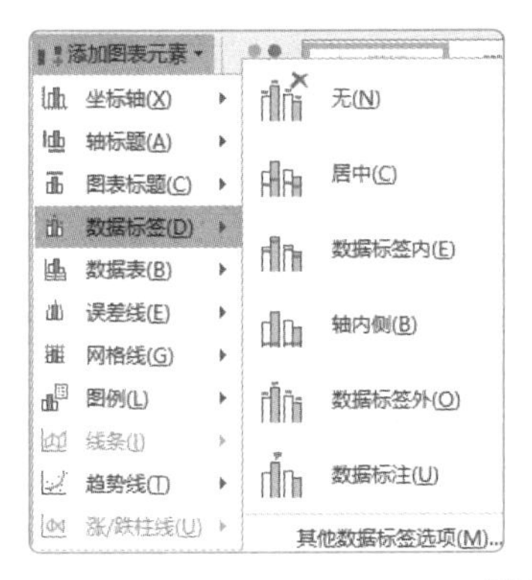

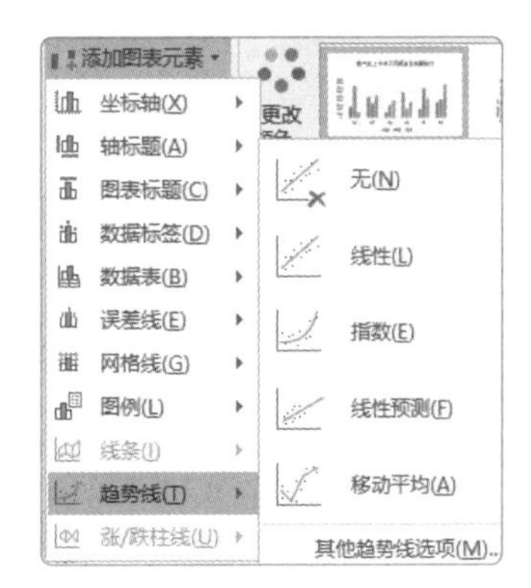

图7-14

[实操7-2] 完善产品发货量统计图表

[实例资源] 第7章\例7-2.xlsx

微课视频

用户如果需要为柱形图添加数据标签和趋势线，则可以按照以下方法操作。

STEP 1 选择柱形图，单击右上方的“图表元素”按钮+①，从列表中选择“数据标签”选项②，并从其级联菜单中选择“数据标签外”选项③，即可为图表添加数据标签，如图 7-15 所示。

STEP 2 再次单击“图表元素”按钮+①，从列表中选择“趋势线”选项②，并从其级联菜单中选择“线性预测”选项③，如图 7-16 所示。

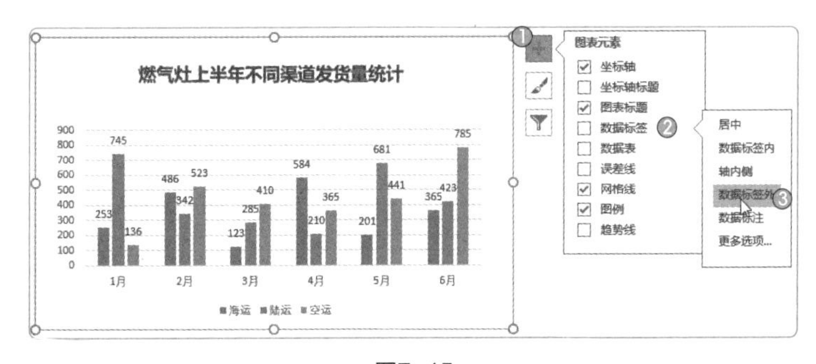

图7-15

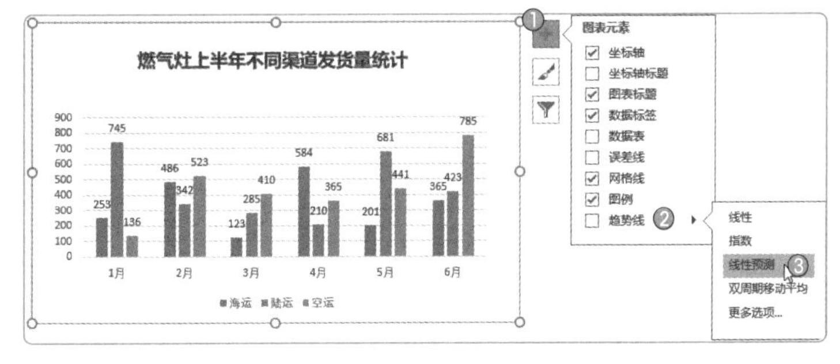

图7-16

STEP 3 打开“添加趋势线”对话框，选择“陆运”选项❶，单击“确定”按钮❷，即可为图表添加趋势线，如图 7-17 所示。

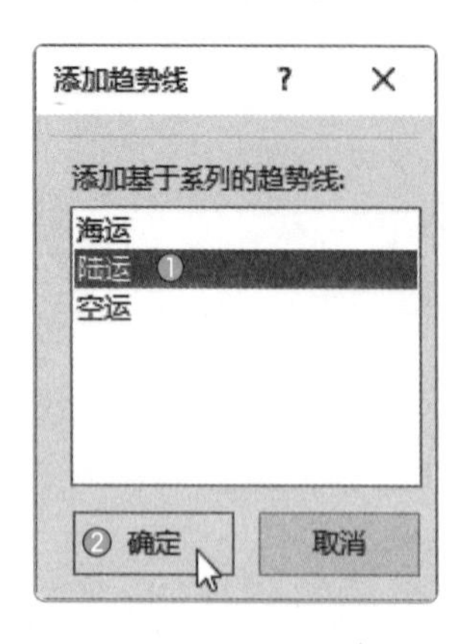

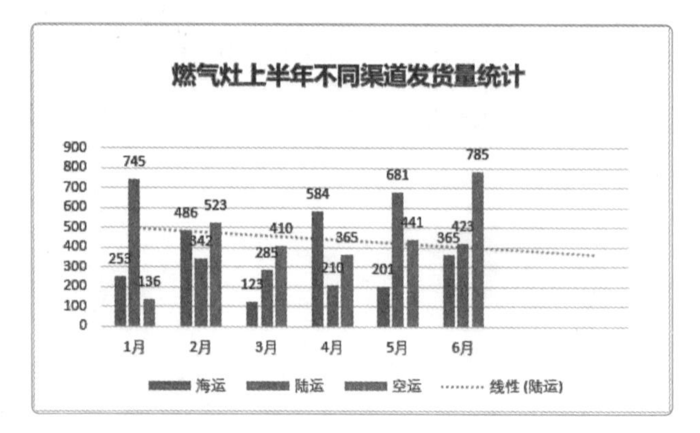

图7-17

7.3 复杂图表的制作

在用户对图表相关知识有一定的了解后，下面将使用几个相关的案例为用户进一步讲解图表的知识内容。

7.3.1 制作双层饼图

如果两组数据有包含关系，则用户可以选择用双层饼图展示数据。

[实操7-3] 制作年度销量双层饼图

[实例资源] 第7章\例7-3.xlsx

用户可以使用双层饼图来展示一年的销量情况。下面将介绍具体的操作方法。

STEP 1 选择 C1:D5 单元格区域，在“插入”选项卡中单击“插入饼图或圆环图”下拉按钮❶，从列表中选择“饼图”选项❷，如图 7-18 所示。此时插入一个饼图，如图 7-19 所示。

	A	B	C	D
1	月份	销量	季度	合计
2	1月	135	第一季度	455
3	2月	180	第二季度	410
4	3月	140	第三季度	348
5	4月	240	第四季度	530
6	5月	95		
7	6月	75		
8	7月	192		
9	8月	100		
10	9月	56		
11	10月	250		
12	11月	150		
13	12月	130		

数据透视图
二维饼图
饼图
使用此图表类型:
• 显示整体的比例。
在下列情况下使用它:
• 数字等于 100%。
• 图表仅包含几个饼图切片(太多切片造成难以估计角度)。

图7-18

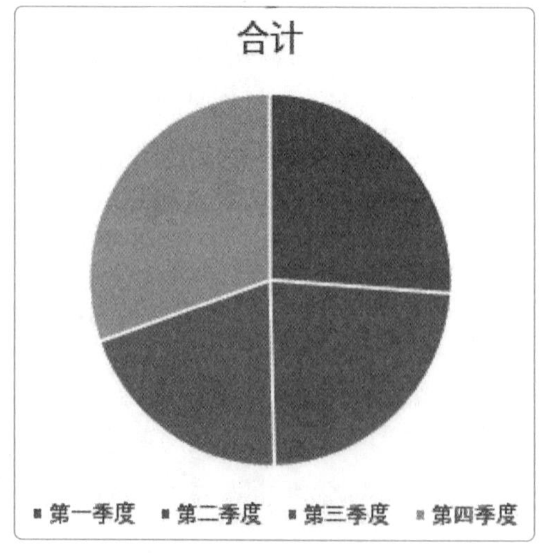

图7-19

STEP 2 选择饼图，在“图表工具－设计”选项卡中选择“样式 4”图表样式，如图 7-20 所示。

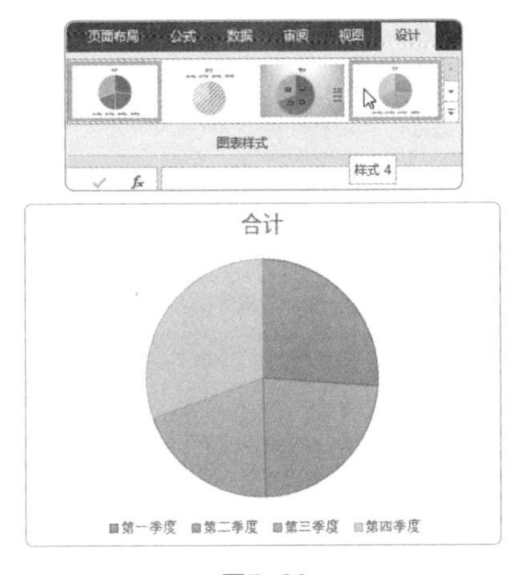

图7-20

STEP 3 在“图表工具－设计”选项卡中单击“快速布局”下拉按钮❶，从列表中选择“布局 1”选项❷，如图 7-21 所示。

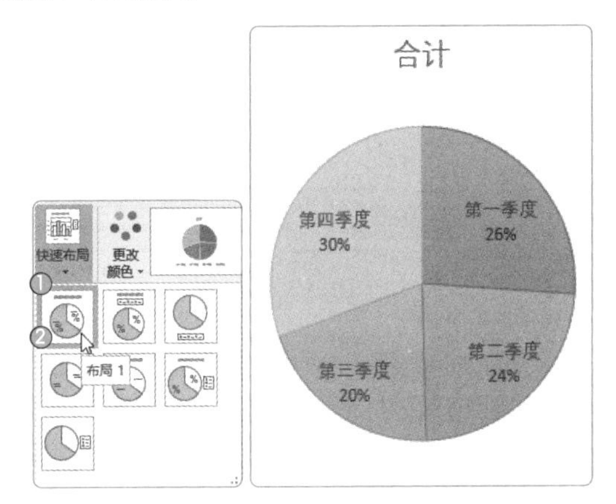

图7-21

STEP 4 选择数据标签，单击鼠标右键，从弹出的快捷菜单中选择“设置数据标签格式”命令，如图7-22所示。打开“设置数据标签格式”窗格，在第 2 个“标签选项”中将“标签位置”设置为“居中”，如图 7-23 所示。

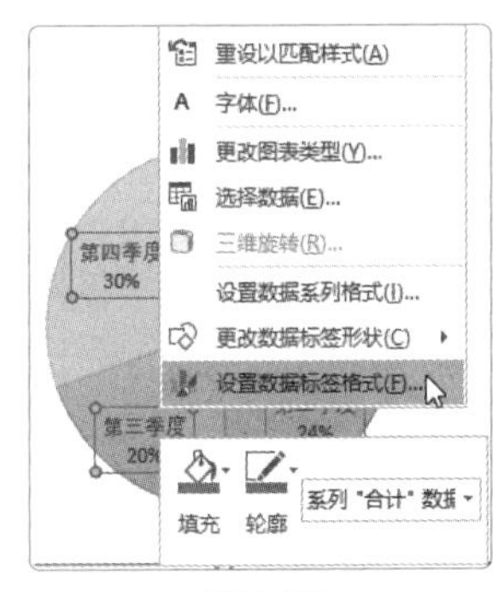

图7-22

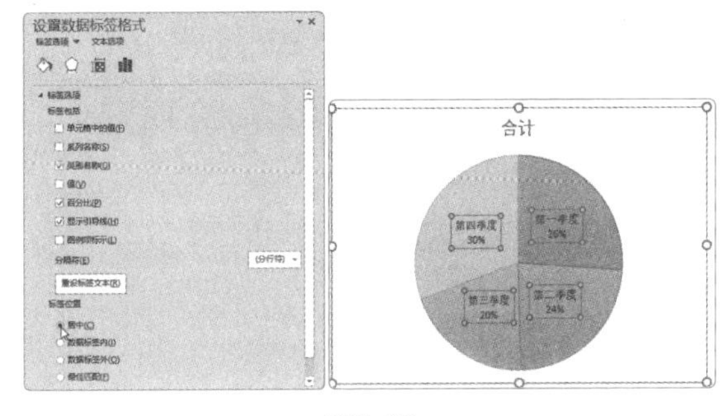

图7-23

STEP 5 选择饼图，单击鼠标右键，从弹出的快捷菜单中选择“选择数据”命令，如图 7-24 所示。打开“选择数据源”对话框，单击“添加”按钮❶，打开“编辑数据系列”对话框，为“系列名称”选择区域 A2:A13 ❷，为“系列值”选择区域 B2:B13 ❸，单击“确定”按钮❹，最后单击“选择数据源”对话框的“确定”按钮，如图 7-25 所示。

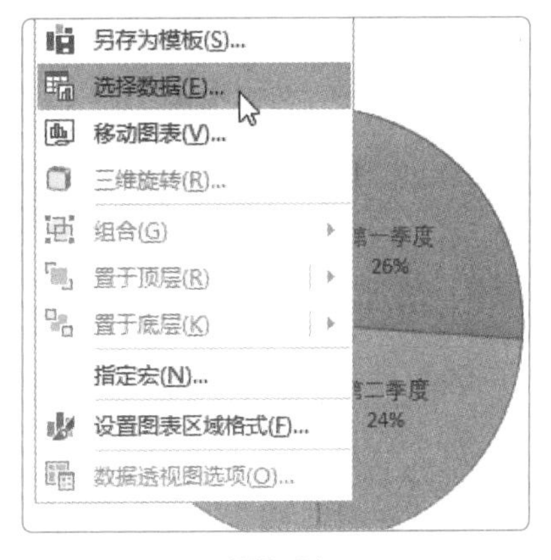

图7-24

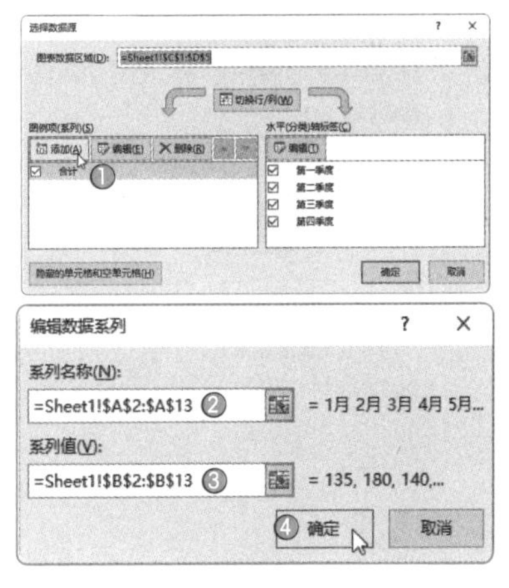

图7-25

STEP 6 选择数据系列，单击鼠标右键，从弹出的快捷菜单中选择“设置数据系列格式”命令，如图7-26所示。打开“设置数据系列格式”窗格，在“系列选项”下选择“次坐标轴”单选按钮❶，并将“饼图分离程度”设置为“60%”❷，如图7-27所示。

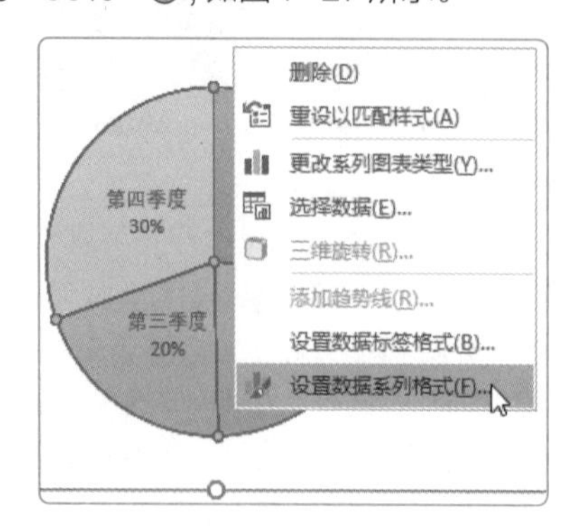

图7-26

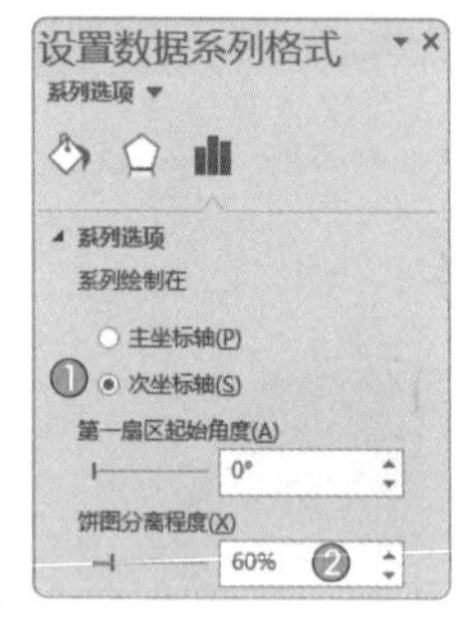

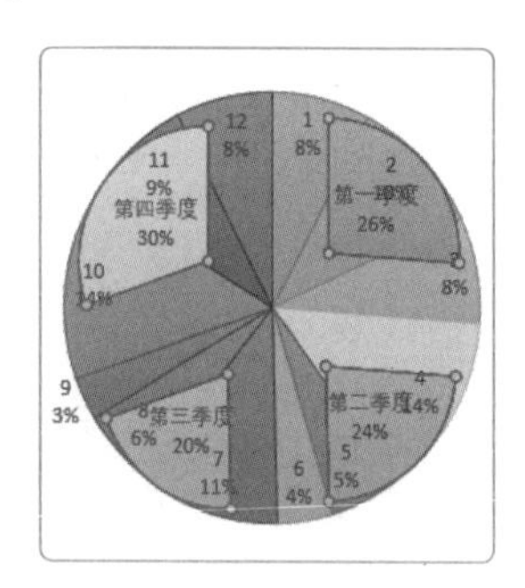

图7-27

STEP 7 选择单个扇形区域，拖曳鼠标，将分离的扇形重新合并在一起，如图7-28所示。

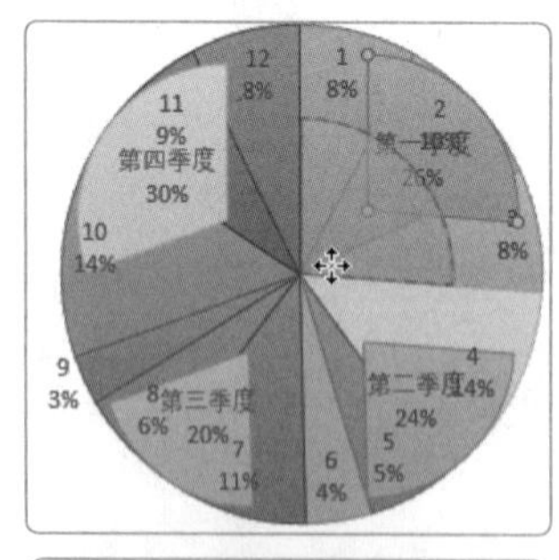

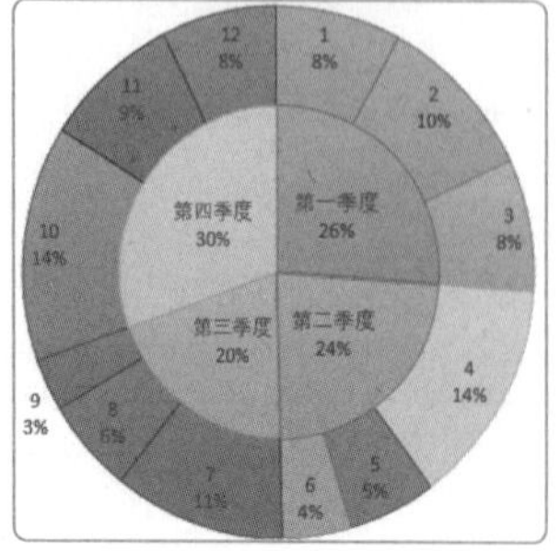

图7-28

STEP 8 选择外围饼图的数据标签，单击鼠标右键，从弹出的快捷菜单中选择“设置数据标签格式”命令，如图7-29所示。打开“设置数据标签格式”窗格，在“标签选项”下勾选“类别名称”复选框、“值”复选框、“显示引导线”复选框，如图7-30所示。

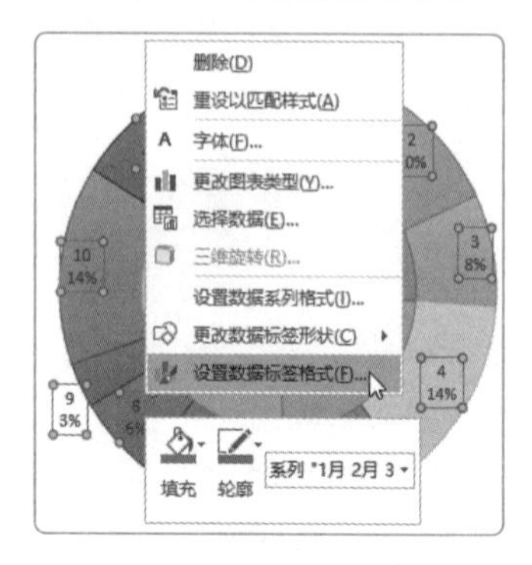

图7-29

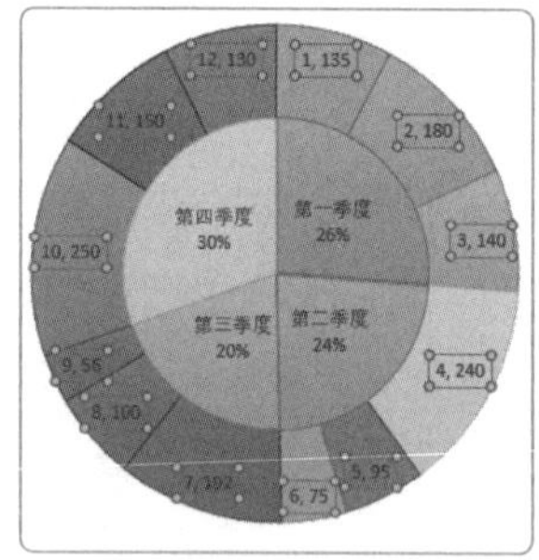

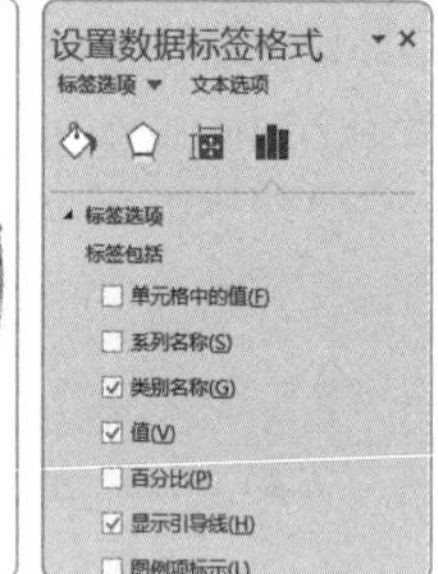

图7-30

STEP 9 选中饼图，单击鼠标右键，从弹出的快捷菜单中选择“选择数据”命令，如图7-31所示。打开“选择数据源”对话框，选中第二个图例项（系列）❶，单击“编辑”按钮❷，修改水平轴标签。打开“轴标签”对话框，为“轴标签区域”选择A2:A13❸，单击“确定”按钮❹，最后单击“选择数据源”对话框的“确定”按钮，如图7-32所示。

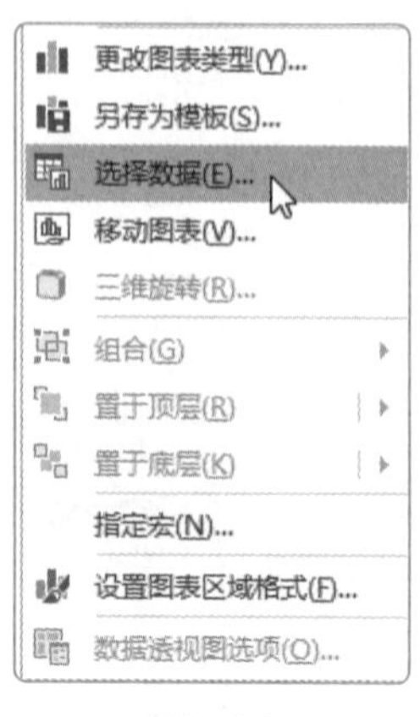

图7-31

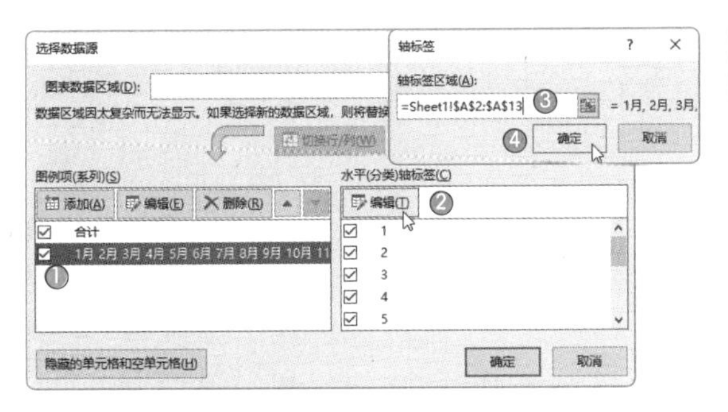

图7-32

STEP 10 选择饼图，在“图表工具 - 设计”选项卡中单击“更改颜色”下拉按钮①，从列表中选择“颜色 4”选项②，如图 7-33 所示。

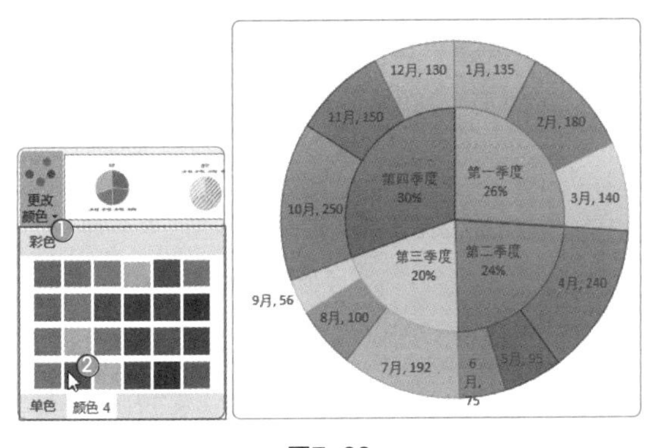

图7-33

STEP 11 选择数据系列，在“图表工具 - 格式”选项卡中，单击“形状轮廓”下拉按钮①，从列表中选择“无轮廓”选项②，去掉饼图的边框颜色，如图 7-34 所示。

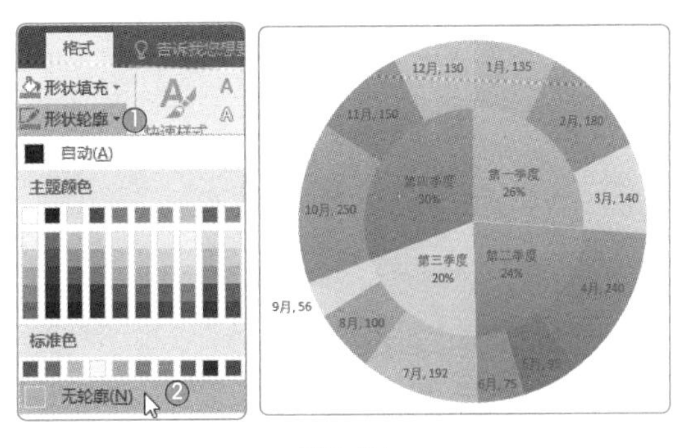

图7-34

STEP 12 最后，设置数据标签的字体格式，并调整饼图的大小，如图 7-35 所示。

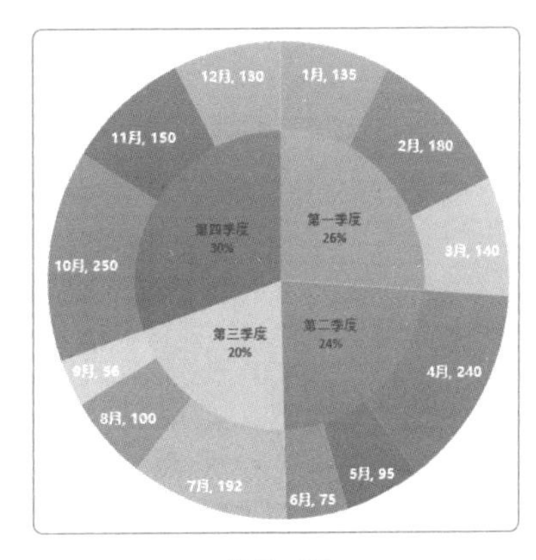

图7-35

应用秘技

选择扇形区域时，如果用户需要选择单个扇形区域，则在扇形区域上双击即可。

7.3.2 制作组合图表

组合图表用于在一个图表中显示两组或多组数据的变化趋势。较常用的组合图表是由柱形图和折线图组成的线柱组合图表。

[实操7-4] 制作2021年上半年销售情况统计图表

[实例资源] 第7章\例7-4.xlsx

微课视频

用户可以使用组合图表展示2021年上半年的销售额和增长率，下面将介绍具体的操作方法。

STEP 1 选择 A1:C7 单元格区域，在“插入”选项卡中单击“推荐的图表”按钮，如图 7-36 所示。

STEP 2 打开“插入图表”对话框，在“所有图表”选项卡中选择“组合”选项①，将系列名称为“销售额（万元）”的图表类型设置为“簇状柱形图”②，将系列名称为“增长率”的图表类型设置为“带数据标记的折线图”③，并勾选其“次坐标轴”复选框④，单击“确定”按钮⑤，如图 7-37 所示。

	A	B	C
1	月份	销售额（万元）	增长率
2	1月	75	0.00%
3	2月	96	28.00%
4	3月	98	2.08%
5	4月	120	22.45%
6	5月	140	16.67%
7	6月	200	42.86%

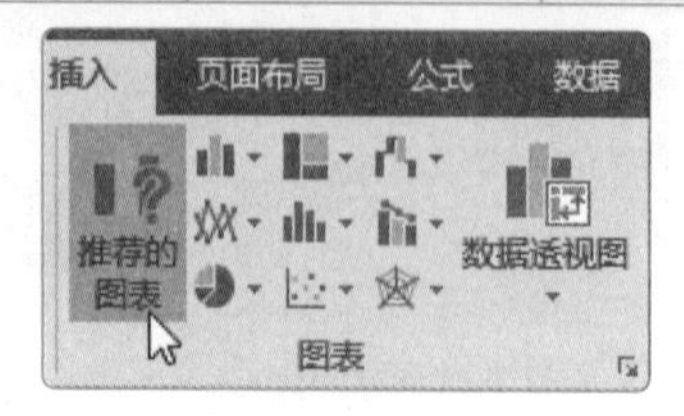

图7-36

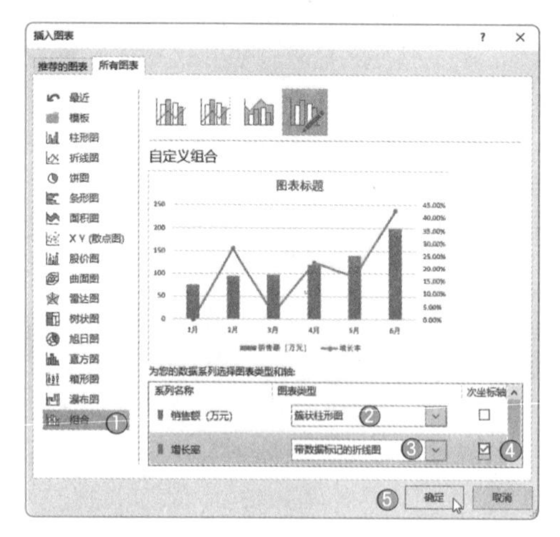

图7-37

STEP 3 插入一个线柱组合图表，输入图表标题“2021 年上半年销售情况”，选中次坐标轴，单击鼠标右键，从弹出的快捷菜单中选择“设置坐标轴格式”命令，如图 7-38 所示。

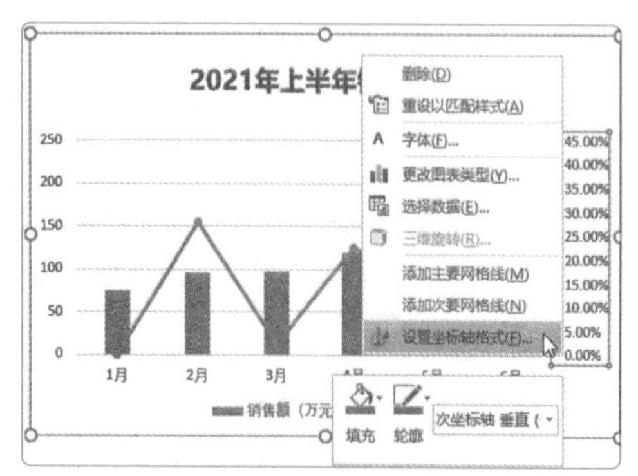

图7-38

STEP 4 打开“设置坐标轴格式”窗格，在“坐标轴选项”下将“边界”的“最小值”设置为“-1.0”①，将“最大值”设置为“0.5”②，如图 7-39 所示。

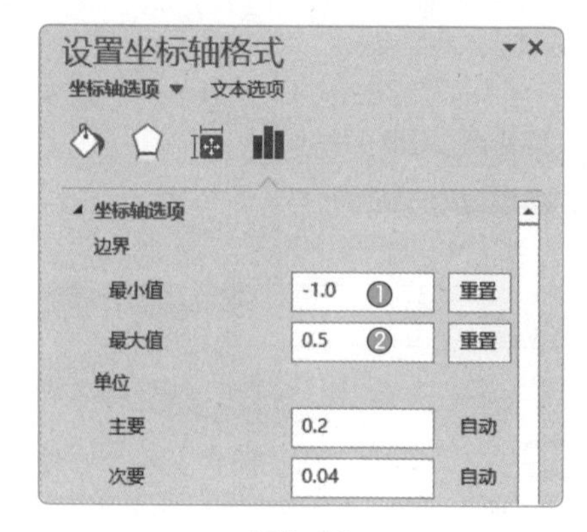

图7-39

STEP 5 选择垂直轴，单击鼠标右键，从弹出的快捷菜单中选择“设置坐标轴格式”命令，打开“设置坐标轴格式”窗格，在“标签”下将“标签位置”设置为“无”，如图 7-40 所示。

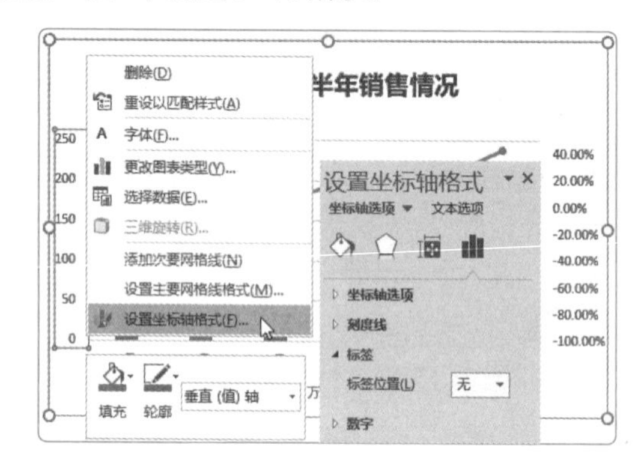

图7-40

STEP 6 按照同样的方法，将次坐标轴的“标签位置”设置为“无”，如图 7-41 所示。

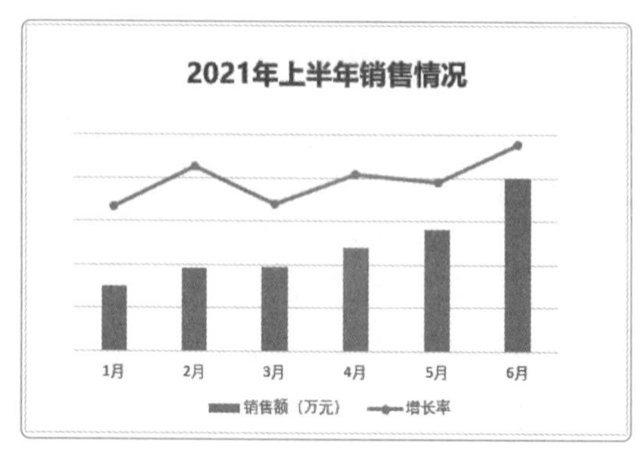

图7-41

STEP 7 选择图表，在“图表工具 - 设计”选项卡中单击“添加图表元素”下拉按钮①，从列表中选择“数据标签”选项②，并从其级联菜单中选择“数据标签内”选项③，如图 7-42 所示。

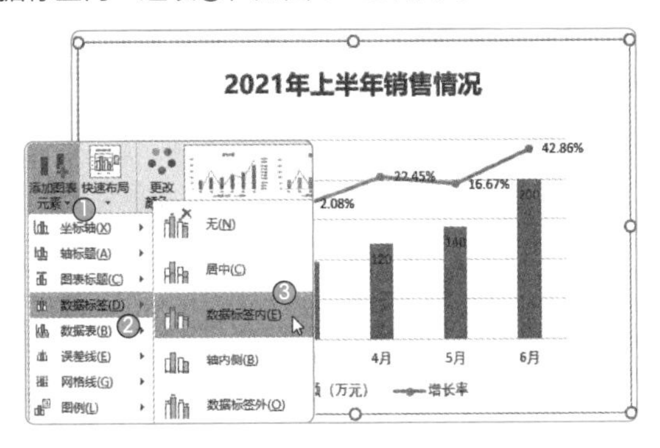

图7-42

STEP 8 再次单击“添加图表元素”下拉按钮①，从列表中选择“网格线”选项②，并从其级联菜单中选择“主轴主要垂直网格线”“主轴次要水平网格线”“主轴次要垂直网格线”等选项③，如图 7-43 所示。

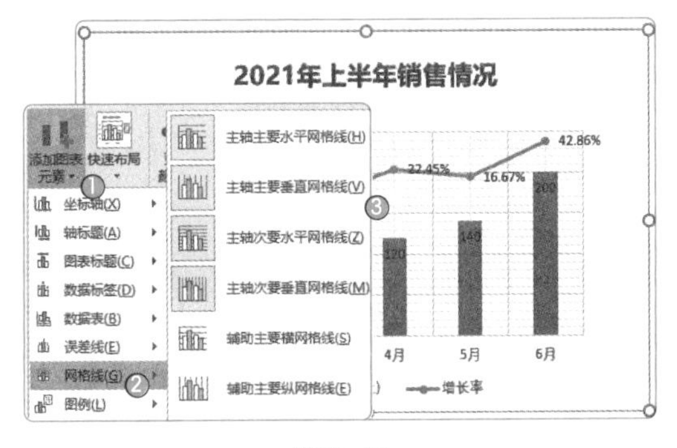

图7-43

STEP 9 选择图表，在“图表工具 - 设计”选项卡中单击“更改颜色”下拉按钮①，从列表中选择“颜色 2”选项②，如图 7-44 所示。

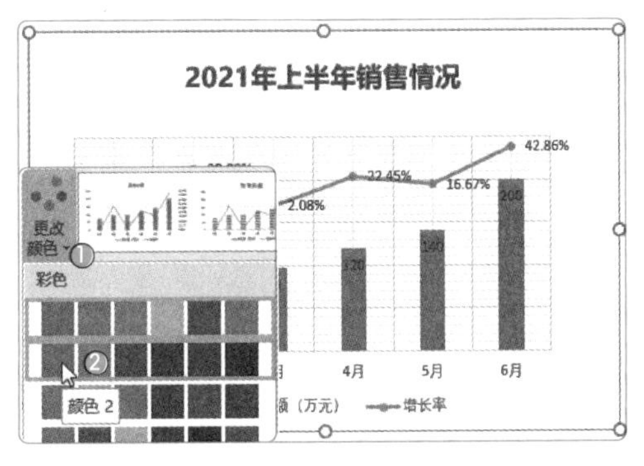

图7-44

STEP 10 选择“增长率”数据系列，单击鼠标右键，从弹出的快捷菜单中选择“设置数据系列格式”命令，打开“设置数据系列格式”窗格，打开“填充与线条”选项卡①，然后选择“标记”选项②，在“数据标记选项”下，选择“内置”单选按钮③，并选择合适的“类型”④，将“大小”设置为“12”⑤，如图 7-45 所示。

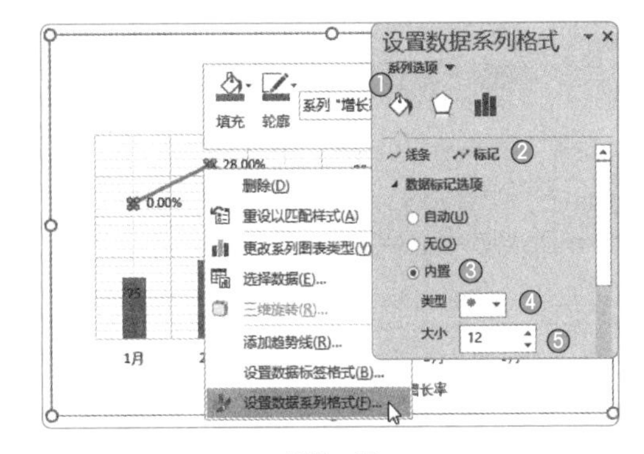

图7-45

STEP 11 在“填充”下，选择“无填充”单选按钮，然后在“边框”下，选择“实线”单选按钮①，并将“颜色”设置为红色②，将“宽度”设置为“1.75 磅”③，如图 7-46 所示。此时即可完成组合图表的制作，如图 7-47 所示。

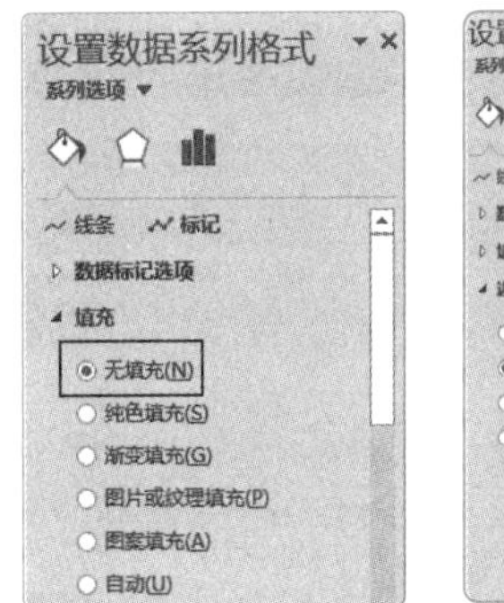

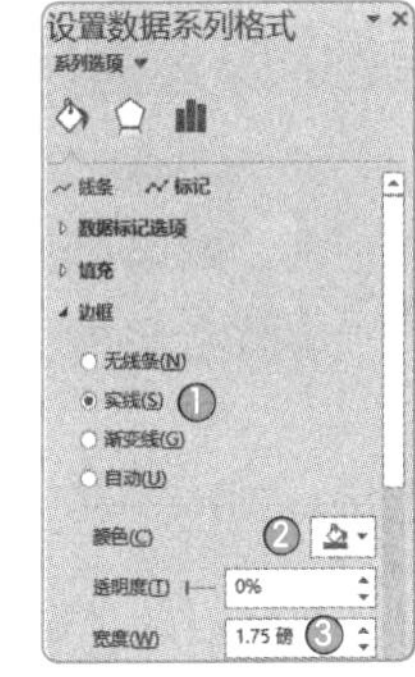

图7-46

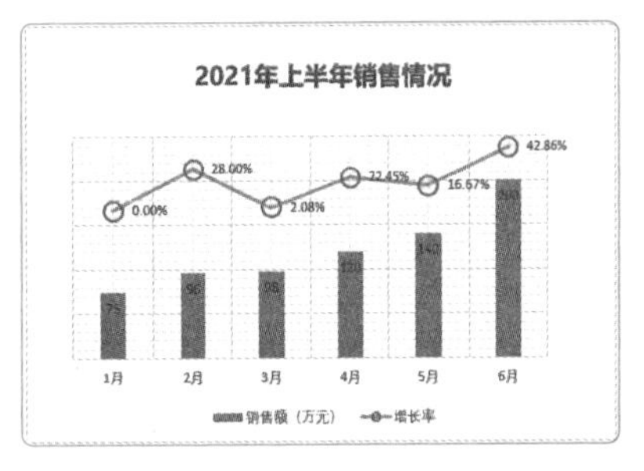

图7-47

7.3.3 制作南丁格尔玫瑰图

南丁格尔玫瑰图，又称为极区图。通过这种色彩缤纷的图表形式，数据能够更加令人印象深刻。

[实操7-5] 制作课程销量占比图表

[实例资源] 第7章\例7-5.xlsx

先创建雷达图，然后将雷达图分成360份，每一个指标的大小其实是360份中的多少份，然后根据指标大小来设置扇区的半径，即可完成南丁格尔玫瑰图的创建。下面将介绍具体的操作方法。

STEP 1 设置辅助数据，用以计算每一个指标在 360 份中所占的份数。在 B4 单元格中输入公式“=B3*360”，并将公式向右填充，如图 7-48 所示。

STEP 2 根据指标的大小计算扇区的高度，即扇区半径。在 B5 单元格中输入公式“=B3*100”，并将公式向右填充，如图 7-49 所示。

STEP 3 设置每个扇区的起始角度和终止角度。第一个扇区从 0 开始，下一个扇区就从上一个扇区的终止位置开始。在 B6 单元格中输入“0”，在 B7 单元格中输入公式“=B4”，在 C6 单元格中输入公式“=B7”，在 C7 单元格中输入公式“=C6+C4”，然后分别向右填充公式，如图 7-50 所示。

STEP 4 设置作图数据区域，将雷达图细化为 360 份，如图 7-51 所示。

STEP 5 选择 B10 单元格，输入公式“=IF(AND($A10>B$6,$A10<B$7),B$5,0)”，并将公式向右和向下填充，如图 7-52 所示。

B4 =B3*360

	A	B	C	D	E	F	G	H
1	课程销量占比分析							
2		五笔打字新手速成	PPT教学精讲视频	小白脱白教程	Excel新手入门课程	Word篇视频	PS抠图神技合集	WPS Office教学精讲视频
3	销量占比	35.30%	3.60%	10.70%	13.50%	8.40%	8%	20.50%
4	所占的份数	127.08	12.96	38.52	48.6	30.24	28.8	73.8
5	半径							
6	起始角度							
7	终止角度							

图7-48

B5 =B3*100

	A	B	C	D	E	F	G	H
1	课程销量占比分析							
2		五笔打字新手速成	PPT教学精讲视频	小白脱白教程	Excel新手入门课程	Word篇视频	PS抠图神技合集	WPS Office教学精讲视频
3	销量占比	35.30%	3.60%	10.70%	13.50%	8.40%	8%	20.50%
4	所占的份数	127.08	12.96	38.52	48.6	30.24	28.8	73.8
5	半径	35.3	3.6	10.7	13.5	8.4	8	20.5
6	起始角度							
7	终止角度							

图7-49

C7 =C6+C4

	A	B	C	D	E	F	G	H
1	课程销量占比分析							
2		五笔打字新手速成	PPT教学精讲视频	小白脱白教程	Excel新手入门课程	Word篇视频	PS抠图神技合集	WPS Office教学精讲视频
3	销量占比	35.30%	3.60%	10.70%	13.50%	8.40%	8%	20.50%
4	所占的份数	127.08	12.96	38.52	48.6	30.24	28.8	73.8
5	半径	35.3	3.6	10.7	13.5	8.4	8	20.5
6	起始角度	0	127.08	140.04	178.56	227.16	257.4	286.2
7	终止角度	127.08	140.04	178.56	227.16	257.4	286.2	360

图7-50

	A	B	C	D	E	F	G	H
9	作图数据	五笔打字新手速成	PPT教学精讲视频	小白脱白教程	Excel新手入门课程	Word篇视频	PS抠图神技合集	WPS Office教学精讲视频
10	1							
11	2							
12	3							
13	4							
14	5							
15	6							
16	7							
17	8							
18	9							
364	355							
365	356							
366	357							
367	358							
368	359							
369	360							

图7-51

B10 =IF(AND($A10>B$6,$A10<B$7),B$5,0)

	A	B	C	D	E	F	G	H
9	作图数据	五笔打字新手速成	PPT教学精讲视频	小白脱白教程	Excel新手入门课程	Word篇视频	PS抠图神技合集	WPS Office教学精讲视频
10	1	35.3	0	0	0	0	0	0
11	2	35.3	0	0	0	0	0	0
12	3	35.3	0	0	0	0	0	0
13	4	35.3	0	0	0	0	0	0
14	5	35.3	0	0	0	0	0	0
15	6	35.3	0	0	0	0	0	0
16	7	35.3	0	0	0	0	0	0
17	8	35.3	0	0	0	0	0	0
18	9	35.3	0	0	0	0	0	0
19	10	35.3	0	0	0	0	0	0
20	11	35.3	0	0	0	0	0	0
21	12	35.3	0	0	0	0	0	0
22	13	35.3	0	0	0	0	0	0
23	14	35.3	0	0	0	0	0	0
24	15	35.3	0	0	0	0	0	0

图7-52

STEP 6 保持数据区域为选中状态，在“插入”选项卡中单击“推荐的图表”按钮，打开“插入图表”对话框，在“所有图表”选项卡中选择“雷达图”选项①，并选择“填充雷达图”②，单击“确定”按钮③，如图 7-53 所示。这时即可插入一个雷达图，如图 7-54 所示。

图7-53

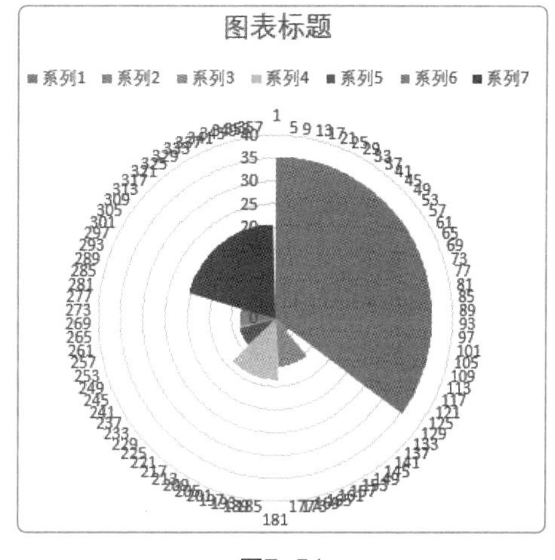

图7-54

STEP 7 由于数据差异较大、扇形半径差异也较大，图表中较小数据看起来较为费劲。此时，用户可以重新调整半径数据，如图 7-55 所示。

STEP 8 删除图表中的图例、数据标签、雷达轴，如图 7-56 所示。

STEP 9 单击图表右上方的“图表元素”按钮，从列表中取消对“网格线”复选框的勾选，如图 7-57 所示。

B5 =B3*100*3

	A	B	C	D	E	F	G	H
1	课程销量占比分析							
2		五笔打字新手速成	PPT教学精讲视频	小白脱白教程	Excel新手入门课程	Word篇视频	PS抠图神技合集	WPS Office教学精讲视频
3	销量占比	35.30%	3.60%	10.70%	13.50%	8.40%	8%	20.50%
4	所占的份数	127.08	12.96	38.52	48.6	30.24	28.8	73.8
5	半径	105.9	54	74.9	81	58.8	56	82
6	起始角度	0	127.08	140.04	178.56	227.16	257.4	286.2
7	终止角度	127.08	140.04	178.56	227.16	257.4	286.2	360

图7-55

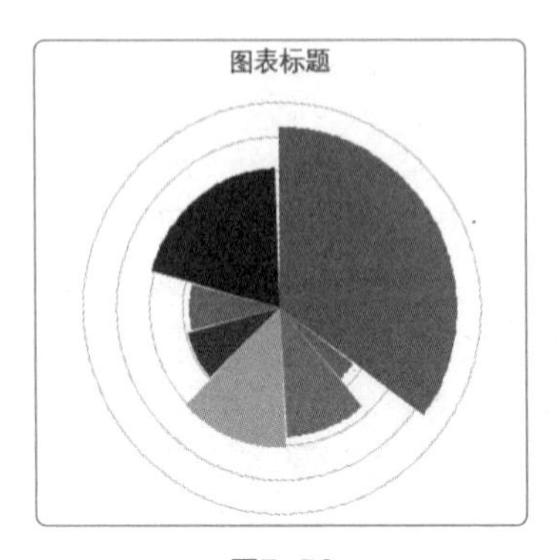

图7-56

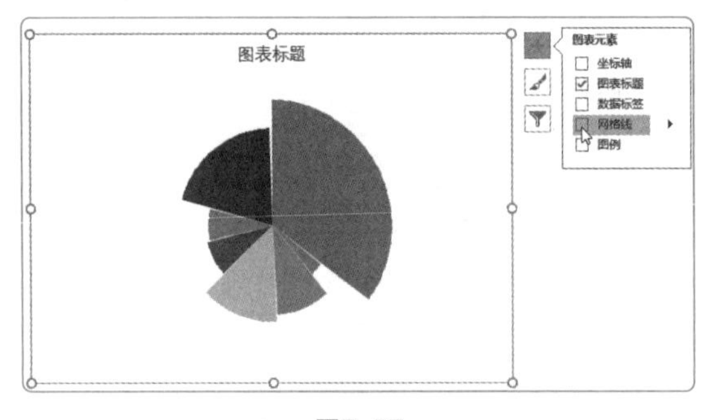

图7-57

STEP 10 选择扇形区域，在“图表工具－格式”选项卡中单击“形状填充”下拉按钮①，从列表中选择合适的颜色②，以更改扇形区域的颜色，如图 7-58 所示。

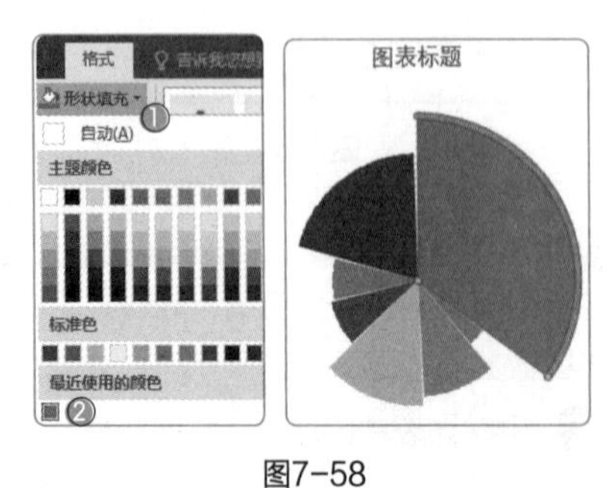

图7-58

STEP 11 按照同样的方法，更改其他扇形区域的颜色，并输入图表标题“课程销量占比”，如图 7-59 所示。

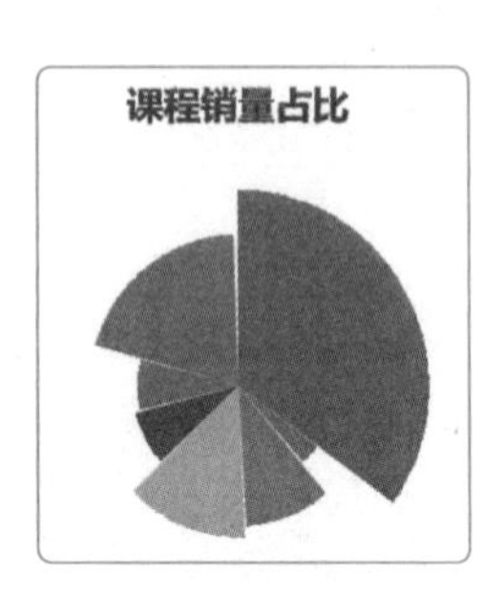

图7-59

STEP 12 选择图表，在“图表工具－格式”选项卡中单击“形状填充”下拉按钮①，从列表中选择合适的颜色②，为图表设置背景颜色，如图 7-60 所示。

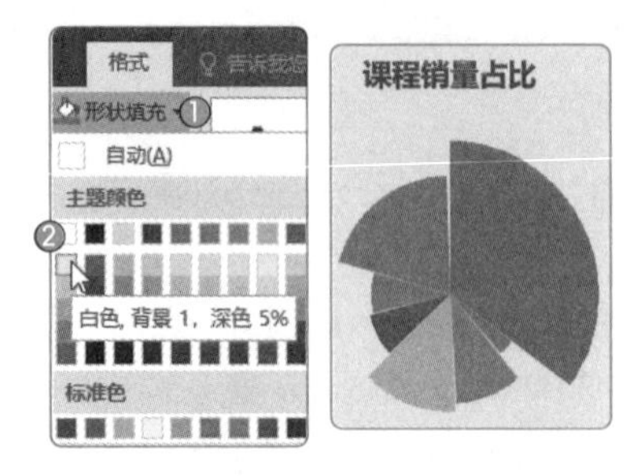

图7-60

STEP 13 手动为图表添加数据标签和标签内容，即可完成南丁格尔玫瑰图的制作，如图 7-61 所示。

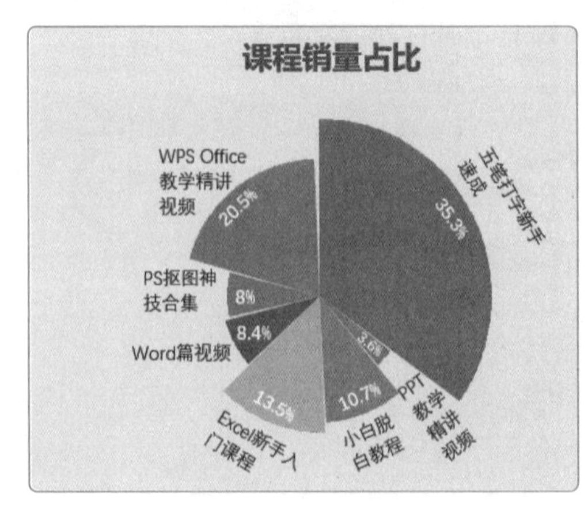

图7-61

7.3.4 制作创意图表

用户可以对数据系列做一些可视化的修饰，例如将柱形图中的柱形换成相应的图片或图标，图表就会变得生动起来。

[实操7-6] 制作水果销量排行条形图

[实例资源] 第7章\例7-6.xlsx

为了使图表看起来更加美观、有趣，用户可以为条形图中的条形填充水果图片。下面将介绍具体的操作方法。

STEP 1 选择 A1:B6 单元格区域，在“插入”选项卡中单击“插入柱形图或条形图”下拉按钮①，从列表中选择“簇状条形图”选项②，即可插入一个条形图，如图 7-62 所示。

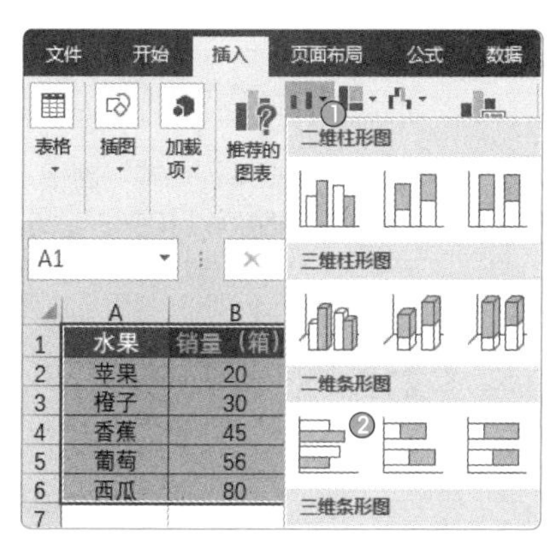

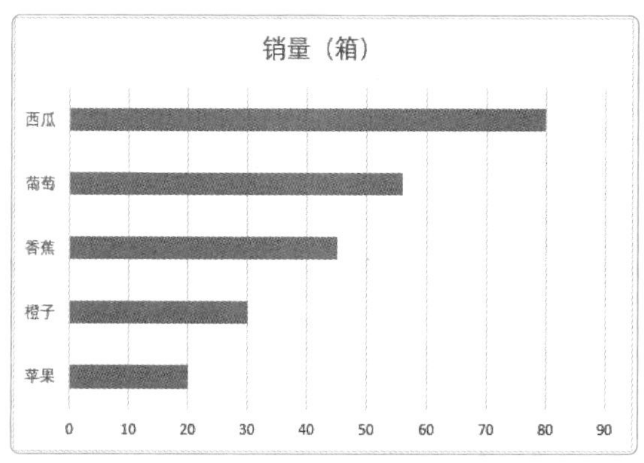

图7-62

STEP 2 输入图表标题“水果销量排行”①，单击“图表元素”按钮②，从列表中取消对“网格线”复选框的勾选③，如图 7-63 所示。

STEP 3 选择“西瓜”数据系列（数据点），单击鼠标右键，从弹出的快捷菜单中选择“设置数据点格式”命令，如图 7-64 所示。

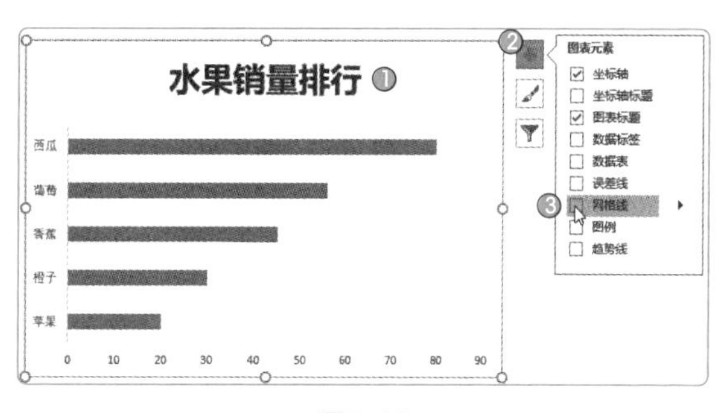

图7-63

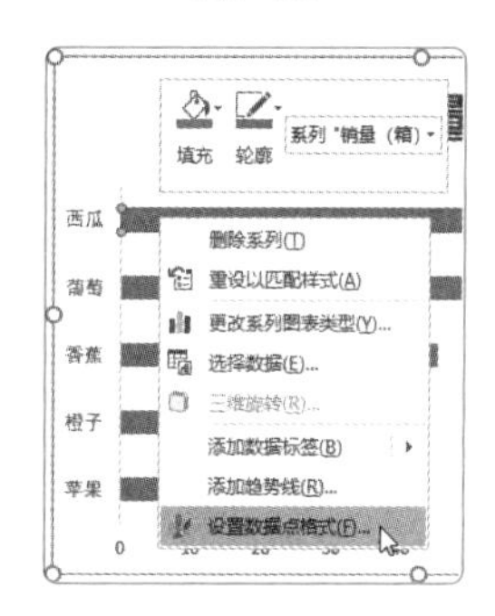

图7-64

STEP 4 打开“设置数据点格式”窗格，打开“填充与线条”选项卡①，在“填充”下选择“图片或纹理填充”单选按钮②，单击“文件”按钮③，如图 7-65 所示。

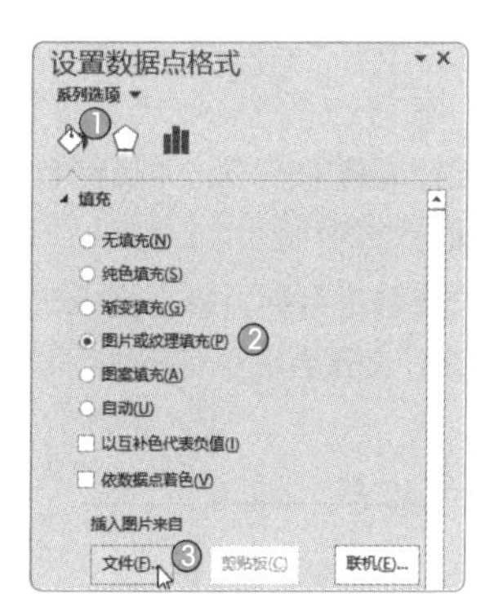

图7-65

STEP 5 打开“插入图片”对话框，选择需要的图片❶，单击“插入”按钮❷，如图 7-66 所示。

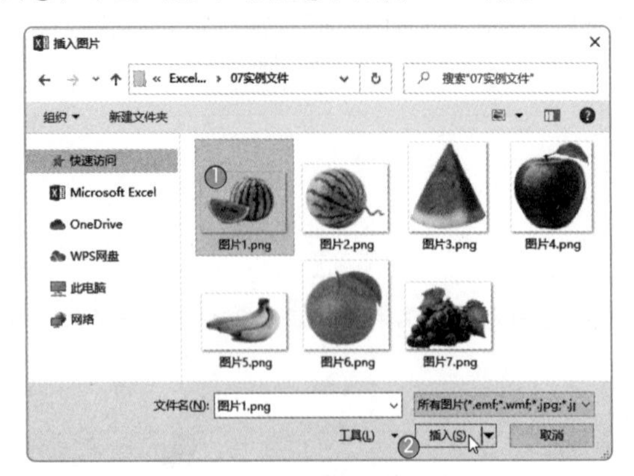

图7-66

STEP 6 所选图片即可填充到条形中，但图片发生了变形，如图 7-67 所示。此时，选择“层叠”单选按钮，图片即可恢复正常，如图 7-68 所示。

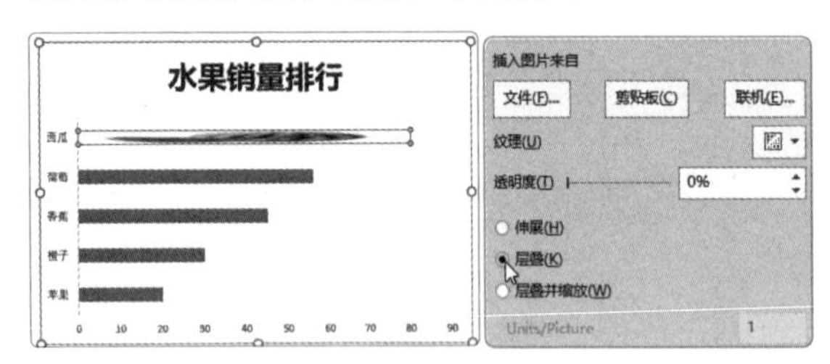

图7-67

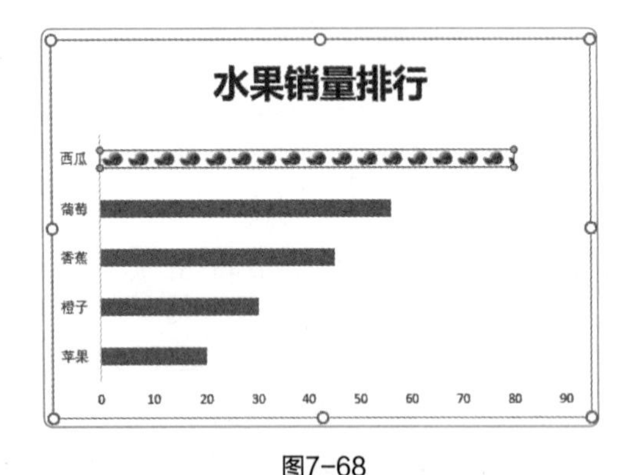

图7-68

STEP 7 按照同样的方法，为其他数据系列填充相应的图片，如图 7-69 所示。

STEP 8 选择数据系列，单击鼠标右键，从弹出的快捷菜单中选择“设置数据系列格式”命令，如图 7-70 所示。

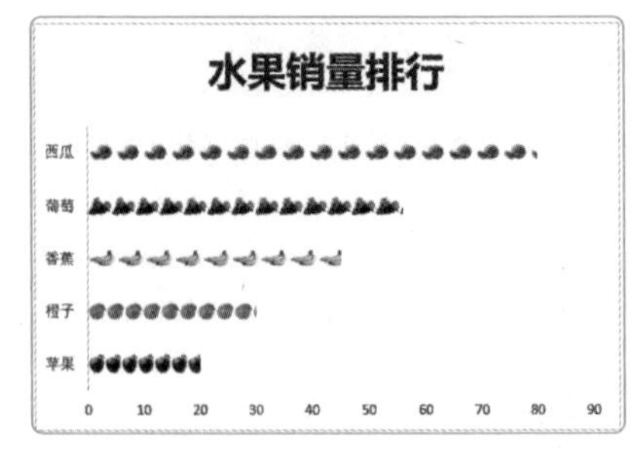

图7-69

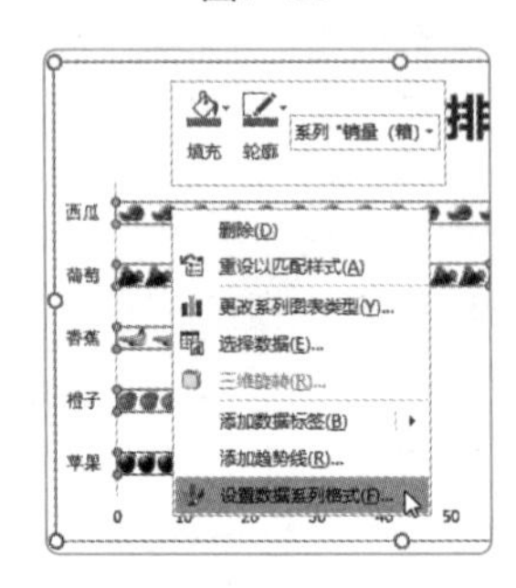

图7-70

STEP 9 打开“设置数据系列格式”窗格，在“系列选项”下将“分类间距”设置为“100%”，如图 7-71 所示。

图7-71

STEP 10 选择绘图区，在“图表工具 - 格式”选项卡中单击“形状填充”下拉按钮❶，从列表中选择合适的颜色即可❷，如图 7-72 所示。

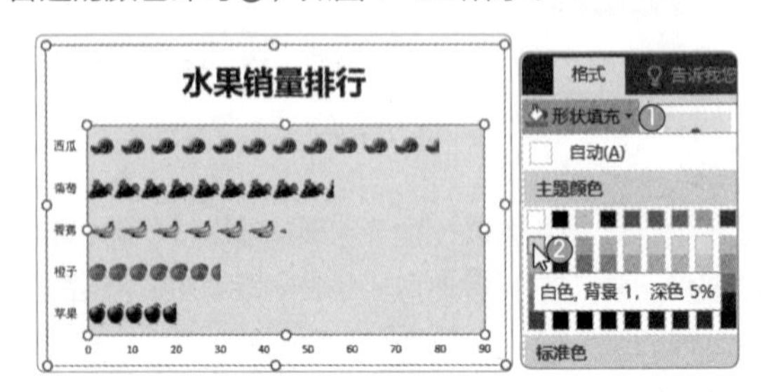

图7-72

STEP 11 为图表添加数据标签（见图 7-73），并隐藏水平轴，如图 7-74 所示。

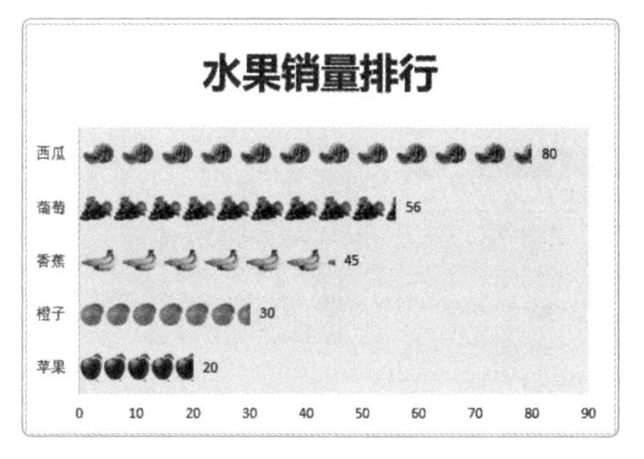

图7-73

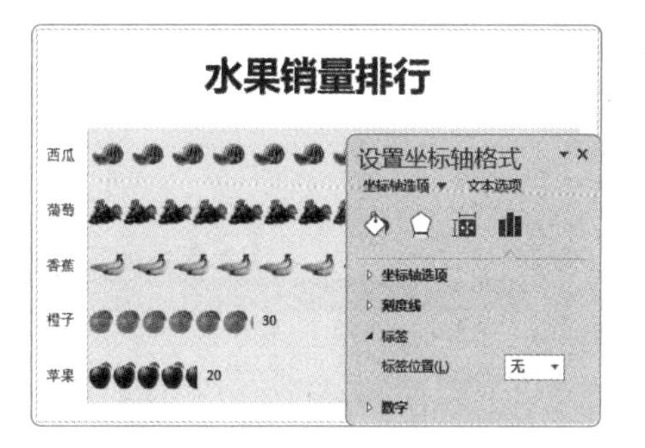

图7-74

STEP 12 调整图表的大小，并适当地调整布局，如图 7-75 所示。

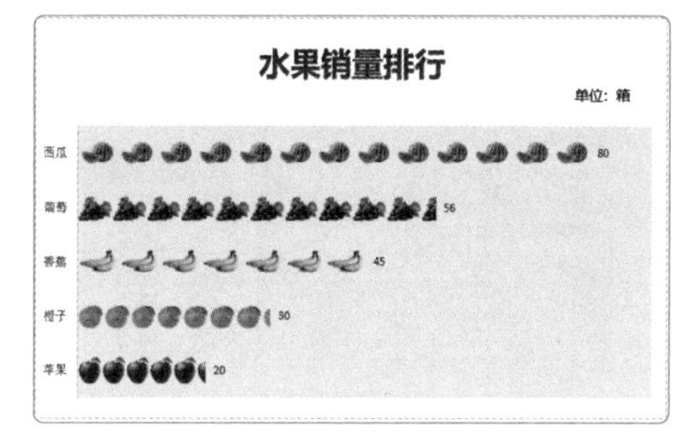

图7-75

7.4 迷你图的应用

迷你图是工作表单元格中的微型图表。创建迷你图可以一目了然地反映一系列数据的变化趋势，下面将对其进行介绍。

7.4.1 创建迷你图

Excel为用户提供了3种迷你图类型，它们分别为折线图迷你图、柱形图迷你图和盈亏迷你图，如图7-76所示。用户可以根据需要进行创建。

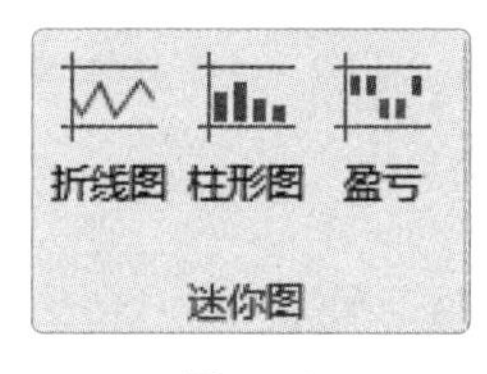

图7-76

[实操7-7] 创建单个迷你图
[实例资源] 第7章\例7-7.xlsx

微课视频

用户可以使用迷你图反映上半年各地区的销量变化趋势，下面将介绍如何创建上半年各地区销量的单个迷你图。

STEP 1 选择 H3 单元格，在“插入”选项卡中单击“折线图”按钮，如图 7-77 所示。

STEP 2 打开“创建迷你图”对话框，为“数据范围”选择 B3:G3 单元格区域❶，单击“确定”按钮❷，即可创建单个折线图迷你图，如图 7-78 所示。

	A	B	C	D	E	F	G	H
1	上半年各地区销量							
2	地区	1月	2月	3月	4月	5月	6月	迷你图
3	河南	2158	5215	1254	3458	7587	4952	
4	河北	2373	6518	1630	1632	6788	5694	
5	广东	2563	5671	1434	4416	5906	3428	
6	湖北	2871	6181	1606	2102	5614	6439	
7	湖南	3101	1250	5397	1850	9790	8212	

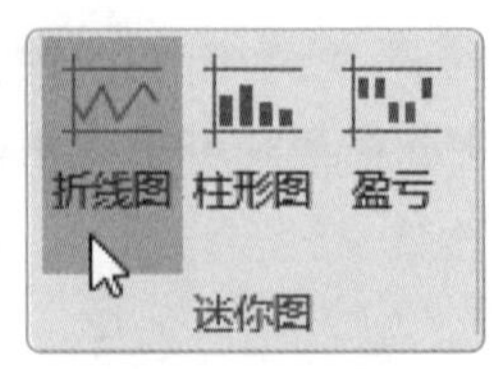

图7-77

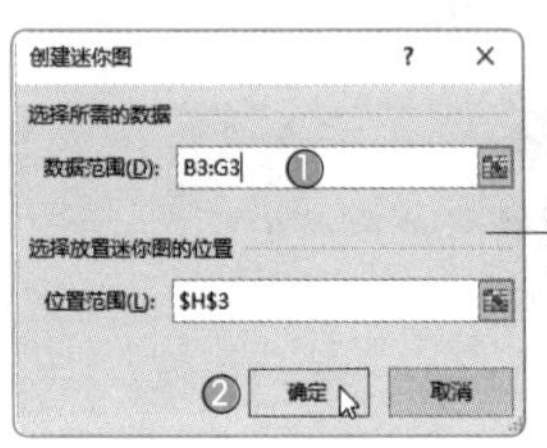

	A	B	C	D	E	F	G	H
1	上半年各地区销量							
2	地区	1月	2月	3月	4月	5月	6月	迷你图
3	河南	2158	5215	1254	3458	7587	4952	
4	河北	2373	6518	1630	1632	6788	5694	
5	广东	2563	5671	1434	4416	5906	3428	
6	湖北	2871	6181	1606	2102	5614	6439	
7	湖南	3101	1250	5397	1850	9790	8212	

图7-78

[实操7-8] 创建一组迷你图

[实例资源] 第7章\例7-7.xlsx

除了创建单个迷你图外，用户也可以创建一组迷你图。下面将介绍具体的操作方法。

STEP 1 选择 H3:H7 单元格区域，在“插入”选项卡中单击“折线图”按钮，如图 7-79 所示。

	A	B	C	D	E	F	G	H
1	上半年各地区销量							
2	地区	1月	2月	3月	4月	5月	6月	迷你图
3	河南	2158	5215	1254	3458			
4	河北	2373	6518	1630	1632			
5	广东	2563	5671	1434	4416			
6	湖北	2871	6181	1606	2102			
7	湖南	3101	1250	5397	1850			

折线图 柱形图 盈亏 迷你图

图7-79

STEP 2 打开“创建迷你图”对话框，为“数据范围”选择 B3:G7 单元格区域❶，单击“确定”按钮❷，如图 7-80 所示。

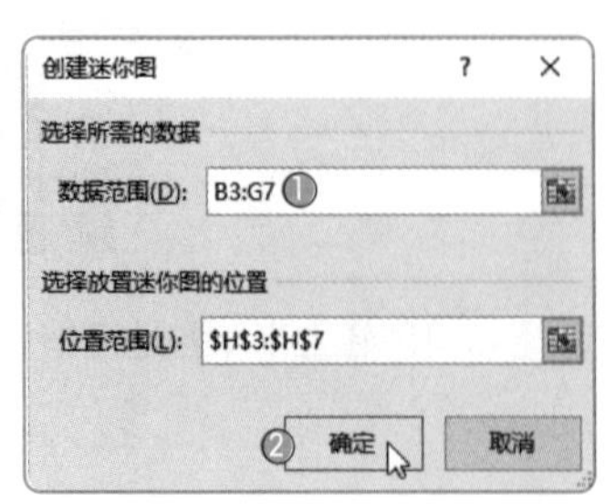

图7-80

STEP 3 这时即可快速创建一组折线图迷你图，如图 7-81 所示。

	A	B	C	D	E	F	G	H
1	上半年各地区销量							
2	地区	1月	2月	3月	4月	5月	6月	迷你图
3	河南	2158	5215	1254	3458	7587	4952	
4	河北	2373	6518	1630	1632	6788	5694	
5	广东	2563	5671	1434	4416	5906	3428	
6	湖北	2871	6181	1606	2102	5614	6439	
7	湖南	3101	1250	5397	1850	9790	8212	

图7-81

应用秘技

3种迷你图的适应场景如表7-1所示。

表7-1

类型	适应场景
折线图	适合4项以上并随时间变化的数据，主要用于观察发展趋势
柱形图	适合少量的数据，主要用于查看分类之间的数值比较关系
盈亏	适合少量的数据，主要用于查看数据盈亏状态的变化

7.4.2 更改迷你图的类型

与图表一样，迷你图也可根据需要更改类型。只需要在“迷你图工具-设计”选项卡的“类型”选项组中选择要更改的类型即可，如图7-82所示。

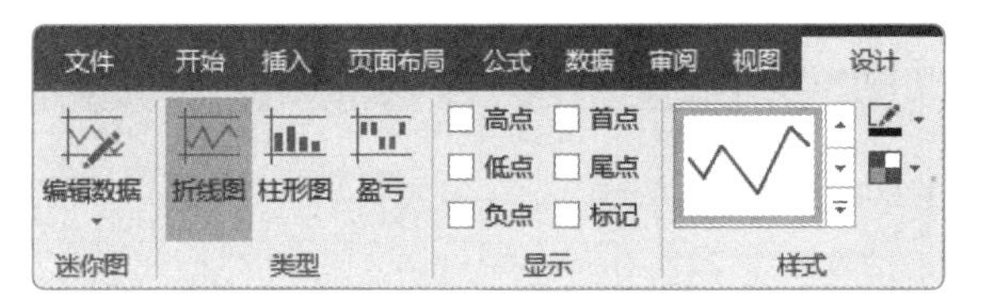

图7-82

[实操7-9] 将柱形图迷你图更改为折线图迷你图

[实例资源] 第7章\例7-9.xlsx

如果创建的柱形图迷你图不太合适，用户可以对其进行更改。下面将介绍具体的操作方法。

STEP 1 选择迷你图所在单元格①，在“迷你图工具-设计”选项卡中单击“折线图”按钮②，如图7-83所示。

	A	B	C	D	E	F	G	H
2	地区	1月	2月	3月	4月	5月	6月	迷你图
3	河南	2158	5215	1254	3458	7587	4952	
4	河北	2373	6518	1630	1632	6788	5694	
5	广东	2563	5671	1434	4416	5906	3428	
6	湖北	2871	6181	1606	2102	5614	6439	
7	湖南	3101	1250	5397	1850	9790	8212	

图7-83

STEP 2 这时即可将柱形图迷你图更改为折线图迷你图，如图7-84所示。

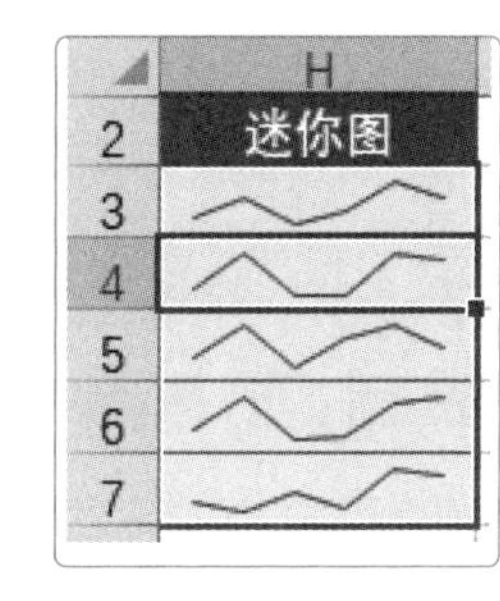

图7-84

7.4.3 突出显示数据点

为迷你图添加数据点，可以更直观地反映数据的变化。用户只需要选择迷你图所在单元格，在“迷你图工具-设计”选项卡的“显示”选项组中勾选“标记”复选框，如图7-85所示。此时折线图迷你图各节点都会添加相应的标记数据点，如图7-86所示。

图7-85

	A	B	C	D	E	F	G	H
2	地区	1月	2月	3月	4月	5月	6月	迷你图
3	河南	2158	5215	1254	3458	7587	4952	
4	河北	2373	6518	1630	1632	6788	5694	
5	广东	2563	5671	1434	4416	5906	3428	
6	湖北	2871	6181	1606	2102	5614	6439	
7	湖南	3101	1250	5397	1850	9790	8212	

图7-86

标记数据点只适用于折线图迷你图，而高点、低点、负点、首点和尾点的数据点可应用于折线图迷你图、柱形图迷你图和盈亏迷你图中。选择迷你图所在单元格，在“迷你图工具-设计”选项卡的“显示”选项组中勾选“高点”和“低点”复选框，如图7-87所示。这时即可对柱形图迷你图进行标记，如图7-88所示。

图7-87

	A	B	C	D	E	F	G	H
2	地区	1月	2月	3月	4月	5月	6月	迷你图
3	河南	2158	5215	1254	3458	7587	4952	
4	河北	2373	6518	1630	1632	6788	5694	
5	广东	2563	5671	1434	4416	5906	3428	
6	湖北	2871	6181	1606	2102	5614	6439	
7	湖南	3101	1250	5397	1850	9790	8212	

图7-88

7.4.4 套用迷你图样式

迷你图样式的颜色与Excel主题颜色相对应。Excel提供了36种迷你图样式，用户可以在“迷你图工具-设计”选项卡的“样式”选项组中直接套用迷你图样式，如图7-89所示。

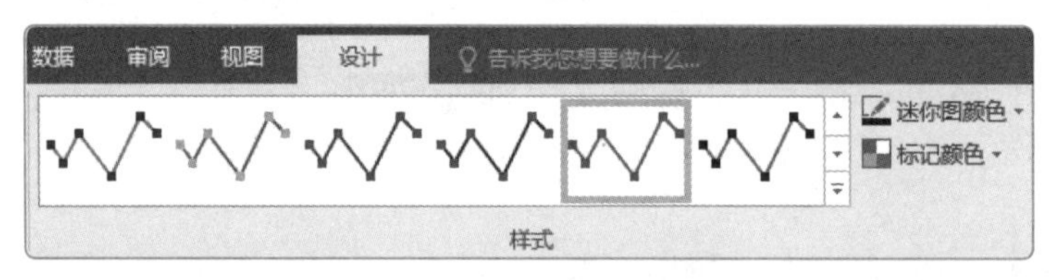

图7-89

[实操7-10] 美化折线图迷你图

[实例资源] 第7章\例7-10.xlsx

用户可以手动美化迷你图，例如对迷你图中折线的颜色、粗细、标记颜色等进行设置。下面将介绍具体的操作方法。

STEP 1 选择迷你图，在“迷你图工具－设计”选项卡中单击“迷你图颜色”下拉按钮❶，从列表中选择合适的颜色❷，即可更改迷你图中折线的颜色，如图 7-90 所示。

STEP 2 再次单击“迷你图颜色”下拉按钮❶，从列表中选择“粗细”选项❷，并从其级联菜单中选择“1.5 磅”选项❸，即可更改迷你图中折线的粗细，如图 7-91 所示。

STEP 3 在“迷你图工具－设计”选项卡中单击“标记颜色”下拉按钮❶，从列表中设置“高点”❷和“低点”❸数据点的颜色，如图 7-92 所示。

	A	B	C	D	E	F	G	H
1	上半年各地区销量							
2	地区	1月	2月	3月	4月	5月	6月	迷你图
3	河南	2158	5215	1254	3458	7587	4952	
4	河北	2373	6518	1630	1632	6788	5694	
5	广东	2563	5671	1434	4416	5906	3428	
6	湖北	2871	6181	1606	2102	5614	6439	
7	湖南	3101	1250	5397	1850	9790	8212	

图7-90

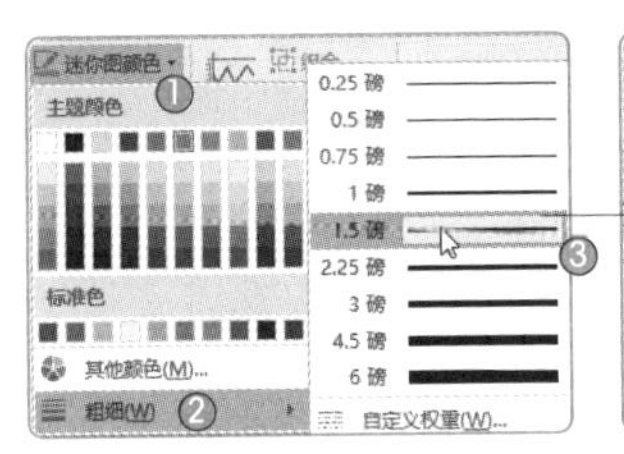

	A	B	C	D	E	F	G	H
2	地区	1月	2月	3月	4月	5月	6月	迷你图
3	河南	2158	5215	1254	3458	7587	4952	
4	河北	2373	6518	1630	1632	6788	5694	
5	广东	2563	5671	1434	4416	5906	3428	
6	湖北	2871	6181	1606	2102	5614	6439	
7	湖南	3101	1250	5397	1850	9790	8212	

图7-91

	A	B	C	D	E	F	G	H
2	地区	1月	2月	3月	4月	5月	6月	迷你图
3	河南	2158	5215	1254	3458	7587	4952	
4	河北	2373	6518	1630	1632	6788	5694	
5	广东	2563	5671	1434	4416	5906	3428	
6	湖北	2871	6181	1606	2102	5614	6439	
7	湖南	3101	1250	5397	1850	9790	8212	

图7-92

有的用户会试图通过选择迷你图后按【Delete】键的方式清除迷你图，但这种方法并不能删除迷你图。用户需要在“迷你图工具-设计”选项卡中单击“清除”下拉按钮，从列表中根据需要进行选择来删除迷你图，如图7-93所示。

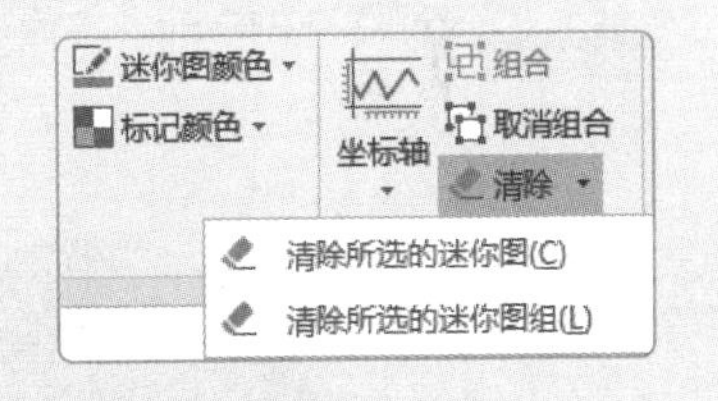

图7-93

实战演练

制作半圆饼图

本章实战演练将运用前面所介绍的知识制作半圆饼图，以帮助用户熟练掌握图表的创建与美化。

1. 案例效果

微课视频

本章实战演练为制作半圆饼图，最终效果如图7-94所示。

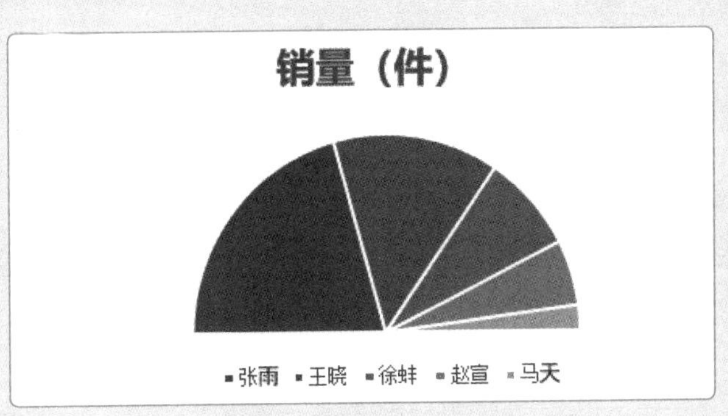

图7-94

2. 操作思路

掌握饼图的创建、数据系列的编辑与美化操作，下面将进行简单介绍。

STEP 1 准备一个数据表，并统计总销量，如图 7-95 所示。

STEP 2 插入一个饼图，并设置“第一扇区起始角度”，如图 7-96 所示。

B7 =SUM(B2:B6)

	A	B	C	D	E
1	姓名	销量			
2	张雨	900			
3	王晓	600			
4	徐蚌	350			
5	赵宣	230			
6	马天	90			
7	总计	2170			

图7-95

销量

▪张雨 ▪王晓 ▪徐蚌 ▪赵宣 ▪马天 ▪总计

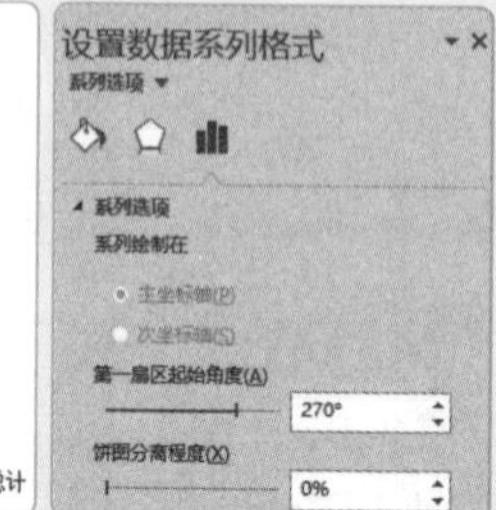

图7-96

STEP 3 更改扇区的填充颜色，把下方的扇区设置为无填充颜色，如图 7-97 所示。

STEP 4 删除图例中的“总计”，修改图表标题，并调整一下图表布局，如图 7-98 所示。

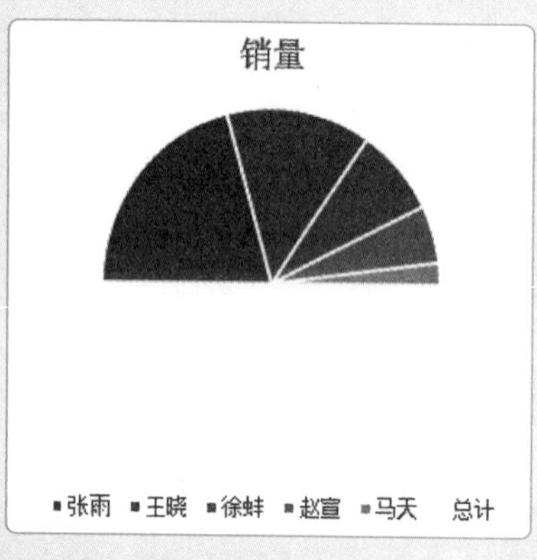

图7-97

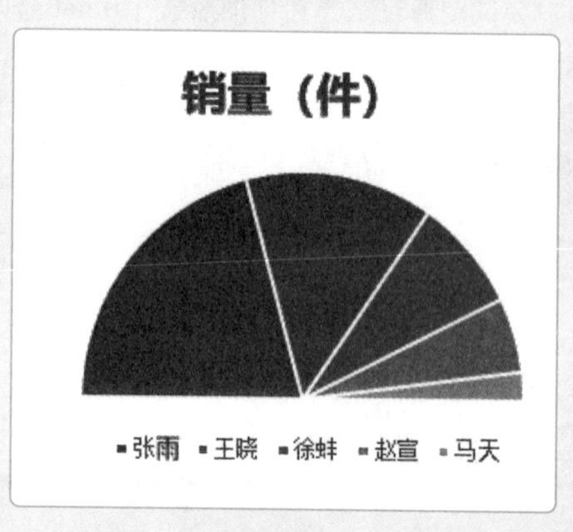

图7-98

疑难解答

Q：如何更改单个迷你图?

A：用户如果想要更改一组迷你图中的一个，则需要在选择迷你图后，在“迷你图工具-设计”选项卡中单击“取消组合”按钮，如图7-99所示，然后在“类型”选项组中选择需要的迷你图类型即可，如图7-100所示。

图7-99

图7-100

Q：如何删除数据系列？

A：选择图表，然后选择某个数据系列，如图7-101所示，再直接按【Delete】键，即可删除所选数据系列，如图7-102所示。

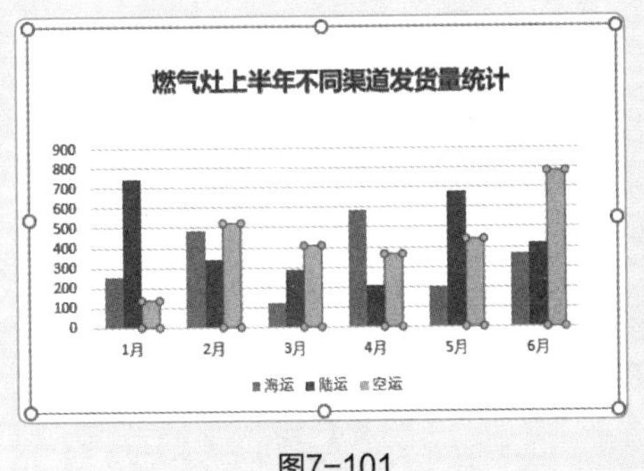

图7-101

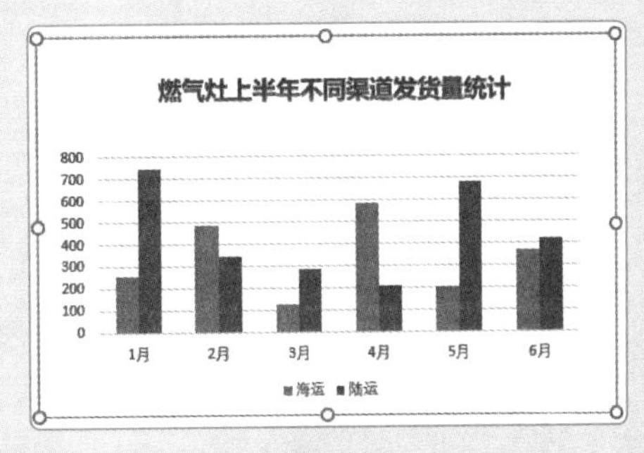

图7-102

Q：如何处理空白单元格？

A：空白单元格是指未输入任何数据的单元格。选择迷你图，在“迷你图工具-设计”选项卡中单击“编辑数据”下拉按钮①，从列表中选择“隐藏和清空单元格”选项②，如图7-103所示。打开“隐藏和空单元格设置”对话框，选择“零值”单选按钮①，单击“确定”按钮②，设置空白单元格显示为零值，如图7-104所示。

图7-103

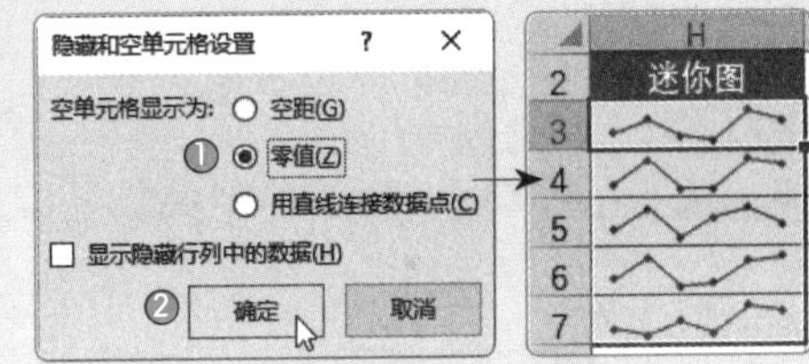

图7-104

基础入门篇

第 8 章

VBA 与宏的应用

VBA 是 Visual Basic for Applications 的缩写，它是一种应用程序自动化语言。而宏是 Excel 自动化操作的核心部分，可起到非常重要的作用。本章将对宏、VBA、窗体和控件的应用进行简单介绍。

8.1 认识宏

在介绍VBA之前总是要提起“宏”，宏到底是什么呢？下面将对其进行介绍。

8.1.1 什么是宏

宏是在Excel中可以重复执行的一系列操作。也就是说，只要让宏执行，就可以自动执行在Excel中的重复操作。例如，单击 输入 按钮，就可以在A1单元格中输入“Excel2016”。这里单击按钮就是执行“在单元格中输入Excel2016”的宏，如图8-1所示。

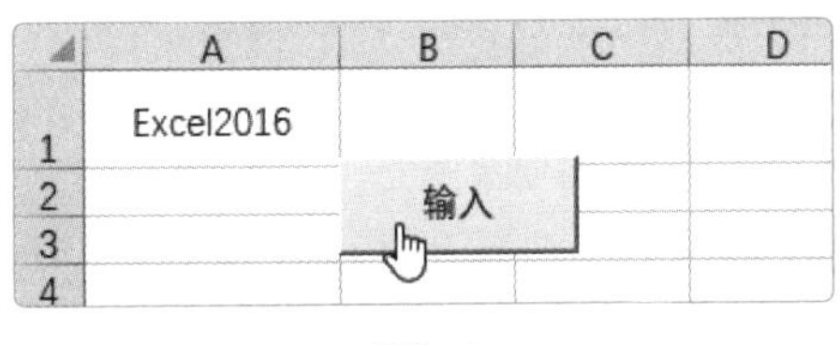

图8-1

宏可以分为两种类型：录制宏（使用宏）和编写宏（编写VBA）。

（1）录制宏

通过录制可以把在Excel中的操作过程以代码的方式记录并保存下来，即宏的代码可以用录制的方法自动产生。

（2）编写宏

编写宏即在VBE中直接手动输入操作过程的代码。编写的宏代码就是我们常说的VBA代码。

录制宏和编写宏有以下两点区别。

- 录制宏是指用录制的方法形成自动执行的宏，而编写宏是指在VBE中手动输入VBA代码。
- 若不修改代码，录制宏只能执行与原来完全相同的操作，而编写宏可以识别不同的情况以执行不同的操作。编写宏在处理复杂操作时要比录制宏更加灵活，也更加契合实际需求。

8.1.2 宏的执行原理

执行的宏为什么能自动执行一系列操作呢？其实宏是保存在Visual Basic模块中的一组代码，这些代码驱动着操作的自动执行。当单击按钮时，这些由代码组成的宏就会执行代码记录的操作，如图8-2所示。

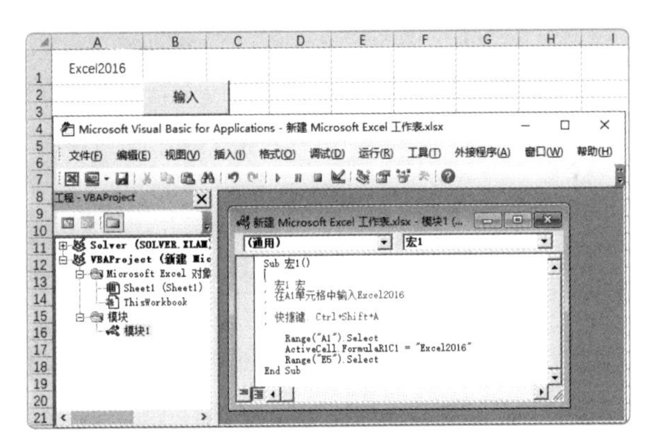

图8-2

8.1.3 录制宏

如果想执行宏，需要先录制宏。在录制宏之前，要先在功能区显示“开发工具”选项卡。在功能区的任意位置单击鼠标右键，从弹出的快捷菜单中选择“自定义功能区”命令，打开“Excel选项”对话框，在“自定义功能区”下拉列表中选择“主选项卡”①，并在下方的列表框中勾选“开发工具”复选框②，单击“确定”按钮③，如图8-3和图8-4所示。

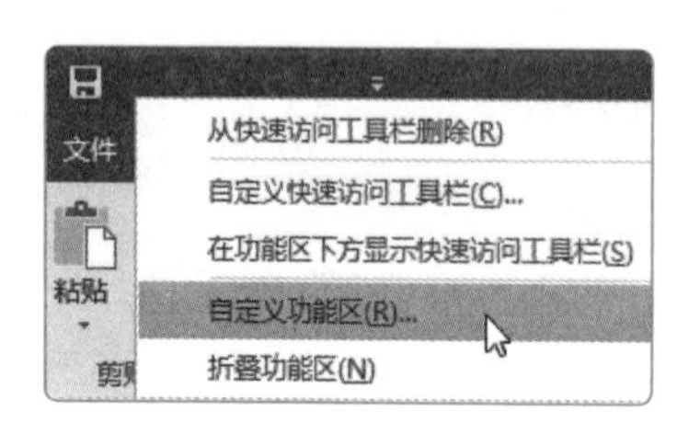

图8-3

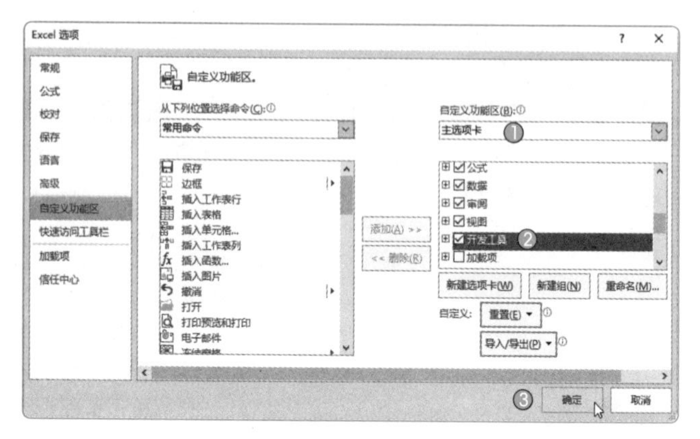

图8-4

此时，用户可以看到在功能区出现了“开发工具”选项卡，在该选项卡中可以使用宏命令，如图8-5所示。

图8-5

[实操8-1] 录制工资条的制作过程

[实例资源] 第8章\例8-1.xlsx

微课视频

制作工资条时需要将工资表标题行复制到每个员工信息的上方，用户可以使用宏录制该操作。下面将介绍具体的操作方法。

STEP 1 选择A1单元格①，在“开发工具”选项卡中单击“录制宏”按钮②，如图8-6所示。

	A	B	C	D	E
1	工号	姓名	所属部门	职务	基本工资
2	ST001	杨旭	财务部	经理	¥7,000.00
3	ST002	李可	销售部	经理	¥7,500.00
4	ST003	刘佳	人事部	主管	¥6,000.00
5	ST004	赵璇	办公室	员工	¥4,500.00
6	ST005	徐蚌	人事部	员工	¥4,500.00
7	ST006	陈一	设计部	主管	¥6,000.00
8	ST007	吴乐	销售部	员工	¥4,500.00
9	ST008	孙杨	财务部	员工	¥4,000.00

图8-6

STEP 2 打开“录制宏”对话框，将“宏名”设置为“生成工资条”①，设置快捷键②，在“保存在”下拉列表中选择“当前工作簿”选项③，单击“确定”按钮④，如图8-7所示。

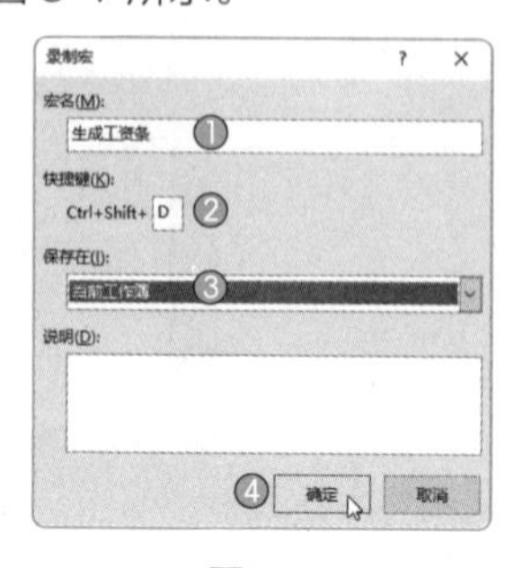

图8-7

STEP 3 “录制宏”按钮将变为“停止录制”按钮①，单击“使用相对引用”按钮②，如图 8-8 所示。

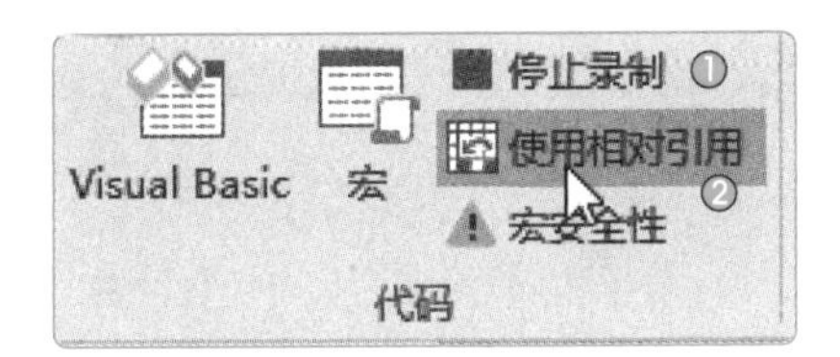

图8-8

STEP 4 选择标题行，按【Ctrl+C】组合键进行复制，如图 8-9 所示。

工号	姓名	所属部门	职务	基本工资	津贴
ST001	杨旭	财务部	经理	¥7,000.00	¥1,750.00
ST002	李可	销售部	经理	¥7,500.00	¥1,875.00
ST003	刘佳	人事部	主管	¥6,000.00	¥900.00
ST004	赵璇	办公室	员工	¥4,500.00	¥450.00
ST005	徐蚌	人事部	员工	¥4,500.00	¥450.00
ST006	陈毅	设计部	主管	¥6,000.00	¥900.00

图8-9

STEP 5 选择第 3 行，单击鼠标右键，从弹出的快捷菜单中选择“插入复制的单元格”命令，如图8-10所示。

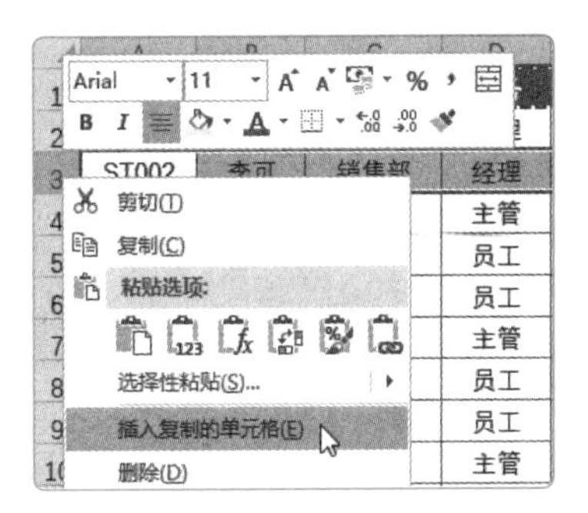

图8-10

STEP 6 选择 A3 单元格①，单击“停止录制”按钮②，停止录制宏，如图 8-11 所示。

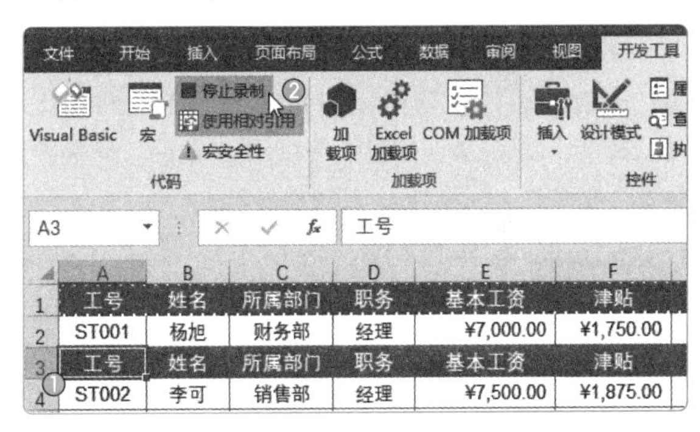

图8-11

应用秘技

单击“使用相对引用”按钮后，录制的宏将使用相对引用，如图8-8所示；没有单击时，录制的宏将使用绝对引用，默认为绝对引用。

- 相对引用：如果使用相对引用，在执行宏的过程中宏在相对于活动单元格的特定单元格中执行录制的操作。如果想让录制的宏可以在任意区域内使用，则使用相对引用。
- 绝对引用：如果使用绝对引用，在执行宏的过程中无论选中哪个单元格，宏都在特定的单元格中执行录制的操作。

8.1.4 执行宏

录制完成后，用户可以通过以下方法执行宏。

方法一：通过“宏”对话框执行宏

选择A3单元格，在“开发工具”选项卡中单击“宏”按钮，如图8-12所示。打开“宏”对话框，在“宏名”列表框中选择宏①，单击“执行”按钮即可②，如图8-13所示。

	A	B	C
1	工号	姓名	所属部门
2	ST001	杨旭	财务部
3	工号	姓名	所属部门
4	ST002	李可	销售部
5	ST003	刘佳	人事部
6	ST004	赵璇	办公室
7	ST005	徐蚌	人事部
8	ST006	陈毅	设计部
9	ST007	吴乐	销售部

图8-12

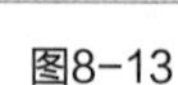

图8-13

方法二：使用“快捷键”执行宏

录制宏前，用户可以在“录制宏”对话框中设置“快捷键”❶，单击“确定”按钮❷，如图8-14所示。此后，只需要选择A3单元格，按【Ctrl+Shift+D】组合键，即可执行宏。

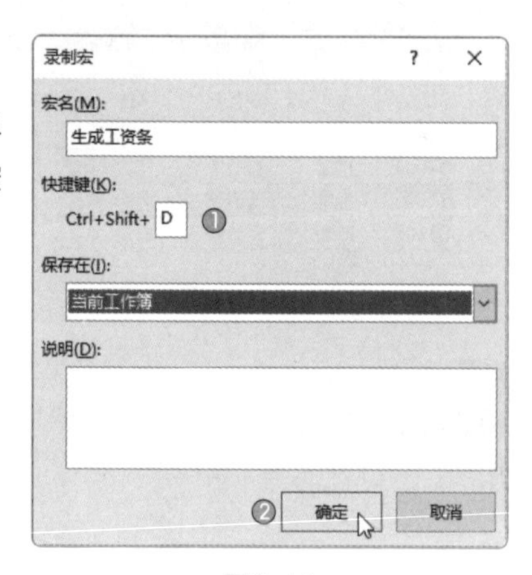

图8-14

新手误区

给宏指定的快捷键会覆盖Excel默认的快捷键，如把【Ctrl+C】组合键指定给某个宏，那么在Excel中按【Ctrl+C】组合键，将不执行复制操作。

[实操8-2] 通过窗体按钮执行宏

[实例资源] 第8章\例8-2.xlsx

窗体按钮是从“插入”列表中拖曳出来的控件，它可以很方便地用于执行宏。下面将介绍具体的操作方法。

STEP 1 在“开发工具”选项卡中单击“插入”下拉按钮❶，从列表中选择“按钮（窗体控件）”选项❷，如图 8-15 所示。

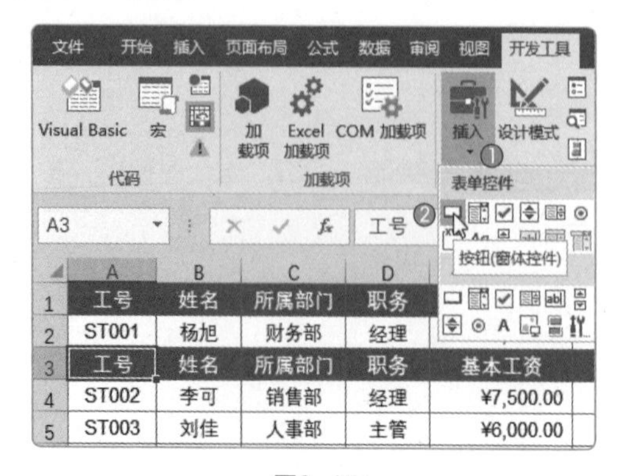

图8-15

STEP 2 此时，鼠标指针变为十字形，按住鼠标左键不放，拖曳鼠标以绘制窗体按钮，如图 8-16 所示。

	K	L	M	N	O
1	代扣个人所得税	实发工资			
2	¥165.00	¥6,816.25			
3	代扣个人所得税	实发工资			
4	¥227.50	¥7,163.13			
5	¥57.00	¥5,366.50			
6	¥0.00	¥4,334.25			
7	¥0.00	¥3,984.25			
8	¥57.00	¥5,866.50			
9	¥0.00	¥3,884.25			
10	¥0.00	¥3,486.00			
11	¥57.00	¥5,416.50			
12	¥0.00	¥3,437.75			
13	¥0.00	¥3,934.25			

图8-16

STEP 3 绘制好后，会打开“指定宏”对话框，在“宏名”列表框中选择要执行的宏❶，单击“确定”按钮❷，如图 8-17 所示。

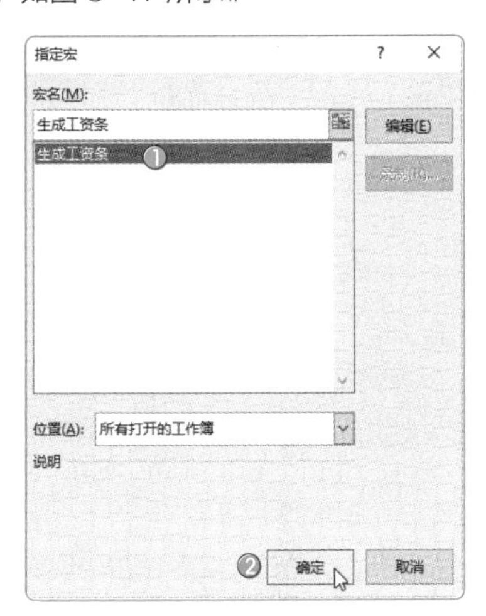

图8-17

STEP 4 当窗体按钮呈编辑状态时，单击该按钮，将光标插入按钮中，将标签更改为“生成工资条”，如图 8-18 所示。完成后单击按钮外的任意区域，即可结束对按钮的编辑。

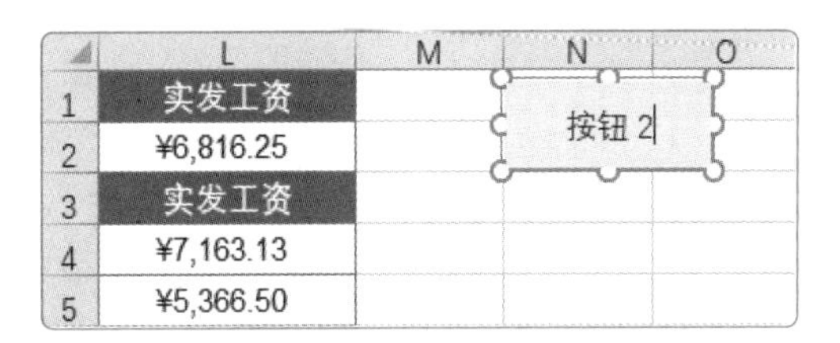

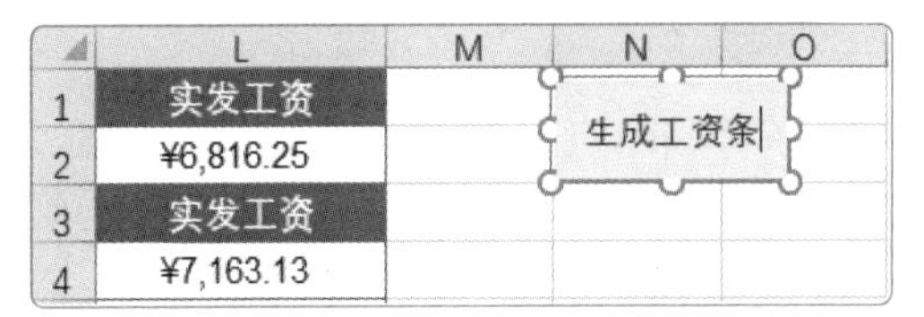

图8-18

STEP 5 选择 A3 单元格，单击“生成工资条”按钮，即可执行宏。每单击一次按钮，就可以执行一次宏操作，如图 8-19 所示。

	A	B	C	D	E	F	G	H	I	J	K	L	M	N	O
1	工号	姓名	所属部门	职务	基本工资	津贴	满勤奖	缺勤扣款	应发工资	保险扣款	代扣个人所得税	实发工资		生成工资条	
2	ST001	杨旭	财务部	经理	¥7,000.00	¥1,750.00	¥0.00	¥150.00	¥8,600.00	¥1,618.75	¥165.00	¥6,816.25			
3	工号	姓名	所属部门	职务	基本工资	津贴	满勤奖	缺勤扣款	应发工资	保险扣款	代扣个人所得税	实发工资			
4	ST002	李可	销售部	经理	¥7,500.00	¥1,875.00	¥0.00	¥250.00	¥9,125.00	¥1,734.38	¥227.50	¥7,163.13			
5	ST003	刘佳	人事部	主管	¥6,000.00	¥900.00	¥0.00	¥200.00	¥6,700.00	¥1,276.50	¥57.00	¥5,366.50			
6	ST004	赵璇	办公室	员工	¥4,500.00	¥450.00	¥300.00	¥0.00	¥5,250.00	¥915.75	¥0.00	¥4,334.25			
7	ST005	徐蚌	人事部	员工	¥4,500.00	¥450.00	¥0.00	¥50.00	¥4,900.00	¥915.75	¥0.00	¥3,984.25			

	A	B	C	D	E	F	G	H	I	J	K	L	M	N	O
1	工号	姓名	所属部门	职务	基本工资	津贴	满勤奖	缺勤扣款	应发工资	保险扣款	代扣个人所得税	实发工资		生成工资条	
2	ST001	杨旭	财务部	经理	¥7,000.00	¥1,750.00	¥0.00	¥150.00	¥8,600.00	¥1,618.75	¥165.00	¥6,816.25			
3	工号	姓名	所属部门	职务	基本工资	津贴	满勤奖	缺勤扣款	应发工资	保险扣款	代扣个人所得税	实发工资			
4	ST002	李可	销售部	经理	¥7,500.00	¥1,875.00	¥0.00	¥250.00	¥9,125.00	¥1,734.38	¥227.50	¥7,163.13			
5	工号	姓名	所属部门	职务	基本工资	津贴	满勤奖	缺勤扣款	应发工资	保险扣款	代扣个人所得税	实发工资			
6	ST003	刘佳	人事部	主管	¥6,000.00	¥900.00	¥0.00	¥200.00	¥6,700.00	¥1,276.50	¥57.00	¥5,366.50			
7	ST004	赵璇	办公室	员工	¥4,500.00	¥450.00	¥300.00	¥0.00	¥5,250.00	¥915.75	¥0.00	¥4,334.25			

	A	B	C	D	E	F	G	H	I	J	K	L	M	N	O
1	工号	姓名	所属部门	职务	基本工资	津贴	满勤奖	缺勤扣款	应发工资	保险扣款	代扣个人所得税	实发工资		生成工资条	
2	ST001	杨旭	财务部	经理	¥7,000.00	¥1,750.00	¥0.00	¥150.00	¥8,600.00	¥1,618.75	¥165.00	¥6,816.25			
3	工号	姓名	所属部门	职务	基本工资	津贴	满勤奖	缺勤扣款	应发工资	保险扣款	代扣个人所得税	实发工资			
4	ST002	李可	销售部	经理	¥7,500.00	¥1,875.00	¥0.00	¥250.00	¥9,125.00	¥1,734.38	¥227.50	¥7,163.13			
5	工号	姓名	所属部门	职务	基本工资	津贴	满勤奖	缺勤扣款	应发工资	保险扣款	代扣个人所得税	实发工资			
6	ST003	刘佳	人事部	主管	¥6,000.00	¥900.00	¥0.00	¥200.00	¥6,700.00	¥1,276.50	¥57.00	¥5,366.50			
7	工号	姓名	所属部门	职务	基本工资	津贴	满勤奖	缺勤扣款	应发工资	保险扣款	代扣个人所得税	实发工资			
8	ST004	赵璇	办公室	员工	¥4,500.00	¥450.00	¥300.00	¥0.00	¥5,250.00	¥915.75	¥0.00	¥4,334.25			
9	工号	姓名	所属部门	职务	基本工资	津贴	满勤奖	缺勤扣款	应发工资	保险扣款	代扣个人所得税	实发工资			
10	ST005	徐蚌	人事部	员工	¥4,500.00	¥450.00	¥0.00	¥50.00	¥4,900.00	¥915.75	¥0.00	¥3,984.25			

图8-19

8.1.5 查看和编辑宏

录制宏的代码经过编辑加工便可成为应用程序的一部分或可以调用的子程序。查看和编辑宏的方法如下。

在“开发工具”选项卡中单击“宏”按钮或直接按【Alt+F8】组合键打开“宏”对话框，选择需要编辑的宏❶，单击“编辑”按钮❷，如图8-20所示。系统随即会打开VBE，在代码窗口中可查看详细的宏代码并可以对这些代码进行编辑，如图8-21所示。

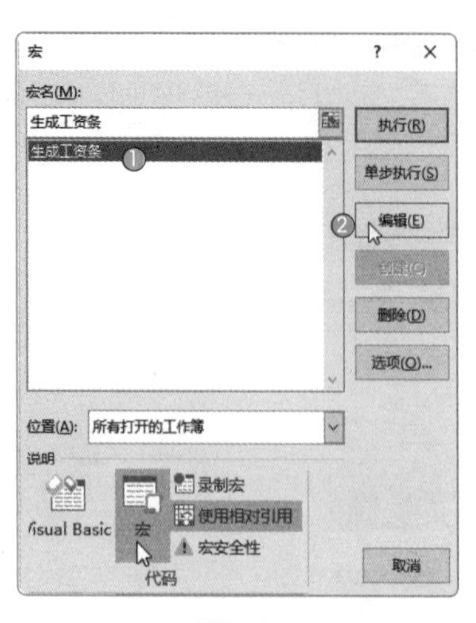

图8-20

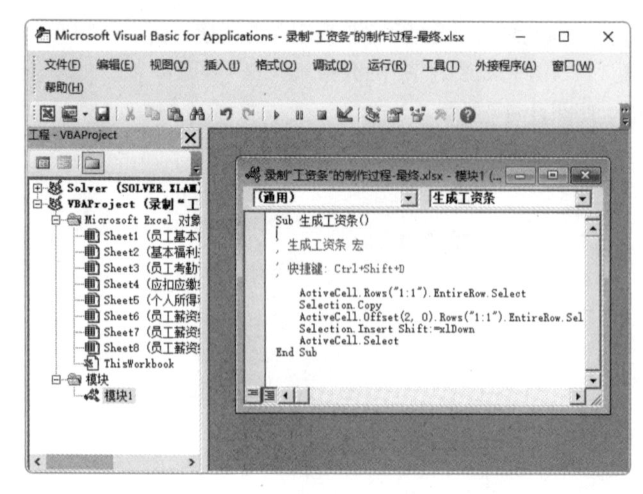

图8-21

一般情况下，新录制的宏保存在“模块1”中。若有很多模块，又不知道录制的宏保存在哪个模块中，用户可以双击各个模块进行查看。

8.2 VBA 的基本编程步骤

VBA是一种用于自动完成指定任务的编程语言，也是建立在Office中的一种应用程序开发工具。下面将对VBA编程环境、VBA的基本编程步骤进行简单介绍。

8.2.1 认识 VBA 编程环境

在正式学习VBA编程之前，需要先了解VBA的编程环境，也就是VBE。VBE是Visual Basic编辑器，是编写VBA程序的地方。打开VBE的方法有很多，常用的是按【Alt+F11】组合键或在“开发工具”选项卡中单击“Visual Basic”按钮，如图8-22所示。

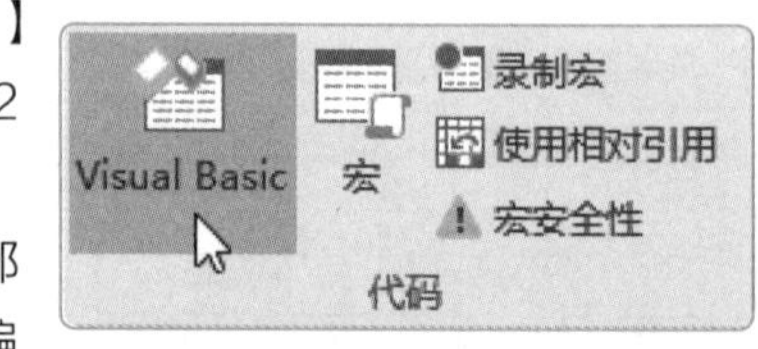

图8-22

在默认状态下，打开的VBE由菜单栏、工具栏和工程资源管理器等部分组成，用户可以通过单击“视图”按钮，在展开的列表中根据需要向编辑器中添加其他窗口，如图8-23所示。

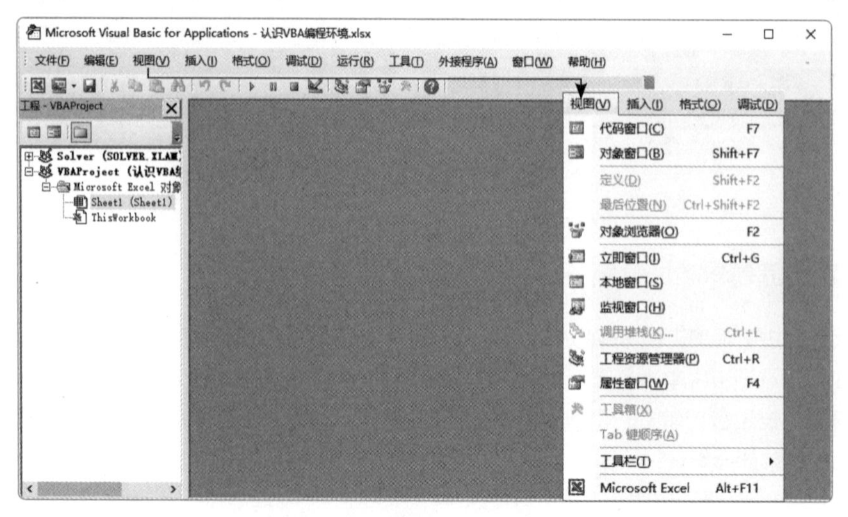

图8-23

下面将对VBE的各个组成部分进行说明，如图8-24所示。

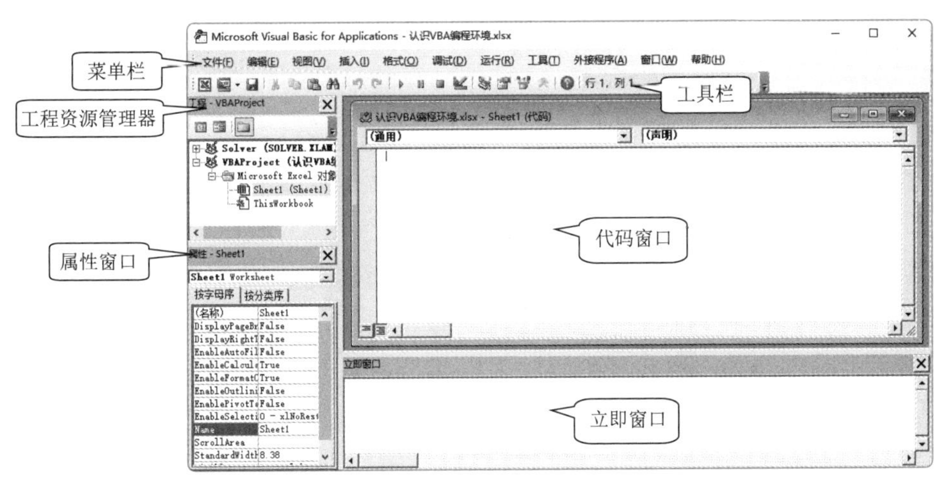

图8-24

1. 菜单栏

VBE的菜单栏与Excel的功能区类似，其包含VBE中各种组件需使用的命令，如图8-25所示。

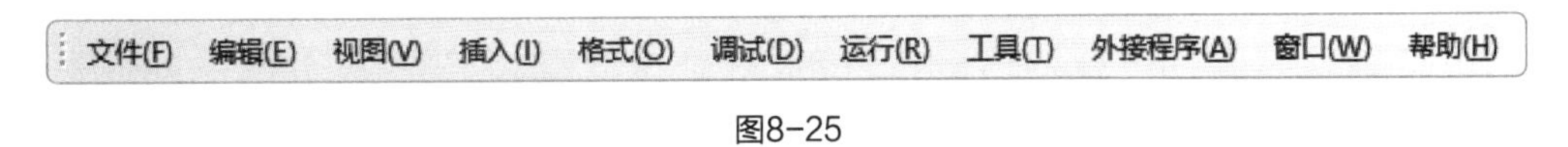

图8-25

2. 工具栏

工具栏包含常用编辑工具的快捷方式，如保存、复制、粘贴、撤销、运行、中断、查找等，如图8-26所示。

图8-26

3. 工程资源管理器

用户在工程资源管理器中可以看到所有打开的Excel工作簿和已加载的加载宏，一个Excel的工作簿就是一个工程，工程名称为"VBAProject（工作簿名称）"。工程资源管理器中最多可以显示工程中的4类对象，即Excel对象、窗体对象、模块对象和类模块对象。但并不是所有工程中都包含这些对象，新建的Excel文件只有Excel对象，如图8-27所示。

4. 属性窗口

用户可以在属性窗口中查看或设置对象的属性，如图8-28所示。

图8-27

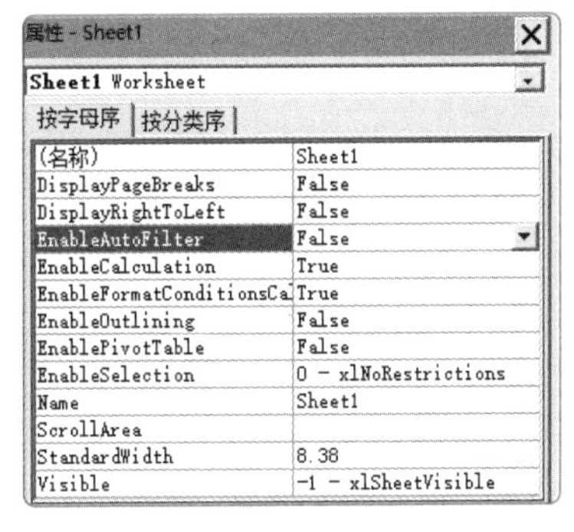

图8-28

5. 代码窗口

代码窗口主要用于编写、显示VBA代码，如图8-29所示。打开各模块的代码窗口后，用户可以查看不同窗体或模块中的代码，并且可以在它们之间做复制、粘贴操作。

6. 立即窗口

在立即窗口中直接输入代码，按【Enter】键，将显示代码运行后的结果，如图8-30所示。立即窗口的一个很重要的用途是调试代码。

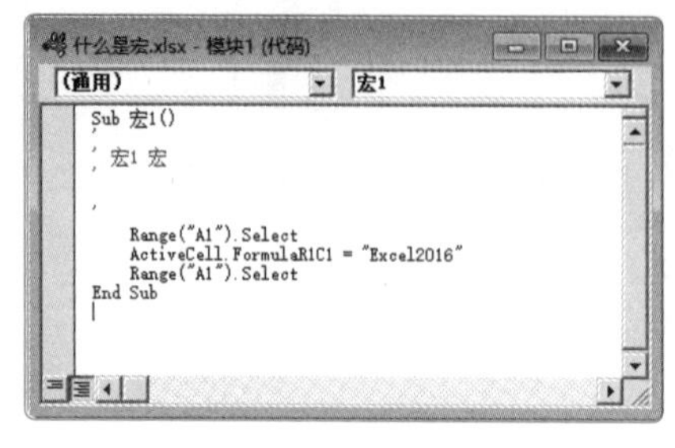

图8-29

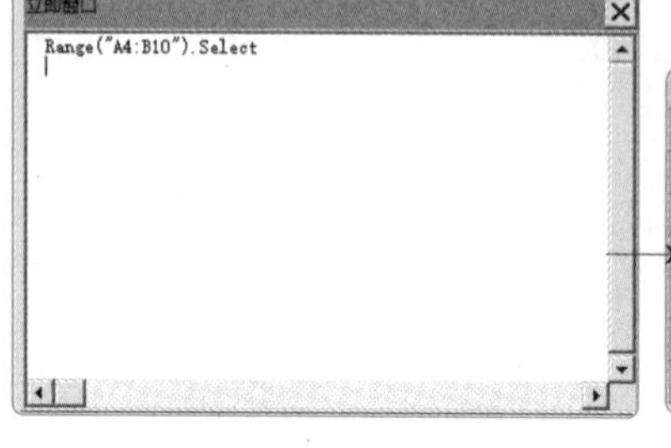

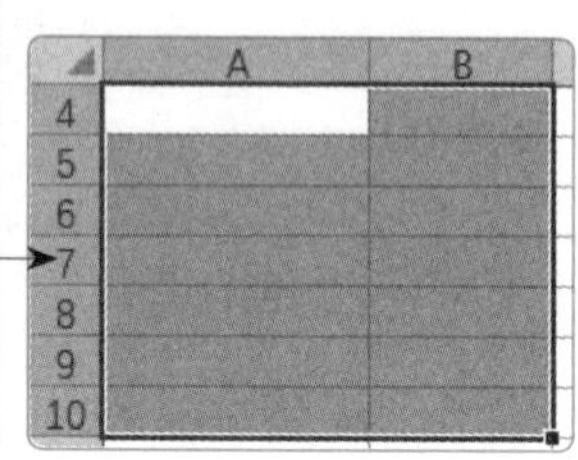

图8-30

8.2.2 编写 VBA 代码

认识VBA的编程环境后，用户可以在代码窗口中手动编写一些简单的代码来解决日常工作中的问题。

[实操8-3] 保护所有的工作表

[实例资源] 第8章\例8-3.xlsx

用户如果想要对当前工作簿中的所有工作表进行保护，则可以编写相关的VBA代码。下面将介绍具体的操作方法。

STEP 1 选择任意一个工作表，按【Alt+F11】组合键，打开VBE，在代码窗口中输入代码，如图8-31所示。

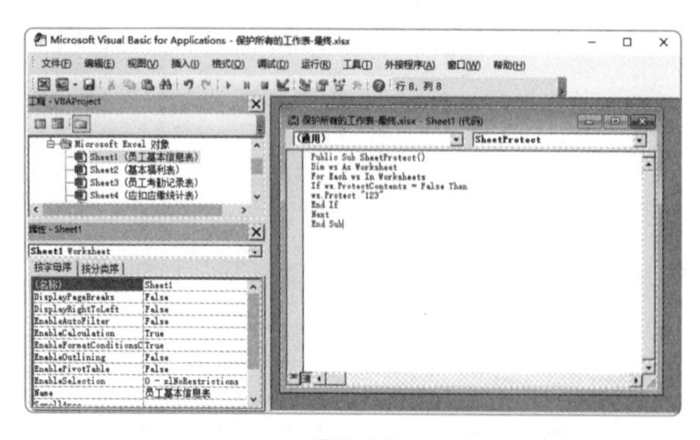

图8-31

STEP 2 单击工具栏中的▸按钮或按【F5】键运行程序，然后关闭VBE。当用户想要修改任何工作表中的数据时，Excel都会弹出提示“若要进行更改，请取消工作表保护……”，如图8-32所示。

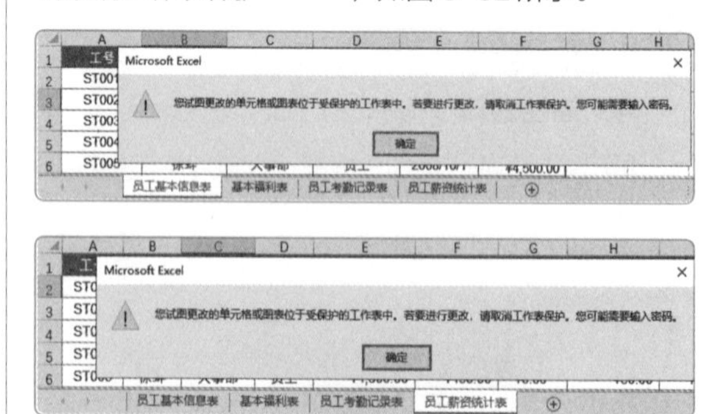

图8-32

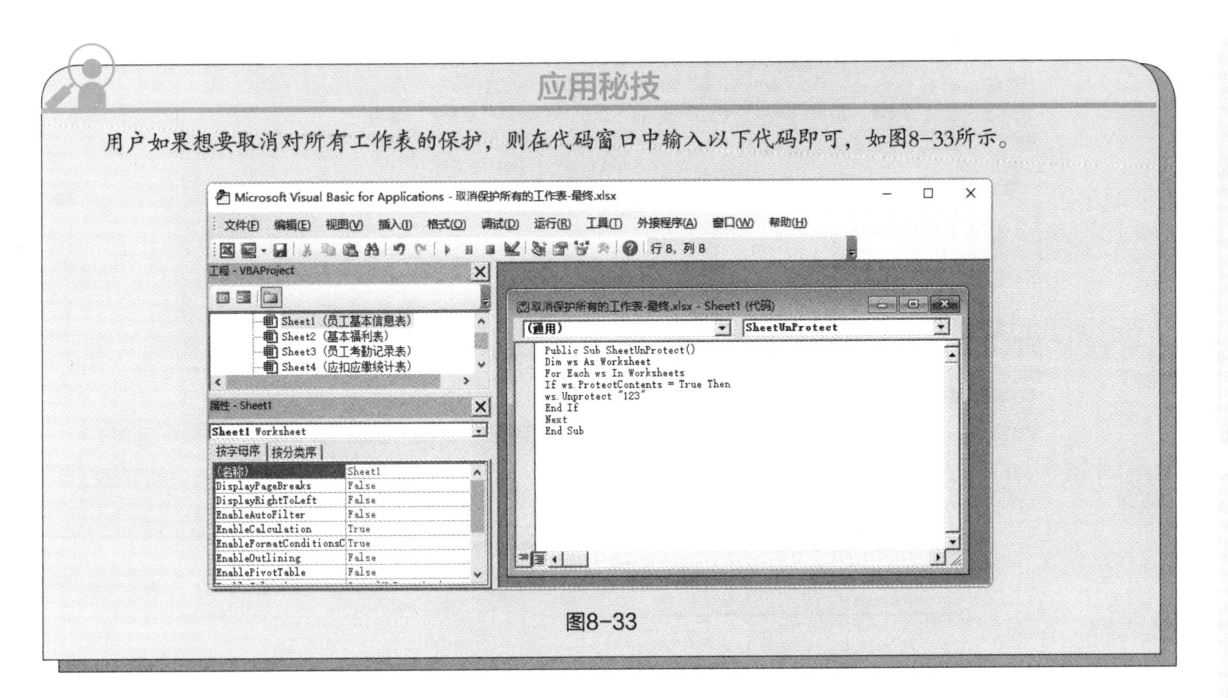

应用秘技

用户如果想要取消对所有工作表的保护，则在代码窗口中输入以下代码即可，如图8-33所示。

图8-33

8.2.3 使用控件运行 VBA 程序

控件是在用户与Excel交互时用于输入数据或操作数据的对象。在Excel中有“表单控件”和“ActiveX控件”两种。对于一些频繁使用的操作，用户可以使用控件来运行VBA程序。

[实操8-4] 快速插入行

[实例资源] 第8章\例8-4.xlsx

微课视频

用户需要在工作表中插入多个行时，可以使用命令按钮来运行插入行程序。下面将介绍具体的操作方法。

STEP 1 在“开发工具”选项卡中单击“插入”下拉按钮①，从列表中选择“命令按钮(ActiveX 控件)”选项②，如图 8-34 所示。

图8-34

STEP 2 在合适的位置上拖曳鼠标绘制命令按钮，如图 8-35 所示。

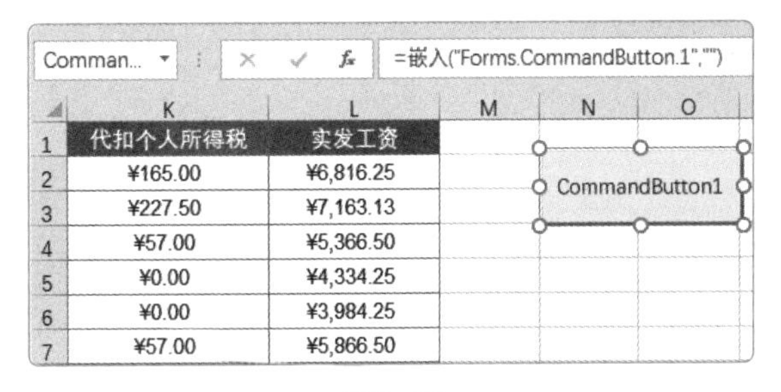

	K	L	M	N	O
1	代扣个人所得税	实发工资			
2	¥165.00	¥6,816.25			
3	¥227.50	¥7,163.13			
4	¥57.00	¥5,366.50			
5	¥0.00	¥4,334.25			
6	¥0.00	¥3,984.25			
7	¥57.00	¥5,866.50			

图8-35

STEP 3 双击命令按钮，打开 VBE，在代码窗口中输入代码，如图 8-36 所示。输入后，关闭 VBE。

STEP 4 在“开发工具”选项卡中单击“属性”按钮①，打开“属性”窗格。通过设置“BackColor”②及“Caption”属性③，可修改控件的颜色和标签名称，如图 8-37 所示。

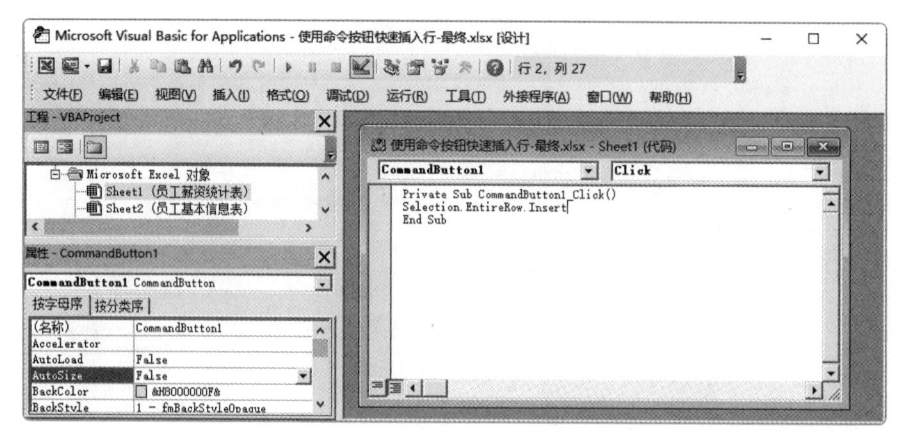

图8-36

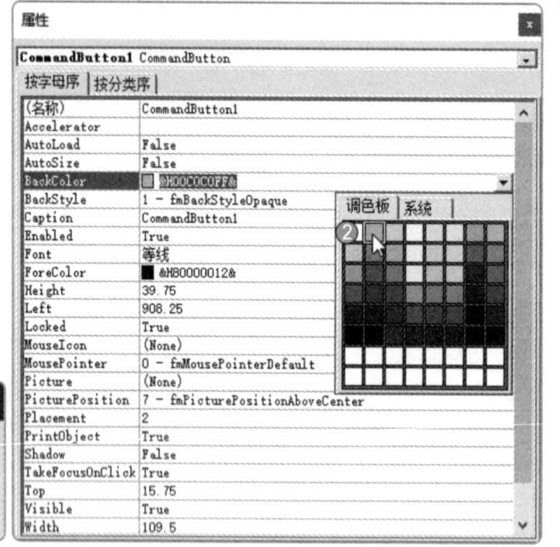

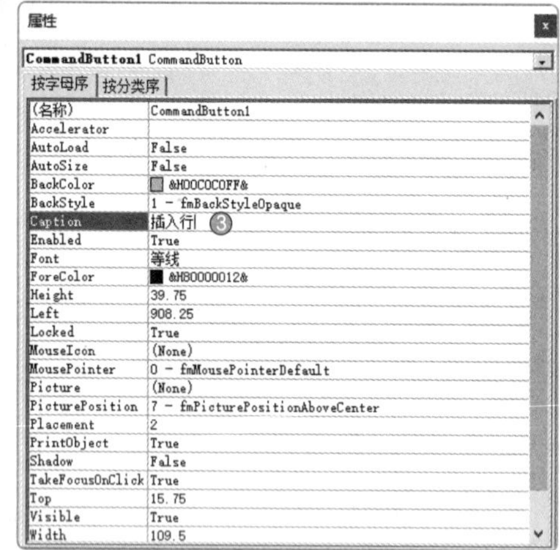

图8-37

STEP 5 在“开发工具”选项卡中单击“设计模式”按钮，退出设计模式，如图 8-38 所示。

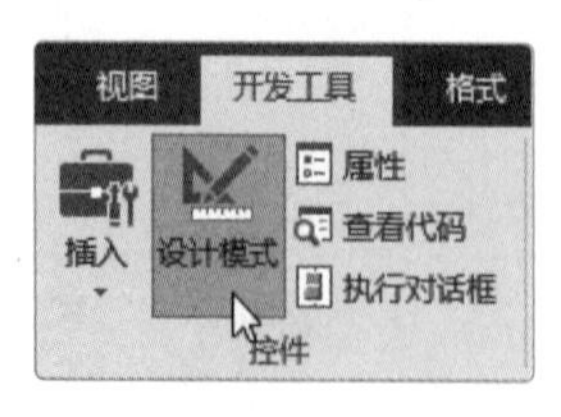

图8-38

STEP 6 选择工作表的第3行，单击“插入行”按钮，即可在第 3 行上方插入一行，如图 8-39 所示。

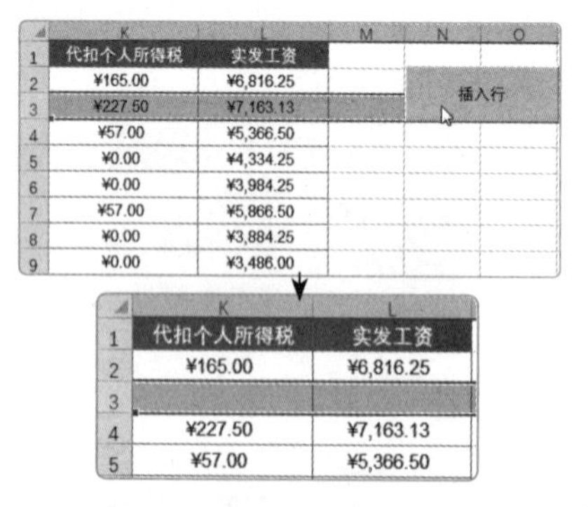

图8-39

8.3 窗体和控件

用户窗体是Excel中的UserForm对象，用户可以在窗体上自由添加ActiveX控件。下面将对窗体及控件的应用进行介绍。

8.3.1 创建窗体

微课视频

创建窗体的方法其实很简单，用户可以通过以下两种方法创建。

方法一：利用列表选项创建窗体

按【Alt+F11】组合键，打开VBE，单击“插入”按钮①，从列表中选择“用户窗体”选项②，窗口中随即插入一个用户窗体，窗体默认名称为UserForm1，如图8-40所示。

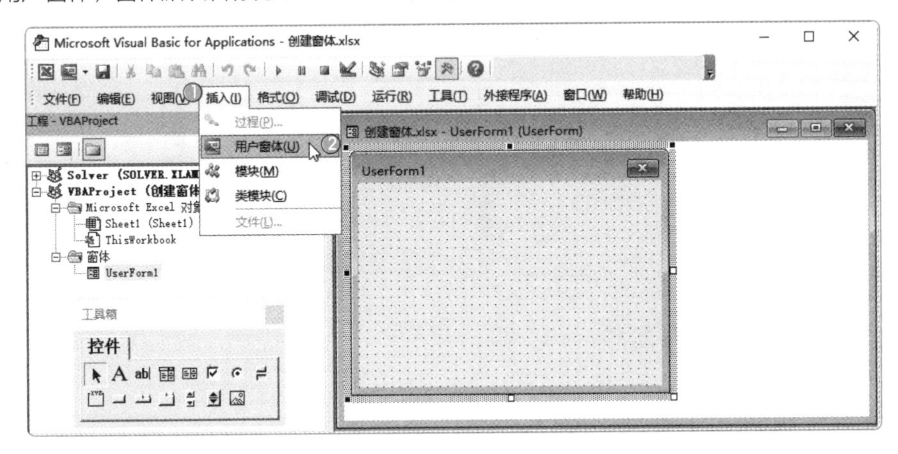

图8-40

方法二：利用右键菜单创建窗体

按【Alt+F11】组合键，打开VBE，在工程资源管理器中空白处单击鼠标右键，从弹出的快捷菜单中选择“插入”命令①，并选择“用户窗体”命令即可②，如图8-41所示。

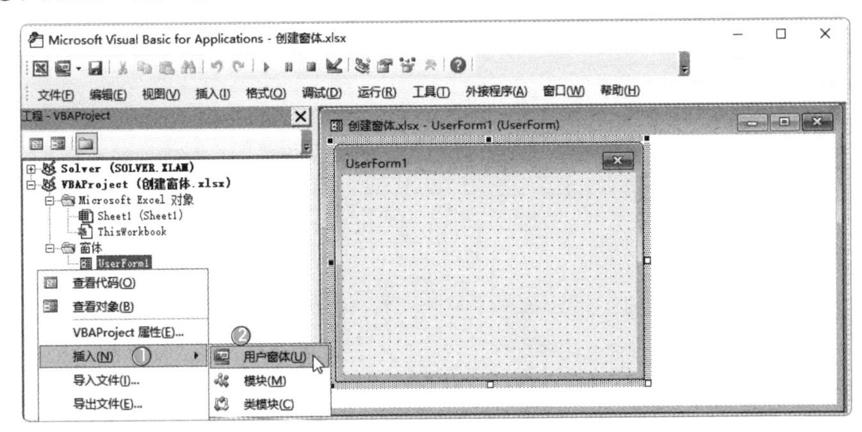

图8-41

8.3.2 设置窗体属性

作为对象，用户窗体也有自己的属性。窗体属性的设置，即对标题名称、字体、颜色、背景等的设置。

[实操8-5] 为窗体设置背景图片

[实例资源] 第8章\例8-5.xlsx

新窗体所有属性的值都是默认的，用户可以在“属性”窗格中对其进行重新设置。下面将介绍具体的操作方法。

STEP 1 选中窗体，在“属性”窗格中找到“Caption”①，将“UserForm1”修改成“入库登记”②，即可完成窗体的标题名称设置，如图8-42所示。

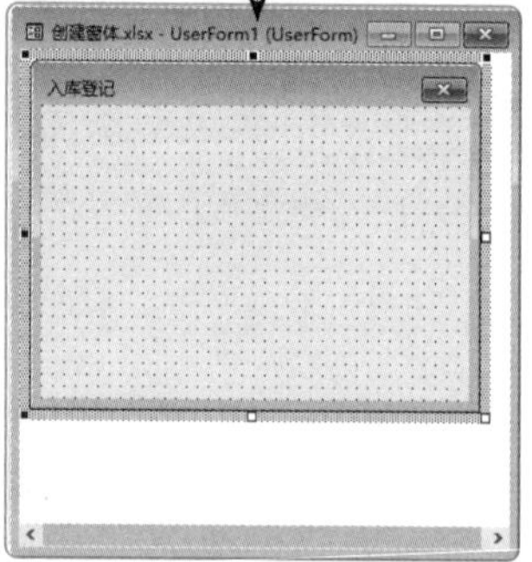

图8-42

STEP 2 找到“Picture”，单击其值右侧的...按钮，如图8-43所示。打开“加载图片”对话框，从中选择合适的图片①，单击“打开”按钮②，即可将这张图片设置成窗体的背景，如图8-44所示。

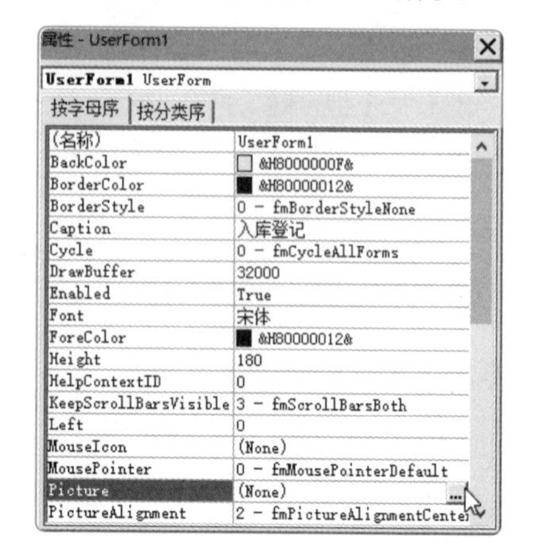

图8-43

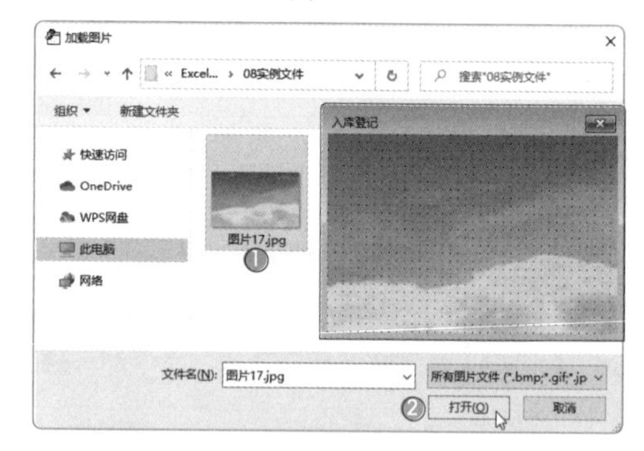

图8-44

应用秘技

想将窗体设置为何种样式，就在“属性”窗格中修改对应的属性。为了便于查询，VBE允许用户按不同的排序方式查看对象的属性，如图8-45所示。

如果用户对属性列表中某个属性不太熟悉，选中属性名称，按【F1】键，即可查看关于它的帮助信息，如图8-46所示。

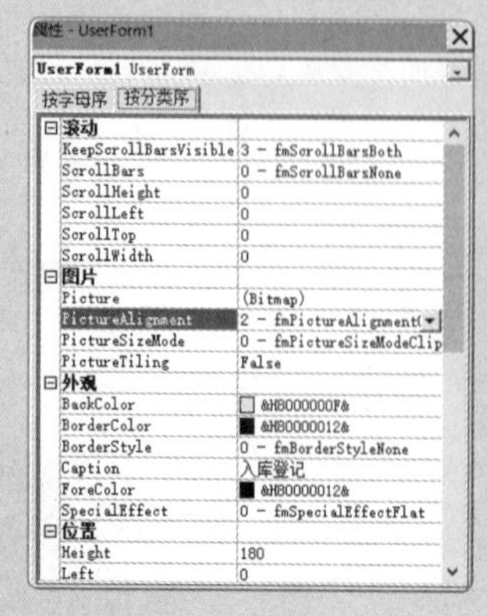

图8-45

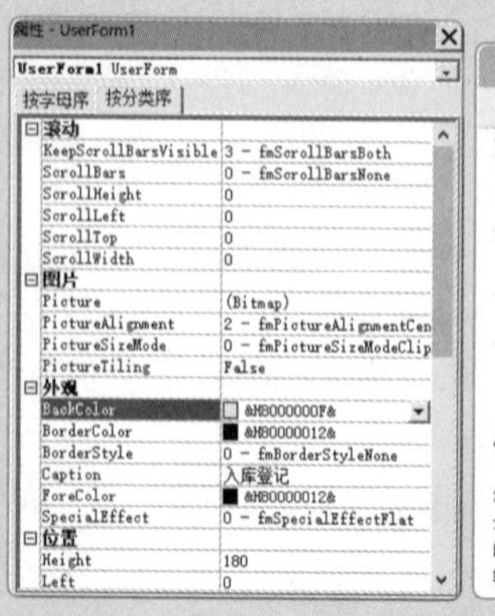

图8-46

8.3.3 在窗体上添加控件

新插入的窗体只是一个空白的对话框。要想达到同用户交互的目的，需要往窗体上添加不同的控件。用户通过“工具箱”可以向窗体中添加控件。

[实操8-6] 添加入库登记控件

[实例资源] 第8章\例8-6.xlsx

“工具箱”中包含标签、文本框、命令按钮、复选框等控件的按钮，用户可以根据需要在窗体上添加控件。

STEP 1 在“工具箱”中单击“标签”按钮①，将鼠标指针移动到窗体上，按住鼠标左键不放，拖曳鼠标即可绘制标签控件②，如图 8-47 所示。

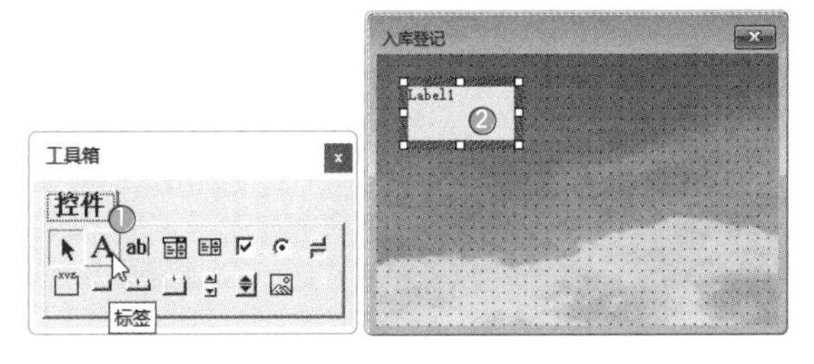

图8-47

STEP 2 单击“文本框”按钮①，在窗体上绘制文本框控件，并调整控件的大小和位置②，如图 8-48 所示。

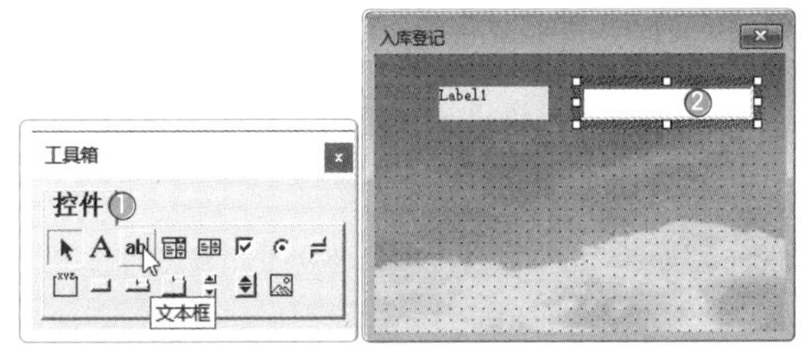

图8-48

STEP 3 按照上述方法，绘制多个标签控件和文本框控件，如图 8-49 所示。

STEP 4 在“工具箱”中单击“命令按钮”按钮①，绘制两个命令按钮控件②，如图 8-50 所示。

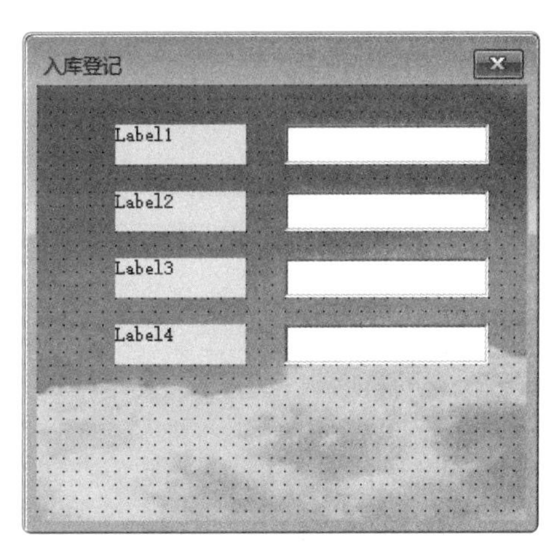

图8-49

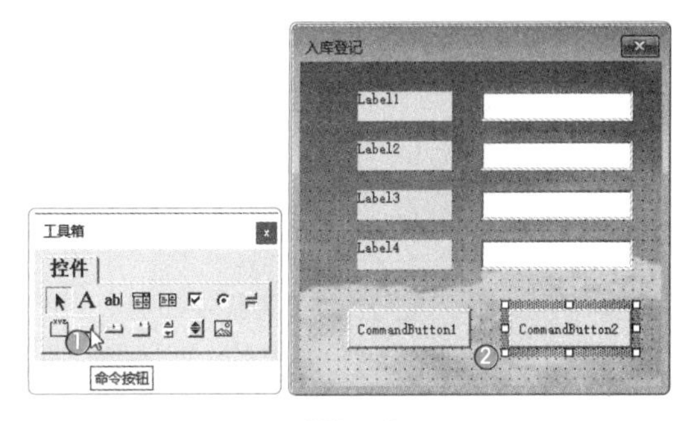

图8-50

STEP 5 控件添加完成后，通过设置属性可改变标签控件的外观及标签名称。选中左上角的标签控件，在“属性”窗格中设置“BackStyle”“Caption”“Font”属性，如图 8-51 所示。此时，可以看到已将所选标签设置成背景为透明的、标签名称为“入库单号”、字体为“微软雅黑”，如图 8-52 所示。

图8-51

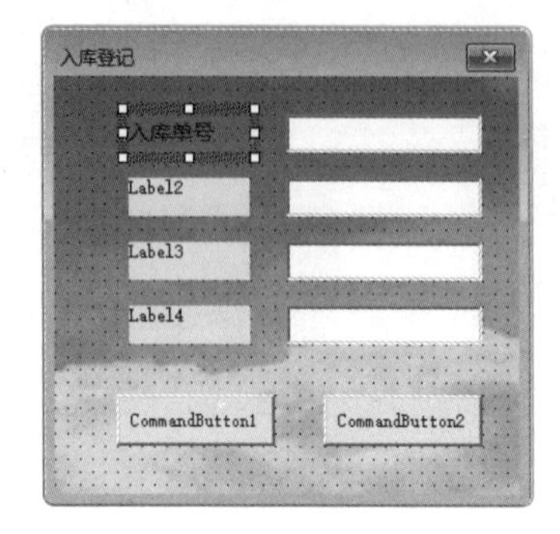

图8-52

STEP 6 参照 STEP 5 设置其他控件的属性，如图 8-53 所示。

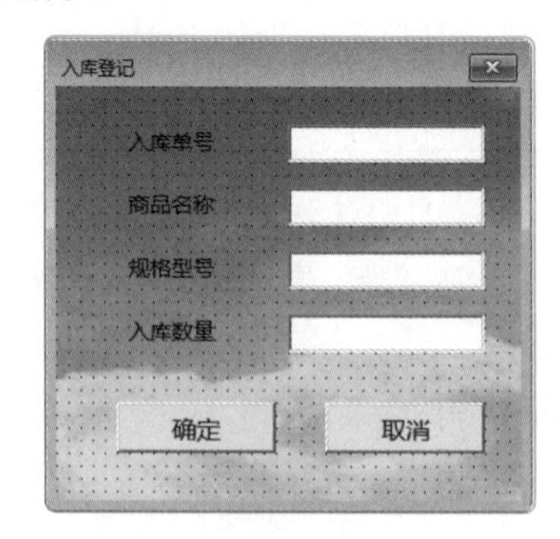

图8-53

应用秘技

通常插入窗体后，VBE会自动显示“工具箱”。若关闭了“工具箱”，用户可通过“视图”列表中的“工具箱”选项将其打开。

8.3.4 为窗体及其控件编写事件过程

窗体和窗体上的控件作为对象，都有不同的事件。想让窗体真正工作起来，应为窗体及其控件编写相应的事件过程。

[实操8-7] 通过“入库登记”窗体输入数据

[实例资源] 第8章\例8-7.xlsx

窗体界面制作完成后还需要为其中的两个命令按钮设置Click事件，这样才能完成窗体与工作表之间的数据交换。

STEP 1 双击“命令按钮”控件，打开代码窗口，输入代码，如图 8-54 所示。

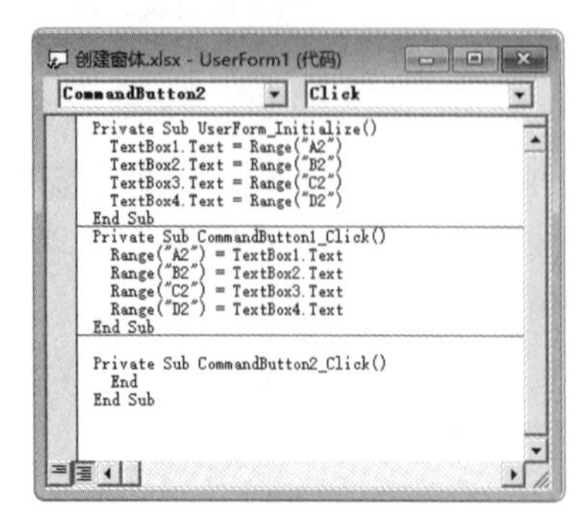

图8-54

STEP 2 单击“插入”按钮①，选择“模块”选项②，插入一个模块③，然后在该模块中输入启用窗体的代码④，如图 8-55 所示。

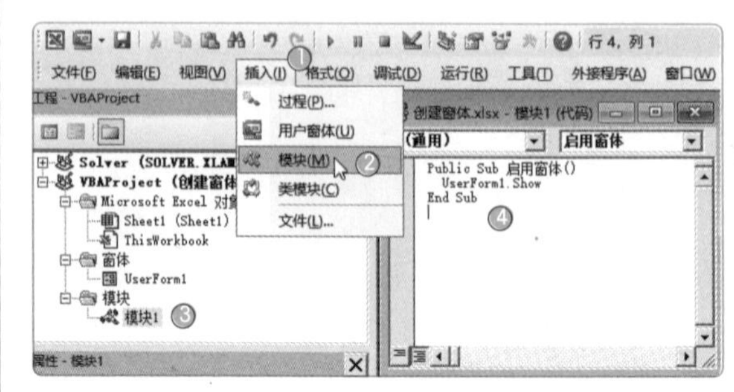

图8-55

STEP 3 按【F5】键运行代码，工作表中即可显示出“入库登记”窗体。在窗体中的 4 个文本框中输入内容，单击“确定”按钮，即可将这些内容输入单元格中，如图 8-56 所示。

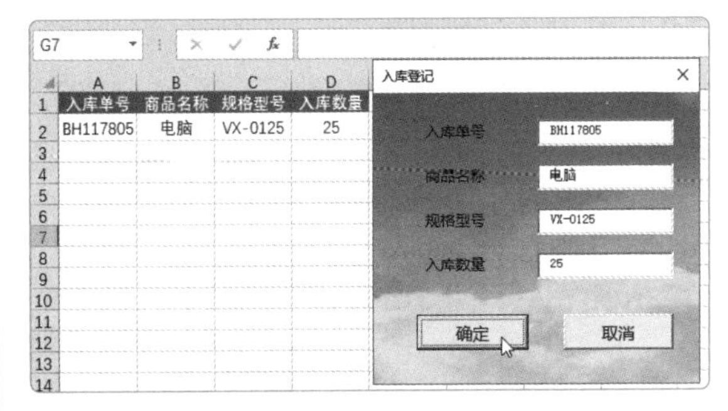

图8-56

实战演练

提取部门人员信息

本章实战演练将运用前面所介绍的知识提取部门人员信息，以帮助用户熟练掌握宏与VBA的使用。

1. 案例效果

微课视频

本章实战演练为提取部门人员信息，最终效果如图8-57所示。

	A	B	C	D	E
1	部门	人员		部门	详细人员
2	人事部	刘佳		人事部	刘佳、张玉、王学、李楠
3	保安部	赵璇		保安部	赵璇、文雅、孙杨
4	技术部	王晓		技术部	王晓、刘涛、陈珂、周丽
5	人事部	张玉			
6	人事部	王学			
7	保安部	文雅			
8	技术部	刘涛			
9	技术部	陈珂			
10	人事部	李楠			
11	保安部	孙杨			
12	技术部	周丽			

图8-57

2. 操作思路

了解代码的编写、数组的应用，下面将进行简单介绍。

STEP 1 打开 VBE，插入模块，并输入代码，如图 8-58 所示。

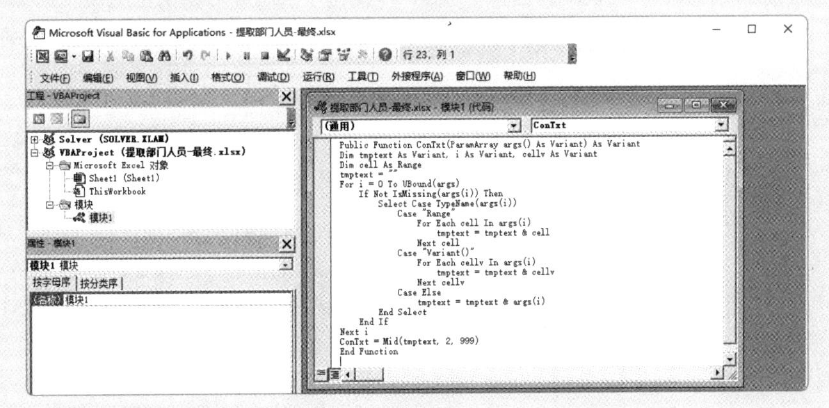

图8-58

STEP 2 在E2单元格中输入公式“{=contxt(IF(A$2:A12=D2,"、"&B$2:B12,""))}”，按【Ctrl+Shift+Enter】组合键确认，如图 8-59 所示。

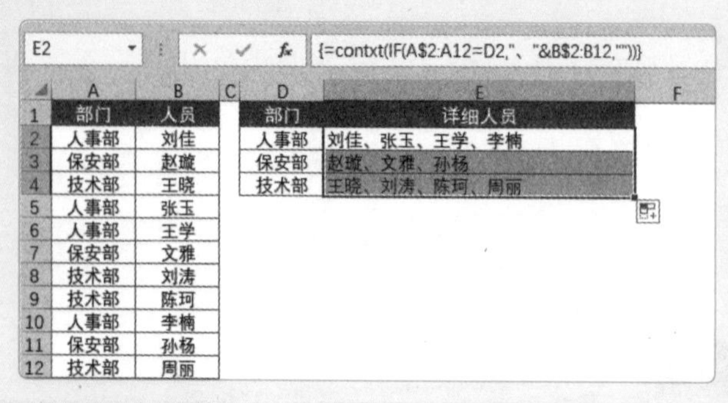

	A	B	C	D	E
1	部门	人员		部门	详细人员
2	人事部	刘佳		人事部	刘佳、张玉、王学、李楠
3	保安部	赵璇		保安部	赵璇、文雅、孙杨
4	技术部	王晓		技术部	王晓、刘涛、陈珂、周丽
5	人事部	张玉			
6	人事部	王学			
7	保安部	文雅			
8	技术部	刘涛			
9	技术部	陈珂			
10	人事部	李楠			
11	保安部	孙杨			
12	技术部	周丽			

图8-59

疑难解答

Q：如何删除录制的宏?

A：打开VBE，找到保存要删除宏的模块①，打开代码窗口，选择该宏的全部代码②，按【Delete】键即可，如图8-60所示。

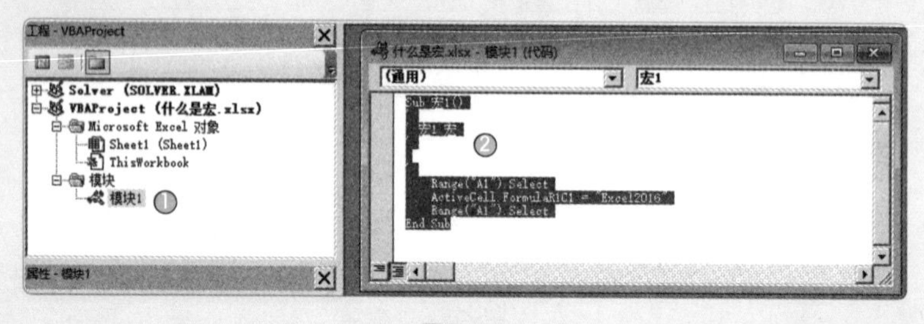

图8-60

Q：如何保存有宏代码的工作簿?

A：有宏代码的工作簿必须保存为“Excel启用宏的工作簿(*.xlsm)”类型，其扩展名为“.xlsm”。单击“文件”选项卡，选择“另存为”选项①，选择“浏览”选项②，如图8-61所示。打开“另存为”对话框，将“保存类型”设置为“Excel启用宏的工作簿(*.xlsm)”①，单击“保存”按钮即可②，如图8-62所示。

图8-61

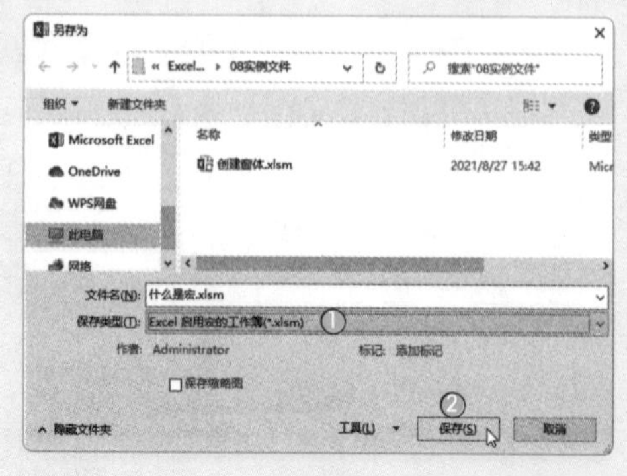

图8-62

Q：如何改变窗体大小？

A：改变窗体的大小要使用窗体的“Width”属性①和“Height”属性②。“Width”属性用于设置窗体的宽度，“Height”属性用于设置窗体的高度，如图8-63所示。

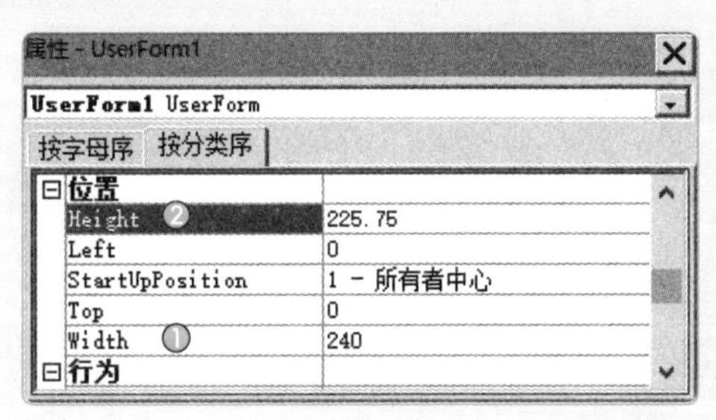

图8-63

Q：如何启用或禁用所有宏？

A：单击“文件”选项卡，在“更多...”选项中单击“选项”选项，打开“Excel选项”对话框，单击“信任中心”选项①，单击“信任中心设置”按钮②，如图8-64所示。在随后弹出的“信任中心”对话框中打开“宏设置”界面，用户可根据需要在“宏设置”组中选择禁用或启用所有宏，如图8-65所示。

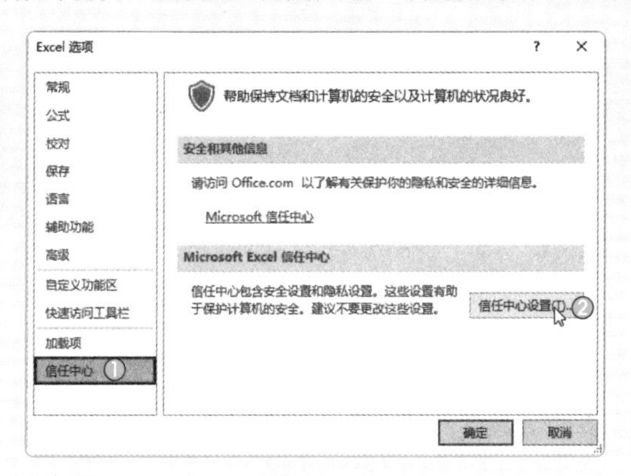

图8-64

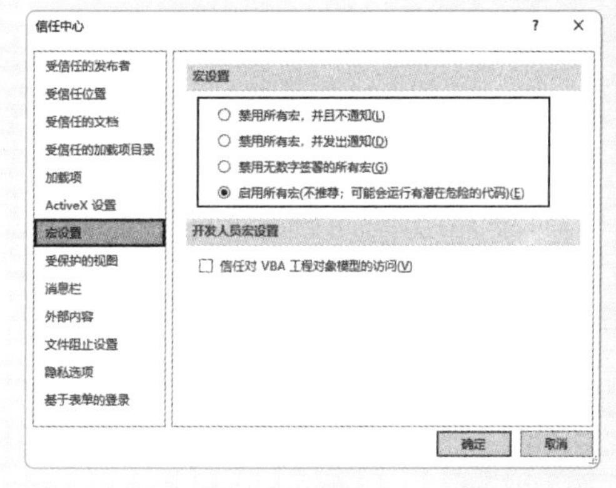

图8-65

实战案例篇

第 9 章

Excel 自动化报表

使用 Power Query 和 Power Pivot 可以自动获取报表中的数据，并快速处理与分析海量且复杂的数据，方便、快捷，真正实现 Excel 自动化操作。本章将对 Power Query 和 Power Pivot 的基础操作进行简单介绍。

9.1 Power Query 的基础操作

Power Query的缩写为PQ，它通常用来获取数据、转换数据、处理数据等。下面将对其基础操作进行介绍。

9.1.1 转换表结构

Power Query从Excel 2016开始，已经不仅是插件，而是被内嵌到Excel中，成为一个功能模块。用户只需单击“数据”选项卡中“获取和转换”选项组中的按钮即可使用，如图9-1所示。

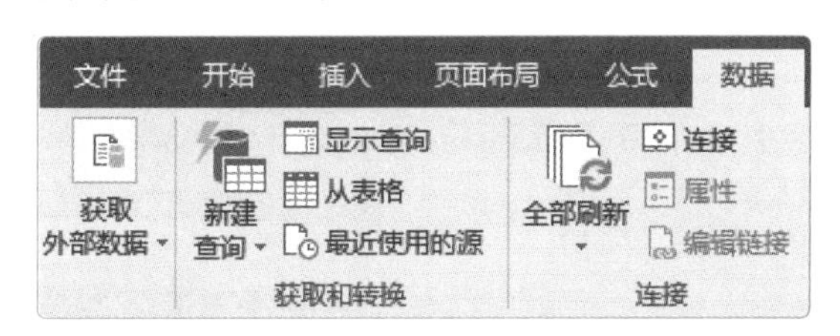

图9-1

应用秘技

Power Query可以用来获取数据，其支持从Excel工作簿、CSV、XML、文本等类型的文件中导入数据。

[实操9-1] 将二维表转换为一维表

[实例资源] 第9章\例9-1.xlsx

微课视频

二维表的特点是根据行、列来确定具体的内容。若将二维表转换为一维表，则需要把二维表中的具体内容转换为类别字段。下面将介绍如何将二维表转换为一维表。

STEP 1 选择数据区域中任意单元格①，在“数据”选项卡中单击“从表格”按钮②，如图9-2所示。

	A	B	C	D	E
1	姓名	基本工资	岗位工资	工龄工资	提成工资
2	刘佳	3,500	800	1,000	800
3	赵宣	5,000	600	1,500	1,200
4	王晓	3,500	200	900	900
5	刘稳	2,500	300	700	600
6	李琦	3,000	500	1,200	900
7	徐蚌	6,000	800	1,500	700
8	张丽	3,000	700	1,000	600
9	孙杨	2,500	300	600	500

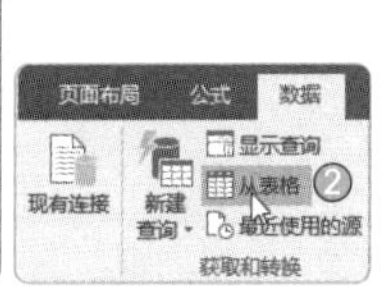

图9-2

STEP 2 打开“创建表”对话框，直接单击“确定”按钮，即可启动查询编辑器并加载数据，如图9-3所示。

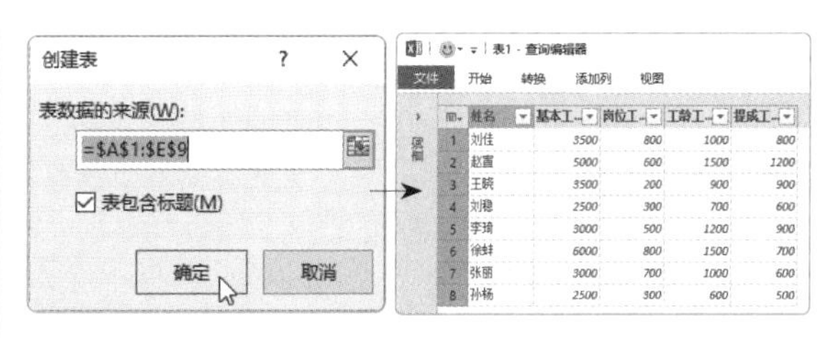

图9-3

STEP 3 选中所有需要作为类别字段的列，这里选择除姓名外的所有列①，然后单击“转换”选项卡中的“逆透视列”按钮②，如图9-4所示。

	姓名	基本工...	岗位工...	工龄工...	提成工...
1	刘佳	3500	800	1000	800
2	赵宣	5000	600	1500	1200
3	王晓	3500	200	900	900
4	刘稳	2500	300	700	600
5	李琦	3000	500	1200	900
6	徐蚌	6000	800	1500	700

图9-4

STEP 4 这时即可得到一个表格，如图 9-5 所示。

	姓名	属性	值
1	刘佳	基本工资	3500
2	刘佳	岗位工资	800
3	刘佳	工龄工资	1000
4	刘佳	提成工资	800
5	赵宣	基本工资	5000
6	赵宣	岗位工资	600
7	赵宣	工龄工资	1500
8	赵宣	提成工资	1200
9	王晓	基本工资	3500
10	王晓	岗位工资	200
11	王晓	工龄工资	900

图9-5

STEP 5 在“开始”选项卡中单击“关闭并上载”按钮，即可得到一维表，如图 9-6 所示。

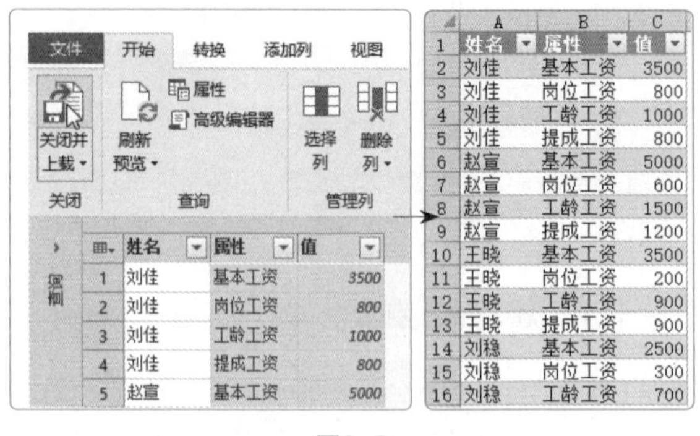

	A	B	C
1	姓名	属性	值
2	刘佳	基本工资	3500
3	刘佳	岗位工资	800
4	刘佳	工龄工资	1000
5	刘佳	提成工资	800
6	赵宣	基本工资	5000
7	赵宣	岗位工资	600
8	赵宣	工龄工资	1500
9	赵宣	提成工资	1200
10	王晓	基本工资	3500
11	王晓	岗位工资	200
12	王晓	工龄工资	900
13	王晓	提成工资	900
14	刘稳	基本工资	2500
15	刘稳	岗位工资	300
16	刘稳	工龄工资	700

图9-6

STEP 6 在“表格工具－设计”选项卡中单击“转换为区域”按钮①，将表格转换为普通区域，然后修改标题名称即可②，如图 9-7 所示。

	A	B	C
1	姓名	类别	工资
2	刘佳	基本工资	3500
3	刘佳	岗位工资	800
4	刘佳	工龄工资	1000
5	刘佳	提成工资	800
6	赵宣	基本工资	5000
7	赵宣	岗位工资	600
8	赵宣	工龄工资	1500
9	赵宣	提成工资	1200
10	王晓	基本工资	3500
11	王晓	岗位工资	200
12	王晓	工龄工资	900
13	王晓	提成工资	900
14	刘稳	基本工资	2500
15	刘稳	岗位工资	300
16	刘稳	工龄工资	700

图9-7

9.1.2 多个工作表的合并汇总

使用Power Query可以将多个工作表中的数据合并汇总到一个工作表中。如果要合并汇总的工作表在同一个工作簿内，此时的合并汇总并不复杂，但要先明白这些工作表数据的合并汇总操作是纯粹将数据堆积到一个表中，还是根据各个表之间的关联字段来进行合并汇总。

[实操9-2] 多个工作表的关联汇总

[实例资源] 第9章\例9-2.xlsx

微课视频

例如，工作簿中有4个工作表，它们都有姓名列，且4个工作表中包含的员工都是一致的。现在要求把这4个表的数据依据姓名进行关联，全部汇总到一个新的工作表中。

STEP 1 打开“部门”“工资”“保险”“个税”4 个工作表，如图 9-8 所示。

STEP 2 在“数据”选项卡中单击“新建查询”下拉按钮①，从列表中选择“从文件”选项②，并从其级联菜单中选择“从工作簿”选项③，如图 9-9 所示。

STEP 3 打开“导入数据”对话框，选择要汇总的工作簿①，单击“导入”按钮②，如图 9-10 所示。

姓名	部门	职务
刘佳	销售部	经理
赵宣	采购部	员工
王晓	生产部	员工
刘稳	销售部	员工
李琦	生产部	员工
徐蚌	生产部	经理
张丽	销售部	员工
孙杨	采购部	员工

姓名	基本工资	岗位工资	工龄工资
刘佳	8,000	2,000	1,500
赵宣	3,500	800	900
王晓	4,000	600	700
刘稳	3,500	300	500
李琦	4,000	700	500
徐蚌	7,000	1,500	1,200
张丽	2,500	800	600
孙杨	3,000	900	300

姓名	养老保险	失业保险	医疗保险	住房公积金
刘佳	800	100	200	1,200
赵宣	320	40	80	480
王晓	880	110	220	1,320
刘稳	400	50	100	600
李琦	880	110	220	1,320
徐蚌	392	49	98	588
张丽	920	115	230	1,380
孙杨	288	36	72	432

姓名	代扣个税
刘佳	290
赵宣	12
王晓	8
刘稳	0
李琦	12
徐蚌	250
张丽	0
孙杨	0

图9-8

图9-9

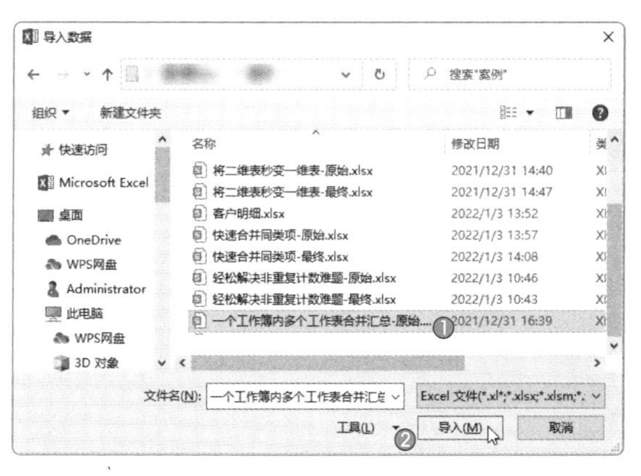

图9-10

STEP 4 打开“导航器”对话框，勾选“选择多项”复选框❶，并勾选 4 个工作表❷，单击“编辑”按钮❸，如图 9-11 所示。

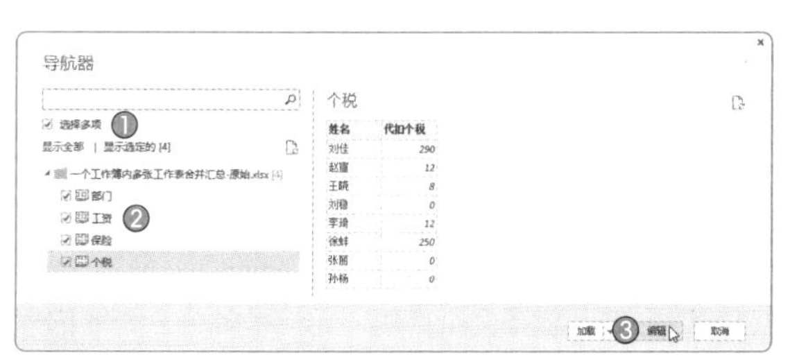

图9-11

STEP 5 打开查询编辑器，在“开始”选项卡中单击“将第一行用作标题”按钮❶，即可将第一行提升为标题❷，如图 9-12 所示。

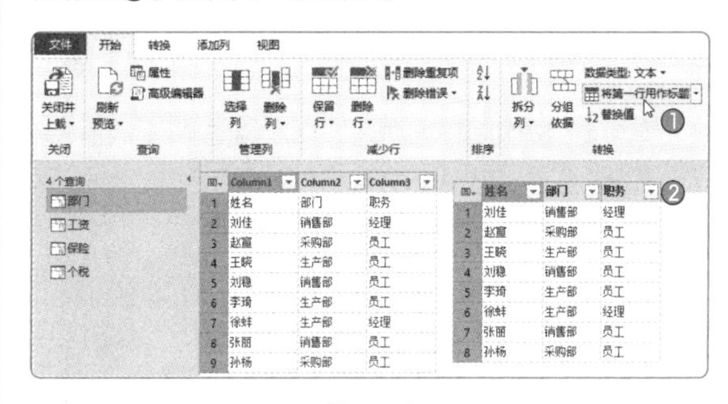

图9-12

STEP 6 在“开始”选项卡中单击“合并查询”按钮，打开“合并”对话框，上半部分是“部门”工作表的内容❶，保持默认设置；下半部分选择“工资”❷，如图 9-13 所示。

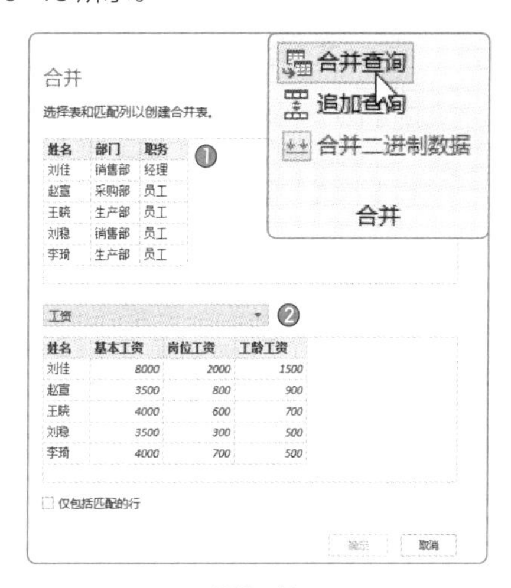

图9-13

STEP 7 在上、下两个表中都选择姓名列❶，单击“确定”按钮❷，即可得到一个包含“部门”工作表和“工资”工作表合并数据的新列❸，如图 9-14 所示。

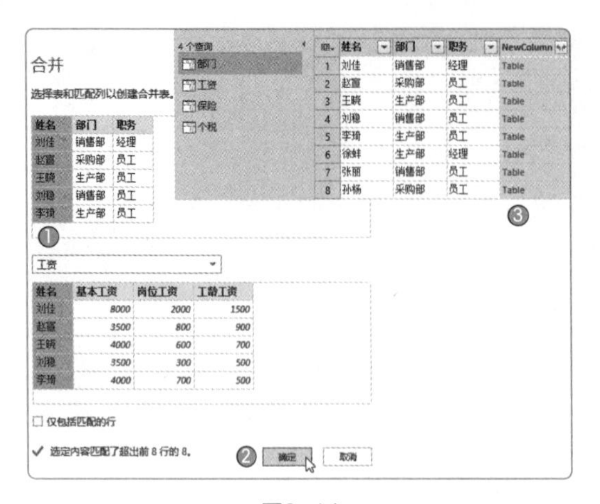

图9-14

STEP 8 按照同样的方法，依次将“部门”工作表和“保险”工作表、“个税”工作表分别合并，完成后，如图 9-15 所示。

图9-15

STEP 9 单击 NewColumn 列标题右侧的展开按钮①，打开列表，取消勾选“姓名”复选框②和“使用原始列名作为前缀”复选框③，单击“确定”按钮④，如图 9-16 所示。

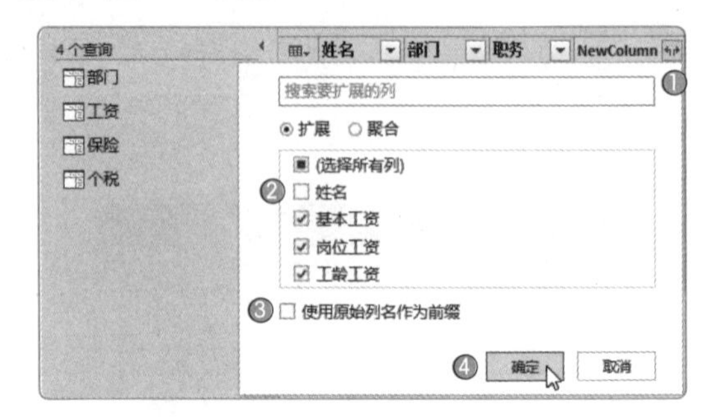

图9-16

STEP 10 按照上述方法，分别单击 NewColumn.1 和 NewColumn.2 列标题右侧的展开按钮，在列表中取消勾选“姓名”复选框和“使用原始列名作为前缀”复选框，单击“确定”按钮即可，结果如图 9-17 所示。

STEP 11 在“开始”选项卡中单击“关闭并上载”按钮，即可在新的工作表中生成汇总数据，如图 9-18 所示。

	姓名	部门	职务	基本工...	岗位工...	工龄工...	养老保...	失业保...	医疗保...	住房公...	代扣个...
1	刘佳	销售部	经理	8000	2000	1500	800	100	200	1200	290
2	赵宣	采购部	员工	3500	800	900	320	40	80	480	12
3	王晓	生产部	员工	4000	600	700	880	110	220	1320	8
4	刘稳	销售部	员工	3500	300	500	400	50	100	600	0
5	李琦	生产部	员工	4000	700	500	880	110	220	1320	12
6	徐蚌	生产部	经理	7000	1500	1200	392	49	98	588	250
7	张丽	销售部	员工	2500	800	600	920	115	230	1380	0
8	孙杨	采购部	员工	3000	900	300	288	36	72	432	0

图9-17

	A	B	C	D	E	F	G	H	I	J	K
1	姓名	部门	职务	基本工资	岗位工资	工龄工资	养老保险	失业保险	医疗保险	住房公积金	代扣个税
2	刘佳	销售部	经理	8000	2000	1500	800	100	200	1200	290
3	赵宣	采购部	员工	3500	800	900	320	40	80	480	12
4	王晓	生产部	员工	4000	600	700	880	110	220	1320	8
5	刘稳	销售部	员工	3500	300	500	400	50	100	600	0
6	李琦	生产部	员工	4000	700	500	880	110	220	1320	12
7	徐蚌	生产部	经理	7000	1500	1200	392	49	98	588	250
8	张丽	销售部	员工	2500	800	600	920	115	230	1380	0
9	孙杨	采购部	员工	3000	900	300	288	36	72	432	0

部门 | 工资 | 保险 | 个税 | Sheet1 | Sheet2 | Sheet3 | Sheet4

图9-18

9.1.3 多个工作簿的合并汇总

使用Power Query除了可以合并汇总多个工作表外，还可以合并汇总多个工作簿。无论是各个工作簿内只有一个工作表还是各个工作簿内有多个工作表，使用Power Query来合并汇总都是轻而易举的。

[实操9-3] 汇总多个只有一个工作表的工作簿

[实例资源] 第9章\例9-3.xlsx

例如，有4个工作簿保存了各部门的工资数据，每个工作簿中有1个工作表，现在需要将4个工作簿中的数据汇总到一个工作簿中。

STEP 1 打开“财务部”“采购部”“生产部”“销售部”4个工作簿，查看数据，如图9-19所示。然后将4个工作簿放在一个文件夹中。

STEP 2 新建一个工作簿，在“数据”选项卡中单击“新建查询”下拉按钮❶，从列表中选择“从文件”选项❷，并从其级联菜单中选择“从文件夹”选项❸，如图9-20所示。

STEP 3 打开“文件夹”对话框，单击“浏览”按钮，选择相应的文件夹❶，单击“确定”按钮❷，如图9-21所示。

STEP 4 打开查询编辑器，可以看到要合并的几个工作簿的相关信息，如图9-22所示。

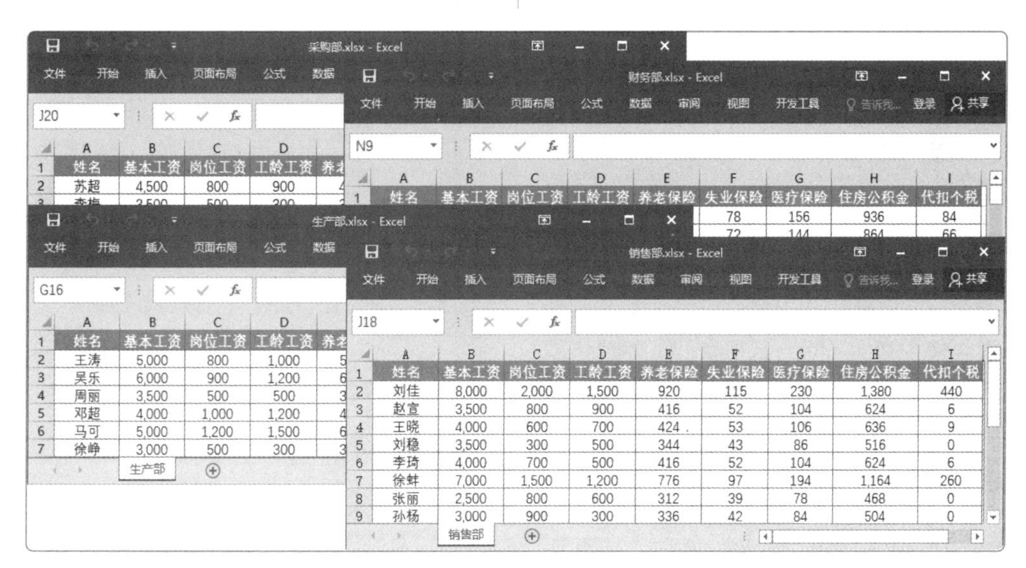

图9-19

图9-20

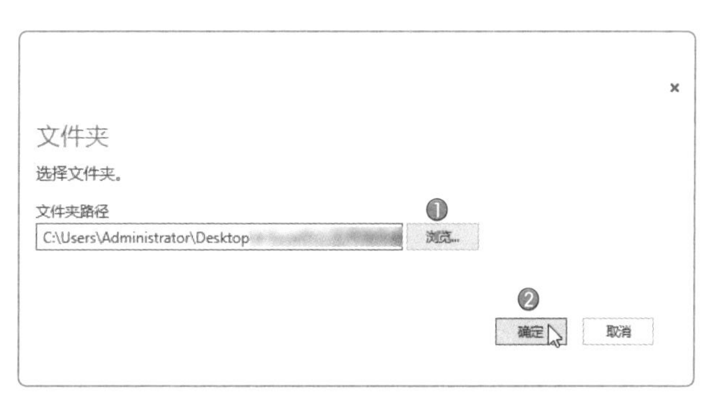

图9-21

	Content	Name	Extension	Date accessed	Date modified	Date created	Attributes
1	Binary	生产部.xlsx	.xlsx	2022/1/4 16:27:29	2022/1/3 9:30:04	2022/1/3 9:30:03	Record
2	Binary	财务部.xlsx	.xlsx	2022/1/4 16:15:59	2022/1/3 9:31:15	2022/1/3 9:31:15	Record
3	Binary	采购部.xlsx	.xlsx	2022/1/4 16:18:22	2022/1/3 9:30:40	2022/1/3 9:30:40	Record
4	Binary	销售部.xlsx	.xlsx	2022/1/4 16:16:29	2022/1/3 9:31:23	2021/12/31 16:47:57	Record

图9-22

STEP 5 保留前两列 Content 和 Name，其余列全部删除，如图 9-23 所示。

图9-23

STEP 6 在“添加列”选项卡中单击“添加自定义列”按钮，如图 9-24 所示。

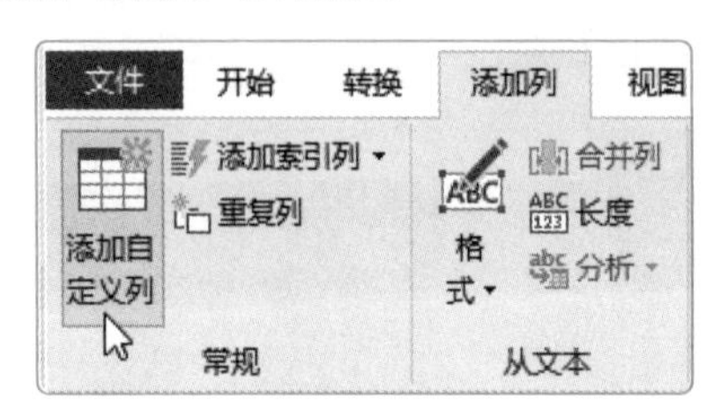

图9-24

STEP 7 打开“添加自定义列”对话框，输入新列名“Custom”、自定义列公式“=Excel.Workbook([Content])”①，单击“确定”按钮②，可以看到在查询结果的右侧多了一个 Custom 列③，要汇总的工作簿数据都在这个自定义列中，如图 9-25 所示。

STEP 8 单击Custom列标题右侧的展开按钮①，展开一个列表，然后仅勾选“Data”复选框②，取消勾选其他复选框，单击“确定”按钮③，如图9-26所示。

STEP 9 单击Data列右侧的展开按钮①，展开一个列表，取消勾选“使用原始列名作为前缀”复选框②，其他设置保持默认，单击“确定”按钮③，如图 9-27 所示。

STEP 10 删除 Content 和 Name 这两列，并将第一行提升为标题，如图 9-28 所示。

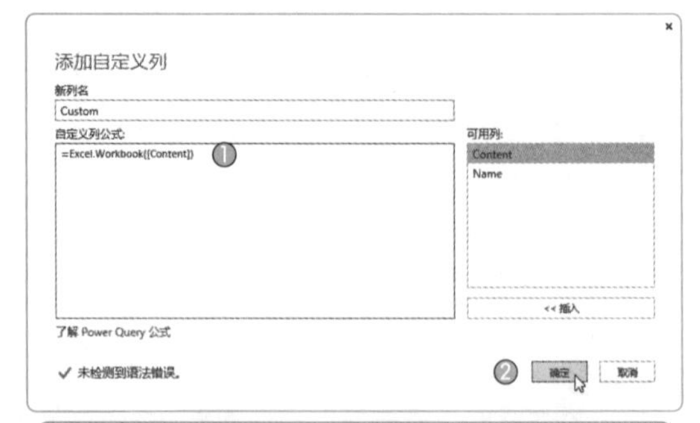

图9-25

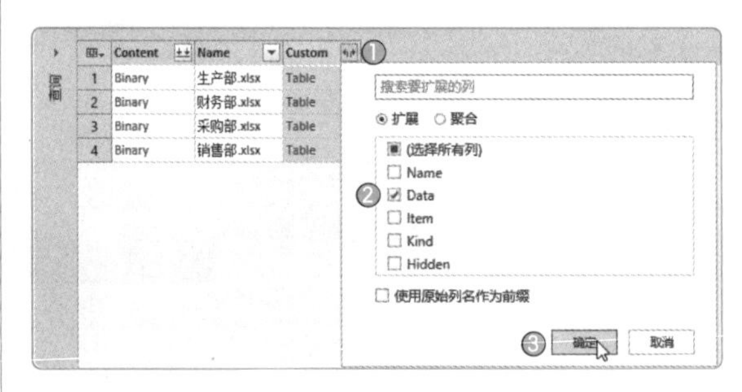

图9-26

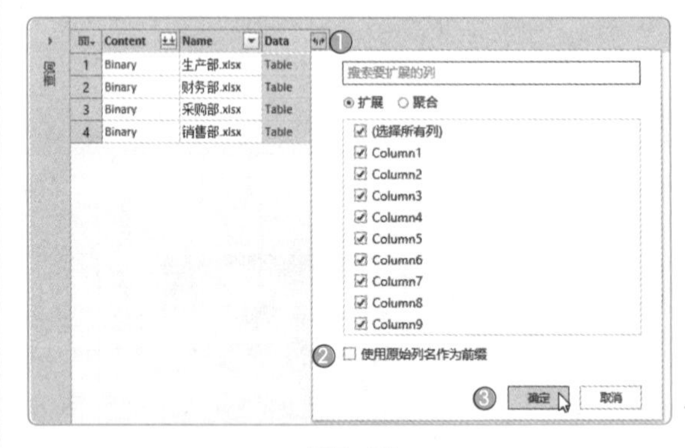

图9-27

	姓名	基本工资	岗位工资	工龄工资	养老保险	失业保险	医疗保险	住房公积...	代扣个税
1	王涛	5000	800	1000	544	68	136	816	54
2	吴乐	6000	900	1200	648	81	162	972	100
3	周丽	3500	500	500	360	45	90	540	0
4	邓超	4000	1000	1200	496	62	124	744	36
5	马可	5000	1200	1500	616	77	154	924	81
6	徐峥	3000	500	300	304	38	76	456	0
7	姓名	基本工资	岗位工资	工龄工资	养老保险	失业保险	医疗保险	住房公积金	代扣个税
8	王珂	6000	1000	800	624	78	156	936	84
9	刘雯	5000	1200	1000	576	72	144	864	66
10	郑佳	4500	800	1000	504	63	126	756	39
11	钱勇	4000	500	900	432	54	108	648	12
12	姓名	基本工资	岗位工资	工龄工资	养老保险	失业保险	医疗保险	住房公积金	代扣个税
13	苏超	4500	800	900	496	62	124	744	36

图9-28

STEP 11 通过对基本工资进行筛选来清除不需要的数据，如图9-29所示。单击“确定”按钮后，单击“关闭并上载”按钮，就得到由4个工作簿合并后的总工作簿。

	姓名	基本工资	岗位工资	工龄工资	养老保险	失业保险	医疗保险	住房公积金	代扣个税
1	王涛	5000	800	1000	544	68	136	816	54
2	吴乐	6000	900	1200	648	81	162	972	100
3	周丽	3500	500	500	360	45	90	540	0
4	邓超	4000	1000	1200	496	62	124	744	36
5	马可	5000	1200	1500	616	77	154	924	81
6	徐峥	3000	500	300	304	38	76	456	0
7	王珂	6000	1000	800	624	78	156	936	84
8	刘雯	5000	1200	1000	576	72	144	864	66
9	郑佳	4500	800	1000	504	63	126	756	39
10	钱勇	4000	500	900	432	54	108	648	12
11	苏超	4500	800	900	496	62	124	744	36
12	李梅	3500	500	300	344	43	86	516	0
13	刘红	3000	500	800	344	43	86	516	0
14	张星	4500	800	800	488	61	122	732	33
15	赵亮	5000	1000	900	552	69	138	828	57
16	李明	3500	500	300	344	43	86	516	0
17	吴晶	4000	800	900	456	57	114	684	21
18	张雨	3500	500	600	368	46	92	552	0
19	齐征	4500	700	600	464	58	116	696	24

图9-29

新手误区

当工作簿的数据量比较大时，不建议把汇总的结果导出到Excel中，而是应该加载为连接和数据模型，以便以后使用Power Pivot进行透视分析。

9.2 使用 Power Pivot 分析数据的优势

Power Pivot是一种数据建模技术，它用于创建数据模型、建立关系、创建计算等。下面将简单介绍使用Power Pivot分析数据的优势。

9.2.1 轻松解决非重复计数难题

Power Pivot在Excel 2016及之后的版本中已经是Excel的内置功能。用户只需要打开“Excel选项”对话框，选择“加载项”选项①，将“管理”设置为“COM加载项”②，单击“转到”按钮③，打开“COM加载项”对话框，勾选“Microsoft Power Pivot for Excel”复选框④，单击“确定”按钮⑤，就可以将Power Pivot添加到功能区，如图9-30所示。

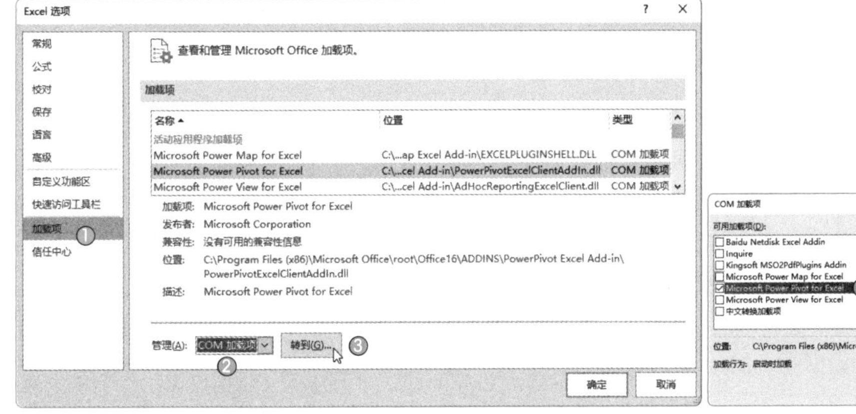

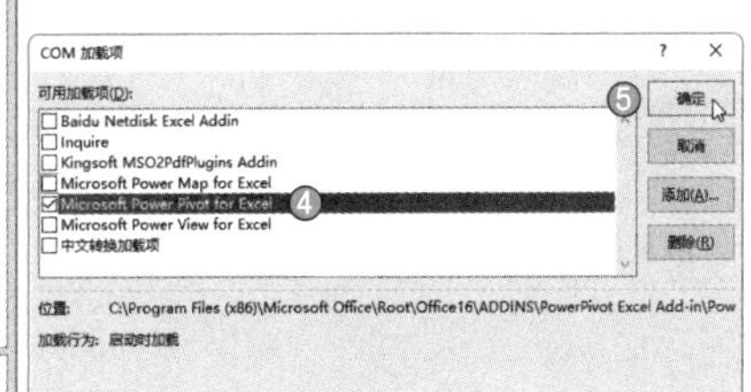

图9-30

[实操9-4] 统计客户数

[实例资源] 第9章\例9-4.xlsx

微课视频 

例如，在订单统计表中，需要根据客户ID统计购买商品的客户数，但有的客户ID是重复的，因此统计起来比较麻烦。此时，可以使用Power Pivot在数据透视表中进行统计。

STEP 1 选择表格内任意单元格，打开“Power Pivot”选项卡，单击“添加到数据模型”按钮❶，打开“创建表”对话框，勾选“我的表具有标题”复选框❷，单击“确定”按钮❸，即可进入Power Pivot界面，如图9-31所示。

STEP 2 在“开始”选项卡中单击“数据透视表”下拉按钮❶，选择“数据透视表”选项❷，打开“创建数据透视表”对话框，单击“确定”按钮，如图9-32所示。

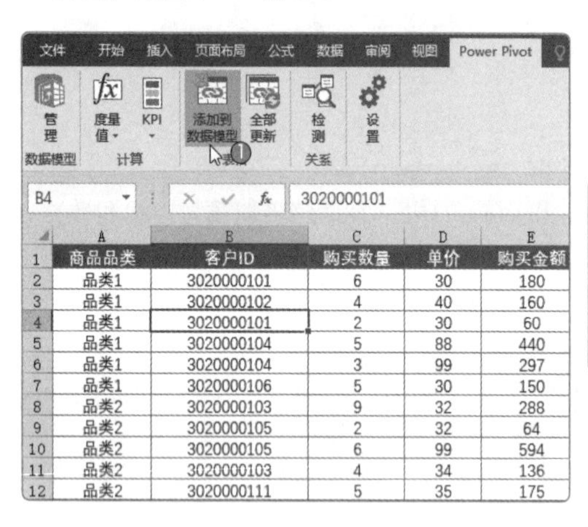

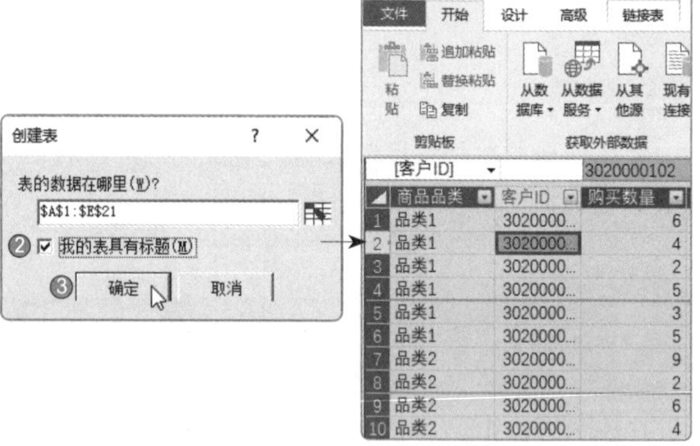

图9-31

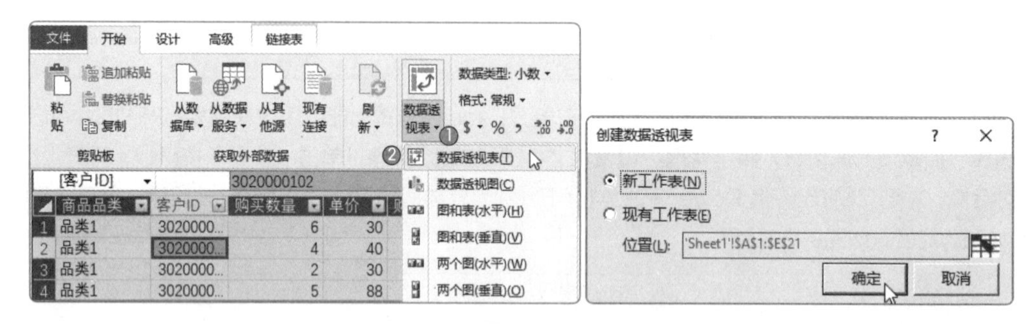

图9-32

STEP 3 这时即可创建一个空白数据透视表，在“数据透视表字段”窗格中将不同的字段拖曳到相应的“行”“列”“值”区域，如图9-33所示。

STEP 4 在“值”区域，单击“以下项目的总和：客户ID”字段（下拉按钮）❶，从列表中选择“值字段设置”选项❷，如图9-34所示。

STEP 5 打开“值字段设置”对话框，在“计算类型”列表框中选择“非重复计数”选项❶，并设置“自定义名称”❷，单击“确定”按钮❸，如图9-35所示。

STEP 6 在数据透视表中统计出客户数，最后更改其他标题字段名称即可，如图9-36所示。

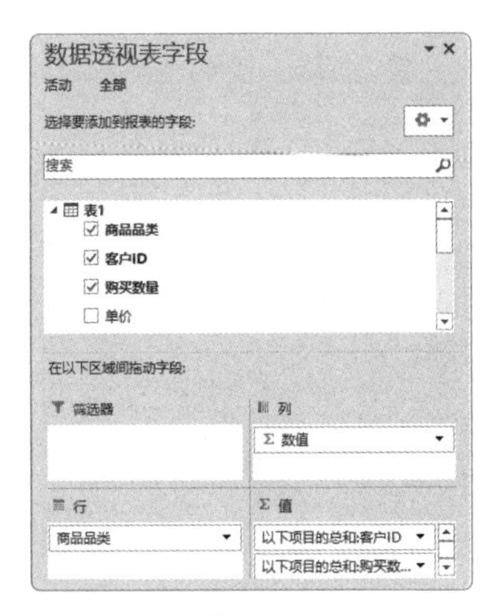

图9-33

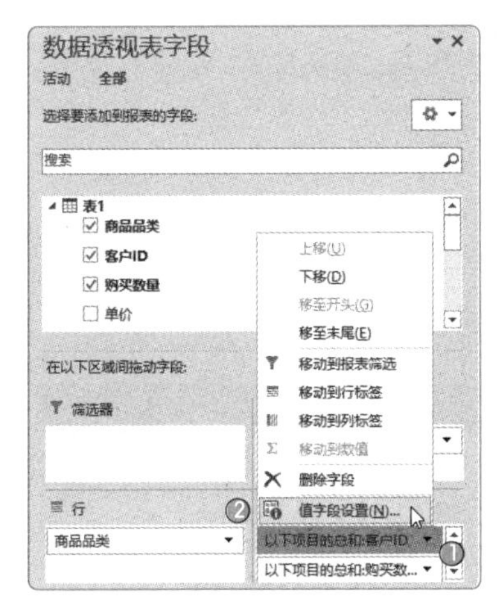

图9-34

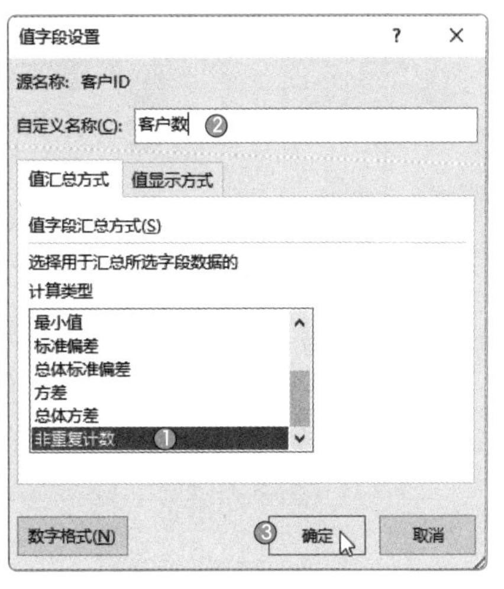

图9-35

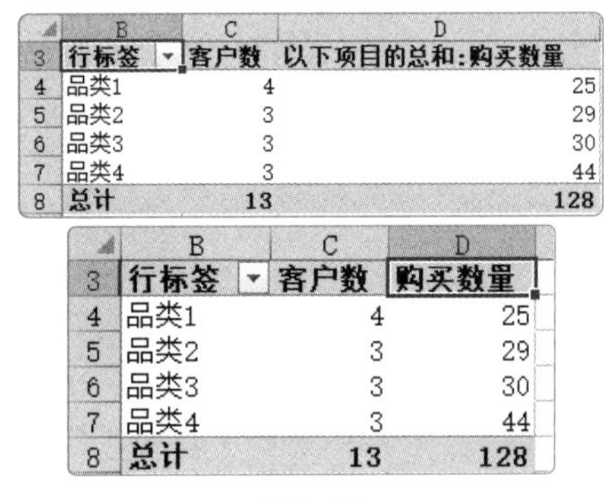

	B	C	D
3	行标签	客户数	以下项目的总和:购买数量
4	品类1	4	25
5	品类2	3	29
6	品类3	3	30
7	品类4	3	44
8	总计	13	128

	B	C	D
3	行标签	客户数	购买数量
4	品类1	4	25
5	品类2	3	29
6	品类3	3	30
7	品类4	3	44
8	总计	13	128

图9-36

9.2.2 多表关联分析

Power Pivot有一个巨大的优势，就是可以通过集成多数据源进行数据透视表或数据透视图的操作，如汇总、分析、浏览摘要数据。用户使用Power Pivot可以建立两表的关系，把两表根据关键字段关联起来。

[实操9-5] 根据客户ID字段创建关系

[实例资源] 第9章\例9-5.xlsx

例如，用户可以通过为“订购明细”表与“客户明细”表根据客户ID字段创建关系来分析哪个地区购买商品的客户最多、哪个地区购买商品的客户最少。

STEP 1 查看“订购明细”表和“客户明细”表中的数据，如图 9-37 所示。

STEP 2 新建一个工作簿，在“Power Pivot”选项卡中单击“管理”按钮，如图 9-38 所示。

STEP 3 进入 Power Pivot 界面，在“开始”选项卡中单击“从其他源”按钮，如图 9-39 所示。

	A	B	C	D	E	F
1	订单号	商品名称	客户ID	购买数量	单价	购买金额
2	101001008	商品1	20000108	2	32	64
3	101001004	商品2	20000104	5	88	440
4	101001218	商品3	20000108	8	28	224
5	101001001	商品4	20000101	6	30	180
6	101001117	商品5	20000106	5	40	200
7	101001005	商品6	20000105	3	99	297
8	101001003	商品7	20000103	2	30	60
9	101001006	商品8	20000106	5	30	150
10	101001007	商品9	20000107	9	32	288
11	101001235	商品10	20000110	9	34	306
12	101001009	商品11	20000109	6	99	594
13	101001010	商品12	20000110	4	34	136
14	101001002	商品13	20000102	4	40	160
15	101001014	商品14	20000114	15	38	570
16	101001011	商品15	20000111	5	35	175
17	101001012	商品16	20000112	3	40	120
18	101001013	商品17	20000113	2	37	74

订购明细

	A	B	C	D
1	客户ID	省份	性别	年龄
2	20000101	浙江省	男	23
3	20000102	安徽省	女	45
4	20000103	江苏省	男	33
5	20000104	浙江省	女	20
6	20000105	江苏省	女	18
7	20000106	安徽省	男	50
8	20000107	安徽省	女	28
9	20000108	安徽省	男	32
10	20000109	安徽省	女	35
11	20000110	安徽省	男	27
12	20000111	山东省	女	26
13	20000112	江苏省	女	22
14	20000113	江苏省	男	21
15	20000114	江苏省	女	20
16	20000115	浙江省	女	18
17	20000116	江苏省	男	23
18	20000117	江苏省	女	36

客户明细

图9-37

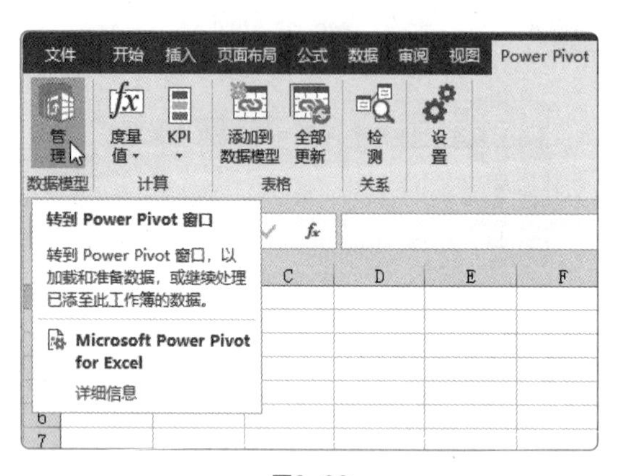

图9-38

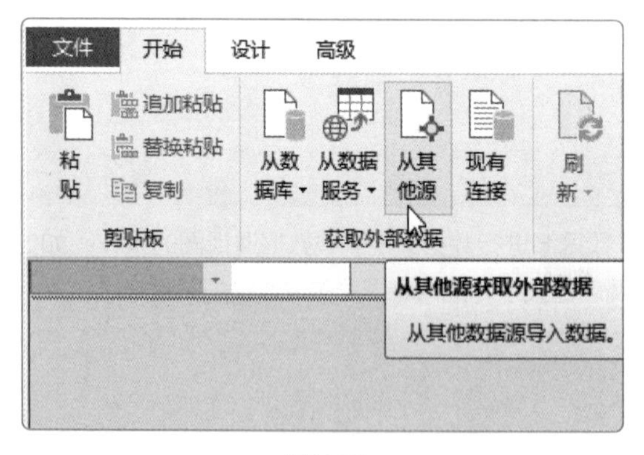

图9-39

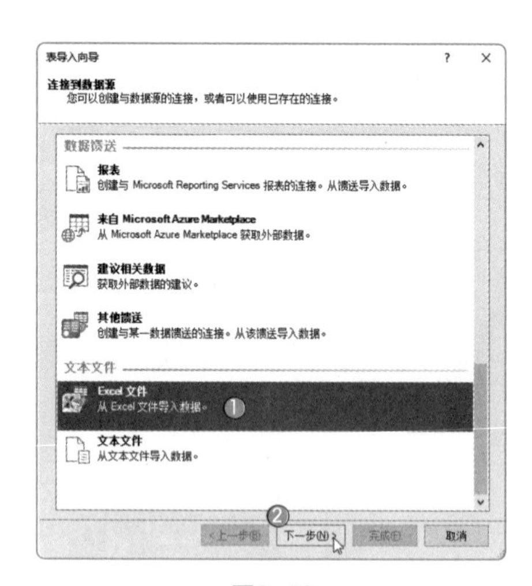

图9-40

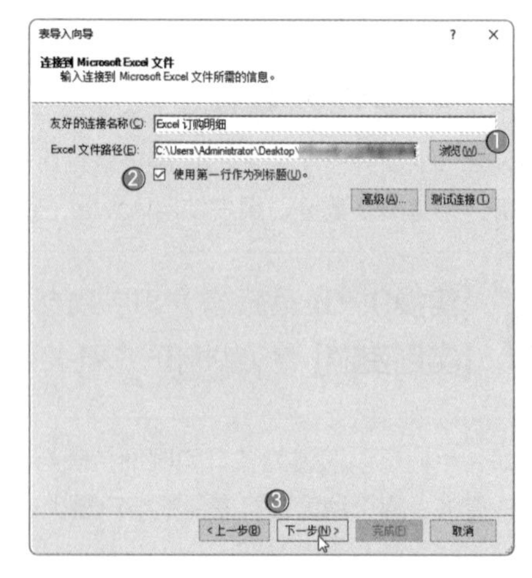

图9-41

STEP 4 打开“表导入向导”对话框，选择“Excel 文件”选项❶，单击“下一步”按钮❷，如图 9-40 所示。

STEP 5 在打开的对话框中单击“浏览”按钮❶，选择“订购明细”表所在的文件，并勾选“使用第一行作为列标题”复选框❷，单击“下一步”按钮❸，如图 9-41 所示。

STEP 6 在打开的对话框中勾选源表左侧复选框❶，单击“完成”按钮❷，即可将“订购明细”表导入成功，如图 9-42 所示。

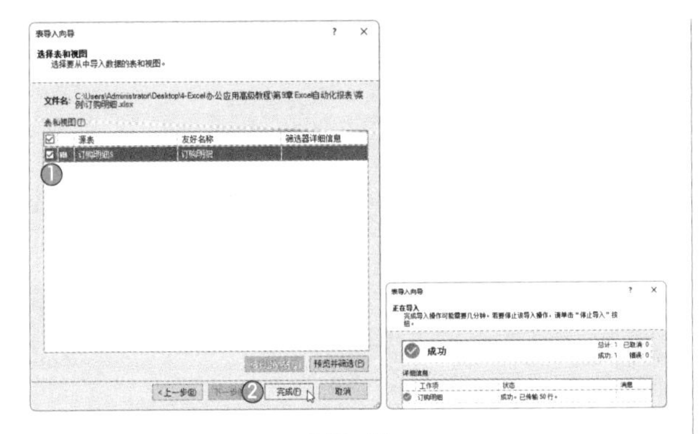

图9-42

STEP 7 按照上述方法，导入“客户明细”表，如图 9-43 所示。

订单号	商品名称	客户ID	购买数量	单价
1010010...	商品1	20000108	2	
1010010...	商品2	20000104	5	
1010012...	商品3	20000108	8	
1010010...	商品4	20000101	6	
1010011...	商品5	20000106	5	
1010010...	商品6	20000105	3	
1010010...	商品7	20000103	2	
1010010...	商品8	20000106	5	
1010010...	商品9	20000107	9	
1010012...	商品10	20000110	9	
1010010...	商品11	20000109	6	
1010010...	商品12	20000110	4	
1010010...	商品13	20000102	4	

图9-43

STEP 8 在“订购明细”表中，选择客户 ID 列的任意单元格，在“设计”选项卡中单击“创建关系”按钮，如图 9-44 所示。

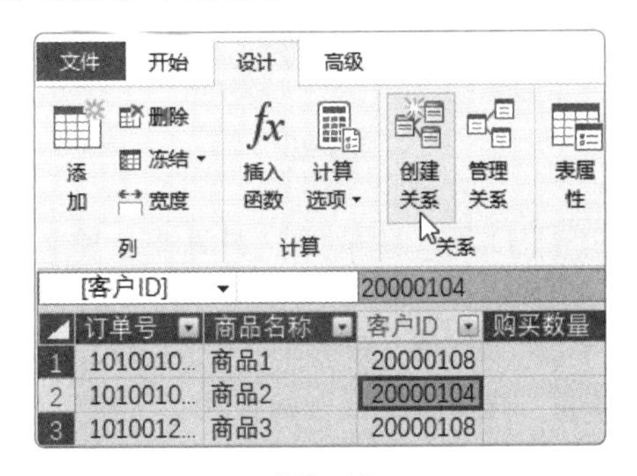

图9-44

STEP 9 打开“创建关系”对话框，将“表 2”设置为“客户明细”❶，并在其下方的“列”中选择“客户 ID”选项❷，单击“确定”按钮❸，如图 9-45 所示。

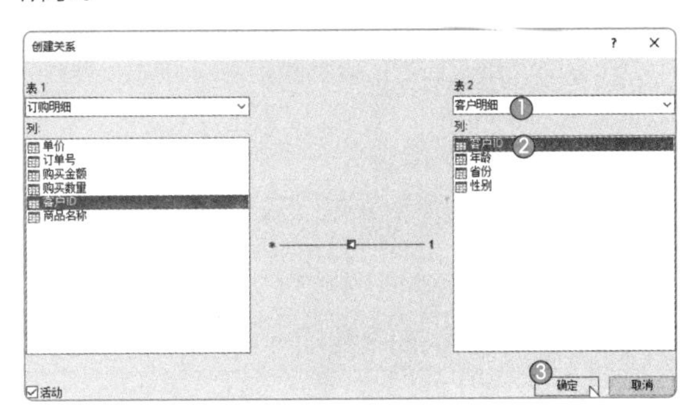

图9-45

STEP 10 这时即可完成两表关系的创建。关系创建成功后，字段“客户 ID”上会显示一个小图标，如图 9-46 所示。

订单号	商品名称	客户ID	购买数量	单价	购买金额
1010010...	商品1	20000108	2	32	64
1010010...	商品2	20000104	5	88	440
1010012...	商品3	20000108	8	28	224
1010010...	商品4	20000101	6	30	180
1010011...	商品5	20000106	5	40	200
1010010...	商品6	20000105	3	99	297
1010010...	商品7	20000103	2	30	60
1010010...	商品8	20000106	5	30	150

图9-46

STEP 11 在“开始”选项卡中单击“数据透视表”按钮❶，打开“创建数据透视表”对话框，直接单击“确定”按钮❷，如图 9-47 所示。

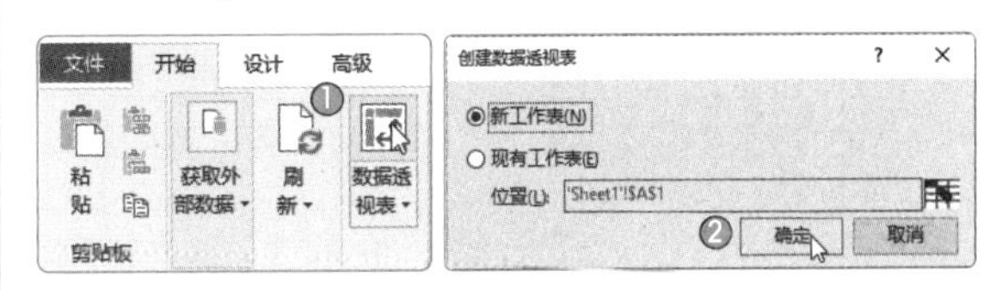

图9-47

STEP 12 创建一个数据透视表，在“数据透视表字段”窗格中，将“订购明细”下的“客户 ID”字段拖至“值”区域，并进行计数，将“客户明细”下的“省份”字段拖至“行”区域，如图 9-48 所示。

STEP 13 对数据透视表中的“客户数”字段进行降序排列，即可得到分析结果，如图 9-49 所示。

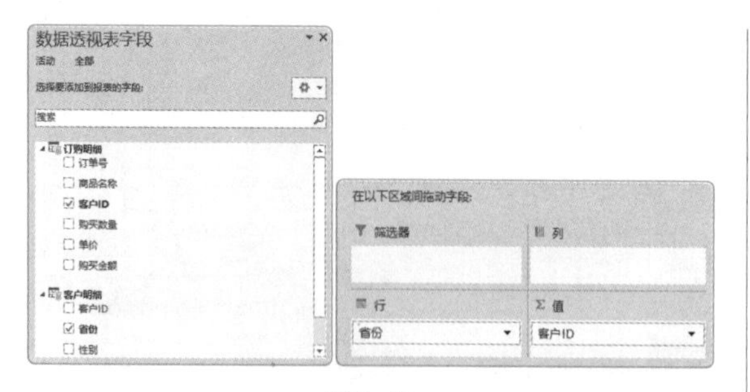

图9-48

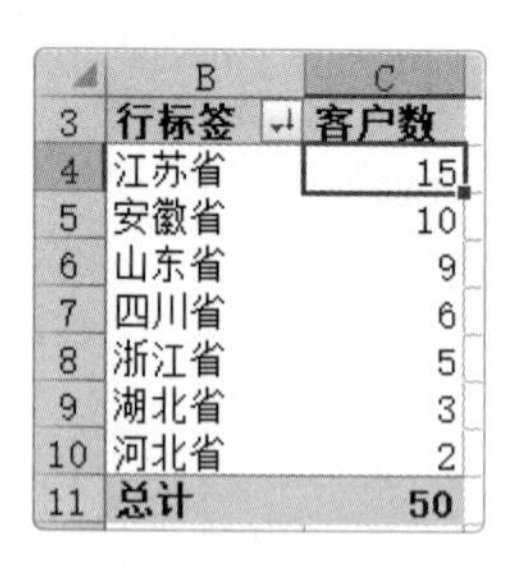

	B	C
3	行标签	客户数
4	江苏省	15
5	安徽省	10
6	山东省	9
7	四川省	6
8	浙江省	5
9	湖北省	3
10	河北省	2
11	总计	50

图9-49

9.2.3 快速合并同类项

除了前面介绍的Power Pivot功能，用户通过数据模型（数据透视表）中的CONCATENATEX函数，还可以合并表格中的同类项。

[实操9-6] 按照省份合并客户ID

[实例资源] 第9章\例9-6.xlsx

例如，用户需要将相同省份下的客户ID合并到一个单元格中，下面将介绍具体操作方法。

STEP 1 选择表格中任意单元格，按【Ctrl+T】组合键，打开“创建表”对话框，直接单击“确定”按钮，如图 9-50 所示。

	A	B
1	省份	客户ID
2	安徽省	20000102
3	安徽省	20000106
4	安徽省	20000107
5	安徽省	20000108
6	安徽省	20000109
7	河北省	20000121
8	河北省	20000145
9	湖北省	20000124
10	湖北省	20000127
11	湖北省	20000148
12	江苏省	20000103
13	江苏省	20000105

创建表
表数据的来源(W):
=$A$1:$B$28
表包含标题(M)
确定 取消

图9-50

STEP 2 在“Power Pivot”选项卡中单击“添加到数据模型”按钮，将此表添加到数据模型，如图 9-51 所示。

文件 开始 插入 页面布局 公式 数据 审阅 视图 Power Pivot
管理 度量值 KPI 添加到数据模型 全部更新 检测 设置
数据模型 计算 表格 关系
B5 20000108

	A	B
1	省份	客户ID
2	安徽省	20000102
3	安徽省	20000106
4	安徽省	20000107
5	安徽省	20000108
6	安徽省	20000109

图9-51

STEP 3 在“Power Pivot”选项卡中单击“度量值”下拉按钮，选择“新建度量”选项，如图 9-52 所示。

图9-52

STEP 4 打开“度量值”对话框，输入公式“=CONCATENATEX('表 1','表 1'[客户 ID],"、")”❶，单击“确定”按钮❷，如图 9-53 所示。

STEP 5 选择数据区域的任意单元格，在“插入”选项卡中单击“数据透视表”按钮，如图 9-54 所示。

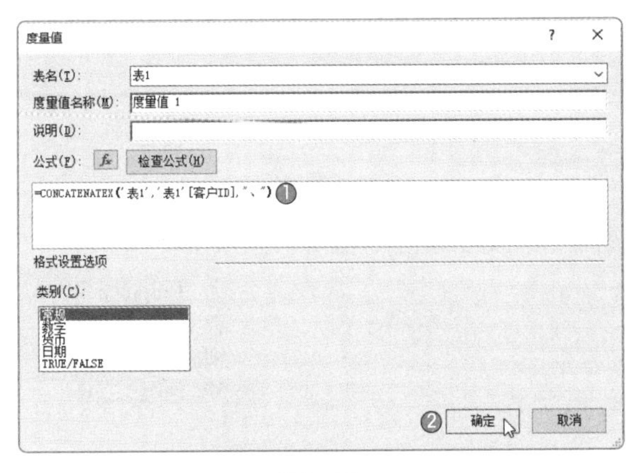

图9-53

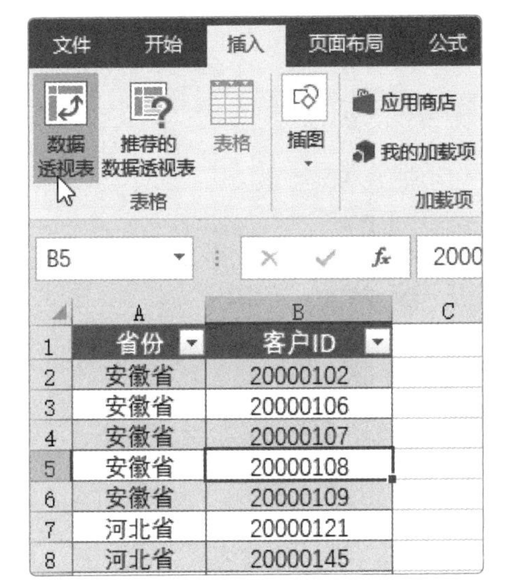

图9-54

STEP 6 打开“创建数据透视表”对话框，勾选“将此数据添加到数据模型”复选框①，单击“确定”按钮②，如图 9-55 所示。

STEP 7 在“数据透视表字段”窗格中，将“省份”字段添加至“行”区域，将“度量值 1”字段添加到“值”区域，如图 9-56 所示。

STEP 8 删除总计行，并修改标题字段名称即可，如图 9-57 所示。

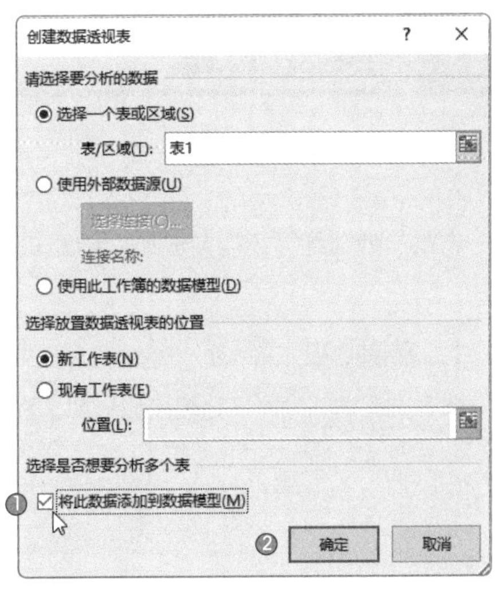

图9-55

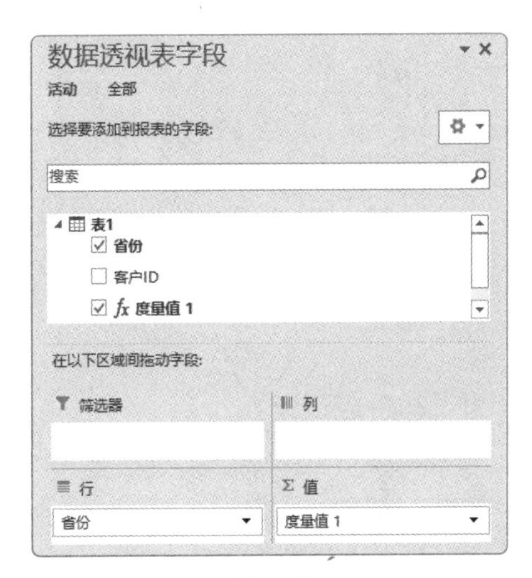

图9-56

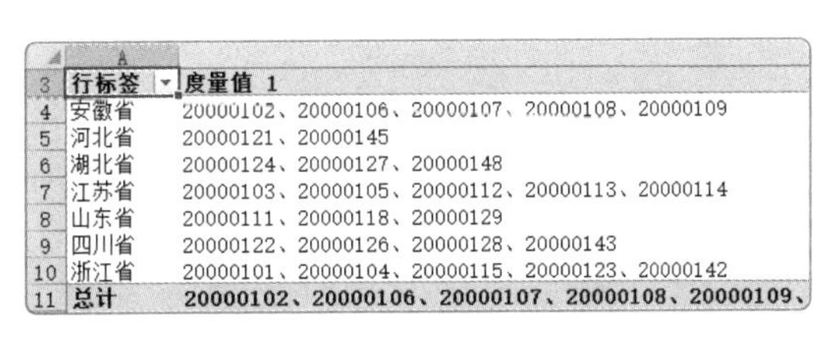

	A	
3	行标签	度量值 1
4	安徽省	20000102、20000106、20000107、20000108、20000109
5	河北省	20000121、20000145
6	湖北省	20000124、20000127、20000148
7	江苏省	20000103、20000105、20000112、20000113、20000114
8	山东省	20000111、20000118、20000129
9	四川省	20000122、20000126、20000128、20000143
10	浙江省	20000101、20000104、20000115、20000123、20000142
11	总计	20000102、20000106、20000107、20000108、20000109、

	A	B
3	省份	客户ID
4	安徽省	20000102、20000106、20000107、20000108、20000109
5	河北省	20000121、20000145
6	湖北省	20000124、20000127、20000148
7	江苏省	20000103、20000105、20000112、20000113、20000114
8	山东省	20000111、20000118、20000129
9	四川省	20000122、20000126、20000128、20000143
10	浙江省	20000101、20000104、20000115、20000123、20000142

图9-57

将多列转成一列

本章实战演练将运用前面所介绍的知识将多列转成一列，以帮助用户熟练掌握Power Query的使用。

微课视频

1. 案例效果

本章实战演练为将多列转换成一列，最终效果如图9-58所示。

	A	B	C
1	姓名1	姓名2	姓名3
2	赵宣	刘涛	刘稳
3	王晓	周丽	徐慧
4	曹兴	徐蚌	刘梅
5	刘佳	赵亮	吴乐
6	张宇	王平	邓超
7	文雅	马丽	孙杨
8	王学	陈毅	陈勋

→

	A
1	姓名
2	赵宣
3	刘涛
4	刘稳
5	王晓
6	周丽
7	徐慧
8	曹兴
9	徐蚌
10	刘梅
11	刘佳
12	赵亮
13	吴乐
14	张宇
15	王平
16	邓超
17	文雅
18	马丽
19	孙杨
20	王学
21	陈毅
22	陈勋

图9-58

2. 操作思路

掌握Power Query的应用，下面将进行简单介绍。

STEP 1 将数据导入 Power Query，如图 9-59 所示。

STEP 2 在“添加列”选项卡中单击“添加索引列”下拉按钮①，选择“从 0”选项②，添加索引列，如图 9-60 所示。

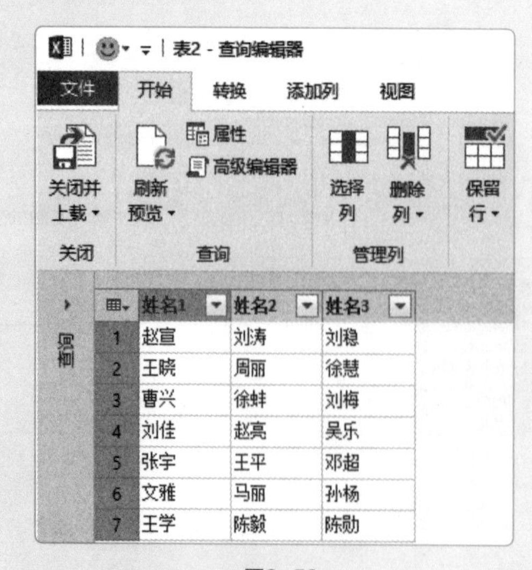

图9-59

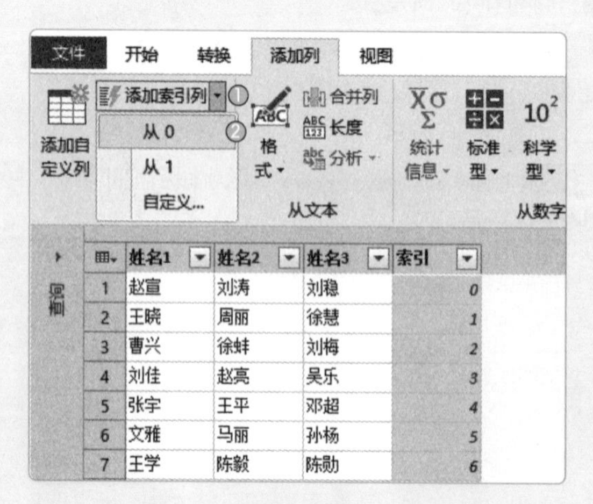

图9-60

STEP 3 选中索引列，逆透视其他列，如图 9-61 所示。

STEP 4 得到逆透视的结果，如图 9-62 所示。用户可以根据需要对索引列和属性列排序。

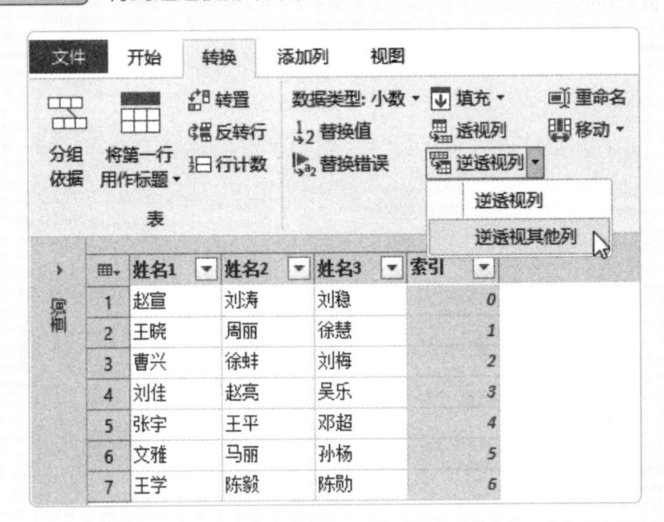

图9-61

	索引	属性	值
1	0	姓名1	赵宣
2	0	姓名2	刘涛
3	0	姓名3	刘稳
4	1	姓名1	王晓
5	1	姓名2	周丽
6	1	姓名3	徐慧
7	2	姓名1	曹兴
8	2	姓名2	徐蚌
9	2	姓名3	刘梅
10	3	姓名1	刘佳
11	3	姓名2	赵亮
12	3	姓名3	吴乐
13	4	姓名1	张宇
14	4	姓名2	王平
15	4	姓名3	邓超
16	5	姓名1	文雅
17	5	姓名2	马丽
18	5	姓名3	孙杨
19	6	姓名1	王学
20	6	姓名2	陈毅
21	6	姓名3	陈勋

图9-62

STEP 5 删除索引列和属性列，单击“关闭并上载”按钮即可，如图 9-63 所示。

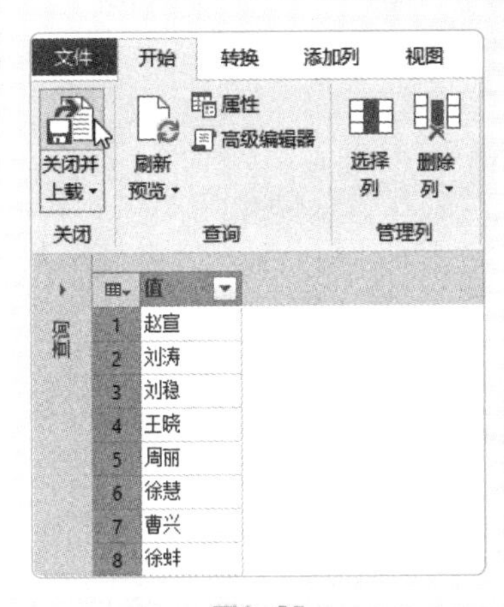

图9-63

疑难解答

Q：如何删除查询列？

A：选择列①，在“开始”选项卡中单击“删除列”下拉按钮②，从列表中选择“删除列”选项即可③，如图9-64所示。

Q：如何对列数据进行排序？

A：选择列，单击其右侧下拉按钮①，在展开的列表中选择“升序排序”或“降序排序”即可②，如图9-65所示。

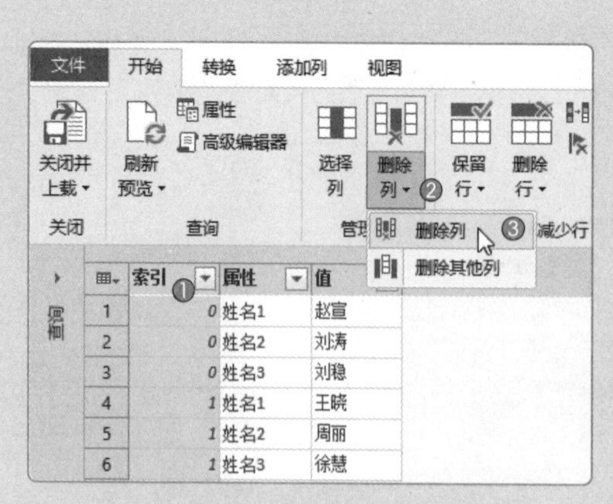

图9-64

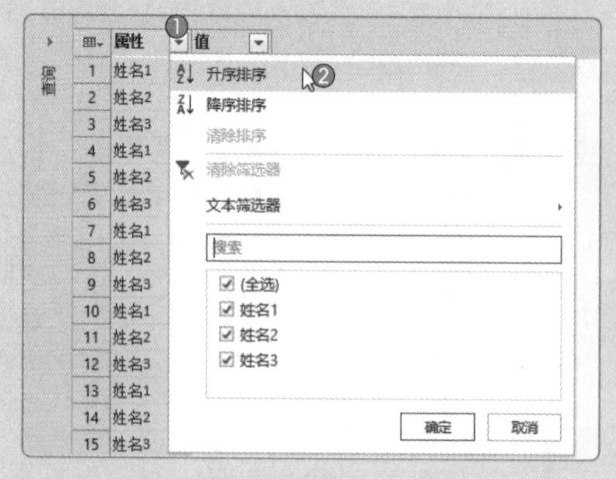

图9-65

Q：如何重命名列标题？

A：选择列，在“转换”选项卡中单击“重命名”按钮①，列标题处于可编辑状态，重新输入名称即可②，如图9-66所示。

Q：如何移动列位置？

A：选择列，在“转换”选项卡中单击“移动”下拉按钮①，从列表中选择合适的移动方向即可②，如图9-67所示。

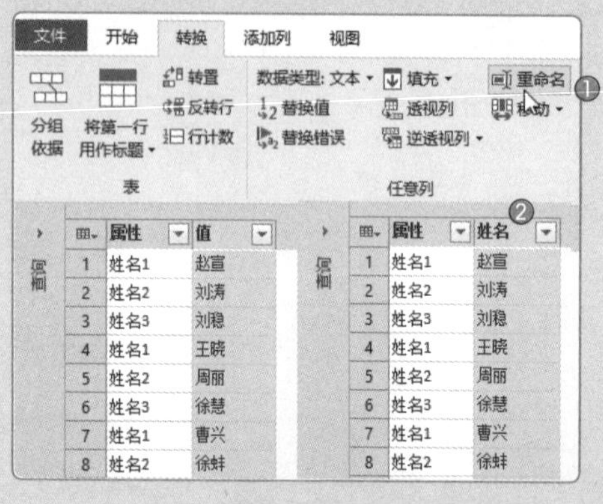

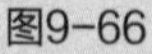

图9-66

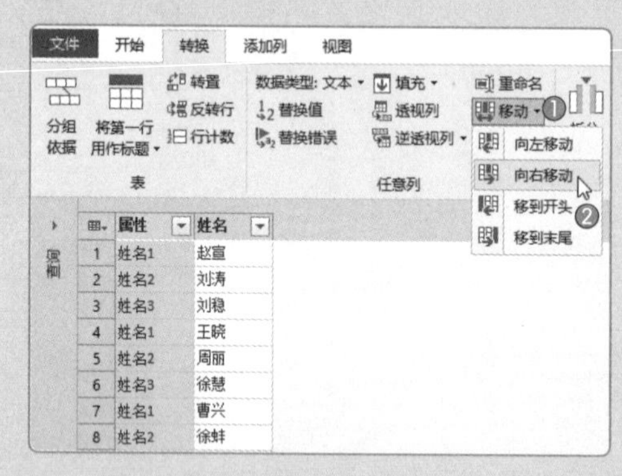

图9-67

实战案例篇

第 10 章 Excel 数据分析

为了帮助用户将前面所学知识应用到实际工作当中，本章将以案例的形式对商业数据进行分析，其中包括常规分析、数据的可视化呈现，以及生成数据分析报告等。

10.1 数据统计表的分析

对于像统计表之类的表格，用户可以对其进行筛选、排序、分类汇总等分析操作。下面将以销售业绩统计表为例进行介绍。

10.1.1 对销售业绩进行排名

微课视频

用户可以使用公式对销售人员的销售业绩进行排名。下面将介绍具体的操作方法。

STEP 1 打开销售业绩统计表，在销售人员列后面插入排名列，如图 10-1 所示。

	A	B	C	D	E	F	G	H	I	J	K
1	产品分类	产品编号	产品名称	计量单位	销售单价	销售数量	销售额	销售日期	销售部门	销售人员	排名
2	A类	A1001	星飞帆1段	罐	308	250	77,000	2021/9/10	销售1部	周琦	
3	A类	A1002	星飞帆2段	罐	308	130	40,040	2021/9/15	销售2部	李佳	
4	A类	A1003	星飞帆3段	罐	308	180	55,440	2021/9/16	销售3部	王源	
5	B类	B1004	君乐宝1段	罐	270	250	67,500	2021/9/18	销售3部	孙俪	
6	B类	B1005	君乐宝2段	罐	270	300	81,000	2021/9/20	销售1部	邓柯	
7	B类	B1006	君乐宝3段	罐	270	200	54,000	2021/9/21	销售2部	赵璇	
8	B类	B1007	菁挚1段	罐	289	150	43,350	2021/9/23	销售1部	吴乐	
9	B类	B1008	菁挚2段	罐	289	230	66,470	2021/9/24	销售2部	徐蚌	
10	B类	B1009	菁挚3段	罐	289	100	28,900	2021/9/25	销售3部	张宇	
11	C类	C1010	普尔莱克1段	罐	306	210	64,260	2021/9/27	销售2部	刘雯	
12	C类	C1011	普尔莱克2段	罐	306	190	58,140	2021/9/28	销售3部	王晓	
13	C类	C1012	普尔莱克3段	罐	306	110	33,660	2021/9/30	销售1部	曹兴	

图10-1

STEP 2 选择 K2 单元格，输入公式“=RANK(G2,G$2:G$13,0)”，按【Enter】键确认，即可计算出当前销售人员的排名，并将公式向下填充，计算出其他销售人员的排名，如图 10-2 所示。

K2 =RANK(G2,G$2:G$13,0)

	A	B	C	D	E	F	G	H	I	J	K
1	产品分类	产品编号	产品名称	计量单位	销售单价	销售数量	销售额	销售日期	销售部门	销售人员	排名
2	A类	A1001	星飞帆1段	罐	308	250	77,000	2021/9/10	销售1部	周琦	2
3	A类	A1002	星飞帆2段	罐	308	130	40,040	2021/9/15	销售2部	李佳	10
4	A类	A1003	星飞帆3段	罐	308	180	55,440	2021/9/16	销售3部	王源	7
5	B类	B1004	君乐宝1段	罐	270	250	67,500	2021/9/18	销售3部	孙俪	3
6	B类	B1005	君乐宝2段	罐	270	300	81,000	2021/9/20	销售1部	邓柯	1
7	B类	B1006	君乐宝3段	罐	270	200	54,000	2021/9/21	销售2部	赵璇	8
8	B类	B1007	菁挚1段	罐	289	150	43,350	2021/9/23	销售1部	吴乐	9
9	B类	B1008	菁挚2段	罐	289	230	66,470	2021/9/24	销售2部	徐蚌	4
10	B类	B1009	菁挚3段	罐	289	100	28,900	2021/9/25	销售3部	张宇	12
11	C类	C1010	普尔莱克1段	罐	306	210	64,260	2021/9/27	销售2部	刘雯	5
12	C类	C1011	普尔莱克2段	罐	306	190	58,140	2021/9/28	销售3部	王晓	6
13	C类	C1012	普尔莱克3段	罐	306	110	33,660	2021/9/30	销售1部	曹兴	11

图10-2

10.1.2 筛选指定销售部门数据

微课视频

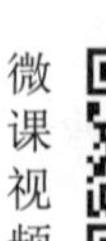

用户可以利用Excel的筛选功能将表格中销售2部的销售额大于6万元的销售数据筛选出来。下面将介绍具体的操作方法。

STEP 1 选择表格中任意单元格，按【Ctrl+Shift+L】组合键，启动筛选功能。单击“销售部门”筛选按钮❶，从列表中取消对“全选”复选框的勾选，并勾选“销售 2 部”复选框❷，单击“确定”按钮❸，如

图 10-3 所示。

图10-3

STEP 2 单击“销售额”筛选按钮①，从列表中选择“数字筛选”选项②，并从其级联菜单中选择“大于”选项③，如图 10-4 所示。

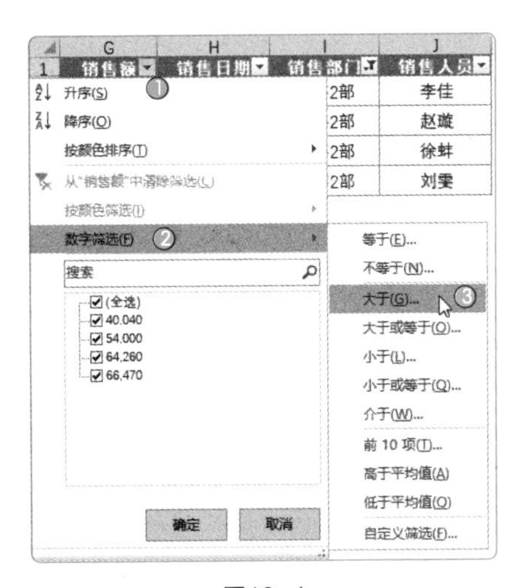

图10-4

STEP 3 打开“自定义自动筛选方式”对话框，在“大于”后面的文本框中输入“60000”①，单击“确定”按钮②，即可将销售 2 部的销售额大于 6 万元的销售数据筛选出来，如图 10-5 所示。

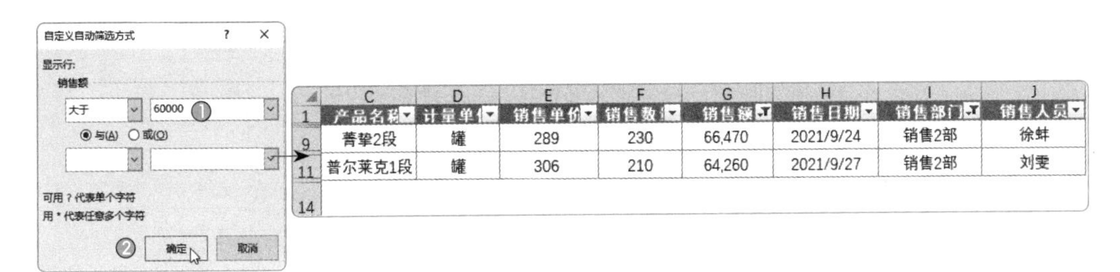

图10-5

10.1.3 同时按部门和销售额排序

微课视频

用户可以使用排序功能对销售部门和销售额进行排序。下面将介绍具体的操作方法。

STEP 1 选择表格中任意单元格，在“数据”选项卡中单击“排序”按钮，如图 10-6 所示。

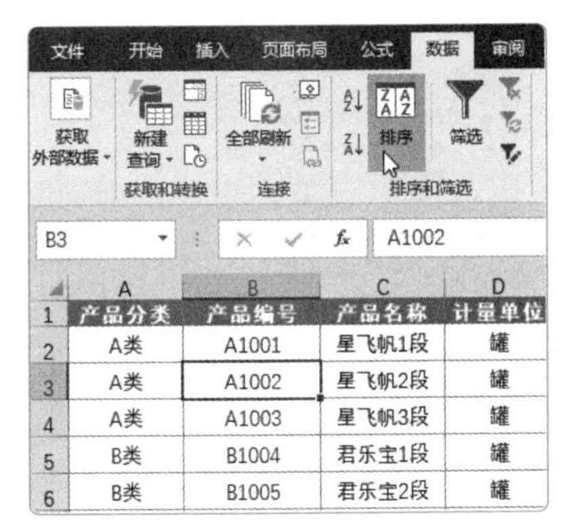

图10-6

STEP 2 打开“排序”对话框，将“主要关键字”设置为“销售部门”①，将“次序”设置为“升序”②，将“次要关键字”设置为“销售额”③，将“次序”设置为“升序”④，单击“确定”按钮⑤，如图 10-7 所示。

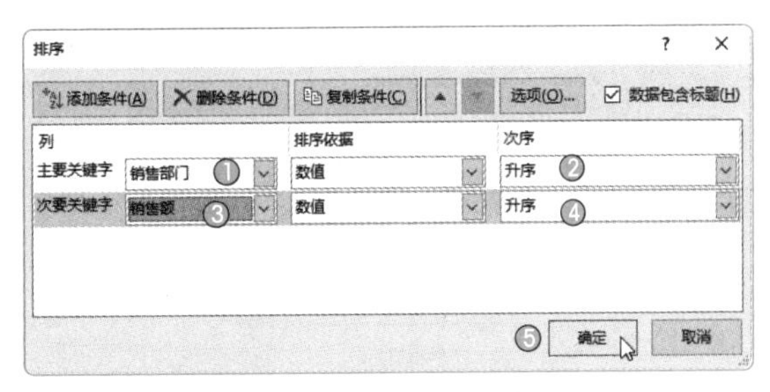

图10-7

STEP 3 此时，系统按照销售部门和销售额对数据进行升序排列，如图10-8所示。

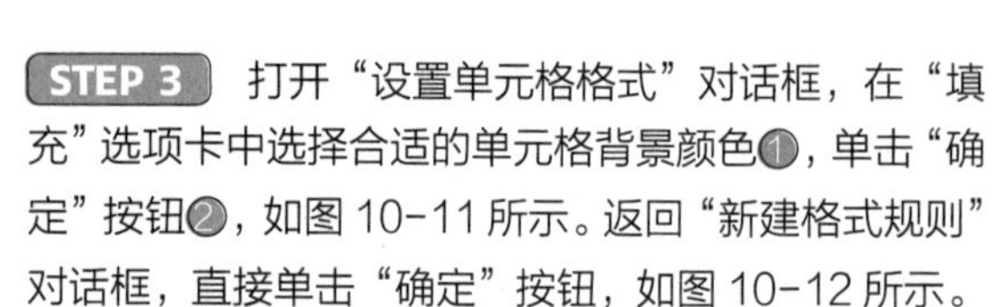

产品名称	计量单位	销售单价	销售数量	销售额	销售日期	销售部门	销售人员
普尔莱克3段	罐	306	110	33,660	2021/9/30	销售1部	曹兴
菁挚1段	罐	289	150	43,350	2021/9/23	销售1部	吴乐
星飞帆1段	罐	308	250	77,000	2021/9/10	销售1部	周琦
君乐宝2段	罐	270	300	81,000	2021/9/20	销售1部	邓柯
星飞帆2段	罐	308	130	40,040	2021/9/15	销售2部	李佳
君乐宝3段	罐	270	200	54,000	2021/9/21	销售2部	赵璇
普尔莱克1段	罐	306	210	64,260	2021/9/27	销售2部	刘雯
菁挚2段	罐	289	230	66,470	2021/9/24	销售2部	徐蚌
菁挚3段	罐	289	100	28,900	2021/9/25	销售3部	张宇
星飞帆3段	罐	308	180	55,440	2021/9/16	销售3部	王源
普尔莱克2段	罐	306	190	58,140	2021/9/28	销售3部	王晓

图10-8

微课视频

10.1.4 使用条件格式突出显示销售额

用户如果想要将销售额大于70000元的记录突出显示，则可以使用条件格式功能。下面将介绍具体的操作方法。

STEP 1 选择数据区域，在"开始"选项卡中单击"条件格式"下拉按钮❶，从列表中选择"新建规则"选项❷，如图 10-9 所示。

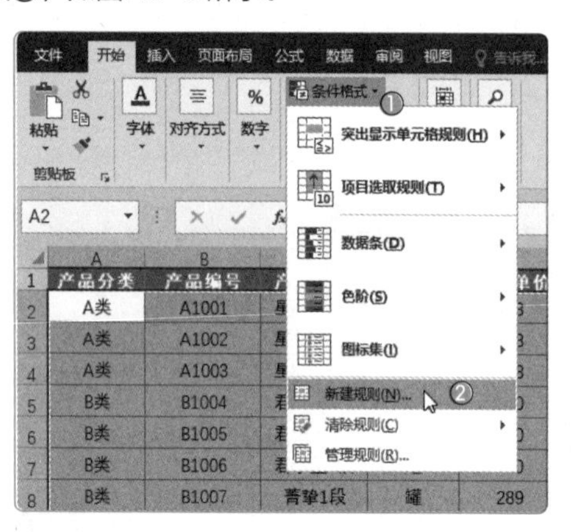

图10-9

STEP 2 打开"新建格式规则"对话框，选择"使用公式确定要设置格式的单元格"❶，然后在下方的文本框中输入公式"=$G2>70000"❷，单击"格式"按钮❸，如图 10-10 所示。

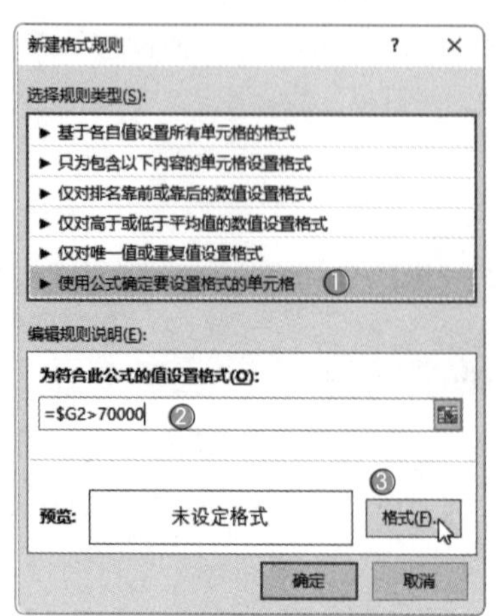

图10-10

STEP 3 打开"设置单元格格式"对话框，在"填充"选项卡中选择合适的单元格背景颜色❶，单击"确定"按钮❷，如图 10-11 所示。返回"新建格式规则"对话框，直接单击"确定"按钮，如图 10-12 所示。

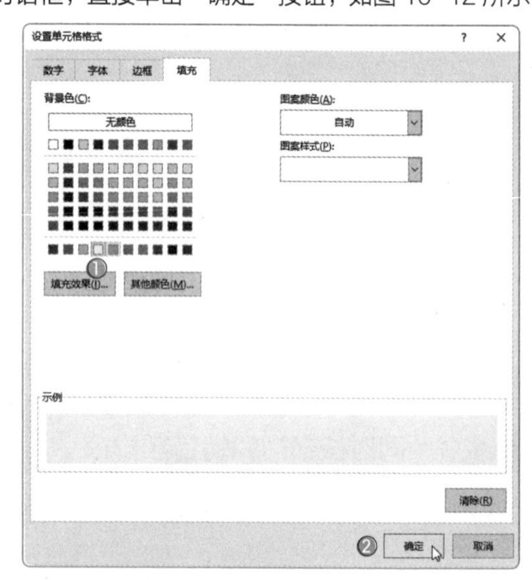

图10-11

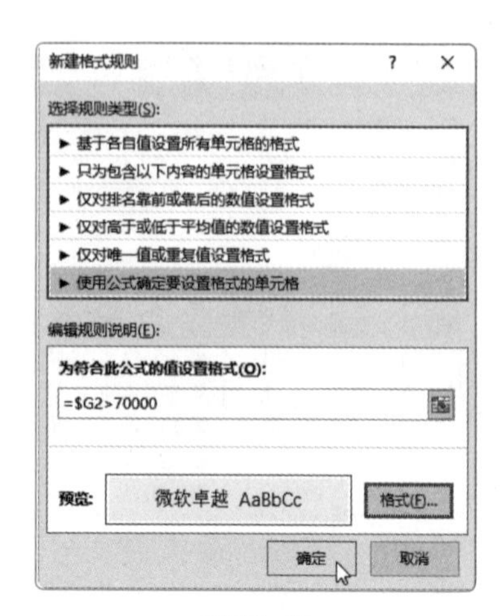

图10-12

实战案例篇

STEP 4 此时，系统自动将销售额大于 70000 元的记录用指定颜色突出显示，如图 10-13 所示。

产品分类	产品编号	产品名称	计量单位	销售单价	销售数量	销售额	销售日期	销售部门	销售人员
A类	A1001	星飞帆1段	罐	308	250	77,000	2021/9/10	销售1部	周琦
A类	A1002	星飞帆2段	罐	308	130	40,040	2021/9/15	销售2部	李佳
A类	A1003	星飞帆3段	罐	308	180	55,440	2021/9/16	销售3部	王源
B类	B1004	君乐宝1段	罐	270	250	67,500	2021/9/18	销售3部	孙俪
B类	B1005	君乐宝2段	罐	270	300	81,000	2021/9/20	销售1部	邓柯
B类	B1006	君乐宝3段	罐	270	200	54,000	2021/9/21	销售2部	赵璇
B类	B1007	菁挚1段	罐	289	150	43,350	2021/9/23	销售1部	吴乐
B类	B1008	菁挚2段	罐	289	230	66,470	2021/9/24	销售2部	徐蚌
B类	B1009	菁挚3段	罐	289	100	28,900	2021/9/25	销售3部	张宇
C类	C1010	普尔莱克1段	罐	306	210	64,260	2021/9/27	销售2部	刘雯
C类	C1011	普尔莱克2段	罐	306	190	58,140	2021/9/28	销售3部	王晓
C类	C1012	普尔莱克3段	罐	306	110	33,660	2021/9/30	销售1部	曹兴

图10-13

10.1.5 按类别汇总销售业绩

微课视频

利用分类汇总功能，用户可以将表格中的数据按产品分类对销售额进行求和汇总。下面将介绍具体的操作方法。

STEP 1 选择表格中任意单元格，在“数据”选项卡中单击“分类汇总”按钮，如图 10-14 所示。

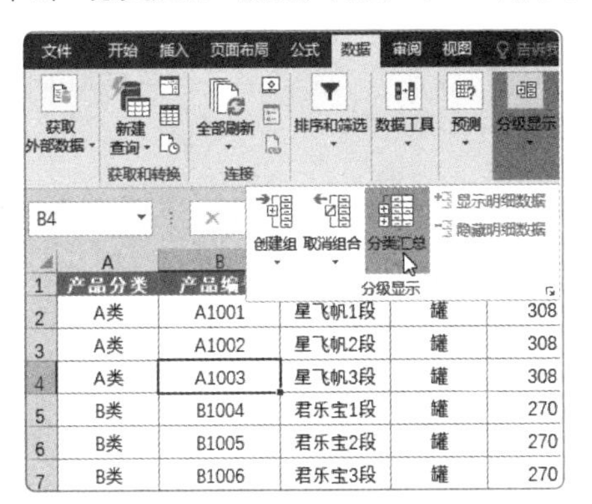

图10-14

STEP 2 打开“分类汇总”对话框，将“分类字段”设置为“产品分类”①，将“汇总方式”设置为“求和”②，在“选定汇总项”列表框中勾选“销售额”复选框③，单击“确定”按钮④，如图 10-15 所示。

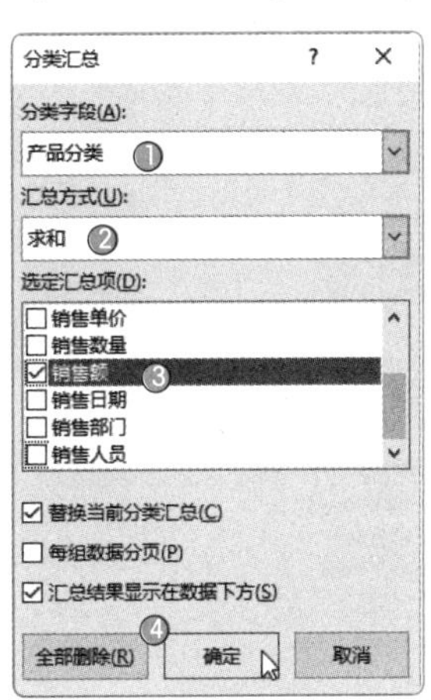

图10-15

STEP 3 此时，系统按照产品分类对销售额进行求和汇总，如图 10-16 所示。

产品分类	产品编号	产品名称	计量单位	销售单价	销售数量	销售额	销售日期	销售部门	销售人员
A类	A1001	星飞帆1段	罐	308	250	77,000	2021/9/10	销售1部	周琦
A类	A1002	星飞帆2段	罐	308	130	40,040	2021/9/15	销售2部	李佳
A类	A1003	星飞帆3段	罐	308	180	55,440	2021/9/16	销售3部	王源
A类 汇总						172,480			
B类	B1004	君乐宝1段	罐	270	250	67,500	2021/9/18	销售3部	孙俪
B类	B1005	君乐宝2段	罐	270	300	81,000	2021/9/20	销售1部	邓柯
B类	B1006	君乐宝3段	罐	270	200	54,000	2021/9/21	销售2部	赵璇
B类	B1007	菁挚1段	罐	289	150	43,350	2021/9/23	销售1部	吴乐
B类	B1008	菁挚2段	罐	289	230	66,470	2021/9/24	销售2部	徐蚌
B类	B1009	菁挚3段	罐	289	100	28,900	2021/9/25	销售3部	张宇
B类 汇总						341,220			
C类	C1010	普尔莱克1段	罐	306	210	64,260	2021/9/27	销售2部	刘雯
C类	C1011	普尔莱克2段	罐	306	190	58,140	2021/9/28	销售3部	王晓
C类	C1012	普尔莱克3段	罐	306	110	33,660	2021/9/30	销售1部	曹兴
C类 汇总						156,060			
总计						669,760			

图10-16

10.1.6 使用数据透视表分析数据

微课视频

通过创建数据透视表，用户可以对销售数据进行更复杂的分析操作。下面将介绍具体的操作方法。

STEP 1 选择表格中任意单元格，在“插入”选项卡中单击“数据透视表”按钮，如图 10-17 所示。

文件 开始 插入 页面布局 公式

数据透视表 推荐的数据透视表 表格 图片 联机图片

表格 插图

B4 A100

	A	B	C
1	产品分类	产品编号	产品名称
2	A类	A1001	星飞帆1段
3	A类	A1002	星飞帆2段
4	A类	A1003	星飞帆3段
5	B类	B1004	君乐宝1段

图10-17

STEP 2 打开“创建数据透视表”对话框，保持各选项为默认状态，单击“确定”按钮，如图 10-18 所示。

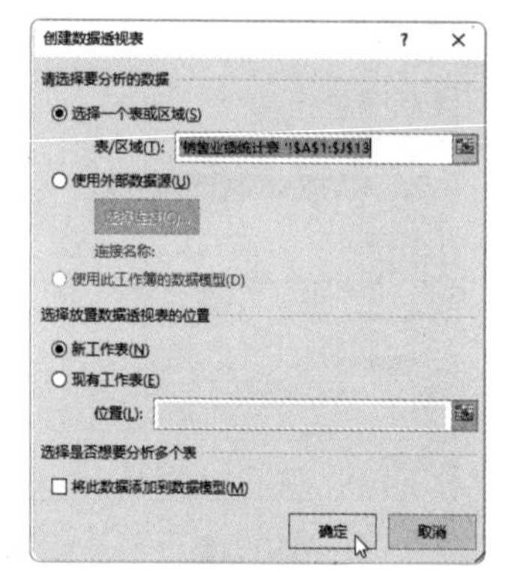

图10-18

STEP 3 创建一个空白数据透视表，在“数据透视表字段”窗格中将“产品分类”字段拖曳至“行”区域，将“销售部门”字段拖曳至“列”区域，将“销售额”字段拖曳至“值”区域，如图 10-19 所示。

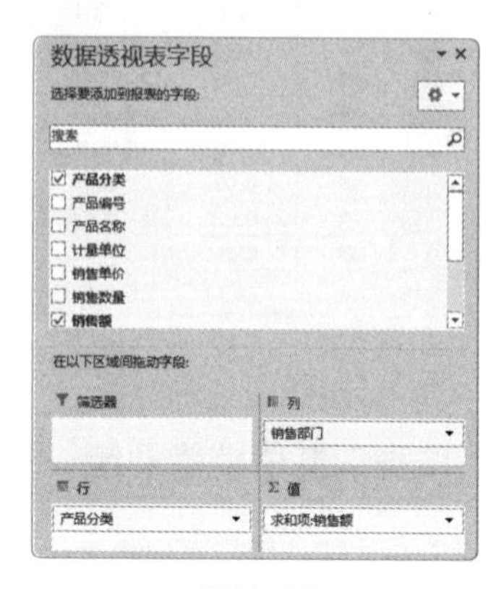

图10-19

STEP 4 在数据透视表中单击“列标签”下拉按钮①，从列表中取消对“全选”复选框的勾选，并勾选“销售 2 部”复选框②，单击“确定”按钮③，如图 10-20 所示。即可将销售 2 部的数据筛选出来，如图 10-21 所示。

图10-20

	A	B	C
3	求和项:销售额	列标签	
4	行标签	销售2部	总计
5	A类	40040	40040
6	B类	120470	120470
7	C类	64260	64260
8	总计	224770	224770

图10-21

10.2 数据统计表的可视化

图表不仅可以用于直观地展示数据，还可以用于筛选操作，以便于进行数据分析。

10.2.1 创建产品销售透视图

用户创建数据透视表后，可以直接根据数据透视表创建数据透视图。下面将介绍具体的操作方法。

STEP 1 选择数据透视表中任意单元格❶，在“数据透视表工具 - 分析”选项卡中单击“数据透视图”按钮❷，如图 10-22 所示。

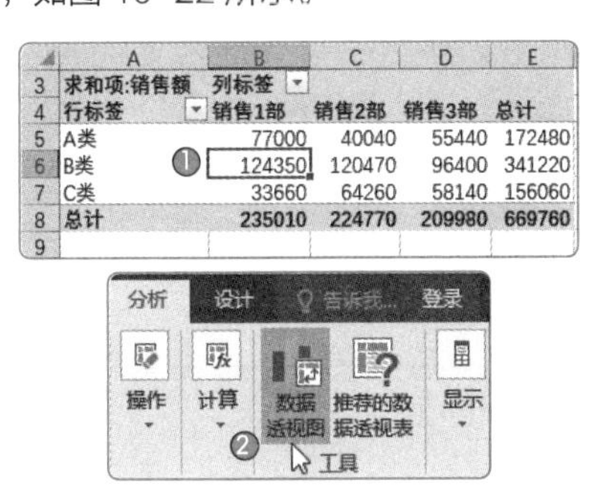

	A	B	C	D	E
3	求和项:销售额	列标签			
4	行标签	销售1部	销售2部	销售3部	总计
5	A类	77000	40040	55440	172480
6	B类	124350	120470	96400	341220
7	C类	33660	64260	58140	156060
8	总计	235010	224770	209980	669760
9					

图10-22

STEP 2 打开“插入图表”对话框，选择“柱形图”选项❶，并选择“簇状柱形图”❷，单击“确定”按钮❸，如图 10-23 所示。

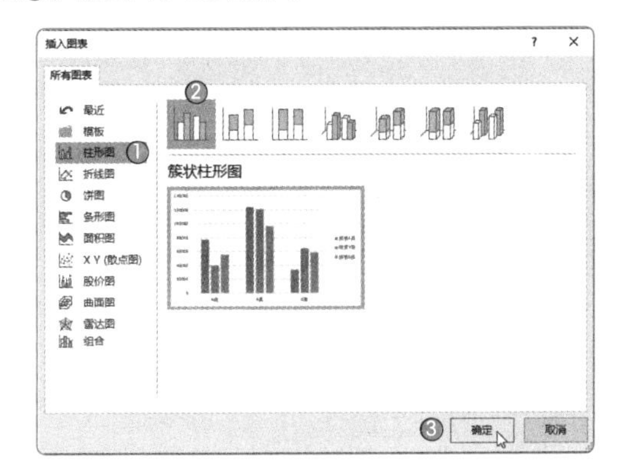

图10-23

STEP 3 这时即可创建一个数据透视图，如图 10-24 所示。

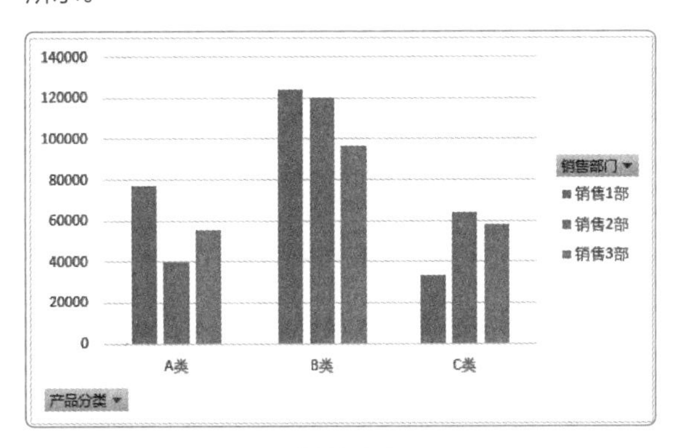

图10-24

STEP 4 对数据透视图适当美化，如图 10-25 所示。

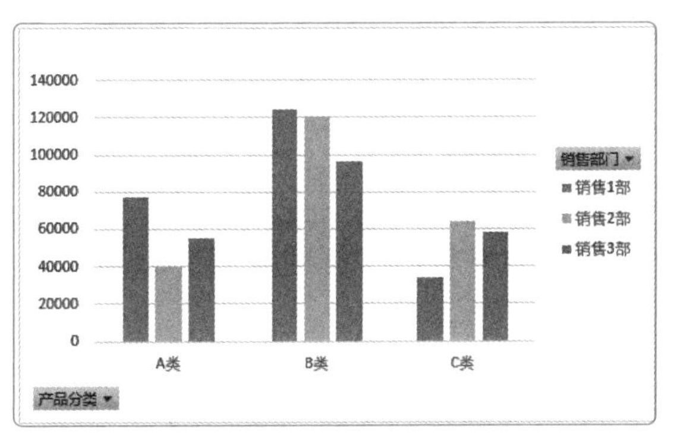

图10-25

10.2.2 使用切片器筛选图表数据

用户可以使用切片器筛选数据透视图中的数据，例如，按照产品分类筛选数据。下面将介绍具体的操作方法。

STEP 1 选择数据透视图，在“数据透视图工具 - 分析”选项卡中单击“插入切片器”按钮，如图 10-26 所示。

图10-26

STEP 2 打开“插入切片器”对话框，勾选“产品分类”复选框❶，单击“确定”按钮❷，如图 10-27 所示。

图10-27

STEP 3 这时即可插入“产品分类”切片器，如图 10-28 所示。在切片器中选择“C 类”选项，即可在数据透视图中将 C 类数据筛选出来，如图 10-29 所示。

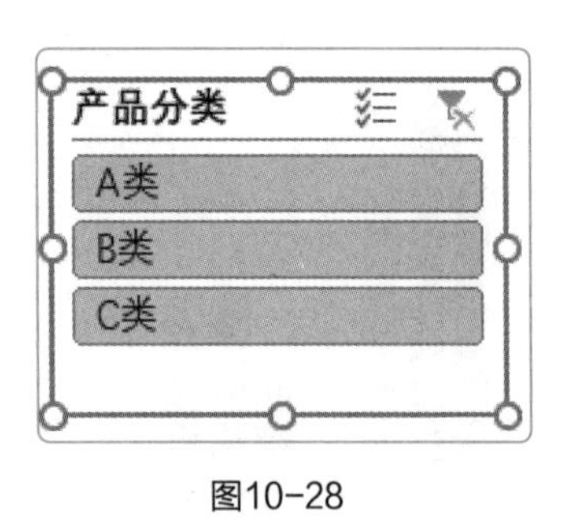

图10-28

图10-29

10.2.3 使用控件筛选图表数据

除了用切片器筛选图表数据外，用户还可以使用控件进行筛选。下面将介绍具体的操作方法。

STEP 1 选择数据透视表中的数据区域，并对其数据进行复制，如图 10-30 所示。

	A	B	C	D	E
3	求和项:销售额	列标签			
4	行标签	销售1部	销售2部	销售3部	总计
5	A类	77000	40040	55440	172480
6	B类	124350	120470	96400	341220
7	C类	33660	64260	58140	156060
8	总计	235010	224770	209980	669760

图10-30

STEP 2 新建一个工作表，将复制的数据粘贴到该工作表中，并进行适当修改，如图 10-31 所示。

	A	B	C	D
1	产品分类	销售1部	销售2部	销售3部
2	A类	77000	40040	55440
3	B类	124350	120470	96400
4	C类	33660	64260	58140

图10-31

STEP 3 在工作表的 A6:B9 单元格区域输入辅助数据，并选择 B7 单元格，输入公式“=INDEX(B2:D2,B$6)”，如图 10-32 所示。

	A	B	C	D
1	产品分类	销售1部	销售2部	销售3部
2	A类	77000	40040	55440
3	B类	124350	120470	96400
4	C类	33660	64260	58140
5				
6	产品分类			
7	A类	=INDEX(B2:D2,B$6)		
8	B类			
9	C类			

图10-32

STEP 4 按【Enter】键确认，并将公式向下填充，然后在 B6 单元格中输入 1，即可计算出销售 1 部的销售额，如图 10-33 所示。

	A	B	C	D
1	产品分类	销售1部	销售2部	销售3部
2	A类	77000	40040	55440
3	B类	124350	120470	96400
4	C类	33660	64260	58140
5				
6	产品分类	1		
7	A类	77000		
8	B类	124350		
9	C类	33660		

图10-33

STEP 5 在 D6:D9 单元格区域输入销售部门，然后选择 A7:B9 单元格区域，插入一个簇状柱形图，如图 10-34 所示。

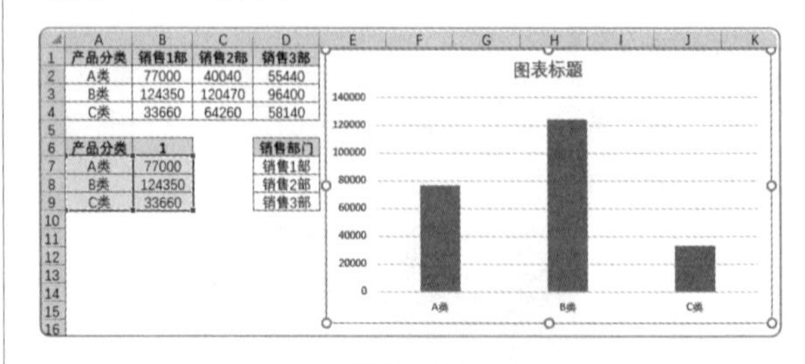

图10-34

STEP 6 选择图表，输入图表标题，取消“网格线”显示，添加数据标签，然后适当美化图表，如图 10-35 所示。

STEP 7 打开“开发工具”选项卡，单击“插入”下拉按钮❶，从列表中选择“组合框(窗体控件)”选项❷，在图表合适位置上绘制一个组合框控件❸，如图 10-36 所示。

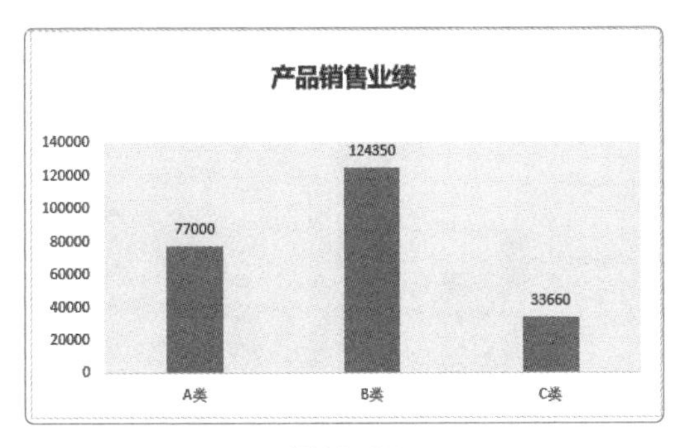

图10-35

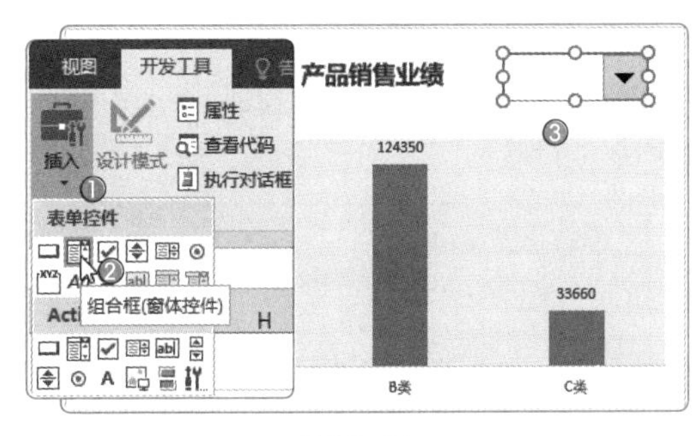

图10-36

STEP 8 选择控件，单击鼠标右键，从弹出的快捷菜单中选择“设置控件格式”命令，打开“设置对象格式”对话框，在“控制”选项卡中设置“数据源区域”❶、“单元格链接”❷，单击“确定”按钮❸，如图 10-37 所示。

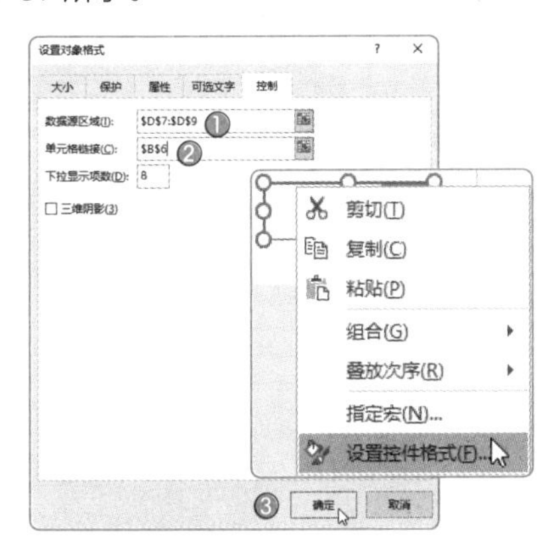

图10-37

STEP 9 此时，单击控件的下拉按钮，从列表中选择“销售 2 部”选项，如图 10-38 所示。

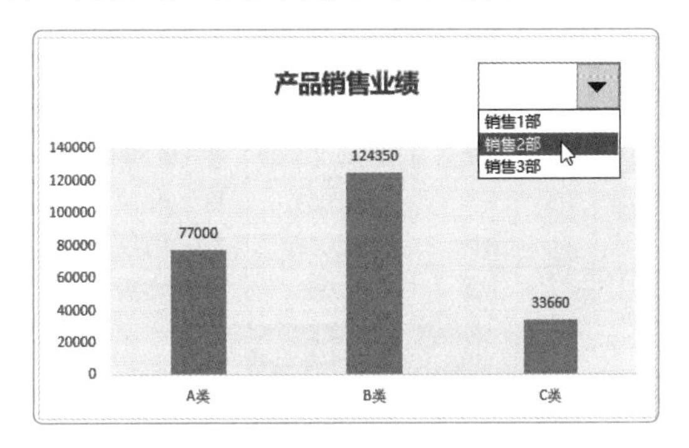

图10-38

STEP 10 这时即可将销售 2 部的销售额数据筛选出来，如图 10-39 所示。在控件的列表中选择“销售 3 部”选项，也可以将其销售额筛选出来，如图 10-40 所示。

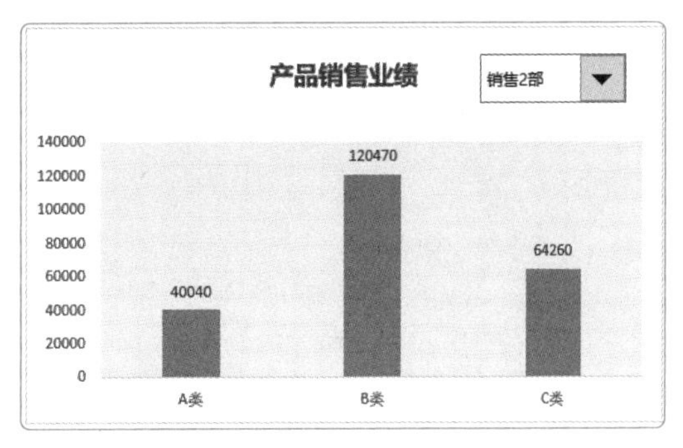

图10-39

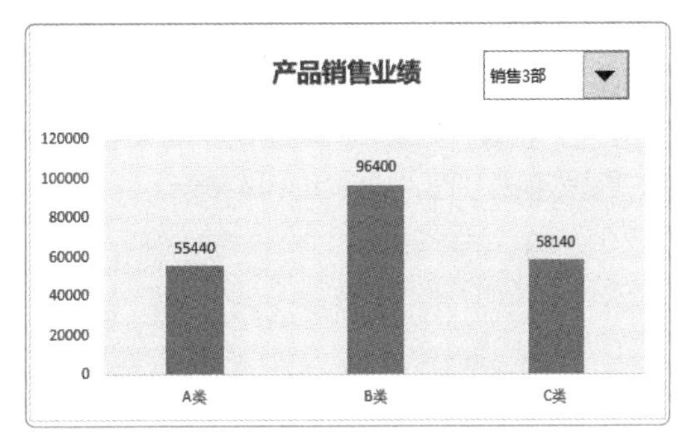

图10-40

10.2.4 图表之间的联动

在对一些复杂的数据进行分析时，用户可以使用多个图表联动展示数据，例如单击切片器筛选销售额，柱形数据透视图和饼形数据透视图会同步发生变化。

STEP 1 选择表格中任意单元格❶，在“插入”选项卡中单击“数据透视图”按钮❷，如图 10-41 所示。

	A	B	C
1	产品分类	产品编号	产品名称
2	A类	A1001	星飞帆1段
3	A类	A1002 ❶	星飞帆2段
4	A类	A1003	星飞帆3段
5	B类	B1004	君乐宝1段
6	B类	B1005	君乐宝2段
			君乐宝3段
			菁挚1段
			菁挚2段
			菁挚3段
			普尔莱克1段

插入 页面布局 公式 数据

推荐的图表 数据透视图 图表 ❷

图10-41

STEP 2 打开“创建数据透视图”对话框，直接单击“确定”按钮，如图 10-42 所示。

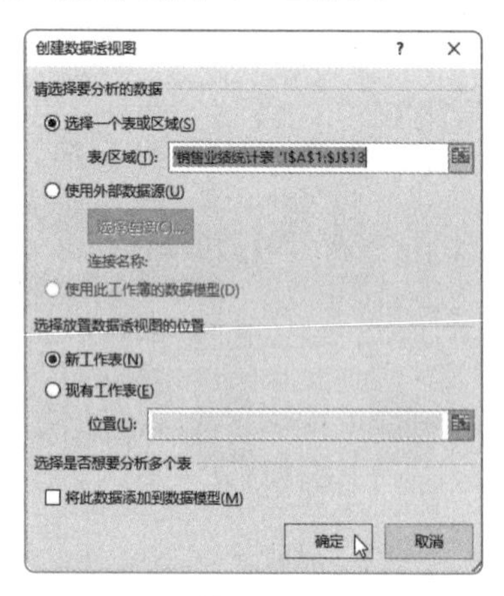

图10-42

STEP 3 在“数据透视图字段”窗格中，将所需字段拖至合适位置，如图 10-43 所示，即可创建数据透视表和数据透视图，如图 10-44 所示。

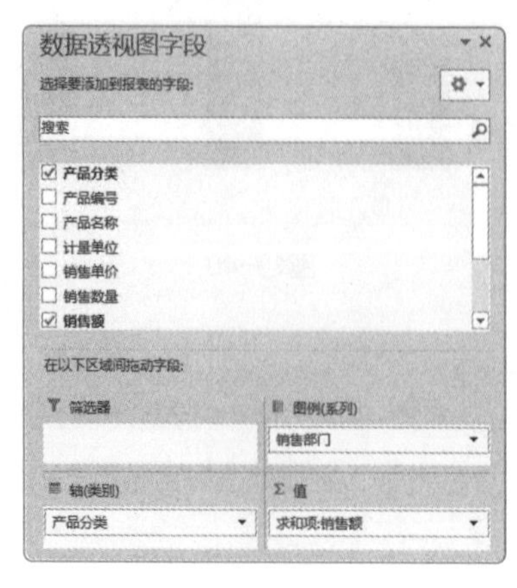

图10-43

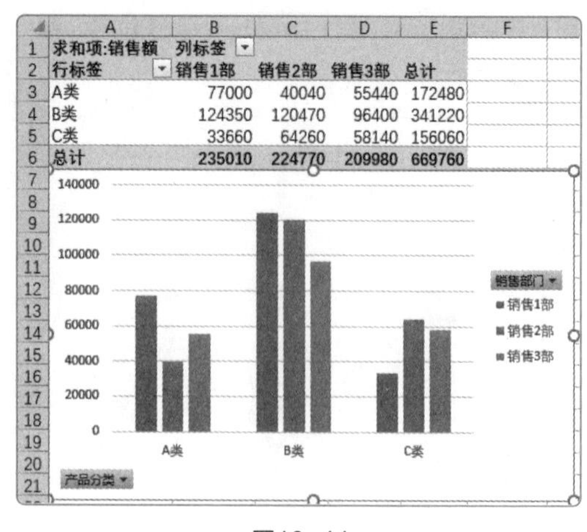

求和项:销售额	列标签			
行标签	销售1部	销售2部	销售3部	总计
A类	77000	40040	55440	172480
B类	124350	120470	96400	341220
C类	33660	64260	58140	156060
总计	235010	224770	209980	669760

图10-44

STEP 4 按照同样的方法，创建第二个数据透视图，如图 10-45 所示。

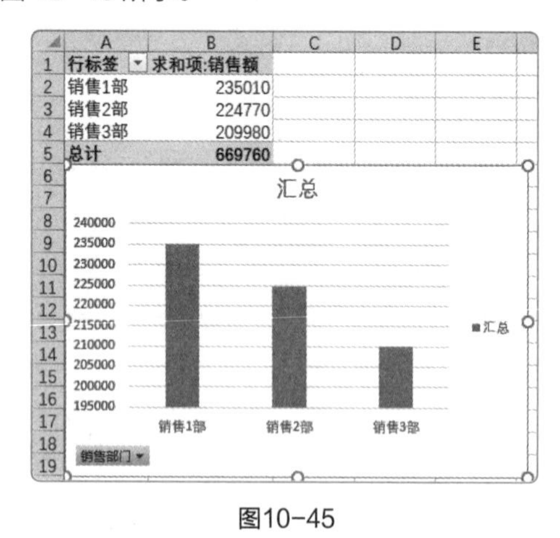

行标签	求和项:销售额
销售1部	235010
销售2部	224770
销售3部	209980
总计	669760

图10-45

STEP 5 将柱形数据透视图更改为饼形数据透视图，如图 10-46 所示。

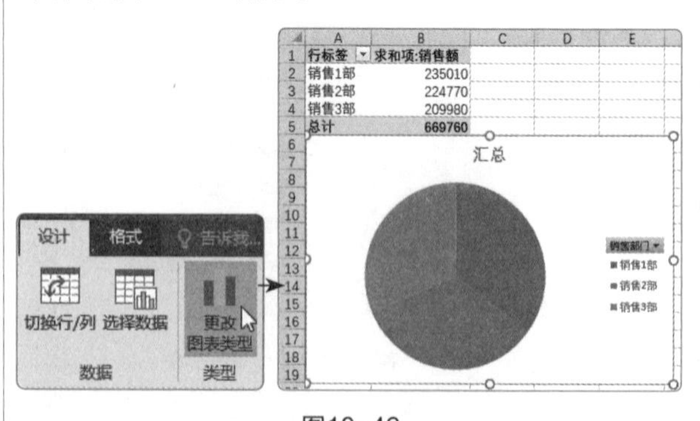

图10-46

STEP 6 新建一个工作表，将两个数据透视图剪切到该工作表中，并放在合适位置，如图 10-47 所示。

实战案例篇

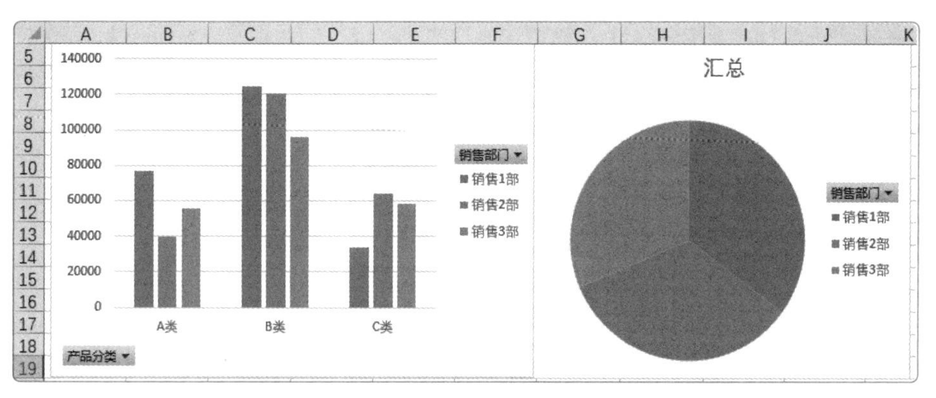

图10-47

STEP 7 对两个数据透视图进行美化，并添加相应的图表元素，如图 10-48 所示。

STEP 8 选择柱形数据透视图，在“数据透视图工具 - 分析”选项卡中单击“插入切片器”按钮如图 10-49 所示。打开“插入切片器”对话框，勾选“产品分类”复选框①，单击“确定”按钮②，如图 10-50 所示，即可插入“产品分类”切片器。效果如图 10-51 所示。

STEP 9 选择“产品分类”切片器，在“选项”选项卡中单击“报表连接”按钮，将“产品分类”切片器关联到“数据透视表 2”，也就是饼形数据透视图所在工作表，如图 10-52 所示。

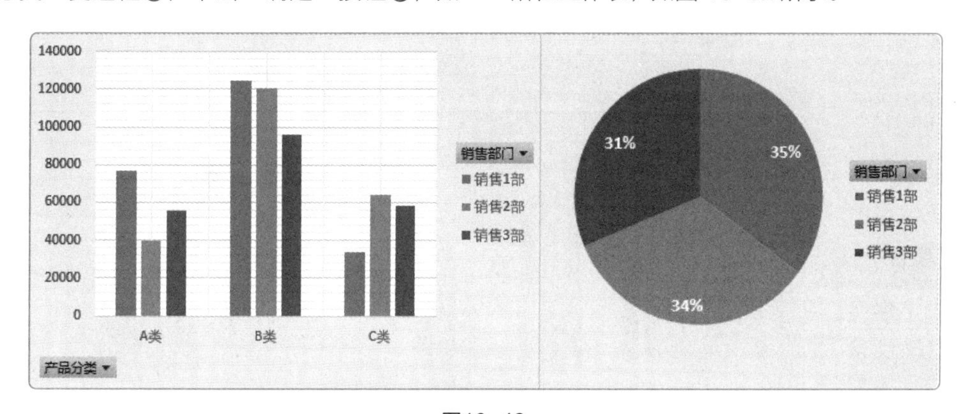

图10-48

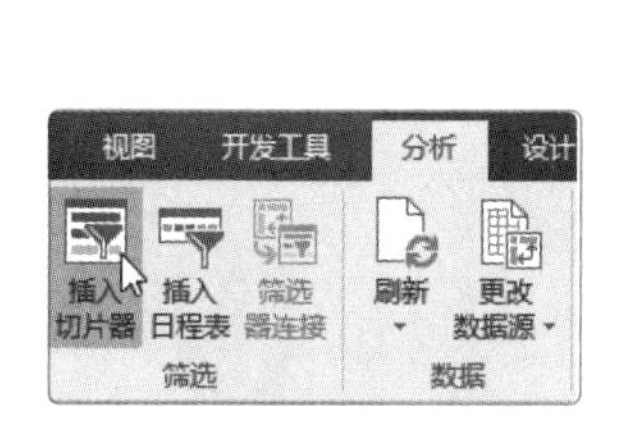

图10-49

图10-50

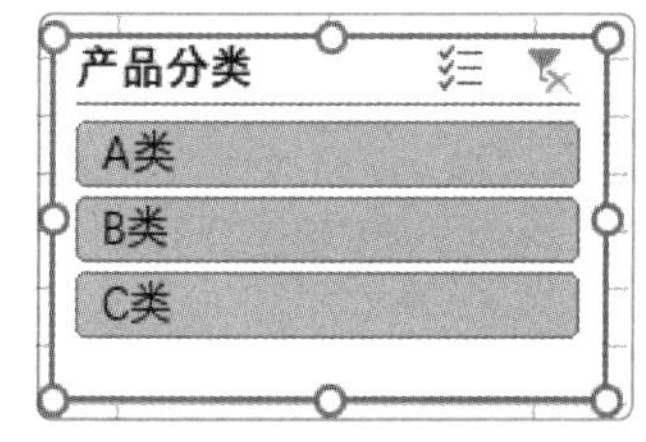

图10-51

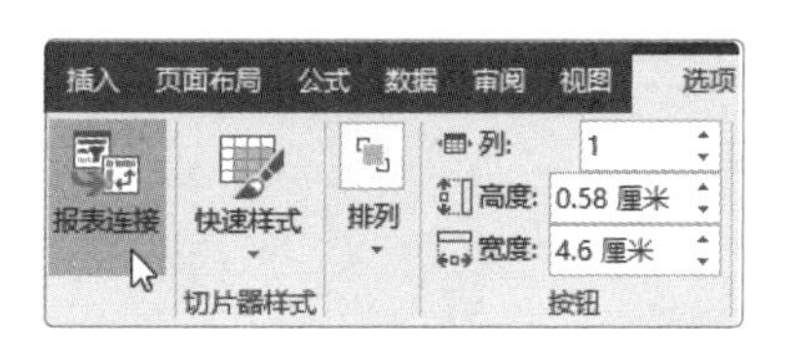

数据透视表连接(产品分类)

选择要连接到此筛选器的数据透视表和数据透视图

	名称	工作表
☑	数据透视表1	Sheet1
☑	数据透视表2	Sheet2

确定 取消

图10-52

STEP 10 选择“产品分类”切片器，在“选项”选项卡中单击合适的切片器样式，即可将该样式应用到该切片器上，如图 10-53 所示。

STEP 11 在“选项”选项卡中设置切片器选项的列数❶、高度❷和宽度❸，并将切片器移至合适位置，如图 10-54 所示。

STEP 12 单击“选项”选项卡中的“切片器设置”按钮，如图 10-55 所示。打开“切片器设置”对话框，取消勾选“显示页眉”复选框❶，单击“确定”按钮❷，如图 10-56 所示，即可取消切片器的标题显示，如图 10-57 所示。

STEP 13 用户选择切片器中的选项，可以实现柱形数据透视图和饼形数据透视图同步变化，如图 10-58 所示。

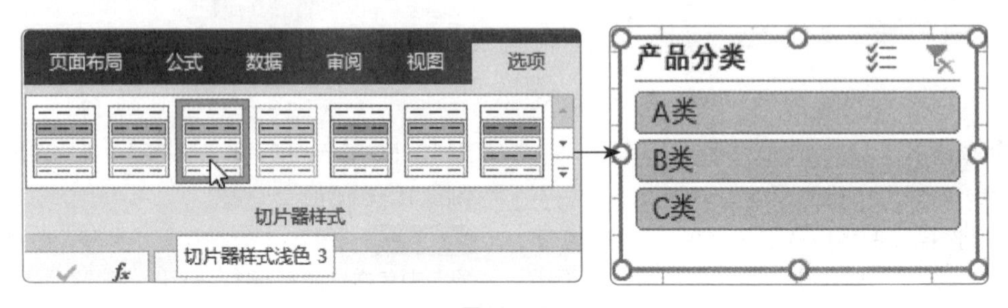

图10-53

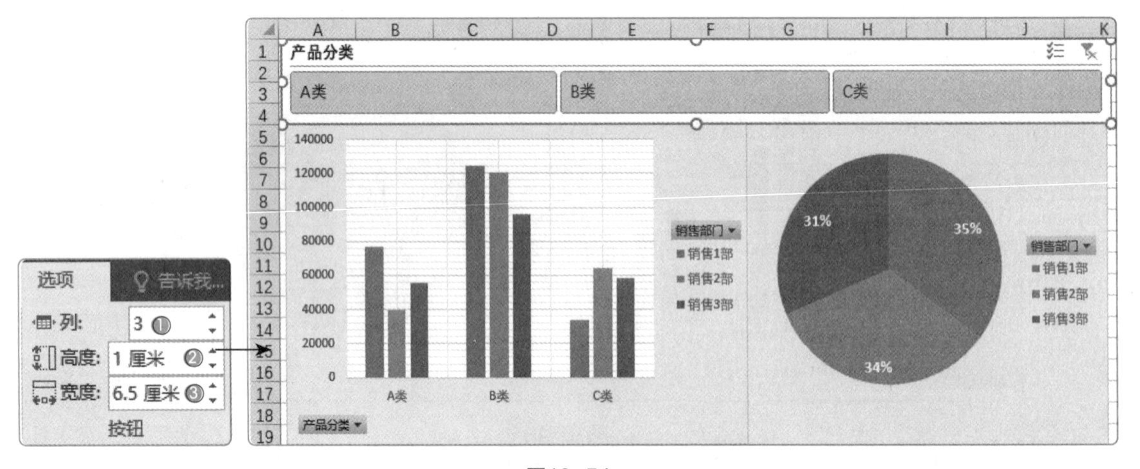

图10-54

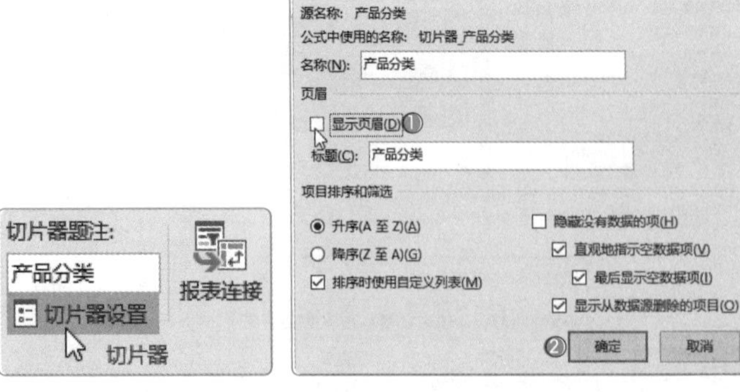

图10-55　　图10-56

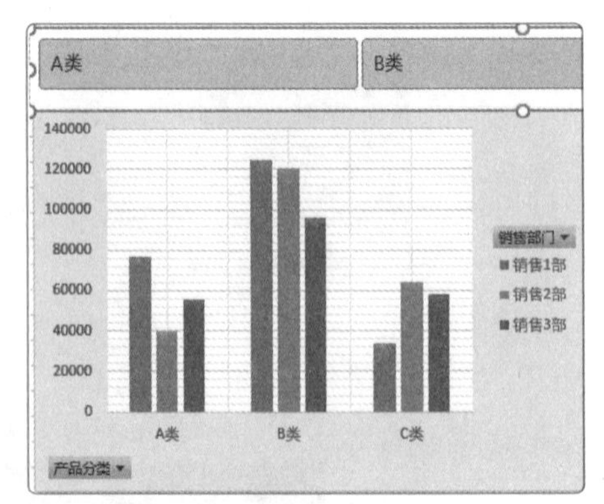

图10-57

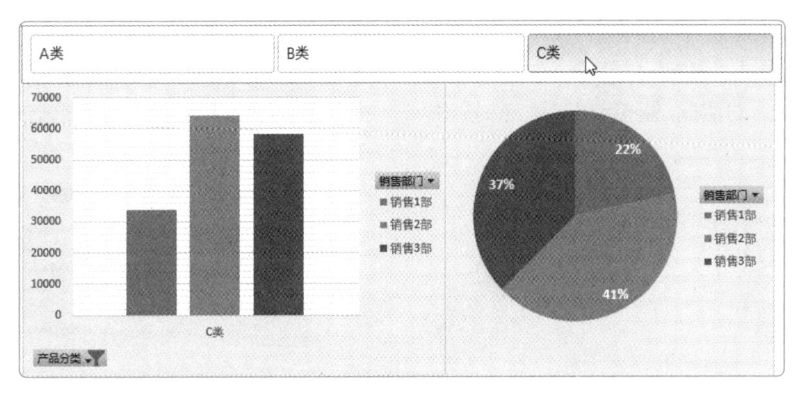

图10-58

10.3 数据分析报告

通过使用数据自动化功能和数据分析工具，用户可以对数据进行更高级的分析操作，并得到相应的分析结果。

10.3.1 使用宏自动完成高级筛选

当对数据执行高级筛选时，每执行一次都需要重复相同的操作。此时，用户可以通过录制宏来完成高级筛选的自动操作。

STEP 1 打开销售业绩统计表，然后新建一个名为“筛选结果”的工作表，在该工作表的 A1:C3 单元格区域输入筛选条件，将筛选结果的标题复制到 A5:J5 单元格区域，如图 10-59 所示。

STEP 2 在“开发工具”选项卡中单击“插入”下拉按钮①，选择“按钮（窗体控件）”选项②，在筛选结果工作表中绘制一个按钮③，如图 10-60 所示。

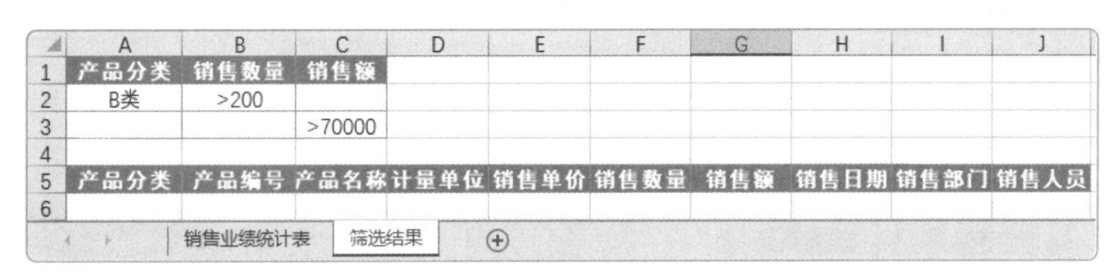

	A	B	C	D	E	F	G	H	I	J
1	产品分类	销售数量	销售额							
2	B类	>200								
3			>70000							
4										
5	产品分类	产品编号	产品名称	计量单位	销售单价	销售数量	销售额	销售日期	销售部门	销售人员
6										

图10-59

图10-60

STEP 3 绘制好后将打开“指定宏”对话框，输入宏名“筛选”①，单击“录制”按钮②，如图 10-61 所示。打开“录制宏”对话框，直接单击“确定”按钮，如图 10-62 所示。

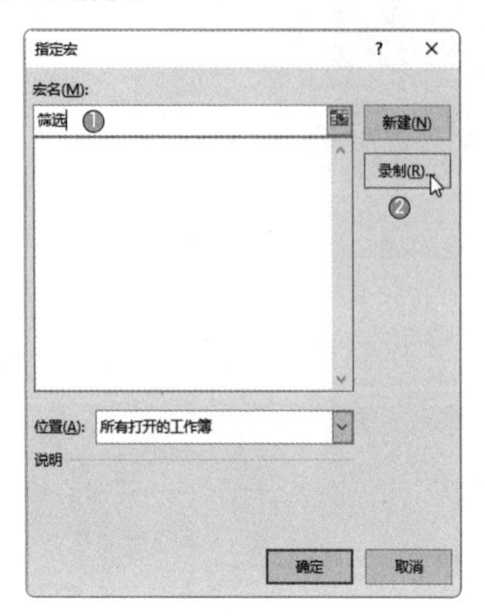

图10-61

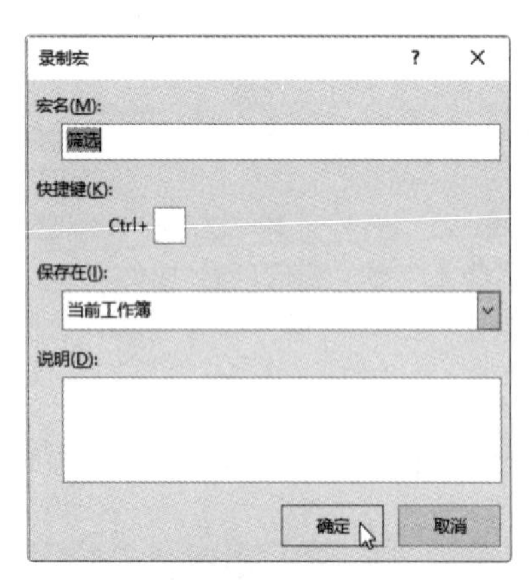

图10-62

STEP 4 选择工作表中任意单元格，在“数据”选项卡中单击“高级”按钮，如图 10-63 所示。打开“高级筛选”对话框，选择“将筛选结果复制到其他位置”单选按钮①，并设置“列表区域”“条件区域”“复制到”②，单击“确定”按钮③，如图 10-64 所示。

图10-63

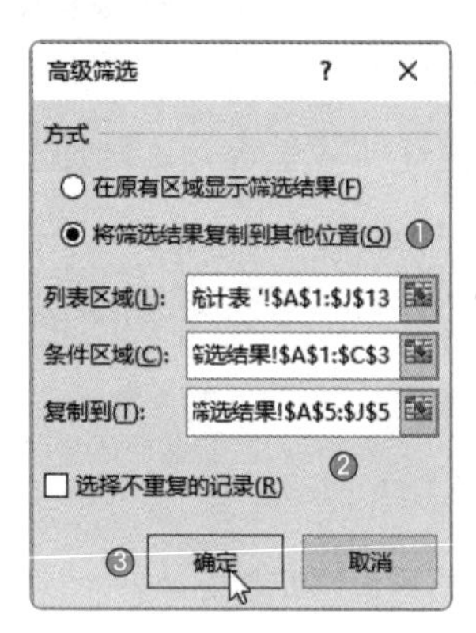

图10-64

STEP 5 高级筛选完成后，单击“停止录制”按钮，完成录制过程，然后修改按钮的名称为“筛选”，如图 10-65 所示。

STEP 6 当用户修改筛选条件后，单击“筛选”按钮，便可以得到筛选结果，如图 10-66 所示。

Visual Basic　宏　停止录制　使用相对引用　宏安全性　代码

	A	B	C	D	E	F	G	H	I	J
1	产品分类	销售数量	销售额		筛选					
2	B类	>200								
3			>70000							
4										
5	产品分类	产品编号	产品名称	计量单位	销售单价	销售数量	销售额	销售日期	销售部门	销售人员
6	A类	A1001	星飞帆1段	罐	308	250	77,000	2021/9/10	销售1部	周琦
7	B类	B1004	君乐宝1段	罐	270	250	67,500	2021/9/18	销售3部	孙俪
8	B类	B1005	君乐宝2段	罐	270	300	81,000	2021/9/20	销售1部	邓柯
9	B类	B1008	菁挚2段	罐	289	230	66,470	2021/9/24	销售2部	徐蚌

图10-65

	A	B	C	D	E	F	G	H	I	J
1	产品分类	销售数量	销售额		筛选					
2	C类	>200								
3			<30000							
4										
5	产品分类	产品编号	产品名称	计量单位	销售单价	销售数量	销售额	销售日期	销售部门	销售人员
6	B类	B1009	菁挚3段	罐	289	100	28,900	2021/9/25	销售3部	张宇
7	C类	C1010	普尔莱克1段	罐	306	210	64,260	2021/9/27	销售2部	刘雯

图10-66

实战案例篇

10.3.2 使用 Power Pivot 进行关联分析

如果用户想要将销售业绩统计表和销售人员信息表中的销售人员关联起来，分析什么学历的销售人员最多，则可以使用Power Pivot工具。

STEP 1 打开销售人员信息表，查看相关数据，如图 10-67 所示。

	A	B	C	D
1	销售人员	性别	年龄	学历
2	曹兴	男	23	大专
3	赵宣	男	33	本科
4	邓柯	男	288	本科
5	李佳	女	26	大专
6	刘雯	女	20	大专
7	周梦	女	34	本科
8	孙俪	女	35	本科
9	王晓	女	40	大专
10	王源	男	22	大专
11	王萍	女	27	研究生
12	吴乐	男	29	本科
13	徐蚌	男	31	研究生
14	张宇	男	30	大专
15	郑国	男	28	本科
16	赵璇	女	35	研究生
17	周琦	男	41	本科

销售人员信息表

图10-67

STEP 2 新建一个工作簿，在“Power Pivot”选项卡中单击“管理”按钮①，进入 Power Pivot 界面，在“开始”选项卡中单击“从其他源”按钮②，如图 10-68 所示。

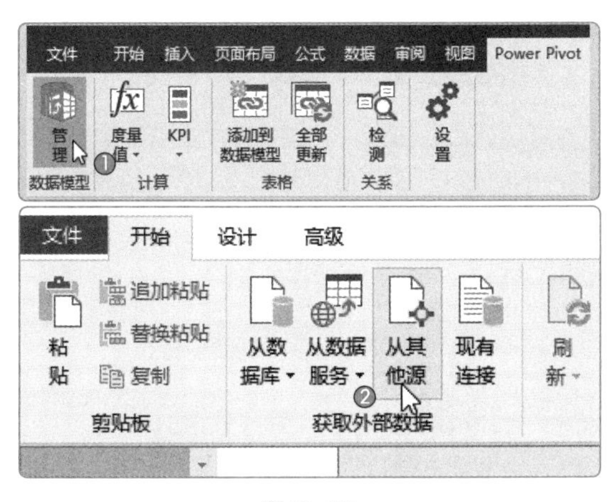

图10-68

STEP 3 打开“表导入向导”对话框，选择“Excel 文件”选项①，单击“下一步”按钮②，如图 10-69 所示。

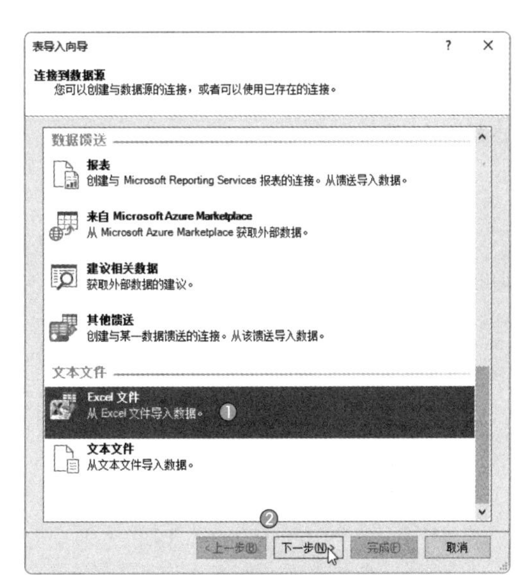

图10-69

STEP 4 在打开的对话框中单击“浏览”按钮①，选择销售业绩统计表所在的 Excel 文件，并勾选“使用第一行作为列标题”复选框②，单击“下一步”按钮③，导入该表，如图 10-70 所示。

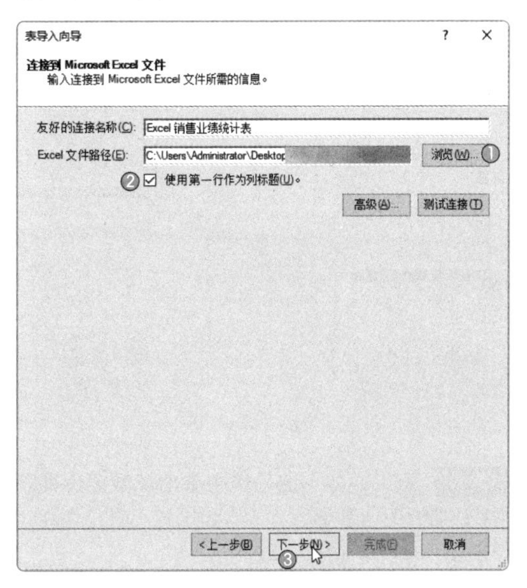

图10-70

STEP 5 按照上述方法，导入销售人员信息表，如图 10-71 所示。

	产品分类	产品_编号	产品名称	计量_单位	销售单价	销售_数量	销售额	销售日期	销售部门	销售人员	添加列
1	A类	A1001	星飞帆1段	罐	308	250	77000	2021/9/10 ...	销售1部	周琦	
2	A类	A1002	星飞帆2段	罐	308	130	40040	2021/9/15 ...	销售2部	李佳	
3	A类	A1003	星飞帆3段	罐	308	180	55440	2021/9/16 ...	销售3部	王源	
4	B类	B1004	君乐宝1段	罐	270	250	67500	2021/9/18 ...	销售3部	孙俪	
5	B类	B1005	君乐宝2段	罐	270	300	81000	2021/9/20 ...	销售1部	邓柯	
6	B类	B1006	君乐宝3段	罐	270	200	54000	2021/9/21 ...	销售2部	赵璇	
7	B类	B1007	菁挚1段	罐	289	150	43350	2021/9/23 ...	销售1部	吴乐	
8	B类	B1008	菁挚2段	罐	289	230	66470	2021/9/24 ...	销售2部	徐蚌	
9	B类	B1009	菁挚3段	罐	289	100	28900	2021/9/25 ...	销售3部	张宇	

销售业绩统计表　销售人员信息表

图10-71

STEP 6 在销售业绩统计表中，选择销售人员列的任意单元格，在“设计”选项卡中单击“创建关系”按钮，如图 10-72 所示。

图10-72

STEP 7 打开“创建关系”对话框，将“表 2”设置为“销售人员信息表”①，并在其下方的“列”中选择“销售人员”选项②，单击“确定”按钮③，如图 10-73 所示。

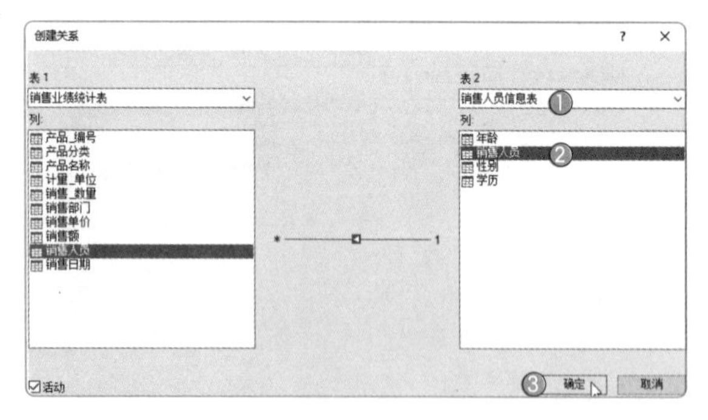

图10-73

STEP 8 在“开始”选项卡中单击“数据透视表”按钮，打开“创建数据透视表”对话框，直接单击“确定”按钮，如图 10-74 所示。

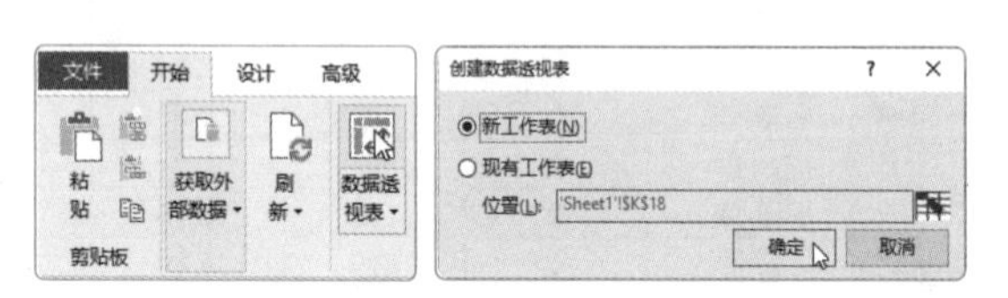

图10-74

STEP 9 创建一个数据透视表，将“销售业绩统计表”下的“销售人员”字段拖至“值”区域，将“销售人员信息表”下的“学历”字段拖至“行”区域，如图 10-75 所示。

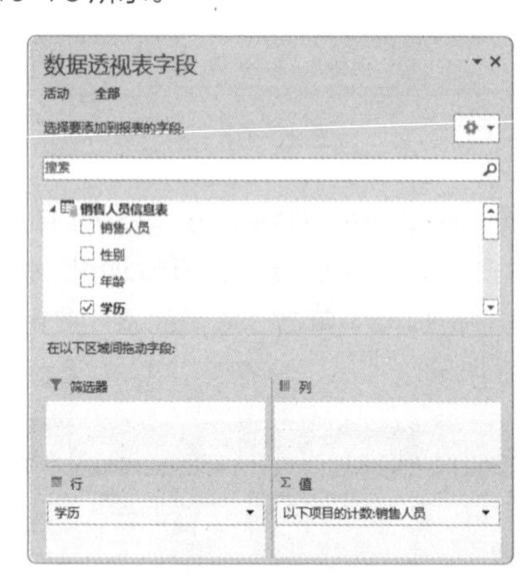

图10-75

STEP 10 修改数据透视表中的标题字段名称，即可得到分析结果，如图 10-76 所示。

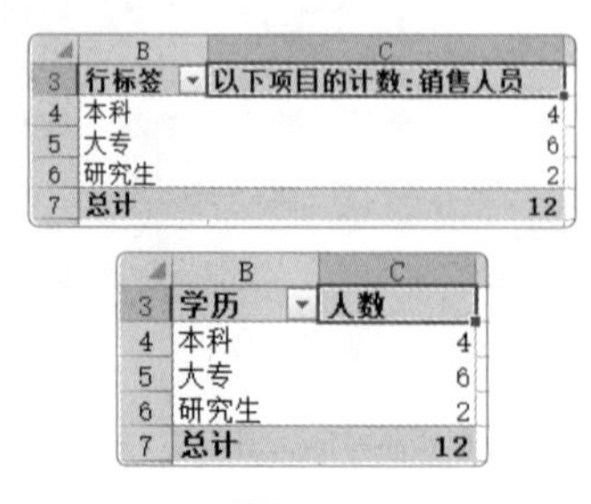

	B	C
3	行标签	以下项目的计数:销售人员
4	本科	4
5	大专	6
6	研究生	2
7	总计	12

	B	C
3	学历	人数
4	本科	4
5	大专	6
6	研究生	2
7	总计	12

图10-76

10.3.3 产品销售多方案分析

在经营环境中，很多销售计划都需要多个方案。方案管理器允许用户为某个组合预存储多个值，这样用户可以非常方便地查看不同取值的计算结果，进行多方面比较，从而选择最好的一种方案。例如，分析销售数据在单位成本为不同取值的情况下，其他项目的数据情况。

STEP 1 制作一个表格框架，在其中输入基本数据，如图 10-77 所示。

	A	B	C	D	E
1	销售数据分析				
2		星飞帆1段	君乐宝1段	菁挚1段	普尔莱克1段
3	单位成本	100			
4	销售单价	308	270	289	306
5	销售数量	250	250	150	210
6	销售额				
7	变动成本				
8	所占比重				
9	毛利润				
10	利润率				
11	利润构成				

图10-77

STEP 2 选择 C3:E3 单元格区域，输入公式“=$B$3”，如图 10-78 所示。

AVERAGE　=$B$3

	A	B	C	D	E
1	销售数据分析				
2		星飞帆1段	君乐宝1段	菁挚1段	普尔莱克1段
3	单位成本	100	=$B$3		
4	销售单价	308	270	289	306
5	销售数量	250	250	150	210
6	销售额				
7	变动成本				
8	所占比重				
9	毛利润				
10	利润率				

图10-78

STEP 3 按【Ctrl+Enter】组合键，引用 B3 单元格中的内容，如图 10-79 所示。

C3　=$B$3

	A	B	C	D	E
1	销售数据分析				
2		星飞帆1段	君乐宝1段	菁挚1段	普尔莱克1段
3	单位成本	100	100	100	100
4	销售单价	308	270	289	306
5	销售数量	250	250	150	210
6	销售额				
7	变动成本				
8	所占比重				
9	毛利润				
10	利润率				

图10-79

STEP 4 选择B6:E6单元格区域，输入公式“=B4*B5”，如图 10-80 所示。

AVERAGE　=B4*B5

	A	B	C	D	E
1	销售数据分析				
2		星飞帆1段	君乐宝1段	菁挚1段	普尔莱克1段
3	单位成本	100	100	100	100
4	销售单价	308	270	289	306
5	销售数量	250	250	150	210
6	销售额	=B4*B5			
7	变动成本				
8	所占比重				
9	毛利润				
10	利润率				

图10-80

STEP 5 按【Ctrl+Enter】组合键，计算每个产品的销售额，如图 10-81 所示。

B6　=B4*B5

	A	B	C	D	E
1	销售数据分析				
2		星飞帆1段	君乐宝1段	菁挚1段	普尔莱克1段
3	单位成本	100	100	100	100
4	销售单价	308	270	289	306
5	销售数量	250	250	150	210
6	销售额	77000	67500	43350	64260
7	变动成本				
8	所占比重				
9	毛利润				
10	利润率				

图10-81

STEP 6 选择B7:E7单元格区域，输入公式“=B3*B5”，如图 10-82 所示。

AVERAGE　=B3*B5

	A	B	C	D	E
1	销售数据分析				
2		星飞帆1段	君乐宝1段	菁挚1段	普尔莱克1段
3	单位成本	100	100	100	100
4	销售单价	308	270	289	306
5	销售数量	250	250	150	210
6	销售额	77000	67500	43350	64260
7	变动成本	=B3*B5			
8	所占比重				
9	毛利润				
10	利润率				

图10-82

STEP 7 按【Ctrl+Enter】组合键，计算每个产品的变动成本，如图 10-83 所示。

B7 =B3*B5

	A	B	C	D	E
1	销售数据分析				
2		星飞帆1段	君乐宝1段	菁挚1段	普尔莱克1段
3	单位成本	100	100	100	100
4	销售单价	308	270	289	306
5	销售数量	250	250	150	210
6	销售额	77000	67500	43350	64260
7	变动成本	25000	25000	15000	21000
8	所占比重				
9	毛利润				
10	利润率				

图10-83

STEP 8 选择 B8:E8 单元格区域，输入公式“=B7/B6”，如图 10-84 所示。

AVERAGE =B7/B6

	A	B	C	D	E
1	销售数据分析				
2		星飞帆1段	君乐宝1段	菁挚1段	普尔莱克1段
3	单位成本	100	100	100	100
4	销售单价	308	270	289	306
5	销售数量	250	250	150	210
6	销售额	77000	67500	43350	64260
7	变动成本	25000	25000	15000	21000
8	所占比重	=B7/B6			
9	毛利润				
10	利润率				

图10-84

STEP 9 按【Ctrl+Enter】组合键，计算每个产品的所占比重，如图 10-85 所示。

B8 =B7/B6

	A	B	C	D	E
1	销售数据分析				
2		星飞帆1段	君乐宝1段	菁挚1段	普尔莱克1段
3	单位成本	100	100	100	100
4	销售单价	308	270	289	306
5	销售数量	250	250	150	210
6	销售额	77000	67500	43350	64260
7	变动成本	25000	25000	15000	21000
8	所占比重	0.32467532	0.37037037	0.346021	0.326797386
9	毛利润				
10	利润率				

图10-85

STEP 10 在“开始”选项卡中，将数字格式设置为“百分比”，使所占比重以百分比形式显示，如图 10-86 所示。

	A	B	C	D	E
1		销售数据分析			
2		凡1段	君乐宝1段	菁挚1段	普尔莱克1段
3		0	100	100	100
4		8	270	289	306
5	销售数量	250	250	150	210
6	销售额	77000	67500	43350	64260
7	变动成本	25000	25000	15000	21000
8	所占比重	32.47%	37.04%	34.60%	32.68%
9	毛利润				
10	利润率				
11	利润构成				

图10-86

STEP 11 选择 B9:E9 单元格区域，输入公式“=B6-B7”，如图 10-87 所示。

AVERAGE =B6-B7

	A	B	C	D	E
1	销售数据分析				
2		星飞帆1段	君乐宝1段	菁挚1段	普尔莱克1段
3	单位成本	100	100	100	100
4	销售单价	308	270	289	306
5	销售数量	250	250	150	210
6	销售额	77000	67500	43350	64260
7	变动成本	25000	25000	15000	21000
8	所占比重	32.47%	37.04%	34.60%	32.68%
9	毛利润	=B6-B7			
10	利润率				

图10-87

STEP 12 按【Ctrl+Enter】组合键，计算每个产品的毛利润，如图 10-88 所示。

B9 =B6-B7

	A	B	C	D	E
1	销售数据分析				
2		星飞帆1段	君乐宝1段	菁挚1段	普尔莱克1段
3	单位成本	100	100	100	100
4	销售单价	308	270	289	306
5	销售数量	250	250	150	210
6	销售额	77000	67500	43350	64260
7	变动成本	25000	25000	15000	21000
8	所占比重	32.47%	37.04%	34.60%	32.68%
9	毛利润	52000	42500	28350	43260
10	利润率				

图10-88

STEP 13 选择 B10:E10 单元格区域，输入公式“=B9/B6”，如图 10-89 所示。

AVERAGE =B9/B6

	A	B	C	D	E
1	销售数据分析				
2		星飞帆1段	君乐宝1段	菁挚1段	普尔莱克1段
3	单位成本	100	100	100	100
4	销售单价	308	270	289	306
5	销售数量	250	250	150	210
6	销售额	77000	67500	43350	64260
7	变动成本	25000	25000	15000	21000
8	所占比重	32.47%	37.04%	34.60%	32.68%
9	毛利润	52000	42500	28350	43260
10	利润率	=B9/B6			

图10-89

STEP 14 按【Ctrl+Enter】组合键，计算每个产品的利润率，并设置为百分比形式，如图 10-90 所示。

B10 =B9/B6

	A	B	C	D	E
1	销售数据分析				
2		星飞帆1段	君乐宝1段	菁挚1段	普尔莱克1段
3	单位成本	100	100	100	100
4	销售单价	308	270	289	306
5	销售数量	250	250	150	210
6	销售额	77000	67500	43350	64260
7	变动成本	25000	25000	15000	21000
8	所占比重	32.47%	37.04%	34.60%	32.68%
9	毛利润	52000	42500	28350	43260
10	利润率	67.53%	62.96%	65.40%	67.32%

图10-90

STEP 15 选择 B11:E11 单元格区域，输入公式“=B9/SUM($B$9:$E$9)”，如图 10-91 所示。

AVERAGE =B9/SUM($B$9:$E$9)

	A	B	C	D	E
1	销售数据分析				
2		星飞帆1段	君乐宝1段	菁挚1段	普尔莱克1段
3	单位成本	100	100	100	100
4	销售单价	308	270	289	306
5	销售数量	250	250	150	210
6	销售额	77000	67500	43350	64260
7	变动成本	25000	25000	15000	21000
8	所占比重	32.47%	37.04%	34.60%	32.68%
9	毛利润	52000	42500	28350	43260
10	利润率	67.53%	62.96%	65.40%	67.32%
11	利润构成	B$9:$E$9)			

图10-91

STEP 16 按【Ctrl+Enter】组合键，计算每个产品的利润构成，并设置为百分比形式，如图 10-92 所示。

B11 =B9/SUM($B$9:$E$9)

	A	B	C	D	E
1	销售数据分析				
2		星飞帆1段	君乐宝1段	菁挚1段	普尔莱克1段
3	单位成本	100	100	100	100
4	销售单价	308	270	289	306
5	销售数量	250	250	150	210
6	销售额	77000	67500	43350	64260
7	变动成本	25000	25000	15000	21000
8	所占比重	32.47%	37.04%	34.60%	32.68%
9	毛利润	52000	42500	28350	43260
10	利润率	67.53%	62.96%	65.40%	67.32%
11	利润构成	31.30%	25.59%	17.07%	26.04%

图10-92

STEP 17 在“数据”选项卡中单击“模拟分析”下拉按钮①，从列表中选择“方案管理器”选项②，如图 10-93 所示。

STEP 18 打开“方案管理器”对话框，单击“添加”按钮，如图 10-94 所示。

图10-93

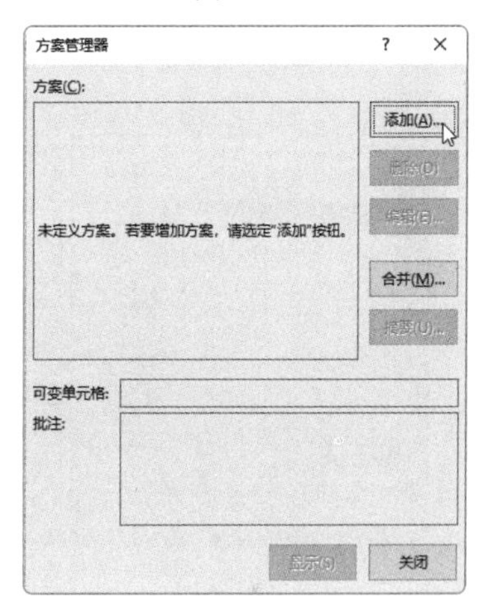

图10-94

STEP 19 打开“添加方案”对话框，输入“方案名”①，并将“可变单元格”设置为 B3②，单击“确定”按钮③，如图 10-95 所示。

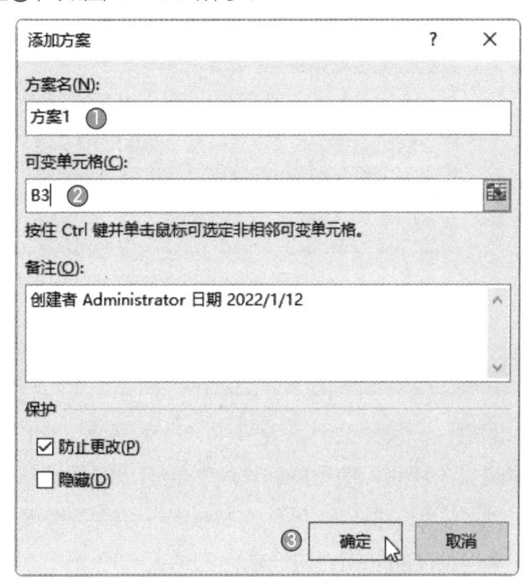

图10-95

STEP 20 打开"方案变量值"对话框，输入当前方案中可变单元格的值，单击"确定"按钮。返回"方案管理器"对话框，按照上述方法，继续添加方案，如图 10-96 所示。

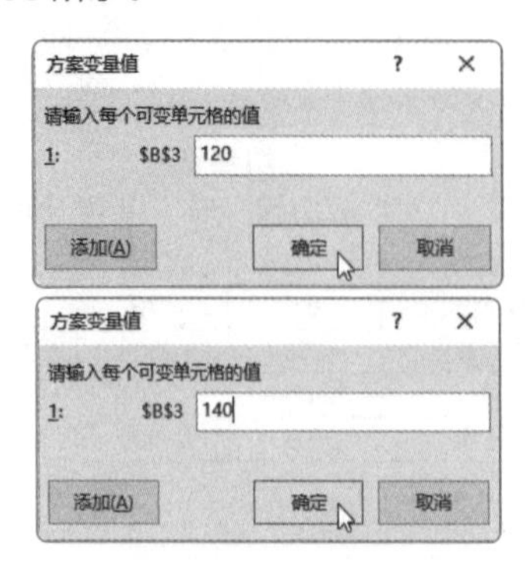

图10-96

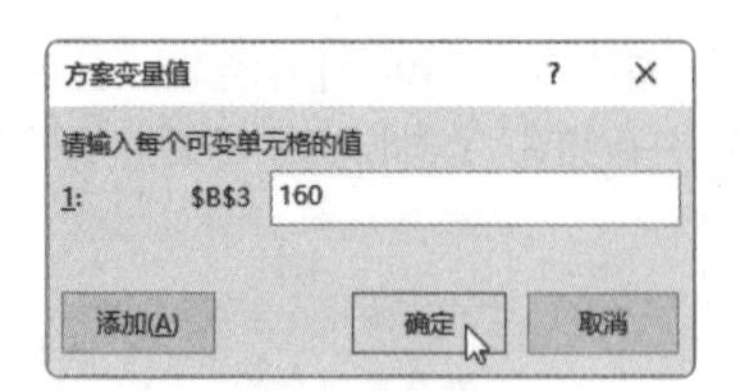

图10-96（续）

STEP 21 添加 3 个方案后，在"方案"列表框中选择一种方案❶，单击"显示"按钮❷，即可将所选方案应用到当前工作表中，如图 10-97 所示。

STEP 22 用户如果想要创建方案摘要，则在"方案管理器"对话框中单击"摘要"按钮，打开"方案摘要"对话框，选择"方案摘要"单选按钮❶，并选择结果单元格❷，单击"确定"按钮❸，即可生成方案摘要，如图 10-98 所示。

	A	B	C	D	E
1	销售数据分析				
2		星飞帆1段	君乐宝1段	菁挚1段	普尔莱克1段
3	单位成本	120	120	120	120
4	销售单价	308	270	289	306
5	销售数量	250	250	150	210
6	销售额	77000	67500	43350	64260
7	变动成本	30000	30000	18000	25200
8	所占比重	38.96%	44.44%	41.52%	39.22%
9	毛利润	47000	37500	25350	39060
10	利润率	61.04%	55.56%	58.48%	60.78%
11	利润构成	31.56%	25.18%	17.02%	26.23%

图10-97

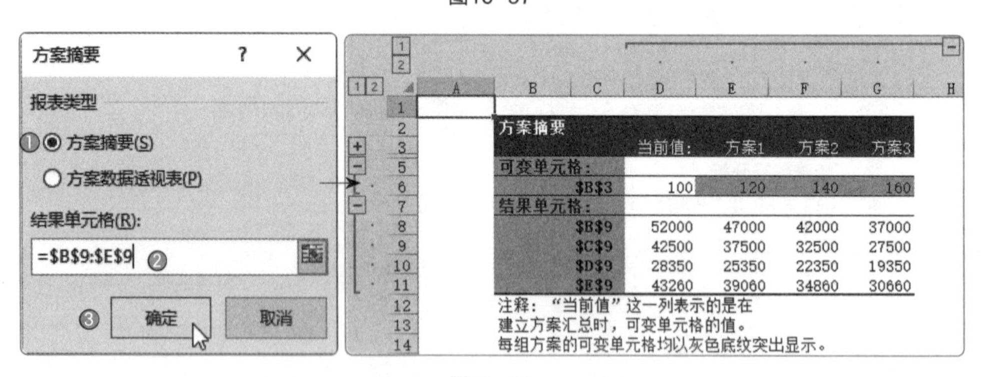

方案摘要	当前值:	方案1	方案2	方案3
可变单元格:				
$B$3	100	120	140	160
结果单元格:				
$B$9	52000	47000	42000	37000
$C$9	42500	37500	32500	27500
$D$9	28350	25350	22350	19350
$E$9	43260	39060	34860	30660

注释："当前值"这一列表示的是在建立方案汇总时，可变单元格的值。每组方案的可变单元格均以灰色底纹突出显示。

图10-98

10.3.4 销售利润额最大化分析

通常，一家企业都不会只生产一种产品，但同时生产多种产品就会引出一个问题：如何确保产品组合可以获得最大的利润？使用规划求解功能可以轻易地解决这个问题。例如，计算4种产品的收益情况时，应该如何生产，才能实现收益最大化？公司对产品的生产有着以下约束条件。

- 4种产品的组合生产能力为每天400。
- 星飞帆1段每天的产量至少要达到50。

- 君乐宝1段每天的产量至少要达到40。
- 菁挚1段每天的产量至少要达到60。
- 普尔莱克1段每天的产量不超过40。

以上约束条件及其表达式具体如表10-1所示。

表10-1

约束条件	表达式
4种产品的组合生产能力为每天400	B6=400
星飞帆1段每天的产量至少要达到50	B2>=50
君乐宝1段每天的产量至少要达到40	B3>=40
菁挚1段每天的产量至少要达到60	B4>=60
普尔莱克1段每天的产量不超过40	B5<=40

下面将介绍具体的操作方法。

STEP 1 计算产品的收益和总计，如图10-99所示。

	A	B	C	D
1	产品名称	数量	单价	收益
2	星飞帆1段	100	100	10000
3	君乐宝1段	100	120	12000
4	菁挚1段	100	140	14000
5	普尔莱克1段	100	160	16000
6	总计	400		52000

图10-99

STEP 2 在“数据”选项卡中单击“规划求解”按钮，如图10-100所示。

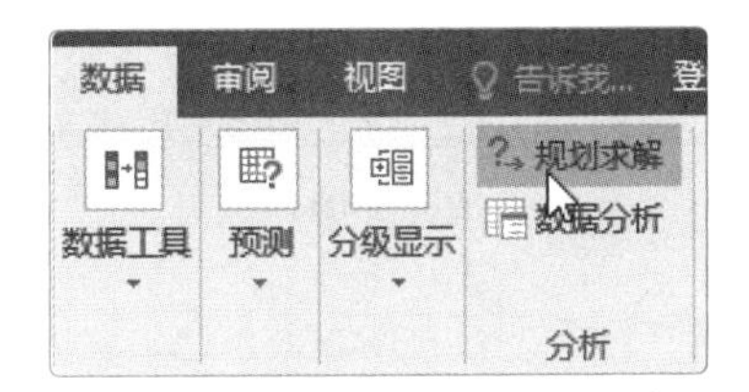

图10-100

STEP 3 打开“规划求解参数”对话框，在“设置目标”文本框中输入“$D$6”①，并选择“最大值”单选按钮②，然后指定可变单元格③，单击“添加”按钮④，如图10-101所示。

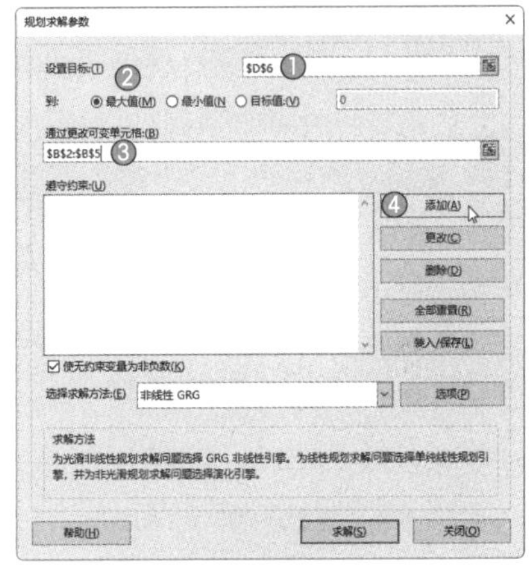

图10-101

STEP 4 在打开的“添加约束”对话框中添加第一个约束条件①，单击“添加”按钮②，继续添加其他约束条件，如图10-102所示。

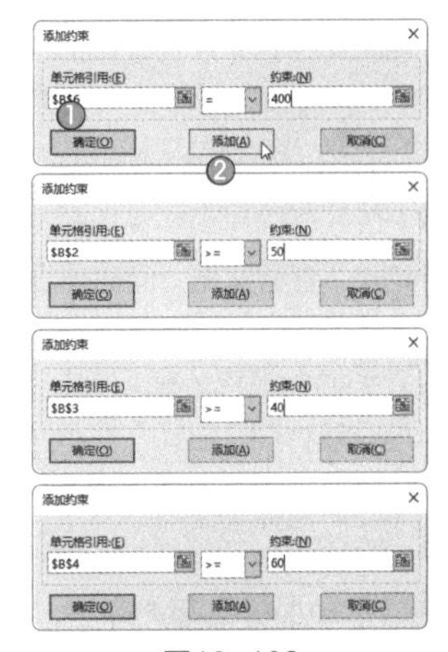

图10-102

应用秘技

简单来说，规划求解工具就是可以通过为可变单元格设置约束条件，并不断调整可变单元格的值，从而在目标单元格中产生期望结果的一种工具。使用规划求解工具可以实现以下功能。

- 可以指定多个可变单元格。
- 可以设置可变单元格的约束条件。
- 可以求出解的最大值或最小值。
- 对一个问题可以求出多个解。

STEP 5 输入最后一个约束条件后❶，单击“确定”按钮❷，返回“规划求解参数”对话框，在“遵守约束”列表框中可以看到之前添加的约束条件，单击“求解”按钮❸，如图 10-103 所示。

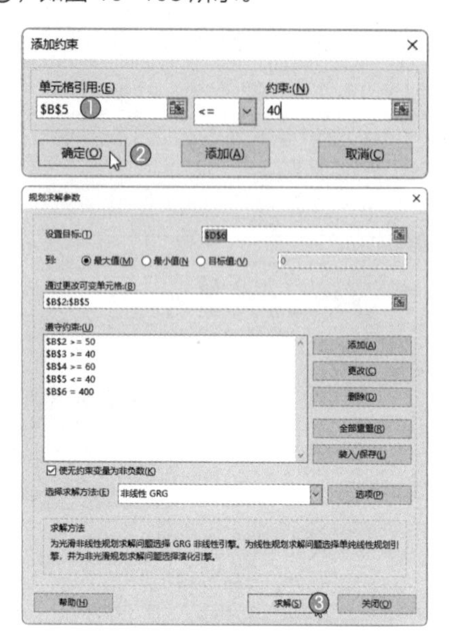

图10-103

STEP 6 打开“规划求解结果”对话框，选择“运算结果报告”选项❶，单击“确定”按钮❷，即可生成运算结果报告，如图 10-104 所示。

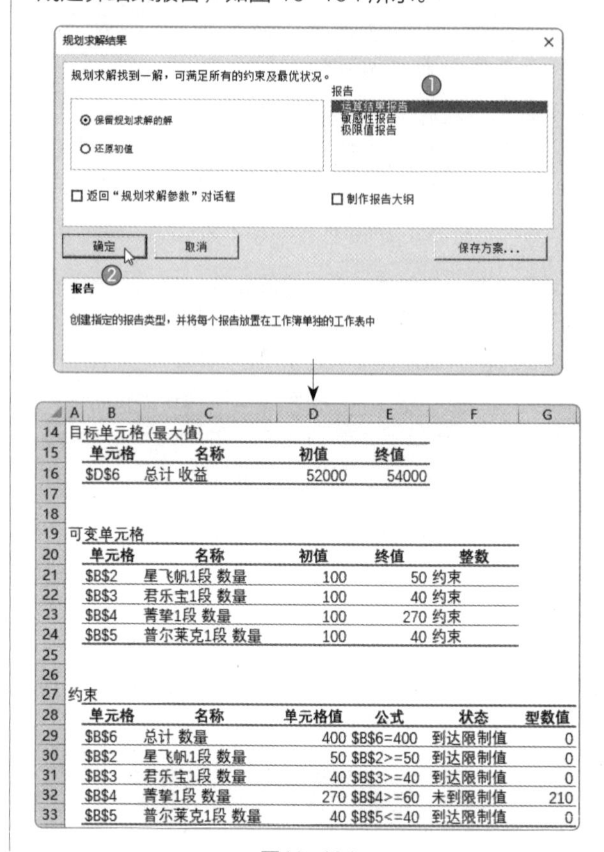

	A	B	C	D	E	F	G
14	目标单元格 (最大值)						
15		单元格	名称	初值	终值		
16		$D$6	总计 收益	52000	54000		
17							
18							
19	可变单元格						
20		单元格	名称	初值	终值	整数	
21		$B$2	星飞帆1段 数量	100	50	约束	
22		$B$3	君乐宝1段 数量	100	40	约束	
23		$B$4	菁挚1段 数量	100	270	约束	
24		$B$5	普尔莱克1段 数量	100	40	约束	
25							
26							
27	约束						
28		单元格	名称	单元格值	公式	状态	型数值
29		$B$6	总计 数量	400	$B$6=400	到达限制值	0
30		$B$2	星飞帆1段 数量	50	$B$2>=50	到达限制值	0
31		$B$3	君乐宝1段 数量	40	$B$3>=40	到达限制值	0
32		$B$4	菁挚1段 数量	270	$B$4>=60	未到限制值	210
33		$B$5	普尔莱克1段 数量	40	$B$5<=40	到达限制值	0

图10-104

实战案例篇

10.3.5 打印销售报表

为了方便传阅、查看数据，有时需要将报表以纸质的形式打印出来。下面将介绍具体的操作方法。

STEP 1 打开销售业绩统计表，单击“文件”按钮，选择“打印”选项❶，在“打印”界面中将纸张方向设置为“横向”❷，将缩放打印设置为“将所有列调整为一页”❸，如图 10-105 所示。

STEP 2 在“打印”界面下方单击“页面设置”选项，打开“页面设置”对话框，在“页眉 / 页脚”选项卡中单击“自定义页眉”按钮，如图 10-106 所示。

STEP 3 打开“页眉”对话框，在“中”文本框中输入“销售业绩统计表”❶，然后单击上方的“格式文本”按钮❷，如图 10-107 所示。

图10-105

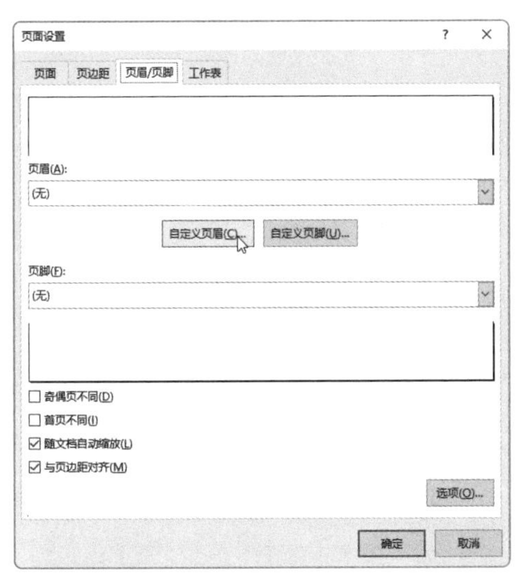

图10-106

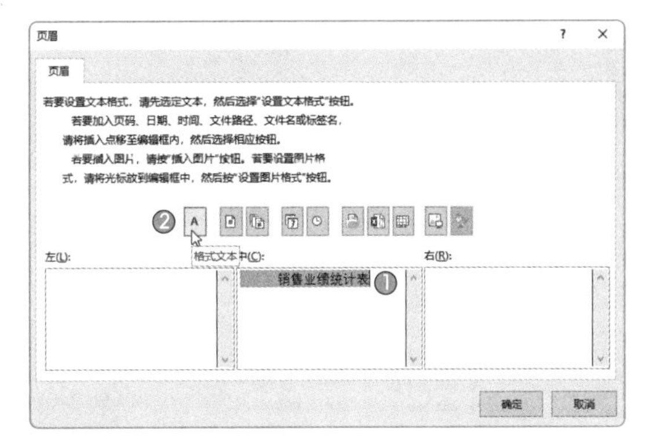

图10-107

STEP 4 打开“字体”对话框，设置“字体”①、“字形”②和“大小”③，单击“确定”按钮④，即可为要打印的报表添加页眉，如图 10-108 所示。

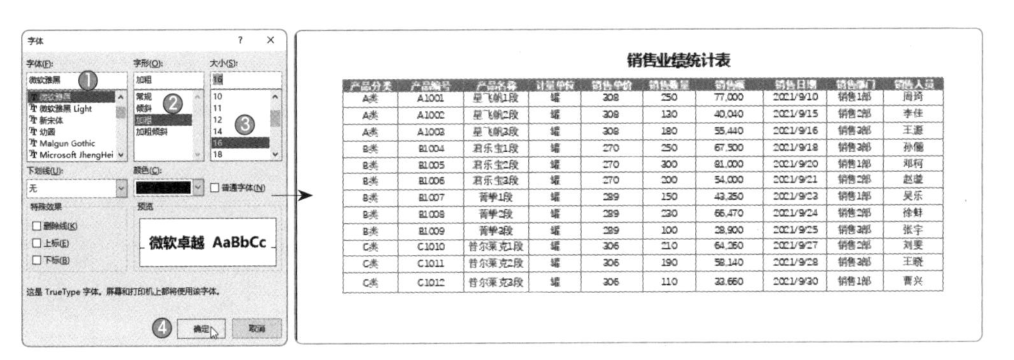

销售业绩统计表

产品分类	产品编号	产品名称	计量单位	销售单价	销售数量	销售额	销售日期	销售部门	销售人员
A类	A1001	星飞帆1段	罐	308	250	77,000	2021/9/10	销售1部	周琦
A类	A1002	星飞帆2段	罐	308	130	40,040	2021/9/15	销售2部	李佳
A类	A1003	星飞帆3段	罐	308	180	55,440	2021/9/16	销售3部	王源
B类	B1004	君乐宝1段	罐	270	250	67,500	2021/9/18	销售3部	孙俪
B类	B1005	君乐宝2段	罐	270	300	81,000	2021/9/20	销售1部	郑珂
B类	B1006	君乐宝3段	罐	270	200	54,000	2021/9/21	销售2部	赵璇
B类	B1007	菁挚1段	罐	289	150	43,350	2021/9/23	销售1部	吴乐
B类	B1008	菁挚2段	罐	289	230	66,470	2021/9/24	销售2部	徐蚌
B类	B1009	菁挚3段	罐	289	100	28,900	2021/9/25	销售3部	张宇
C类	C1010	普尔莱克1段	罐	306	210	64,260	2021/9/27	销售2部	刘雯
C类	C1011	普尔莱克2段	罐	306	190	58,140	2021/9/28	销售3部	王晓
C类	C1012	普尔莱克3段	罐	306	110	33,660	2021/9/30	销售1部	曹兴

图10-108

疑难解答

Q：如何移动数据透视图？

A：选择数据透视图，在“数据透视图工具-分析”选项卡中单击“移动图表”按钮，如图10-109所示。打开“移动图表”对话框，选择图表要放置的位置即可，如图10-110所示。

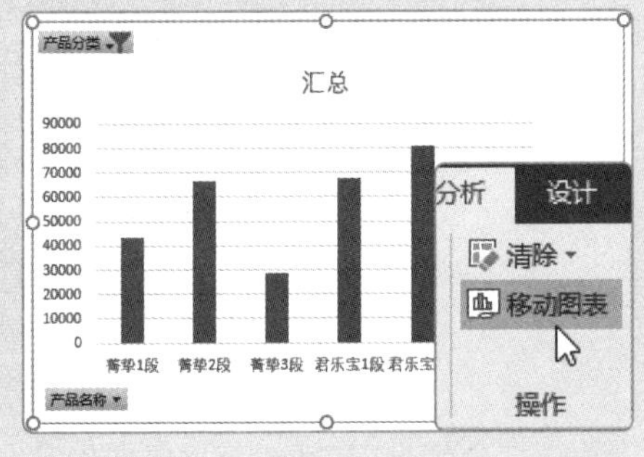

图10-109

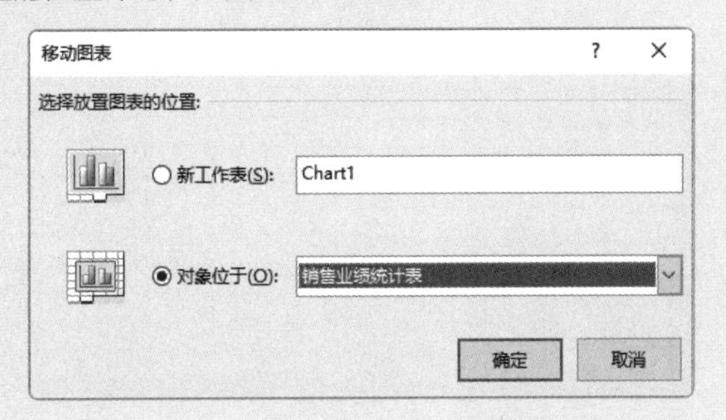

图10-110

第10章 Excel数据分析

Q：如何获取数据透视表的数据源信息？

A：数据透视表创建完成后，用户如果不小心将数据源删除，则可以双击数据透视表的最后一个单元格，如双击B18单元格，如图10-111所示。这时即可在新的工作表中重新生成原始的数据源信息，如图10-112所示。

	A	B
3	行标签	求和项:销售额
4	⊟A类	172480
5	星飞帆1段	77000
6	星飞帆2段	40040
7	星飞帆3段	55440
8	⊟B类	341220
9	菁挚1段	43350
10	菁挚2段	66470
11	菁挚3段	28900
12	君乐宝1段	67500
13	君乐宝2段	81000
14	君乐宝3段	54000
15	⊟C类	122400
16	普尔莱克1段	64260
17	普尔莱克2段	58140
18	总计	636100

图10-111

	A	B	C	D	E	F
1	产品分类	产品编号	产品名称	规格型号	计量单位	销售单价
2	B类	B1007	菁挚1段	800g/罐	罐	289
3	B类	B1008	菁挚2段	800g/罐	罐	289
4	B类	B1009	菁挚3段	800g/罐	罐	289
5	B类	B1004	君乐宝1段	900g/罐	罐	270
6	B类	B1005	君乐宝2段	900g/罐	罐	270
7	B类	B1006	君乐宝3段	900g/罐	罐	270
8	C类	C1010	普尔莱克1段	900g/罐	罐	306
9	C类	C1011	普尔莱克2段	900g/罐	罐	306
10	A类	A1001	星飞帆1段	700g/罐	罐	308
11	A类	A1002	星飞帆2段	700g/罐	罐	308
12	A类	A1003	星飞帆3段	700g/罐	罐	308

图10-112

Q：如何在数据透视图中执行筛选操作？

A：选择数据透视图，单击“产品名称”按钮，如图10-113所示，从列表中可以对产品名称执行筛选操作。

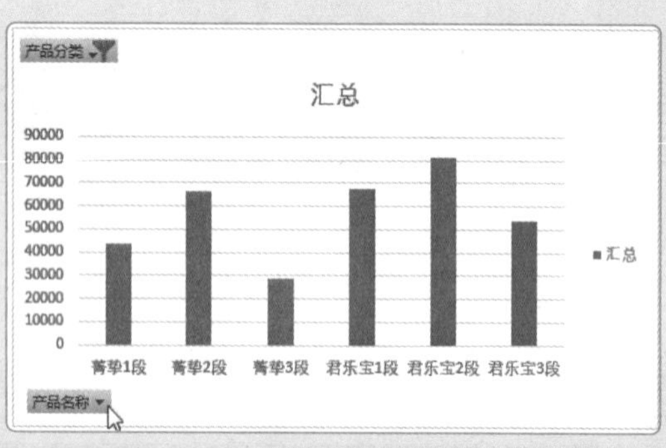

图10-113

附录　常见 Excel 中功能键和组合键汇总

1. 功能键

常见Excel中功能键如表A-1所示。

表A-1

功能键	主要功能描述
F1	显示Excel 帮助
F2	编辑活动单元格并将光标放在单元格内容的结尾
F3	显示“粘贴名称”对话框，仅当工作簿已存在名称时才可用
F4	重复上一个命令或操作
F5	显示“定位”对话框
F6	在工作表、功能区、任务窗格和缩放控件之间切换
F7	显示“拼写检查”对话框
F8	打开或关闭扩展模式
F9	计算所有打开的工作簿中的所有工作表
F10	打开或关闭按键提示
F11	在单独的图表工作表中创建当前区域内数据的图表
F12	打开“另存为”对话框

2. Shift组合键

常见Excel中Shift组合键如表A-2所示。

表A-2

组合键	主要功能描述
Shift+Alt+ F1	插入新的工作表
Shift+F2	添加或编辑单元格批注
Shift+F3	显示“插入函数”对话框
Shift+F8	使用方向键将非邻近单元格或区域添加到单元格的选定区域中
Shift+F9	计算活动工作表
Shift+F10	显示选定项目的快捷菜单
Shift+F11	插入新的工作表
Shift+Enter	完成单元格输入并选择上面的单元格

3. Ctrl组合键

常见Excel中Ctrl组合键如表A-3所示。

表A-3

组合键	主要功能描述
Ctrl+1	显示“设置单元格格式”对话框
Ctrl+2	应用或删除加粗格式
Ctrl+3	应用或删除倾斜格式
Ctrl+4	应用或删除下画线
Ctrl+5	应用或删除删除线
Ctrl+6	在隐藏对象、显示对象和显示对象的占位符之间切换
Ctrl+8	显示或隐藏大纲符号
Ctrl+9（0）	隐藏选定的行（列）
Ctrl+A	选择整个工作表
Ctrl+B	应用或删除加粗格式
Ctrl+C	复制选定的单元格
Ctrl+D	使用“向下填充”命令将选定区域内最顶端单元格的内容和格式复制到下面的单元格中
Ctrl+F	执行查找操作
Ctrl+K	显示“插入超链接”对话框或为选定的现有超链接显示“编辑超链接”对话框
Ctrl+G	执行定位操作
Ctrl+L	显示“创建表”对话框
Ctrl+H	执行替换操作
Ctrl+N	创建一个新的空白工作簿
Ctrl+I	应用或删除倾斜格式
Ctrl+U	应用或删除下画线
Ctrl+O	执行打开操作
Ctrl+P	执行打印操作
Ctrl+R	使用“向右填充”命令将选定区域最左边单元格的内容和格式复制到右边的单元格中
Ctrl+S	使用当前文件名、位置和文件格式保存活动文件
Ctrl+V	在光标处插入剪贴板中的内容，并替换任何所选内容
Ctrl+W	关闭选定的工作簿窗口
Ctrl+Y	重复上一个命令或操作
Ctrl+Z	执行撤销操作